改訂新版

ESSENTIAL GUIDE FOR EFFECTIVE DEVELOPMENT AND ADMINISTRATION OF JAVA EE PROJECT

WebSphere Application Server 構築・運用バイブル

WAS9.0/8.5/Liberty対応

串宮平恭｜田中孝清｜原口知子｜福﨑哲郎｜盛林 哲｜中島由貴｜斎藤和史――著

技術評論社

●免責

本書に記載された内容は、情報の提供のみを目的としています。したがって、本書を用いた運用は、必ずお客様自身の責任と判断によって行ってください。これらの情報の運用の結果について、技術評論社および著者はいかなる責任も負いません。

本書記載の情報は、2018年2月現在のものを掲載していますので、ご利用時には、変更されている場合もあります。なお、本書の刊行時、Java EEの名称をJakarta EEに変更することが決定されましたが、本書ではJava EEの名称表記をそのまま使用しております。

また、ソフトウェアはバージョンアップされる場合があり、本書での説明とは機能内容や画面図などが異なってしまうこともあり得ます。本書ご購入の前に、必ずバージョン番号をご確認ください。

以上の注意事項をご承諾いただいた上で、本書をご利用願います。これらの注意事項をお読みいただかずに、お問い合わせいただいても、技術評論社および著者は対処しかねます。あらかじめ、ご承知おきください。

はじめに

「Tomcat で動いていたアプリケーションが、WebSphere Application Server（WAS）で動かないんだ。」
「WAS の基本的な設定値について教えてもらえないですか？」
「OutOfMemoryError のメッセージが出たのだけど、どこが悪いか分からない。IBM の Java は、Oracle と違うんだよね。」
「パフォーマンスが出ないのだけど。」

Tomcat、JBoss や他社 Java EE サーバーの経験はあるのに、WAS をよく知らないという技術者に会うことがあります。「Tomcat で動いていたアプリケーションが、WAS で動かないんだ。」これは難しい問題なのでしょうか？ WAS の仕組みの基本と管理コンソールの操作が理解できていれば、決して難しい問題ではありません。Java EE の標準は、アプリケーションの可搬性を高めるために作られているのですから。

WAS は、Apache HTTP Server にセキュリティ機能などを加えた IBM HTTP Server（IHS）、高速で安定した JVM、生産性を高めるためのデプロイ・ツールと問題判別用ツールなどが 1 つのパッケージとして提供されています。Oracle の JVM や Tomcat などと違いがあるので、次のような敷居を越えなければなりません。

- WAS traditional と WAS Liberty の構成や設定の違い
- デプロイ・ツールや管理コンソールの使い方
- Web サーバーを含めた構成や設定の考慮点
- コマンドによる構成や管理の仕方

知っていれば簡単なことですが、初めて触れる人には難しいと感じてしまうかもしれません。

本書の目的のひとつは、Java EE のスキルを持つ読者がこれから WAS traditional を使う時の手助けとなることです。第 1 章から第 4 章までは、開発からデプロイにおける、IHS と WAS に固有の管理コンソール、開発ツールなどを使用した基本的な操作や設定の考慮点を説明しています。さらに改訂版では、インテリジェント管理機能について解説を追加しました。

次に、既に WAS の開発や管理はできている方が、さらに深い知識を身に付けるのに役立つことです。例えば、実際に WAS を運用しているユーザーから「javacore が出力されているけど見てもらえないかな。」と依頼を受けることがあります。javacore の出力は OutOfMemoryError によって引き起こされていることも多いのですが、問題となる OutOfMemoryError を判別し、障害を防ぐためには、なぜそれが起きたのかを分析できるスキルと JVM の知識が必要です。

JVM のメモリーの扱いについては、WAS のオンライン・マニュアルではなく、JVM の英語のガイドに詳細が記述されています。そのため、重要なトピックであるにも関わらず、JVM について理解しないままに WAS が使われていることも多々あります。第 5 章から第 8 章では、WAS の問題対応の専門家の立場として、次の内容を分かりやすく解説します。

- 安定稼働のために何をしなければならないか
- IBM JVM のメモリー管理の動作
- 障害時に出力するログの読み方とそれに備えた設定
- OS/IHS/WAS/JVM のパフォーマンス・チューニングの方法
- セキュリティの基本

さらに改訂版では、WAS Liberty の概要、アプリケーションの開発とデプロイ、構成と設定、問題判別、クラウドでの利用例を第 9 章から第 13 章に追加しています。

専門家のノウハウや知識を読みやすい形にまとめた本書を活用して、より容易に WAS を利用していただければ幸いです。

Contents 目次

第2章　WAS traditionalの導入　25

7-3 WAS traditional のチューニング 396

7-4 JVM のチューニング 452

第1章

WebSphere Application Server の基礎知識

WebSphere Application Server とは

クラウドの普及と Web システム・アーキテクチャーの進化

2000 年からの最初の 10 年でエンタープライズ IT システムに起こった大きな変化は、Web アプリケーションの爆発的な普及でした。それまでのクライアントサーバー形式の専用アプリケーションや、オフコンや汎用機の表示端末を操作することが一般的だった業務アプリケーションは、ほとんどがブラウザを使って表示・操作する Web アプリケーションに置き換えられました。今日でも、業務アプリケーションの大部分が、HTTP 通信を使用した Web システムとして作成されます。クライアントは、PC だけでなくモバイル端末やタブレットなど種類は増えていますが、その多くがブラウザ・コンポーネントを使用して情報を表示しています。銀行の ATM や店舗の券売機なども、内部的にはブラウザ・コンポーネントを使用した Web アプリケーションとして作成されるものが増えてきました。

次の 10 年である 2010 年代の最も大きな変化は、クラウドの普及です。IT システムを実行するサーバー環境は、企業内に独自に設計・構成し所有するものから、既成のものを選択しネットワークを介して利用するものへと移行しつつあります。法律上の問題やセキュリティの観点、また技術的な制限から、全ての IT システムをクラウドに移行することは難しいでしょう。それでも、システム構築においてクラウドを全く考慮しない、という企業は少数派になってきました。

クラウドが普及してシステムの運用に関する考え方も大きく変わりました。従来のサーバー環境は、設計通りに手動で長期間かけて構築し、手を加えながら何年も使い続けるものでした。しかし、クラウドの世界では構築の頻度も高いため、システム構築の自動化が進んでいます。また、システムの変更を行う場合も、既存の構築済みのシステムを変更するのではなく、自動構築の手順を定めた「レシピ」に相当する部分を修正し、新しく環境を構築しなおすべき、という考えも出てきました。これにより、サーバーの現在の状態や変更履歴を、プログラムのソースコードのように厳密に管理できるようになります。

アプリケーションのアーキテクチャーのトレンドも変化しています。従来から SOA（Service Oriented Architecture）など、サービスベースのシステム構築により機能の再利用性を高めることが推奨されていました。この考え方は、サービスの粒度をさらに細かくしつつ多くの知見を取り込み、システムの柔軟性と変更の容易性を目的としたマイクロサービス・アーキテクチャーへと進化しました。

WebSphere Application Server も、Version 8.5 から 9.0 にかけて、これらの動向に対応するため多くの進化をとげています。

WebSphere Application Server とは

本書で紹介する IBM WebSphere Application Server（以降、WAS）は、Java EE に準拠した Web アプリケーション・サーバーです。日本においても優れた信頼性とパフォーマンスにより、金融機関をはじめとした数多くの現場で高い評価を得ています。まずは Java EE と WAS の概要について確認しましょう。

Java EE は、Java でエンタープライズ・アプリケーションを構築するためのオープンな規格です。Java EE に準拠したアプリケーション・サーバーが IT ベンダーや OSS のコミュニティから提供されており、特に企業の Web アプリケーション基盤として多く採用されています。Java EE の中では、企業の業務アプリケーションの実装に必要になる様々な仕様が網羅されているからです。

例えば、メッセージング・システムや EIS（企業の情報システム）と連携するための規格が、Java EE には最初から組み込まれています。また、トランザクションの制御方法についても定義されていて、複数リソースに対して更新を行う処理の途中でシステム傷害が発生した場合にも、データの整合性を保持できるようになっています。

WAS は、1998 年にサーバーサイド Java の実行環境として登場し、インターネットの普及とともに進化してきました。Java EE の新しい規格が公開されると、それに準拠した WAS の新バージョンが公開され、機能を拡充してきました。2016 年に公開された最新の WAS V9 は Java EE 7 に対応しています。表 1-1 に WAS と Java EE、および WAS の下で稼働する Java SE（JDK）の関係をまとめています。

▶表 1-1　WAS と Java EE の対応表

	WAS 7.0	WAS 8.0	WAS 8.5	WAS 9.0
出荷時期	2008/10	2011/07	2012/07	2016/06
Java EE	5	6	6 (7)	7
- Servlet	2.5	3.0	3.0	3.1
- JSP	2.1	2.2	2.2	2.3
- EJB	3.0	3.1	3.1	3.2
Java SE	6	6	6[注1], 7[注2], 8	8

注 1：WAS V8.5 の Java SE 6 サポートは 2018 年 4 月で終了します。
注 2：WAS V8.5 の Java SE 7 サポートは 2019 年 9 月で終了する予定です。

Java EE のコンポーネントと WAS

まず、Java EE での基本コンポーネントを紹介します。Java EE は、分散多階層（Distributed Multi-tier）アプリケーション・モデルを採用しており、各層で提供する機能が異なります。

一般的な Web システムは、クライアント層、Web 層、ビジネス層、EIS 層から成り立ち、この中の Web 層とビジネス層をアプリケーション・サーバーが提供します。Web 層では Web コンテナが提供され、Servlet や JSP が稼働します。また、ビジネス層では EJB コンテナが提供され、EJB が稼働します。

EIS 層は Enterprise Information System の略で、バックエンドの企業システムを指します。通常はデータベースとの連携が多いですが、メッセージング製品や Web サービス、アダプターなどを介して様々なバックエンド・システムと連携できます。

▶図 1-1　Java EE の分散多層アプリケーション・モデル

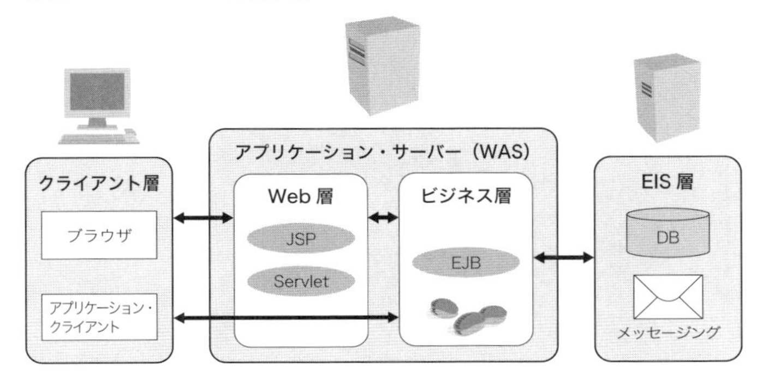

図 1-2 は、Web ブラウザから WAS までの一般的なリクエストの流れを示しています。通常はクライアントと WAS の間に Web サーバーを配置します。Web サーバーは WAS と同じサーバー上で稼働する場合もありますし、セキュリティを強化するために WAS から分離して DMZ 上に配置する場合もあります。Web サーバーには、通常は WAS に同梱されている IBM HTTP Server（以降、IHS）を使用しますが、Apache HTTP Server（以降、Apache）や Microsoft IIS を使用することもできます。

IHS は Apache をベースに IBM が専用のコンソールや管理ツール、セキュリティ機能を付加した Web サーバーです。WAS と一緒に使用する場合、IHS に対するサポートも IBM から提供されます。つまり、IHS を使用すると Apache の構成・管理のスキルを活用しながら、IBM からの正式サポートも得られるというメリットがあります。出力されるログファイルも Apache と同等なので、市販の Apache 用のログ分析ツールを利用可能です。

Web サーバーから WAS へのリクエストの転送は、Web サーバー・プラグイン（以降、プラグイン）が行います。プラグインは、Web サーバー上で稼働するモジュールで、WAS への割り振りに関する構成情報を XML ファイル形式で保管しています。クライアントからのリクエスト URL と構成情報を突き合わせて、バックエンドにある最適な WAS にリクエストを割り振ります。

▶図 1-2　Web アプリケーションのリクエストの流れ

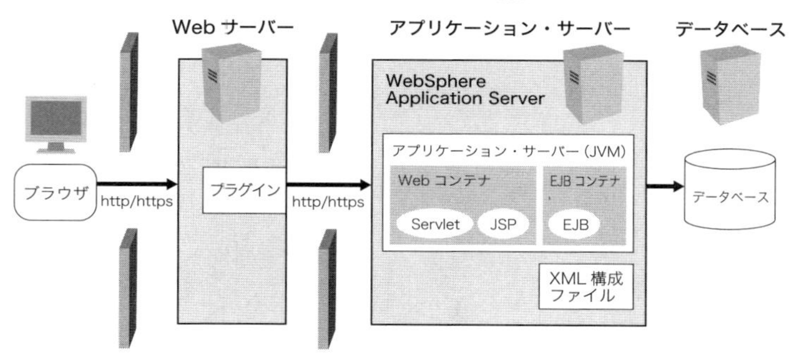

1-2 WAS のエディション

WAS の 2 つのランタイム：WAS traditional と WAS Liberty

WAS V8.5 からは、従来から提供されているものに加えて「Liberty」という新しいランタイムが追加されています。これは、Web コンテナや EJB コンテナなどを含んだJava EEアプリケーションの実行環境です。WAS V9.0では、新しいランタイムは WAS Liberty、以前からの WAS のランタイムは WAS traditional と呼ばれています。WAS V8.5 では、それぞれ Liberty プロファイル、Full プロファイルと呼ばれていました。

WAS Liberty は、昨今の新しい開発スタイル・運用スタイルに対応するためのランタイムです。WAS Liberty の最大の特徴は、軽量・高速なランタイムであることです。数分以下の短時間で導入と構成ができ、数秒でサーバープロセスが起動します。WAS traditional がモノリシックなプログラムとして実装されていたのに対して、WAS Liberty の実装は高度にモジュール化されています。そのため必要な機能だけを導入したり、メモリに読み込んで初期化したりできるようになっており、ランタイムの軽量化と起動の高速化に大きく貢献しています。クラウドやマイクロサービスを利用する環境では、サーバープロセスの軽量化が大きな価値を持ちます。

また、WAS Liberty は導入が容易で、可搬性があり、他の環境に容易にコピーができるようになっています。これにより、開発者の利用が容易になり、運用の自動化、「Platform as Code」「Immutable Infrastructure[※1]」などの運用スタイルを採用しやすくなっています。アプリケーションの迅速な更新や運用の負荷軽減などを目的に、これらの開発･運用スタイルを取り入れる場合には、WAS Liberty が適しています。

※ 1　IT 環境の構築をツールで自動化する。構築済みの環境を変更する場合には、構築に使用するソース・レシピを変更し、再構築するという運用の方式。高い品質の環境を安定して構築できると言われている。

一方、WAS traditional は、互換性を重視したランタイムです。WAS Liberty は古い Java EE の API や、かつて IBM が独自に提供していた API などが実装されていません。これらを使用している既存のアプリケーションを実行する必要がある場合などは、WAS traditional を使用します。また WAS Liberty では管理の概念や管理に使用するツール、実行されるプロセスの種類やそのログなども大きく変更されています。既存の運用の仕組みやサーバートポロジーなどをそのまま使用したい場合にも、WAS traditional を使用します。WAS traditional では、WAS V7.0 や V8.0 の環境からのツールによる移行なども可能です。

Column

WAS Liberty のオープンソース化

2017 年 9 月より、WAS Liberty で提供されている機能のうち Java EE やマイクロサービス実装に必要なコア機能が Open Liberty というオープンソースとして公開されています。Open Liberty のプロジェクトページから実行環境を無償でダウンロードすることが可能であり、GitHub 上のリポジトリーからソースコードを取得することもできます。

- Open Liberty のプロジェクトページ
https://openliberty.io
- GitHub 上のリポジトリー
https://github.com/OpenLiberty/open-liberty

カーネル機能などには、製品版と同じものが使用されているので、Open Liberty で利用している構成やその上で動いているアプリケーションは、そのままサポートのある製品版の WAS Liberty へ移行できます。製品版のバグ修正なども、コア機能に関しては GitHub 上のソースが直接修正されていて、そのまま製品に取り込まれているので、製品版とオープンソース版で完全に同一性が保たれています。

Open Liberty は Eclipse Public License で提供されているため、商用利用がとてもやりやすくなっています。派生物をオープンソースとする義務がないため、Open Liberty を Java EE 実行環境として製品に組み込んだり、Open Liberty を拡張した独自のアプリケーションサーバーを販売したりということも自由にできます。

WAS Libertyは内部のモジュール化が徹底されているために独自の拡張も容易です。これからは、様々なベンダーからLibertyを利用した製品が出てくるかもしれません。

WASのエディション

WASを利用するために購入するライセンスには、Liberty Core、Base、Network Deployment（ND）の3つの基本的なエディションと、z/OSで稼働するWAS for z/OSがあります。また、Liberty Core、Base、NDを自由に組み合わせて使用できるWAS Familyエディションがあります。WAS V8.5まで提供されていたExpressエディション※2と開発者向けWAS for Developersは、WAS V9.0からは提供されなくなったので注意してください。開発者の方は、WAS Baseを開発用に無償で利用できます。

図1-3 WASのエディション構成

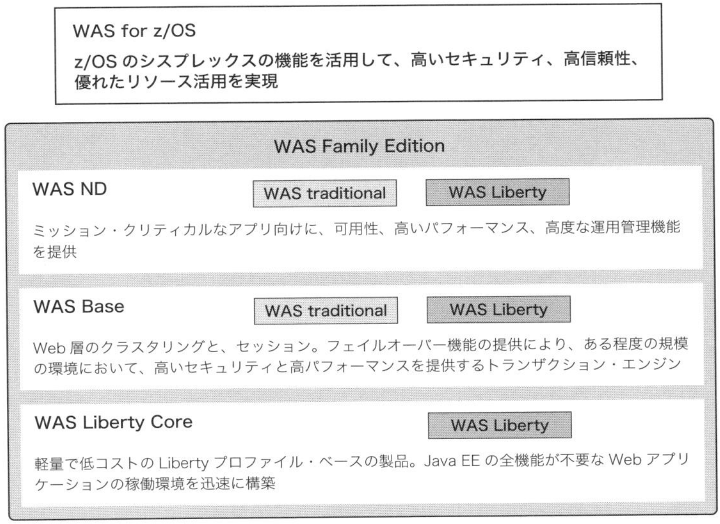

WAS for z/OS

z/OSのシスプレックスの機能を活用して、高いセキュリティ、高信頼性、優れたリソース活用を実現

WAS Family Edition

WAS ND　　WAS traditional　　WAS Liberty

ミッション・クリティカルなアプリ向けに、可用性、高いパフォーマンス、高度な運用管理機能を提供

WAS Base　　WAS traditional　　WAS Liberty

Web層のクラスタリングと、セッション。フェイルオーバー機能の提供により、ある程度の規模の環境において、高いセキュリティと高パフォーマンスを提供するトランザクション・エンジン

WAS Liberty Core　　WAS Liberty

軽量で低コストのLibertyプロファイル・ベースの製品。Java EEの全機能が不要なWebアプリケーションの稼働環境を迅速に構築

※2　WAS Expressエディションには，32bit版しか提供されないという制限がありました。WAS V9.0では，全プラットフォームで64bitのJVMを使用する版のみの提供となったため，Expressエディションは廃止されました。

Liberty Coreエディションは、新しいランタイムWAS Libertyのみが含まれるエディションです。クラウド環境での使用やSoE（System of Engagement）の単純なアプリケーションの開発・実行に適しています。Baseエディションと WAS NDエディションには、これまでの WAS traditionalとWAS Libertyの２種類のランタイムが含まれます。要件に応じて使い分けることができます。

本書では、WAS Baseエディションに含まれるWAS traditionalランタイムを「WAS Base」、WAS NDエディションに含まれるWAS traditionalランタイムを「WAS ND」と呼びます。また、それぞれのエディションに含まれるWAS Libertyランタイムを「WAS Liberty」と呼ぶこととします。

WAS Baseはシングル・サーバー構成を基本としていますが、V8.5からWeb層のクラスタリングが可能となり、可用性を求めるシステムにも利用可能となりました。

WAS NDは、WAS Baseの機能に加えて、複数サーバーの集中管理機能とクラスタリング機能を提供します。クラスタリングを行うことで、１つのアプリケーション・サーバー（JVM）に障害が発生した場合にも、自動的にアクティブなアプリケーション・サーバーに処理をフェールオーバーすることができ、可用性が向上します。また、WAS NDには、複数のWebサーバーにリクエストを負荷分散させる機能を提供するEdge Componentsやプロキシー・サーバーも同梱されています。特にサービスの中断が許されないミッション・クリティカルなシステムにおいては、WAS NDが多く採用されています。

▶図 1-4 ND エディションにおけるシステム構成例

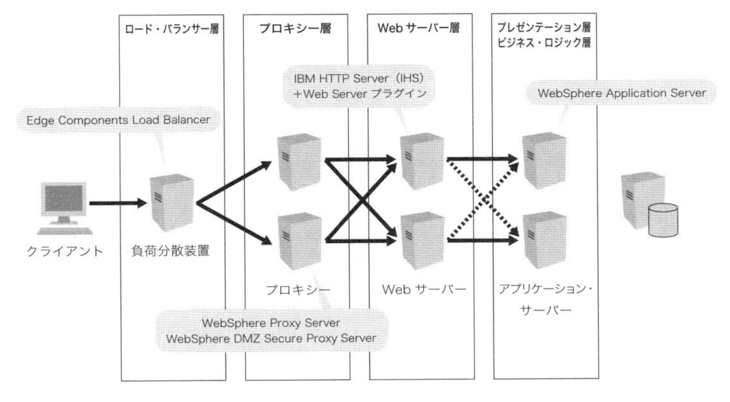

Column

Base エディションは正式名ではない

実は、Base と呼ばれるエディションは正式名称ではありません。正式には「WebSphere Application Server」という名前のみで、特別なエディション名は付いていません。しかし、これでは「WAS」と言った場合に、全エディションを含む WAS 全体を指しているのか、シングル・サーバー環境の WAS を指しているのか分かりづらいので、一般的に「Base エディション」と呼ばれるようになりました。

エディション比較と同梱コンポーネント

WAS 上で稼働するアプリケーションの面では、Base、ND の各エディションで対応する API に差異はありません。いずれも Java EE に含まれる全ての API が使用できます※3。Liberty Core エディションでは、アプリケーションから使用できる API が Java EE のサブセットである Web Profile に限定されています。提供されている API についてはエディション間で差はないため、アプリケーション開発者は、デプロイ先の WAS のエディションを気にすることなく開発できます。

※3 Java EE 仕様でオプションとして指定されている一部を除きます。

WAS のエディションを選択する場合には、予算とシステム要件（特に可用性や集中管理機能などの非機能要件）を考慮して、エディションを決定することになります。表 1-2 に、エディションごとの比較を示します。

表 1-2　WAS V9.0 のエディションごとの利用可能な機能

	Liberty Core エディション	Base エディション	ND エディション
traditional ランタイム	―	○（WAS BASE）	○（WAS ND）
Liberty ランタイム	○（WAS Liberty）	○（WAS Liberty）	○（WAS Liberty）
Java EE 7 対応	Web Profile 対応	Full platform 対応	Full platform 対応
複数サーバーの集中管理	―	―	○
複数サーバーのフェールオーバー	△　シンプル・フェールオーバー構成のみ	△　シンプル・フェールオーバー構成のみ	○　シンプル・フェールオーバー機能および ND 構成
セッションのフェールオーバー方法	データベース	データベース，WXS	データベース，WXS, メモリ間複製
高可用性構成	―	―	○
Edge Component の同梱	―	―	○
WebSphere eXtream Server（WXS）の同梱	―	△ セッションのフェールオーバー用途に限定	○

1-3 WAS traditional のシステム構成

この節では、WAS traditional の基本的な構成パターン（トポロジー）について説明します。

以下の構成では IHS を例に紹介していますが、WAS がサポートする Web サーバーであれば何を使用しても構いません。また、負荷分散装置についても、機能を満たすものであれば、どのような製品を使用しても構いません。WAS ND に同梱される Load Balancer は、「ハードウェアを準備すれば無料で使用できる」「サポートも WAS と一緒に提供される」といったメリットがありますが、BIG-IP のような負荷分散装置と WAS を組み合わせて使用することもできます。

【構成 1】WAS Base シングル・サーバー構成

図 1-5　【構成 1】WAS Base シングル・サーバー構成

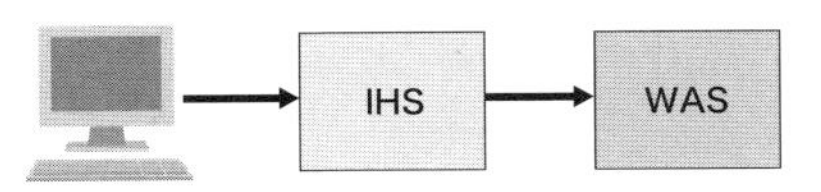

この構成は、WAS Base1 台でのシングル・サーバー構成です。フェールオーバー機能は提供されませんが、最もシンプルな構成となります。テスト環境や、システムダウン時のサービス停止が許容できるシステムで採用できます。障害の種類によっては、復旧までに数分（再起動で済むケース）から数日（ハードウェアが故障したケース等）かかることも考えられます。

【構成2】WAS Baseシンプル・フェールオーバー構成

▶図1-6　【構成2】WAS Baseシンプル・フェールオーバー構成

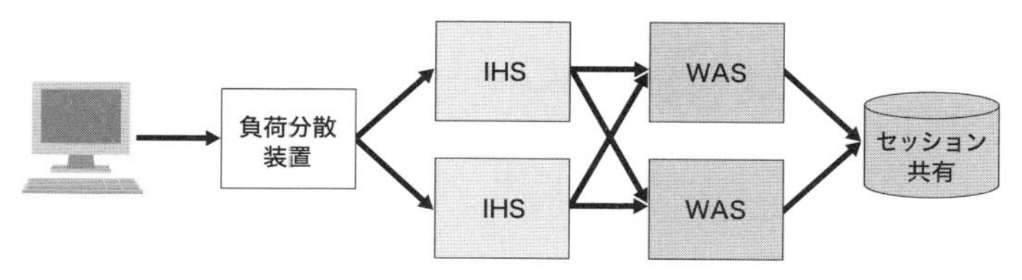

可用性を向上するための構成として、WAS Baseのシングル・サーバーを2台以上並べて、負荷分散装置でリクエストを割り振る方法があります。この構成では、WASの管理コンソールは１台ずつ別々に提供されます。そのためWASの構成作業やアプリケーションの導入・更新作業は、WASの台数分、繰り返して実施する必要があります。また複数のWASで出力されたプラグイン構成ファイルをツールでマージしてIHSにコピーする必要があります。

このとき、複数サーバーでセッション情報を共有できます。セッションの共有にはデータベースを使用します。WASに同梱されるDb2をセッションの保管先として使用することができます。この構成ではセッション情報が共有されるため、１台のWASがダウンしてメモリ上のセッション情報が失われた場合でも、アクティブなサーバーがデータベースからセッション情報を読み取り処理を継続することが可能です。障害時にもユーザーの再ログインが不要になるため、構成１よりも可用性の高いシステムを構築できます。

この構成では、リクエストを並列に処理することで、構成１と比べて対応できるトランザクション量が増加します。また、複数台で稼働することにより可用性も向上します。IHS上のWebサーバー・プラグインがWASの生死状況を確認し、WASがダウンしている場合にはアクティブなWASに処理を割り振ります。万が一サーバーがダウンしても、セッションデータベースに保存された情報を元に処理を継続できます。

【構成 3】Network Deployment（WAS ND）構成

▶図 1-7　【構成 3】Network Deployment（WAS ND）構成

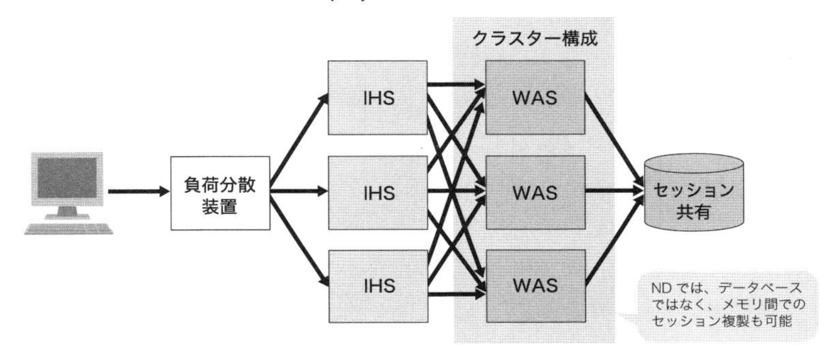

可用性が求められるシステム、あるいは集中管理機能が必要となるシステムで採用されているのが、WAS ND によるクラスター構成です。WAS ND では複数台のサーバーを一元的に管理するための論理的な範囲を「セル」と呼んでいます。「セル＝ドメイン」と考えると分かりやすいでしょう。WAS ND では 1 つの管理コンソールからセル全体を管理できます。

また、複数サーバーでクラスターを構成し同じアプリケーションを動かすことができます。障害が発生した場合にはクラスター・メンバー間でサービスのフェールオーバーが実行されます。WAS ND ではセッションのフェールオーバーだけでなく、2 フェーズ・コミットにおける仕掛かり中のトランザクションや、JMS のメッセージもフェールオーバーの対象となり、Single Point of Failure（単一障害点）のないシステムを構築できます。また、データベースを使用したセッション情報の共有以外に、サーバーのメモリ間で直接セッション情報を複製することもできます。メモリ間で複製する場合は、メモリを必要以上に圧迫しないように、レプリカを取るサーバー台数を管理者が指定することも可能です。

WAS ND のもう 1 つの特徴として集中管理機能があります。WAS ND では 1 つの管理コンソールから全てのサーバーを管理することができ、サーバーの稼働状態やパフォーマンス状況をまとめて確認できます。また、アプリケーションの導入や更新はクラスターという論理的なサーバーの集合体に対して行うため、サーバーが 10 台含まれるような場合でも導入・更新作業は 1 回で済みます。クラスターにアプリケーションを導入する場合は、アプリケーションのバイナリーが各クラスター・メンバーに自動で転送され、その後、各サーバー上でアプリケーションの導入が始まります。

さらに、アプリケーションの更新時に、ロールアウト・アップデートという機能を利用できます。これは、全クラスター・メンバーに対して一斉にアプリケーションの更新を行うのではなく、サーバー 1 台ずつ順に実施する方法です。管理者がコンソールからロールアウト・アップデートを指示するだけで、後は WAS がサーバーの起動を制御します。この機能により、稼働中のアプリケーションに対する更新であっても、システム全体がサービス停止になるのを防ぐことができます。Base 構成の場合は、管理者が 1 台ずつアプリケーションの配布と更新作業を実施する必要があります。またサービス停止を防ぐように、更新の適用とリクエストの割り振りのタイミングを管理者が制御する必要があります。

同様に、WAS ND では WAS 自身の Fix の適用についても集中管理を行うことができます。WAS ND では Fix 用のリポジトリーを作成することができ、管理コンソールから Fix を適用したいサーバーを指定するだけで、Fix のバイナリーが各ノードに自動配布され、適用を開始できます。

【構成 4】WAS ND の Web サーバー・インテリジェント管理構成

▶図 1-8 【構成 4】WAS ND の Web サーバー・インテリジェント管理構成

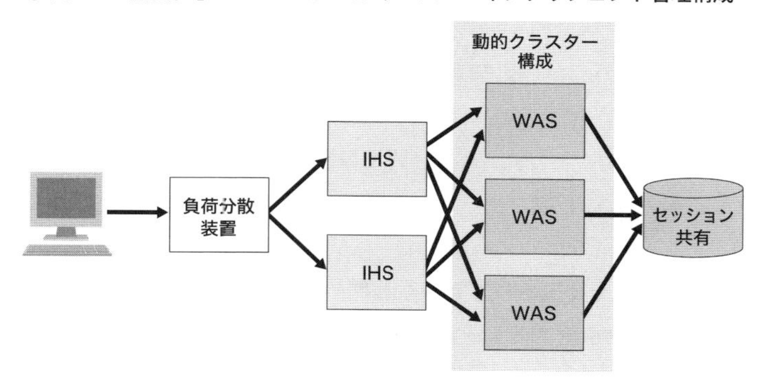

WAS ND V8.5.5 以降は、Web サーバー・プラグインにインテリジェント・マネジメント機能が組み込まれました。この構成を使用すると、アプリ新規登

録時に静的に割り振るサーバーを定義するためのプラグイン構成ファイルを生成・伝搬する必要がなくなります。また、応答時間超過条件のようなヘルス・ポリシーを設定し、アプリケーション・サーバーの稼働数を動的に起動と停止の調整できます。これを動的クラスターと呼びます。応答時間超過のようにヘルス・ポリシーで定義した閾値を越えた場合、新たなリクエストを送らない保守モードに設定し、ダンプを収集し、再起動するなどのアクションを定義できます。動的クラスターは、動作モードによって自動的な起動・停止や監視モードとして手動での起動や停止も可能です。リクエスト数が増加し、設定した目標応答時間を満たせなくなってきた場合には、アプリケーション・サーバーを追加起動し、処理可能なサーバー数を増やすことで、サービス・ポリシーを守れます。また、リクエスト数が減少してサーバーが不要になった場合には縮退を行い、アプリケーション・サーバーが使用しているリソースを開放します。起動するアプリケーション・サーバーの最大数・最小数は管理者が設定できます。

また、手動で特定のアプリケーション・サーバーを保守モードとして切り離して、メンテナンスを行うことができます。その他、同じ名前のアプリケーション（EAR）にエディション番号をつけて登録し、切り替えてリリースするエディション管理が可能です。

WAS NDを構成するコンポーネント

WAS NDのトポロジーについて、もう少し詳しく見てみましょう。WAS NDでは、WAS Baseと異なり、集中管理を行うための専用のJVMが追加になります。このJVMをデプロイメント・マネージャー（DM）と呼びます。WAS NDのセルの中に必ず1つのデプロイメント・マネージャーが存在し、管理コンソールやスクリプト・ユーティリティは、このデプロイメント・マネージャーに接続してセルの管理を行います。

各ノードには、このデプロイメント・マネージャーと通信するためのノード・エージェントというJVMが追加になります。ノードとは、セルの中で管理対象となる論理的なサーバーの単位のことです。通常はサーバー1台につき1ノードとなりますが、WASのノードはOSをまたがることができないため、仮想化環境ではOS単位にノードを構成することになります。また、テスト環境やバージョンアップ中の環境においては、1 つの OS の上に、複数の WAS ノードを構成することもあります。

ユーザーのアプリケーションは、アプリケーション・サーバー（JVM）上で稼働します。管理者は、セルの中に複数のアプリケーション・サーバーを構成することができます。ノードをまたがって構成されるクラスターを水平クラスター（水平分散）と呼び、同じノード内に複数のアプリケーション・サーバーを作成してクラスターを構成する場合を垂直クラスター（垂直分散）と呼びます。さらに、水平分散と垂直分散を組み合わせてクラスターを構成することもできます。水平分散では、異なるサーバー間で処理を分散するために、垂直分散よりも耐障害性が高くなります。

図 1-9　WAS Network Deployment トポロジー

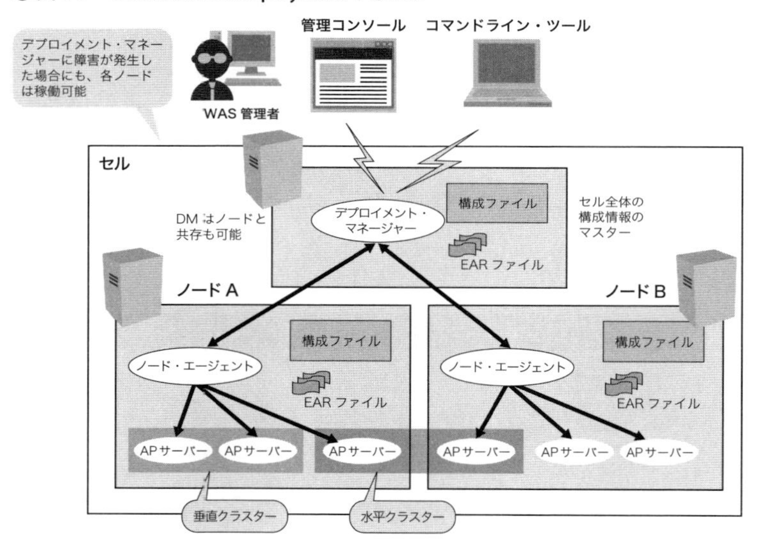

上記の構成例では、セルの中に 3 台のサーバー（または 3 つの区画）があり、その中に 1 つのデプロイメント・マネージャーと 2 つのノード・エージェント、6 つのアプリケーション・サーバーの計 9 個の JVM が稼働していることになります。デプロイメント・マネージャーはノードから独立して配置することもできますし、ノードと共存して配置することもできます。デプロイメント・マネージャーもライセンスの課金対象になるので、小規模の環境ではアプリケー

ション・サーバーが稼働するノードに同居して配置するケースのほうが多く見られます。

管理者はデプロイメント・マネージャーに接続して、サーバーやクラスターの構成を定義したり、アプリケーションをデプロイしたりします。サーバーやアプリケーションの情報は、デプロイメント・マネージャーが管理するセルの構成情報にいったん保存され、その後、該当のノードに情報が同期されます。また、各サーバーの稼働状況やパフォーマンス状況は、ノード・エージェントを介してデプロイメント・マネージャーに送付され、管理コンソールから参照できるようになります。仮に、デプロイメント・マネージャーに障害が発生した場合でも、各アプリケーション・サーバーは処理を継続することができ、サービス停止にはつながりません（ただし、管理コンソールでの作業は不可）。つまり、デプロイメント・マネージャーはセルの一元管理機能を提供しますが、Single Point of Failure にはならないような仕組みになっています。

さらに、WAS V8.5 から、デプロイメント・マネージャーも高可用性構成をとれるようになりました。デプロイメント・マネージャーが稼働するサーバーで障害が発生した場合、他のサーバーでデプロイメント・マネージャーを稼働させることができます。

ノード・エージェントはノード内のサーバーの監視も行います。ノード内のアプリケーション・サーバーがダウンした場合には、ノード・エージェントは 3 回までアプリケーション・サーバーの再起動を試みます。ノード・エージェントがアプリケーション・サーバーに生死確認の Ping を送る間隔（デフォルト 60 秒）や再起動を試みる回数は管理者が調整できます。

Column

管理コンソールについて

管理コンソールも 1 つの Web アプリケーションとして提供されています。WAS ND ではデプロイメント・マネージャー上、WAS Base ではアプリケーション・サーバー上で管理コンソールのアプリケーションが稼働します。管理コンソール・アプリケーションは、ユーザーが間違って削除したり停止したりすることがないように、アプリケーションの一覧には表示されないようになっています。

1-4 WAS Liberty のシステム構成

WAS Liberty にも、Liberty Collective という複数サーバーを統合管理するための仕組みが実装されており、Network Deployment エディションで WAS Liberty を使用している場合に利用できます。Collective Controller が、複数の WAS Liberty（Collective Member）を統合管理します。

▶図 1-10　WAS Liberty のシステム構成

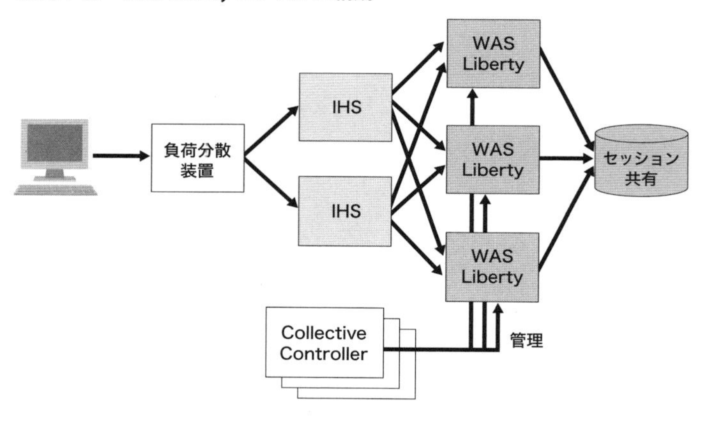

ただ、WAS traditional が WAS 自身の管理機能で構成管理をすることが必須なのに対して、WAS Liberty は構成ファイルの直接編集もサポートされ、外部ツールによって構成管理をすることもできるようになっています。そのため複数サーバーを手動で構成した、WAS Base のシンプル・フェールオーバー構成と同等の構成もよく利用されています。複数サーバーの統合管理には IBM UrbanCode Deployment などの外部ツールがしばしば使用されています。

Column

WAS Liberty のバージョン番号について

WAS V9.0 が出荷された 2017 年現在、1 つ前のバージョンである WAS V8.5 の通常サポートはまだ継続されています。そのため、WAS V8.5 に同梱されていた Liberty プロファイルについても定期的に Fix Pack が提供されています。ただ、WAS V8.5 の Liberty プロファイルと WAS V9.0 の WAS Liberty のそれぞれの最新版（例えば V8.5.5.12 と V9.0.0.2）は、バイナリー的には共通のものです。そのため、WAS Liberty については（サポート期間の基準となる）バージョン番号とは別に、固有のバージョン番号がついています。2016 年の第 4 四半期（12 月）に出荷された WAS Liberty は、西暦の下 2 桁と四半期を組み合わせて 16.0.0.4 というバージョンになっています。これは WAS V8.5.5 の 12 番目の Fix Pack であり、また同時に WAS V9.0 の 2 番目の Fix Pack でもあります。

▶図 1-11　WAS Liberty のバージョン表記

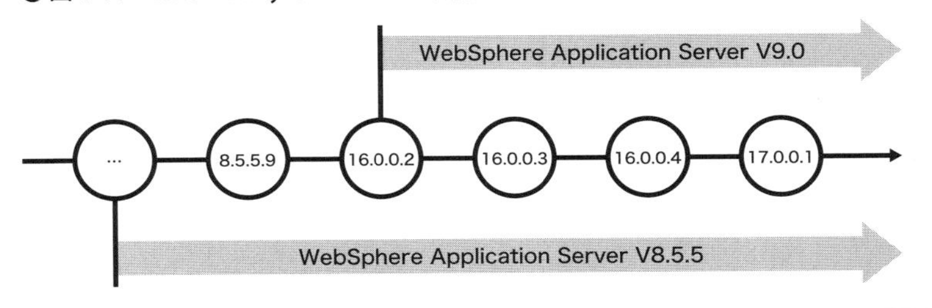

1-5 WAS のサポート

WAS のサポート・ポリシー

WAS のサポート契約は、サポート & サブスクリプション（S&S）と呼ばれ、技術 QA や障害対応などのテクニカル・サポートと、バージョンアップを行う権利となるサブスクリプションが含まれます。

テクニカル・サポートでは電話およびメールで技術員からのサポートを受けられます。また、24 時間オンラインで問題の報告や参照が可能な Web のインターフェース（サービスリクエスト：SR）も提供されています。問題を報告した場合は、固有の問題番号（PMR 番号）が割り振られ、以降、この番号をもとに IBM のサポート担当者とやりとりを行うことになります。各問題には重要度が設定されますが、重要度 1 となる障害（本番業務への重大な影響、システムダウン）が発生した場合には、24 時間 365 日のサポートが提供されます。

サブスクリプションはバージョンアップを行う権利で、サポート契約がある期間は自由に新しいバージョンを入手できます。「Passport Advantage Online」という Web のポータルサイトから新しいバージョンのコードをいつでもダウンロードすることが可能です。

WAS では、サポート期間として、最低 5 年間の標準サポートと最低 3 年間のバックレベル・プログラム支援サービス（延長保守契約）を提供しています。WAS のバージョンごとの GA（General Availability：出荷開始）時期とサポート終了時期を確認するには、次の URL を参照してください。

- IBM Software Lifecycle（IBM ソフトウェア全般についてサポート終了日が確認できます）

http://www.ibm.com/software/support/lifecycle/
または http://ibm.biz/swlifecycle

IBMソフトウェアのサポートの終了時期は、基本的には4月と9月の年2回に統一されています。また、サポート終了の案内については、終了日の1年以上前には、「IBM Software Lifecycle」のページに公開されることになっています。また、使用ユーザーの多いWASの場合は、IBMの発表レターでもサポート終了予定の案内が公開されます。サポート終了日までにバージョンアップすることが望ましいですが、通常サポート期間が終了した後も技術サポートが必要な場合には、バックレベル・プログラム支援サービスを利用できます。

WASにFixを適用する

WAS traditionalやWAS Libertyでは約3か月に1度、Fixの累積パッケージとしてFix Packが提供されます。また、システムダウンや脆弱性などの重要な障害が新規に発生した場合は、個別にInterim Fix（iFix）という単体Fixが提供されます（ただし、作成されたInterim Fixを適用することができる対象は、直近2年間に出荷されたFix Packに限定されます）。これらのFixは、IBM Support Portalで公開され、誰でも自由にダウンロードできます。

WAS traditionalではIBM Installation Managerというツールを利用してFixを適用します。このツールを使うと、WAS、JDK、IHS、Webサーバー・プラグインに対してまとめてFixを適用できるので便利です。

- Recommended fixes for WebSphere Application Server
http://www.ibm.com/support/docview.wss?uid=swg27004980
または http://ibm.biz/wasfixes

使用中のWASのランタイムとバージョンを選択して、最新のFix Packを確認します。ここでは、次に公開予定のFix Packのバージョンと公開予定日についても確認することができるので、Fix適用のスケジュールを決める際の参考にするとよいでしょう。

図 1-12　WAS V9.0 の推奨 Fix 一覧リスト

Version 9.0			
Fix	Level	Released	Comments
Fix Pack 7	9.0.0.7	16 MAR 2018	The date is an estimated future release date.
Fix Pack 6	9.0.0.6	21 DEC 2017	Documentation • 9.0.0.6 Readme • Fix list for 9.0.0.6 For Liberty, see 17.0.0.4.
Fix Pack 5	9.0.0.5	17 OCT 2017	Documentation • 9.0.0.5 Readme • Fix list for 9.0.0.5 For Liberty, see 17.0.0.3.
Fix Pack 4	9.0.0.4	13 JUN 2017	Documentation • 9.0.0.4 Readme • Fix list for 9.0.0.4 For Liberty, see 17.0.0.2.
Fix Pack 3	9.0.0.3	14 MAR 2017	Documentation • 9.0.0.3 Readme • Fix list for 9.0.0.3 For Liberty, see 17.0.0.1.
Fix Pack 2	9.0.0.2	13 DEC 2016	Documentation • 9.0.0.2 Readme • Fix list for 9.0.0.2 For Liberty, see 16.0.0.4.
Fix Pack 1	9.0.0.1	16 SEP 2016	Documentation • 9.0.0.1 Readme • Fix list for 9.0.0.1 For Liberty, see 16.0.0.3.
Release 9.0	9.0.0.0	24 JUN 2016	To download version 9.0 from Passport Advantage, follow download instructions: • Base • Network Deployment Shopz for z/OS For Liberty, see 16.0.0.2. Product documentation

次回公開される Fix Pack のバージョンと公開予定
最新の Fix Pack 情報。Fix Fix list のリンクから、この Fix Pack に含まれる内容を確認できる
ベースとなる WAS 情報。サポート契約がある場合は、パスポート・アドバンテージ・オンラインから製品コードをダウンロードできる

WAS traditional の Fix 適用の手順については第 2 章で紹介します。

第2章

WAS traditionalの導入

2-1 WAS Base 導入の概要

この章では、WAS Base traditional V9.0、IBM HTTP Server（IHS）、Web サーバー・プラグインを導入してスタンドアロン・サーバー環境を構成し、サンプル・アプリケーションを稼働する手順を紹介します。また、WAS 導入で必要となる概念と用語についても説明します。この章で説明する内容は、WAS traditional が対象となります。

WAS の導入概要

この章で構成する WAS は、次のスタンドアロン・サーバー環境になります。1 台の開発者のマシンに、WAS、IHS、プラグインの 3 つを導入します（図 2-1）。導入後、WAS と一緒に導入されるサンプル・アプリケーションを使用して稼働確認を行います。また、それぞれのコンポーネントを導入した後に、Fix Pack を適用する手順についても説明します。

図 2-1　導入環境

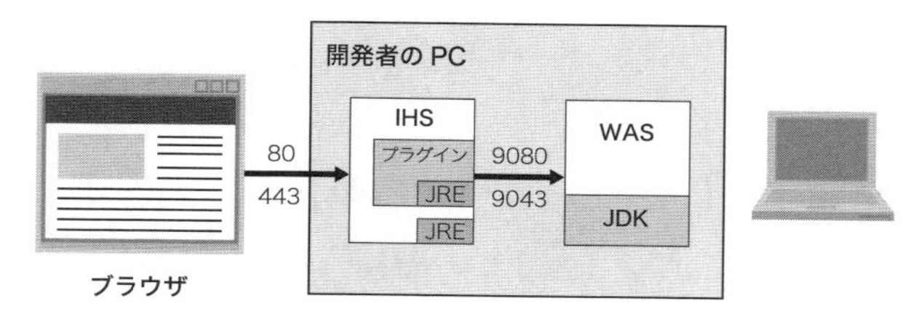

WAS V9.0 では IBM Installation Manager（以降、Installation Manager）から製品の導入と保守を行います。Installation Manager を使用すると、複数の IBM ソフトウェア製品を一元管理できます（図 2-2）。Installation Manager は次の機能を提供します。

- 製品の導入、削除
- 更新・保守のダウンロード、適用、ロールバック
- 製品フィーチャーの追加、削除
- ライセンスの管理

図 2-2　Installation Manager の画面

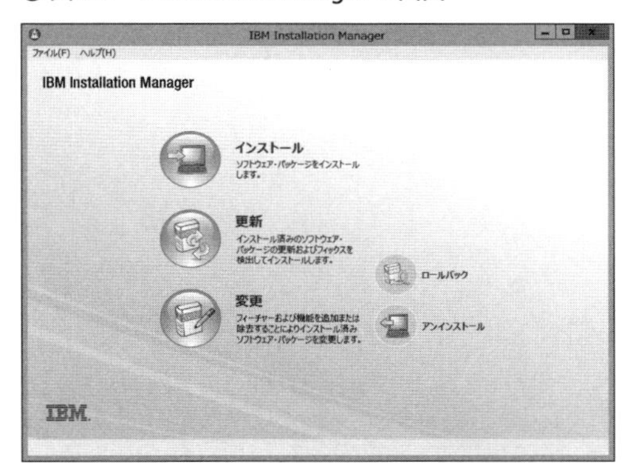

導入手順としては、まず Installation Manager を導入し、その後、このツールから WAS、IHS、プラグインを導入します。Installation Manager は、GUI 画面からの導入とサイレント・モードでの導入の両方をサポートしています。 WAS の導入が完了したらプロファイルを作成し、WAS を起動します。ブラウザから WAS 上のサンプル・アプリケーションの稼働を確認します。この時、ブラウザは WAS の内部 HTTP サーバーの 9080 ポート（デフォルト）を使用してアプリケーションに接続します。

図 2-3　WAS Base V9.0 の導入手順

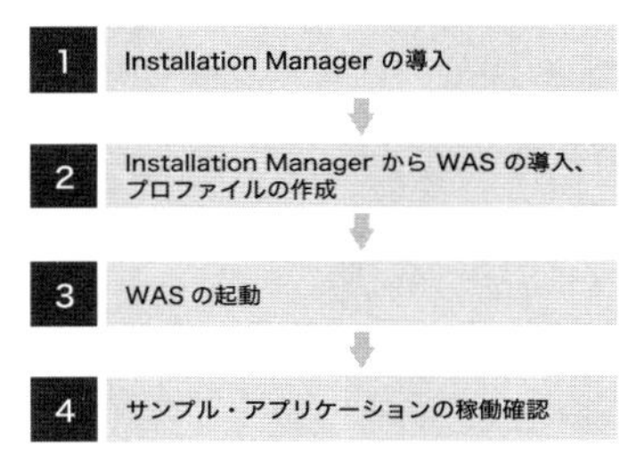

次にIHSとプラグインを導入・構成して、Webサーバー経由でのアクセスについて確認します。WASと同様に、Installation Managerを使用して導入し（図2-4）、WebSphere Customization Toolboxというツールを使用して構成します。構成完了後には、WASのサンプル・アプリケーションにIHS経由で接続できるかどうかを確認します。

図2-4 IHS、プラグインの導入手順

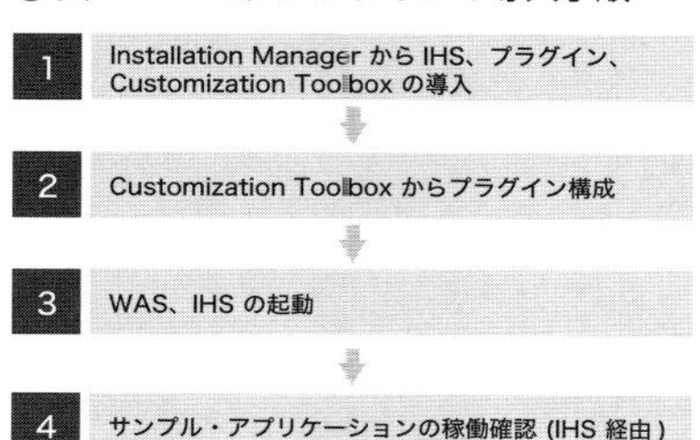

WASやIHSを導入した後での重要な作業は、最新のFixを適用することです。Fixの適用にもInstallation Managerを使用しますが、各コンポーネントに最適なFixが自動でダウンロードされます。

2-2 WAS と Java の導入

ここでは、WAS と Java の導入手順を紹介します。

Insatallation Manager の導入

1. 導入するプラットフォームに合わせた Installation Manager のメディア（CD または DVD）を準備します。Passport Advantage Online からも導入イメージをダウンロードできますが、その場合は事前に zip ファイルを解凍してください。
2. Windows 版では `install.exe` を、Unix/Linux 版では `./install` を実行します。
3. パッケージのインストール画面が表示されます。インストール対象として、IBM Installation Manager が選択されていることを確認して「次へ」をクリックします。
4. 使用条件の画面が表示されるので、「使用条件の条項に同意します」を選択して「次へ」をクリックします。
5. インストール・ディレクトリーを指定します。任意のディレクトリーに変更することもできます。
6. 要約画面が表示されます。確認後、「インストール」をクリックして、導入を開始します。
7. 「パッケージがインストールされました」のメッセージが表示されたら、インストールは完了です。「終了」をクリックします。

Column

Installation Manager は、デフォルトでは次のディレクトリーに導入されます。

- Windows：`C:¥Program Files¥IBM¥Installation Manager¥eclipse`
- Linux、UNIX：`/opt/IBM/InstallationManager/eclipse`

Installation Manager を起動する場合は、IBMIM コマンドを使用します。

WAS Base と Java SE 8 の導入

1. あらかじめ、WAS 本体（ディスクまたは zip ファイル）、Supplement (IHS、Web サーバー・プラグイン、Customization Toolbox を含むディスクまたは zip ファイル)、SDK（Java SE 8 を含むディスクまたは zip ファイル）を準備します。zip ファイルの場合は同一ディレクトリーに解凍しておきます。
2. IBMIM コマンドを実行し、Installation Manager を起動します。
3. リポジトリーの設定を行います。メニューから「ファイル」を選択し、「設定」をクリックします。
4. 「設定」画面で「リポジトリー」を選択し、「リポジトリー追加」をクリックします。
5. WAS 本体のリポジトリーファイル（`repository.config`）を指定し、「OK」をクリックします。
6. 同様の手順で、Java SE 8 のリポジトリーファイル（`repository.config`）も追加します。
7. 「設定」画面が表示されるので、WAS 本体と Java SE 8 のリポジトリーファイルにチェックを入れます。
8. Installation Manager のワークベンチから、「インストール」をクリックします。
9. 「パッケージのインストール」で、「IBM WebSphere Application Server」にチェックを入れ、「次へ」をクリックします。この時、IBM SDK も一緒に選択されます。

10. 使用条件の画面が表示されるので、「使用条件の条項に同意します」を選択して「次へ」をクリックします。
11. 複数のパッケージで共有する「共有リソース」の導入先を指定します。デフォルトから変更することもできます。
12. 「インストール・ディレクトリー」で製品の導入先を指定します。アーキテクチャーの選択では、「64 ビット」を選択し、「次へ」をクリックします。
13. インストールする言語の選択画面で、「日本語」にチェックが入っていることを確認し、「次へ」をクリックします。
14. インストールするフィーチャーの選択画面で機能を選択できます。必要な機能を選択し、「次へ」をクリックします。
15. 要約画面が表示されます。確認後、「インストール」をクリックして、導入を開始します。
16. 「パッケージがインストールされました」のメッセージが表示されたら、インストールは完了です。続けて、WAS のプロファイルを作成します。「プロファイル管理ツール」が選ばれた状況で「終了」をクリックし、Installation Manger を終了します。
17. プロファイル管理ツールが起動するので、「作成」ボタンをクリックします。
18. 「環境の選択」画面で、「アプリケーション・サーバー」を選択して「次へ」をクリックします。
19. オプションが表示されます。プロファイルの作成場所やノード名、ホスト名、ポート番号などをデフォルト値から変更したい場合は「拡張プロファイル作成」を選択してください。今回は「標準プロファイル作成」を選択して「次へ」をクリックします。
20. 管理セキュリティの設定画面が表示されます。この画面では任意のユーザー名とパスワードを指定して「次へ」をクリックします。
21. プロファイル作成サマリーが表示されるので、「作成」をクリックします。
22. プロファイル作成の完了画面で「プロファイル管理ツールは、プロファイルを正常に作成しました」のメッセージが表示されていることを確認します。「ファースト・ステップ・コンソールの起動」のチェックボックスを外し、「終了」をクリックします。

以上で、WAS の導入とプロファイルの作成が完了しました。

2-3 WASの起動・停止方法とアプリケーションの起動確認

WAS Baseの起動と停止方法を説明します。

WASの導入ディレクトリー

WASはデフォルトでは次のディレクトリーに導入されます。異なるバージョンやエディションのWASを同じマシン上に導入する場合は、異なるディレクトリーを指定する必要があります。

- Windows：C:¥Program Files¥IBM¥WebSphere¥AppServer
- Linux、Solaris、HP-UX：/opt/IBM/WebSphere/AppServer
- AIX：/usr/IBM/WebSphere/AppServer

本書ではWASの導入ディレクトリーを<WAS_HOME>と表記します。

WASの起動

WASの起動方法には次の3つがあります。ここでは、スタンドアロン・サーバー環境にデフォルトで作成されるserver1という名前のサーバーを起動することを想定しています。

- コマンド
  Windows：<WAS_HOME>¥bin¥startServer.bat server1
  Linux、UNIX：<WAS_HOME>/bin/StartServer.sh server1

▶出力結果

```
(中略)
ADMU3000I: サーバー server1 が e-business 用に開かれました。プロセス ID は
8356です。
```

ADMU3000I のメッセージが表示されたら、WAS の起動は完了しています。プロセス ID は環境によって変わります。

- スタート・メニュー（Windows のみ）
「すべてのプログラム」 → 「IBM WebSphere」 → 「WebSphere Application Server V9.0」 → 「profiles」 → 「プロファイル AppSrv01」 → 「Start the server」

- Windows サービス（Windows のみ）
Windows のサービス一覧から、IBM WebSphere Application Server V9.0 という名前のサービスを開始します。

WAS 管理コンソールへのログイン

WAS の起動が完了したら、次の URL にアクセスして管理コンソールのログイン画面を表示します。

- 管理セキュリティを無効にした場合：
`http://<server_name>:9060/ibm/console/`
- 管理セキュリティを有効にした場合：
`https://<server_name>:9043/ibm/console/`

前記のポート番号はデフォルト設定の場合ですが、同じ OS 上に複数の WAS プロファイルが存在する場合は、ポート番号が異なる可能性があります（導入時のデフォルト設定では、既存の WAS 環境とポート番号が競合しないように、自動的に空いている番号が使用されます）。

管理セキュリティを有効にしている場合は、SSL 通信用に自己署名証明書が使用されます。ブラウザによっては警告が表示されるので、WAS が提供す

る証明書を受け入れてください。ログイン画面（図 2-10）が表示されたら、WAS 導入時の管理セキュリティ設定画面で指定したユーザー ID とパスワードを入力します。

図 2-10　WAS V9.0 管理コンソールのログイン画面

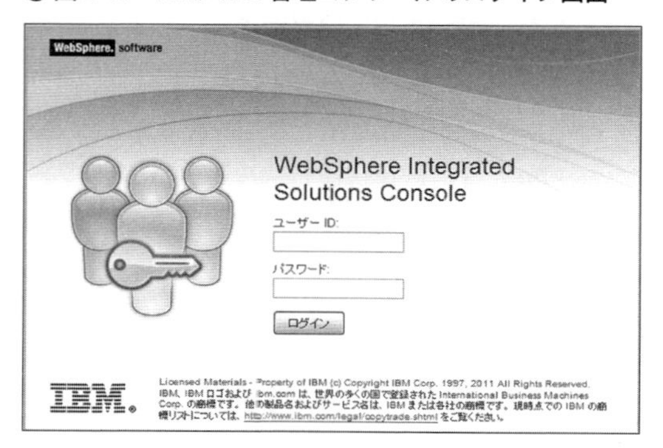

管理セキュリティを無効にした場合は、任意のユーザー ID でログインすることができます。ユーザー ID を省略することも可能です。ただし、複数のブラウザから同じユーザー ID を使用して同時にログインすることはできません。

WAS では、ログインしたユーザー ID ごとに管理コンソール上での作業を一時スペースに保管します。ユーザーが明示的に作業内容の保管を行うまでは、行った構成変更を取り消すこともできます。

管理コンソールからログアウトする場合は、コンソール画面右上に表示されている「ログアウト」をクリックします。また、30 分以上操作がなかった場合には自動的にセッションが切れてしまうので、再度ログインする必要があります。

WAS の停止

WAS の停止方法には次の方法があります。

- コマンド

  Windows：`<WAS_HOME>¥bin¥stopServer.bat server1`

  Linux、UNIX：`<WAS_HOME>/bin/stopServer.sh server1`

出力結果

```
（中略）
ADMU4000I: サーバー server1 の停止が完了しました。
```

ADMU4000Iのメッセージが表示されたら、WASの停止が無事完了したことになります。

- スタート・メニュー（Windowsのみ）
「すべてのプログラム」 → 「IBM WebSphere」 → 「WebSphere Application Server V9.0」 → 「profiles」 → 「プロファイルAppSrv01」 → 「Stop the server」

- Windowsサービス（Windowsのみ）
Windowsサービスから起動した場合は、IBM WebSphere Application Server V9.0サービスを停止します。

サンプル・アプリケーションの稼働確認

WASの導入時に一緒に導入されるDefault Applicationを使用して、アプリケーションの稼働確認を行います。

1. WASを起動し、管理コンソールにログインします。
2. 左サイドのメニューから、「アプリケーション → 「アプリケーション・タイプ」 → 「WebSphereエンタープライズ・アプリケーション」を選択します。WASに導入されたアプリケーションの一覧が表示されます（図2-11）。この画面からアプリケーションごとに開始・停止を行うことができます。DefaultApplication、ivtApp、queryの3つは、WASを導入すると必ず一緒に導入されるアプリケーションです。WAS導入時のフィーチャーの選択画面でサンプル・アプリケーションを選択した場合には、さらにPlants By WebSphereとSamples Galleryも導入されます（本番環境ではこれらのサンプル・アプリケーションを停止、または削除してください）。

▶図 2-11　アプリケーションのリスト

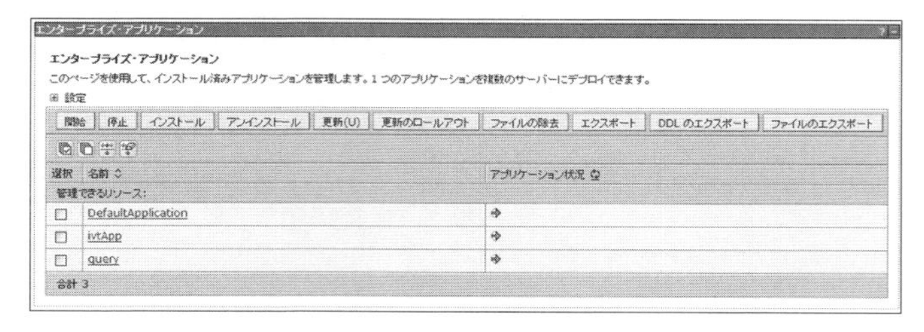

3. DefaultApplication に含まれる Snoop Servlet を実行します。ブラウザから次の URL を指定します。Web コンテナのポート番号はデフォルトでは 9080 になりますが、サーバー上に複数 WAS 環境が導入されている場合は、ポート番号が異なる可能性があります。

```
http://localhost:9080/snoop
```

4. 図 2-12 の画面が表示されれば、Snoop Servlet は正常に実行されています。

▶図 2-12　Snoop Servelt の実行結果

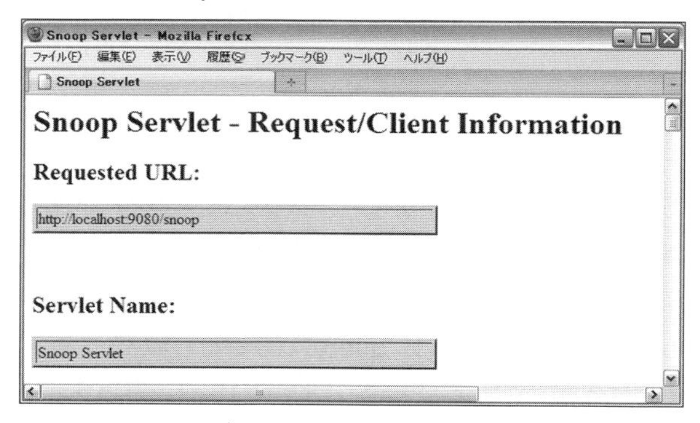

以上でサンプル・アプリケーションの稼働確認は終了です。

2-4 IBM HTTP Server と Web サーバー・プラグインの導入

IBM HTTP Server（IHS）の構成方法

次に IBM HTTP Server（IHS）を導入します。IHS には、HTTP サーバーとしてのプロセス以外に、IBM が追加した「管理サーバー」というプロセスがあります。管理サーバーは、IHS と WAS との連携機能を強化し、WAS からリモートのマシン上にある IHS の構成ファイルやログ・ファイルの表示および更新を行ったり、プラグイン構成ファイルを WAS から IHS のマシンに転送したりします。

図 2-13　ローカル Web サーバー構成

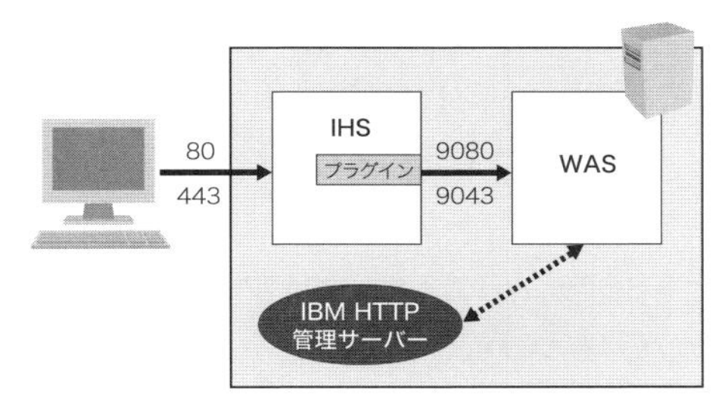

図 2-14　リモート Web サーバー構成

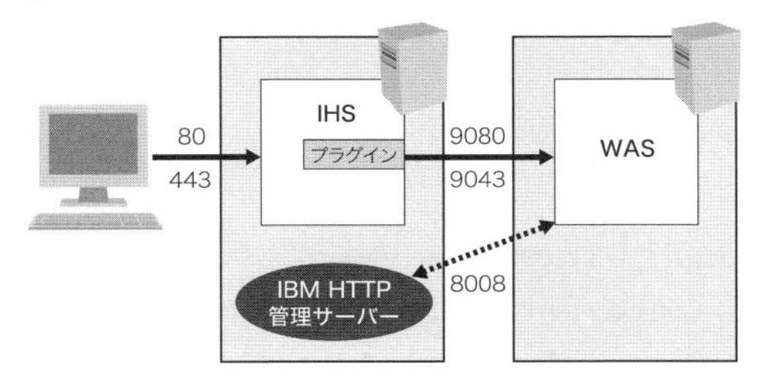

IHS と Web サーバー・プラグインを導入する

Installation Manager を使用して、IHS と Web サーバー・プラグインを導入します。ここでは、プラグインを構成するためのツール「WebSphere Customization Toolbox」も一緒に導入します。

1. Installation Manager を起動します。
2. メニュー・バーの「設定」を選択します。リポジトリーの設定画面で「リポジトリーの追加」をクリックし、Supplement にある repository.config を指定します。WAS 導入時と同様に、Java SE 8 のロケーションにもチェックを入れてください。「OK」をクリックして、Installation Manager の設定画面を終了します。
3. Installation Manager のワークベンチから「インストール」をクリックします。パッケージのインストール画面が表示されるので、IBM HTTP Server、Web Server Plug-ins、WebSphere Customization Toolbox を選択し、「インストール」をクリックします。
4. ソフトウェアの使用条件が表示されるので、「同意します」を選択して「次へ」をクリックします（3 製品の使用条件が表示されますが、どれか 1 つの画面で同意を選択すれば、全てに同意したことになります）。
5. パッケージ名とインストール・ディレクトリーが表示されます。ディレクトリーは変更することもできます。アーキテクチャーはデフォルトの「64 ビット」を選択したままで、「次へ」をクリックします。

Column

Windows 環境でのデフォルトの導入ディレクトリーは以下となります。なお本書では、IHS の導入ディレクトリーを `<IHS_HOME>`、プラグインの導入ディレクトリーを `<PLUGIN_HOME>` と表記します。

- IBM HTTP Server：`C:¥Program Files¥IBM¥HTTPServer`
- Web サーバー・プラグイン：`C:¥Program Files¥IBM¥WebSphere¥Plugins`
- Customization Toolbox：`C:¥Program Files¥IBM¥WebSphere¥Toolbox`

6. インストールするフィーチャーを選択します。WebSphere Customization Toolboxを展開して「Webサーバー・プラグイン構成ツール」のみを選択し、「次へ」をクリックします。
7. IBM HTTP Serverの構成画面が表示されます。ポート番号の設定（デフォルト 80）を行い、「次へ」をクリックします。
8. 要約情報が表示されるので、確認後、「インストール」をクリックします。
9. 「パッケージがインストールされました」のメッセージが表示されたら、導入は成功です。「どのプログラムを開始しますか？」の選択肢で、「WebSphere Customization Toolbox」が選択されていることを確認して「終了」をクリックします。
10. WebSphere Customization Toolbox が起動します。「Web サーバー・プラグイン構成ツール」を選択し、「選択したツールを起動」ボタンをクリックします。
11. 「Web サーバー・プラグイン・ランタイム・ロケーション」のタブを選択し、「追加」をクリックします。
12. Web サーバー・プラグインの名前（任意）とロケーション（プラグイン導入場所）を指定し、「終了」をクリックします。
13. 次に「Web サーバー・プラグイン構成」のタブを選択し、「作成」をクリックします。Web サーバー・プラグイン構成ツールの Web サーバー選択画面で「IBM HTTP Server」を選択し、「次へ」をクリックします。
14. IHS の構成ファイル httpd.conf の場所とポート番号を指定します。デフォルトでは `<IHS_HOME>¥conf¥httpd.conf` ファイルになります。ポート番号は 80 のまま「次へ」をクリックします。
15. IHS 管理サーバーのセットアップ画面が表示されます。IHS 管理サーバー用のユーザー ID とパスワード（任意）を指定して、「次へ」をクリックします。
16. IHS 管理サーバーを Windows サービスとして実行するかどうかの指定を行います。デフォルトのまま、「次へ」をクリックします。
17. Web サーバー定義名を指定します。デフォルトは webserver1 という名前になります。ここではデフォルトのまま、「次へ」をクリックします。
18. 構成シナリオを選択します。WAS と IHS を同一マシン上に導入した場合は「ローカル」を選択します。WAS の導入ディレクトリーを指定し、「次へ」をクリックします。

19. プロファイル名を選択します。デフォルトで作成された AppSrv01 が選択されているので、「次へ」をクリックします。
20. 要約画面が表示されるので、確認後、「構成」をクリックします。
21. 「構成は正常に完了しました」のメッセージが表示されたら「終了」をクリックします。Customization Toolbox も終了します。

IHS の起動・停止方法とアプリケーションの稼働確認

IHS の起動と停止方法について確認します。プラグインについては、IHS の構成ファイルの中でプラグイン用のモジュールがロードされるように設定されており、起動・停止の作業はありません。

Column

WAS と Web サーバーの起動と停止

WAS と Web サーバーの起動順序はどちらが先でも構いません。しかし、サービスをクライアントに提供するという観点からは、「バックエンドから起動を行い、その後フロントエンドを起動する」という順番が一般的です。つまり、WAS から起動し、WAS の準備ができた時点で Web サーバーを起動します。これは、WAS の準備ができる前に Web サーバーがクライアントからのリクエストを受け付けてしまうと、クライアントにエラーが返されるためです。同様に、停止順序にも決まりはありませんが、一般的には先にフロントエンド（IHS）を終了し、次にバックエンド（WAS）を終了します。こうすることで、Web サーバーが 500 Internal Server Error をクライアントに返すことを防げます。

IHS の起動

IHS および IHS 管理サーバーの起動方法を説明します。IHS の起動・停止に、管理サーバーは関係ありません。IHS 管理サーバーを使用しない場合は、起動する必要はありません。

- コマンド（Linux、UNIX）

IHS：`<IHS_HOME>/bin/apachectl start`

管理サーバー：`<IHS_HOME>/bin/adminctl start`

- スタート・メニュー（Windows）
  IHS：「すべてのプログラム」 → 「IBM HTTP Server」 → 「Start HTTP Server」
  管理サーバー：「すべてのプログラム」 → 「IBM HTTP Server」 → 「Start Admin Server」をクリック

- Windows サービス（Windows）
  導入時に Windows サービスに登録した場合は、次のサービスを開始します。
  IHS：IBM HTTP Server
  管理サーバー：IBM HTTP Administration

IHS の停止

IHS と IHS 管理サーバーの停止には次の方法を使用できます。

- コマンド（Linux、UNIX）
  IHS：`<IHS_HOME>/bin/apachectl stop`
  管理サーバー：`<IHS_HOME>/bin/adminctl stop`

- スタート・メニュー（Windows）
  IHS：「すべてのプログラム」 → 「IBM HTTP Server」 → 「Stop HTTP Server」
  管理サーバー：「すべてのプログラム」 → 「IBM HTTP Server」 → 「Stop Admin Server」をクリック

- Windows サービス（Windows）
  Windows サービスから起動した場合は、次のサービスを停止します。
  IHS：IBM HTTP Server
  管理サーバー：IBM HTTP Administration

IHS を経由したサンプル・アプリケーションの確認

2-3 の「サンプル・アプリケーションの稼働確認」では、WAS の内部 HTTP サーバー（9080 ポート）に直接アクセスしてサンプル・アプリケーションの稼働を確認しました。ここでは IHS を経由したアクセスを確認します。

1. WAS、IHS を起動後、管理コンソールにログインします。
2. アプリケーションの一覧画面から DefaultApplication が起動していることを確認します。
3. ブラウザに次の URL を入力します。

`http://localhost/snoop`（80 ポートを使用）

同じ Snoop Servlet の結果がブラウザに表示されれば、IHS と Web サーバー・プラグインを経由して WAS のアプリケーションに接続できたことになります。

2-6 WAS に Fix Pack を適用する

Installation Manager を使用して WAS、JDK、IHS、プラグインの各コンポーネントに対して Fix を適用します。Fix 適用時は、事前に関連するプロセスを終了する必要があります。また、Fix 適用の前後で、WAS のバックアップを取得することをお勧めします。

1. Installation Manager を起動し、ワークベンチから「更新」をクリックします。
2. 導入済みのパッケージが表示されるので、「推奨更新および推奨フィックスですべてのパッケージを更新」にチェックをして、「次へ」をクリックします。
3. IBM ID の入力を求められたら、IBM ID とパスワードを入力します。
4. インストールする更新（バージョン）を確認して「次へ」をクリックします。
5. 使用条件に同意して「次へ」をクリックします。
6. 要約情報を確認して「次へ」をクリックします。
7. Fix が自動的にダウンロードされて適用されます。「パッケージが更新されました。」のメッセージが表示されたら完了です。

2-7 バージョンの確認

WAS や IHS に Fix Pack を適用したら、バージョンを確認しましょう。

WAS のバージョン確認

次のコマンドを実行します。

Windows：`<WAS_HOME>¥bin¥versionInfo.bat`
Linux、UNIX：`<WAS_HOME>/bin/versionInfo.sh`

▶出力結果（抜粋）

```
インストール済み製品
--------------------------------------------------------------------------------
名前                    IBM WebSphere Application Server
バージョン              9.0.0.3
ID                      BASE
ビルド・レベル          cf031707.04
ビルド日                2/17/17
パッケージ              com.ibm.websphere.BASE.v90_9.0.3.20170217_1945
アーキテクチャー        x86-64 (64 bit)
--------------------------------------------------------------------------------
```

「インストール済み製品」セクションに WAS と Java のバージョンが表示されます。この例の WAS バージョン「9.0.0.3」とは、Fix Pack 3 が適用されていることを意味します。また、ID には「BASE」と表示されていますが、Network Deployment エディションの場合は「ND」と表示されます。

IHS のバージョン確認

WAS と同様のコマンドが提供されています。

Windows：`<IHS_HOME>¥bin¥versionInfo.bat`
Linux、UNIX：`<IHS_HOME>/bin/versionInfo.sh`

出力結果（抜粋）

```
インストール済み製品
--------------------------------------------------------------------------------
名前                  IBM HTTP Server
バージョン            9.0.0.3
ID                    IHS
ビルド・レベル        cf031707.04
ビルド日              2/17/17
パッケージ            com.ibm.websphere.IHS.v90_9.0.3.20170217_1945
アーキテクチャー      x86-64 (64 bit)
--------------------------------------------------------------------------------
```

WAS と同様に、「インストール済み製品」セクションの「バージョン」を確認します。この例では Fix Pack 3 が適用されていることが分かります。

IHS では **versionInfo** コマンドを使う以外に、次のコマンドでもバージョンを確認できます。

```
<IHS_HOME>¥bin¥httpd -v
```

出力結果

```
Server version: IBM_HTTP_Server/IBM_HTTP_Server/9.0.0.3 (Win32)
Server built:   Jan 9 2017 14:13:46
```

プラグインのバージョン確認

同様に **versionInfo** コマンドを使用します。

Windows：`<Plugin_HOME>¥bin¥versionInfo.bat`
Linux、UNIX：`<Plugin_HOME>/bin/versionInfo.sh`

出力結果（抜粋）

```
インストール済み製品
--------------------------------------------------------------------------------
名前                Web Server Plug-ins for IBM WebSphere Application Server
バージョン          9.0.0.3
ID                  PLG
ビルド・レベル      cf031707.04
ビルド日            2/17/17
パッケージ          com.ibm.websphere.PLG.v90_9.0.3.20170217_1945
アーキテクチャー    x86-64 (64 bit)
--------------------------------------------------------------------------------
```

2-8 プロファイル

WAS では、WAS の製品コード（バイナリー）とは別に、WAS の構成情報（プロファイル）を切り出して持つことができる仕組みを採用しています。（図2-18）。WASの１回の導入に対して、複数のプロファイルを作成できます。ポートなどのリソースが競合していなければ、同じマシン上で複数のプロファイルを同時にアクティブにすることもできます。プロファイルは後から追加・削除することもできます。プロファイルを管理するためのツールやコマンドが提供されています。

プロファイルには、サーバーやリソース、アプリケーションなどの構成情報とログ･ファイルが含まれています。製品コードと構成情報を分離することで、複数の環境を簡単に構築でき、Fix 適用の手間も減らせます。また、製品バイナリーを複数プロファイル間で共有するため、使用するディスク容量も削減できます。特に同じマシン上に複数の環境を持つことの多い開発機やテスト環境においては、プロファイルはとても便利な機能です。

プロファイルは、`<WAS_HOME>/profiles` の下に作成されます。

▶図 2-18　WAS 導入環境

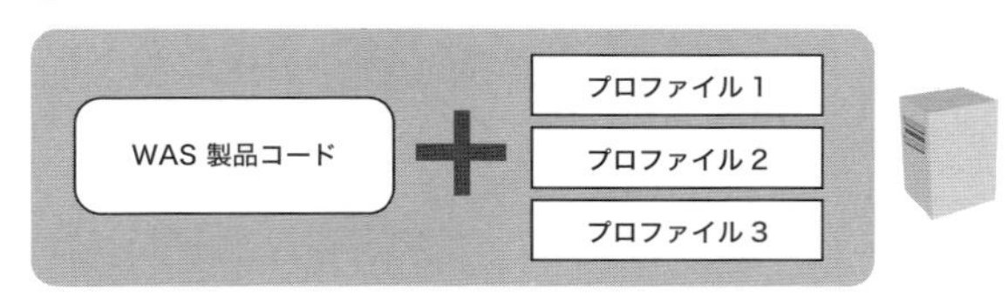

Column

プロファイルを使わずに複数の環境を構築する

プロファイルで環境を分離するのではなく、1台のマシン上に複数回WASを導入して、複数の環境を作成することも可能です。例えばFix Packは製品コードに対して適用するので、製品コードを共有しているプロファイルごとにFix Packレベルを変えることはできません。WASのバージョンやFixレベルを環境ごとに変えたい場合には、製品コードから分ける必要があります。

プロファイルの種類

プロファイルには、いくつかの種類が提供されています。エディションによって使用できるプロファイルの種類は異なります。現在使用可能なプロファイルには次のようなものがあります。

- WAS Base/NDで使用可能なプロファイルの種類
    - アプリケーション・サーバー・プロファイル
    - 管理プロファイル：管理エージェント
- WAS NDでのみ使用可能なプロフィルの種類
    - セル・プロファイル
    - 管理プロファイル：デプロイメント・マネージャー
    - 管理プロファイル：ジョブ・マネージャー
    - カスタム・プロファイル
    - セキュア・プロキシー

アプリケーション・サーバー・プロファイルは、スタンドアロン・サーバー環境を提供します。Base環境であれば、必ずこのプロファイルを使用します。NDを導入した場合でも、スタンドアロン・サーバー環境を作成したい場合は、アプリケーション・サーバー・プロファイルを使用できます。

管理エージェントのプロファイルは、スタンドアロン・サーバー環境に対して、オプションで導入可能です。同じノード（OS）上にある複数のアプリケーション・サーバーを管理することができ、管理コンソールや管理ユーティリティへの接続には、管理エージェントのプロセスが使われます。管理機能を1つのJVMに切り出して共有できるため、複数のスタンドアロン・サーバーがある環境では、ノード全体の負荷を下げることが可能です。ただし、NDの集中管理とは異なり、1つのコンソール画面からは常に1つのアプリケーション・サーバーしか管理することはできません。複数サーバーを管理する場合には、コンソール画面を切り替える必要があります。

図2-19　WAS Baseで管理エージェントを構成する場合

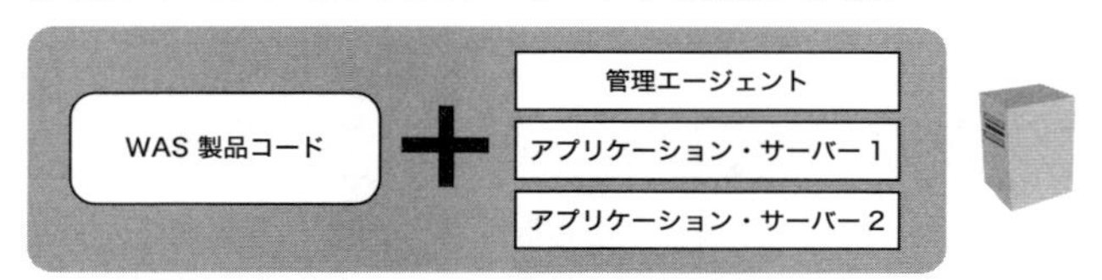

スタンドアロン・サーバー環境の場合は、セル内に1ノード、1アプリケーション・サーバーしか存在しませんが、Webサーバーの定義を追加することができます。

セル名とノード名は、デフォルトではマシンのホスト名が使用されます。例えばblueというホスト名の場合、セル名はblueNode01Cell、ノード名はblueNode01という名前が付けられます。任意のノード名とサーバー名を付けたい場合は、導入時にプロファイルを作成せず、導入後にプロファイル管理ツールの「拡張プロファイル作成」を使用します。「拡張プロファイル作成」を使用した場合にカスタマイズできる項目については、表2-1にまとめています。

図2-21　スタンドアロン・サーバー環境でのノード名、サーバー名

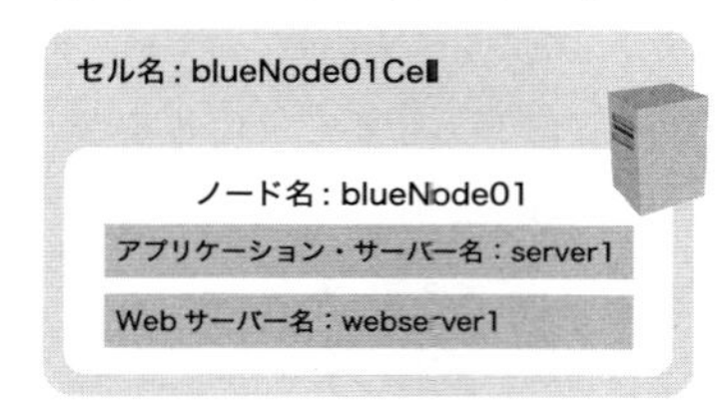

▶表 2-1 プロファイル管理ツールのアプリケーション・サーバー・プロファイル作成

	標準プロファイル作成	拡張プロファイル作成
管理コンソールのデプロイ	デプロイする	選択可能
デフォルト・アプリケーションのデプロイ	デプロイする	選択可能
サンプル・アプリケーションのデプロイ	デプロイなし	選択可能
プロファイル名	自動割り当て	変更可能
プロファイル・ディレクトリー	自動割り当て	変更可能
デフォルト・プロファイルの設定	自動割り当て	変更可能
パフォーマンス・チューニング設定	標準	標準・ピーク・開発から選択
ノード名	自動割り当て	変更可能
サーバー名	server1	変更可能
ホスト名	自動割り当て	変更可能
管理セキュリティの設定	選択可能	選択可能
証明書の設定	自動割り当て	変更可能
個人証明書の有効期限	1 年	1 年～ 15 年から選択
ルート署名証明書の有効期限	15 年	15 年・20 年・25 年から選択
ポート番号	自動割り当て	変更可能
Windows サービスとしての実行	有効	指定可能
Web サーバー定義の作成	作成しない	指定可能

ND エディションでは、1 セルの中に複数ノードを含めることができますが、ノード名はセル内で一意でなければなりません。同様に、1 ノードの中に複数のアプリケーション・サーバーを構成することができますが、サーバー名はノード内で一意でなければなりません。

ノードが異なる場合は、セル内で同じサーバー名を使用できます。例えば、blue というホスト名のマシンにデプロイメント・マネージャーとノードを構成し、red というホスト名のマシンにノードを構成する場合、セル名は blueCell01、デプロイメント・マネージャーのノード名は blueCellManager01、アプリケーション・サーバーのノード名はそれぞれ blueNode01 と redNod01 になります。また、デプロイメント・マネージャーのサーバー名は dmgr、ノード・エージェントのサーバー名は nodeagent という名前になります(固定)。

▶図 2-22　ND セル環境でのノード名、サーバー名

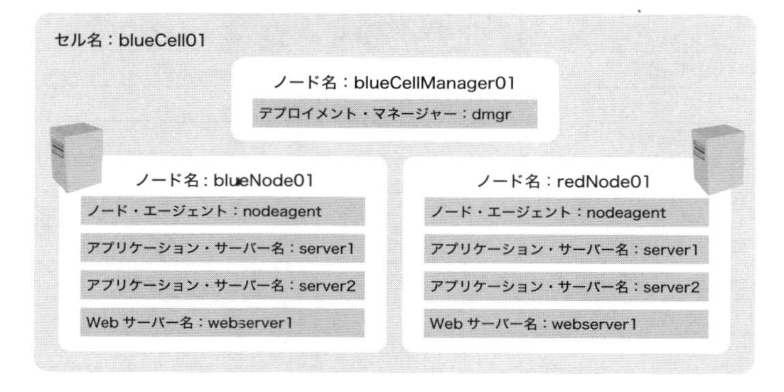

ND で利用できる主なプロファイルは次の通りです。

- セル・プロファイル
  デプロイメント・マネージャー、ノード・エージェント、アプリケーション・サーバーの 3 つの JVM を 1 つのプロファイル内に作成します。デプロイメント・マネージャーとアプリケーション・サーバーが同じマシン上に同居している環境では、このセル・プロファイルを利用できます。
- デプロイメント・マネージャー・プロファイル
  デプロイメント・マネージャーだけを作成します。アプリケーション・サーバーとノードを分けて構成する場合には、このプロファイルを使用します。
- カスタム・プロファイル
  ノード・エージェントだけを作成するプロファイルです。アプリケーション・サーバーは作成しません。カスタム・プロファイルの作成時に、デプロイメント・マネージャーのホスト名とポート番号が尋ねられ、セルに統合することができます。プロファイル作成後に統合することもできます。

1 台のマシンにデプロイメント・マネージャーとアプリケーション・サーバーの両方を構成したい場合は、セル・プロファイルを使用すると簡単です。その他の方法として、デプロイメント・マネージャーのプロファイルを作成した後に、カスタム・プロファイルを作成してアプリケーション・サーバーを追加するということもできます。

WAS NDエディションの導入・構成方法については、次の手順書を参照してください。

- WebSphere Application Server V9.0 導入ガイド
`http://www.ibm.com/developerworks/jp/websphere/library/was/twas9_install/`

プロファイルの管理

プロファイルの作成方法には、以下の2つの方法があります。

- GUIのプロファイル管理ツールを使用する
- `manageprofiles` コマンドを使用する

プロファイル管理ツールは次の方法で起動します。

- スタート・メニュー
「すべてのプログラム」→「IBM WebSphere」→「Application Server V9.0」→「ツール」→「プロファイル管理ツール」
- コマンドからの起動
Windows：`<WAS_HOME>¥bin¥ProfileManagement¥pmt.bat`

ようこそ画面が開いたら、「プロファイル管理ツールを起動」をクリックします。この画面からプロファイルの新規作成が可能です（図2-23）。

▶図2-23　プロファイル管理ツール

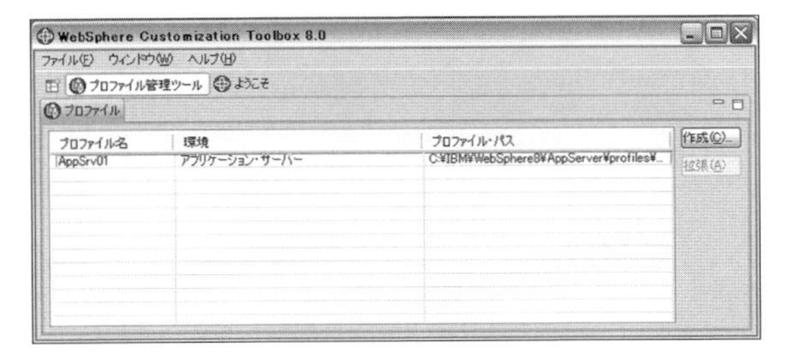

manageprofiles コマンドには様々なモードが提供されており、プロファイルの作成（create）、拡張（augment）、削除（delete）、全削除（deleteAll）、一覧表示（listProfiles）、バックアップ（backupProfile）、復元（restoreProfle）を行うことができます。また、GUI のプロファイル管理ツールにはプロファイル削除機能がないため、プロファイルを削除したい場合にはこのコマンドを使用する必要があります。実行方法は以下の通りです。コマンドの詳細は、-help でご確認ください。

- Windows：<WAS_HOME>¥bin¥manageprofiles.bat
- Linux、UNIX：<WAS_HOME>/bin/manageprofiles.sh

2-9 ディレクトリー構成

WAS 導入後のディレクトリー構成を確認しましょう。**<WAS_HOME>** 以下に含まれるディレクトリーは図 2-24 の通りです。エディションによって若干異なりますが、主なディレクトリー構成は同じです。

図 2-24　<WAS_HOME> 以下に含まれるディレクトリー（V9.0 の例）

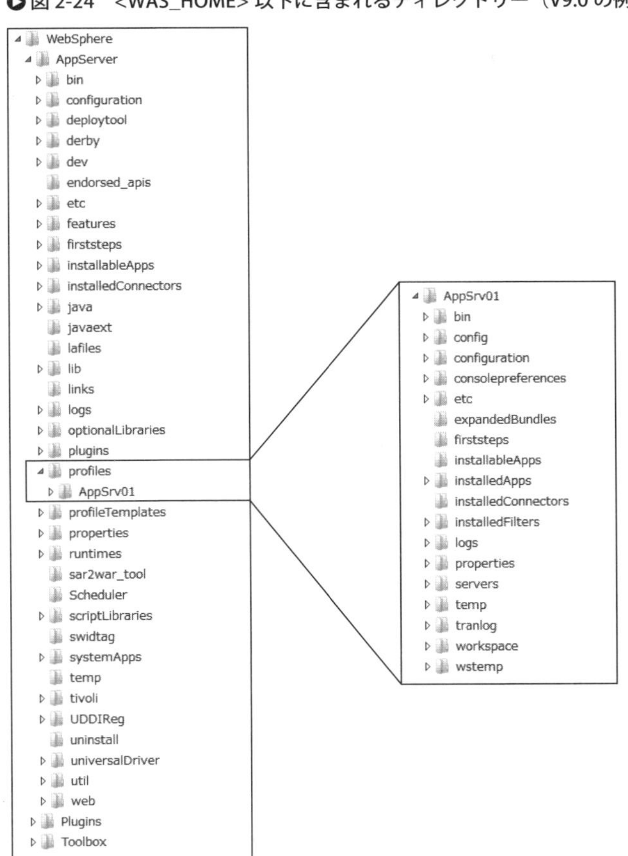

profiles ディレクトリーの中の AppSrv01 プロファイル・ディレクトリー（以降、<PROFILE_ROOT> と表記）は、<WAS_HOME> と同じようなディレクトリー構成になっていることが分かります。例えば bin や logs ディレクトリーは両方に存在します。logs を例にとると、<WAS_HOME>¥logs には WAS 導入等の WAS 全体に関するログ・ファイルが置かれ、<PROFILE_ROOT>¥logs にはサーバーの起動・停止などのプロファイル固有のログ・ファイルが置かれることになります。以下は主なディレクトリーです。

- bin：WAS のコマンド類が含まれます。
- config（プロファイル配下）：サーバーの構成情報が含まれます。
- deploytool：事前に EJB 用のデプロイメント・コードを生成するためのコマンドが含まれます。
- derby：オープンソース・データベースの Apache Derby 用ディレクトリーです。開発・テスト用途で使用できます。
- etc（プロファイル配下）：証明書や鍵データベースなどが含まれます。
- firststeps（プロファイル配下）：ファースト・ステップ・ツールが含まれます。このツールからサーバーや管理コンソールの起動を行うことができます。
- installableApps：導入可能なアプリケーション（EAR ファイル）が含まれます。
- installedApps（プロファイル配下）：ノードに導入されたアプリケーションが展開される場所です。
- java：JDK/JRE が導入されています。
- lib：WAS 関連のライブラリーが含まれます。
- optionalLibraries：Struts や Jython など WAS が使用する関連ライブラリーが含まれます。
- plugins：WAS ランタイムが使用する jar ファイルが含まれます。
- profiles：プロファイルの情報が含まれます。
- profileTemplates：プロファイルを作成するためのテンプレートが含まれます。
- properties：プロパティー・ファイルが含まれます。
- runtimes：クライアントの jar ファイルが含まれます。
- scriptLibraries：便利なスクリプト・ライブラリーが含まれます。

- systemApps：WASのシステム管理で使用されるアプリケーションが含まれます。
- temp（プロファイル配下）：一時ディレクトリーです。JSPからコンパイルされたクラス・ファイルも含まれます。
- tranlog（プロファイル配下）：仕掛かり中のトランザクションのログが含まれます。
- universalDriver：Db2ユニバーサルJDBCドライバー用のライセンス・ファイルが含まれます。
- web：APIドキュメントが含まれます。

Column

デフォルト・プロファイルの注意点

複数のプロファイルを作成した場合には、デフォルト・プロファイルの設定に注意してください。プロファイル名を明示的に指定してコマンドを実行しない場合は、デフォルト・プロファイルに設定されたプロファイルが有効になります。例えば <WAS_HOME>¥bin¥startServer.bat server1 を実行した場合、デフォルト・プロファイルに指定されたプロファイルのserver1が起動します。デフォルト・プロファイルとは異なるプロファイルに存在するサーバーを起動したい場合には、<WAS_HOME>¥profiles¥<プロファイル名>¥startServer.batコマンドを使います。

最初に導入されたプロファイルがデフォルト・プロファイルに指定されますが、プロファイル管理ツールやmanageprofilesコマンドを使用して追加のプロファイルを作成する際に、デフォルト・プロファイルの設定を変更することもできます。また、manageprofilesコマンドのgetDefaultNameとsetDefaultNameモードを使用すると、デフォルトのプロファイル名を確認したり変更したりすることができます。

2-10 WASのDocker対応

ここでは、クラウド環境で注目を浴びているDockerコンテナとWASでの対応について説明します。

Dockerとは

Dockerはオープンソースで開発・提供されている仮想化技術の1つです。従来の仮想マシンを使用する仮想化技術（VMWareやKVM、Hyper-Vなど）に比べ、コンテナ技術を使用するため消費リソースが少なく仮想環境の起動が速いというメリットがあります。これは仮想マシンがそれぞれの仮想環境ごとに独立したOSを走らせているのに対して、コンテナではそれぞれの仮想環境はホストOS機能を共用するためです。

▶図2-25　ハードウェア仮想化とコンテナ型仮想化

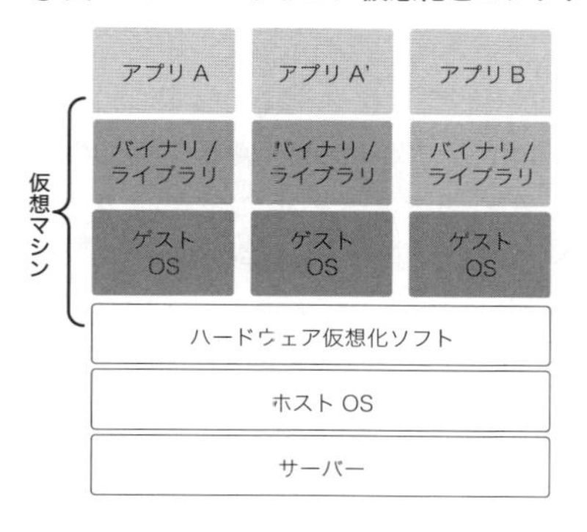

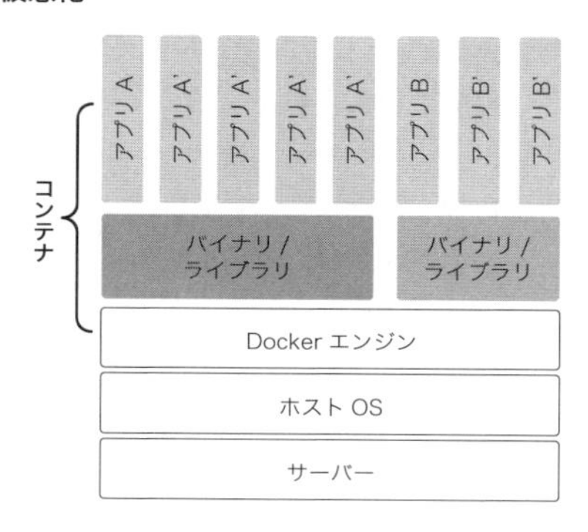

最近利用が進んでいるクラウド環境では、これまで以上に柔軟性とスピードが重視されており、基盤を準備するために必要な時間やコストを大幅に削減することが要求されます。このような用途では、コンテナ技術を利用するDockerは最適です。また、オンプレミス環境の仮想化でも、アプリケーショ

ン密度を大幅に高めることができるため、利用が増えてきています。各種 CI ツールを活用した継続的開発でも、スクラッチ&ビルドを繰り返すため、軽量で起動の速い Docker は開発者を中心に支持されています。

Docker が使える環境

Ubuntu や RHEL、SLES など主要な Linux ディストリビューションを含め、今日のほとんどの Linux では Docker をサポートしています。また、macOS 向けに Docker for Mac、Windows 用に Docker for Windows も無償で提供されています。それぞれ、xhyve や Hyper-V といった仮想化を利用して Docker エンジンのホスト用に Linux を起動しているため、Linux ベースで作成された Docker イメージをそのまま動かすことができます。

これは、もともと Docker が Linux コンテナの技術をベースにしていることにも関係します。現在 Docker イメージの多くは Ubuntu ベースで作成されていますが、どの環境の Docker エンジンでもホスト OS（Linux）の種類に関わらずそのまま動作可能となっています。

クラウド環境については、IBM Cloud を含む主要なパブリック・クラウドで Docker がサポートされています。また、クラウド基盤の主要ソフトである OpenStack や Cloud Foundry、Kubernetes（K8s）なども Docker 対応が行われています。

IBM の Docker 対応

IBM は、Docker イメージを公開する Docker Hub（**https://hub.docker.com/**）や Docker Store（**https://store.docker.com/**）上に public リポジトリーを設置しています。すでに数百種類の Docker イメージが登録されており、世界中からの docker pull リクエストに対応しています。

▶図 2-26　Doker Hub 上の IBM リポジトリーから WAS の Docker イメージを pull

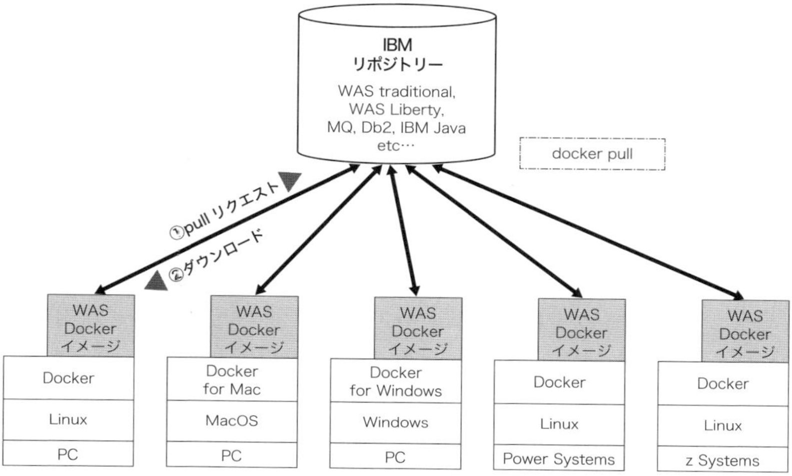

IBM
リポジトリー
WAS traditional,
WAS Liberty,
MQ, Db2, IBM Java
etc…
docker pull
①pull リクエスト
②ダウンロード
WAS Docker イメージ / Docker / Linux / PC
WAS Docker イメージ / Docker for Mac / MacOS / PC
WAS Docker イメージ / Docker for Windows / Windows / PC
WAS Docker イメージ / Docker / Linux / Power Systems
WAS Docker イメージ / Docker / Linux / z Systems

WAS の Docker 対応

WAS V9.0 では GA 版から、WAS V8.5 では 8.5.5.5 以降で Docker エンジン上での動作をサポートしています。次の Docker Hub および Doker Store にて、WAS traditional の Docker イメージが公開されています。

```
https://hub.docker.com/r/ibmcom/websphere-traditional/
https://store.docker.com/community/images/ibmcom/websphere-traditional
```

WAS Liberty の Docker 対応については、第 9 章「WAS Liberty を Docker で使う」を参照してください。

Docker Hub および Docker Store 上の WAS Docker イメージは Developer 向けとなっており、サポートはありません。Docker イメージに問題がある場合は、GitHub の IssueTracker にフィードバックする形となります。Docker Hub および Docker Store の User Feedback のセクションを参照してください。

WASのライセンスを持っている場合は、Dockerイメージを自作することで、IBMの正式サポートが受けられます。サポートのあるWASを用いた自前のDockerイメージの作成は、以下のURLを参考にしてください。

https://developer.ibm.com/wasdev/blog/2016/05/18/running-application-traditional-docker-containers/

1
2
3
4
5
6
7
8
9
10
11
12
13

WAS traditionalをDockerエンジンで動かす

Docker環境で次の手順を実行すると、数分から数十分という短い時間（ネットワーク環境に依存）で、DockerイメージのダウンロードとWAS traditionalイメージのコンテナを起動できます。何もない状態から新規WAS環境の管理コンソールにアクセスするまでの一連の作業を短時間で簡単に行えるため、インフラ構築の自動化に有用です。なお、以下の実行例は、visudoの設定でパスワード入力が省略されたユーザー環境です。

1. WASを起動します。ローカルにDockerイメージがない場合は、自動でダウンロードされます。

```
$ sudo docker run --name test -h test -p 9043:9043 -p 9443:9443 -d ibmcom/
websphere-traditional:profile
Unable to find image 'ibmcom/websphere-traditional:profile' locally
profile: Pulling from ibmcom/websphere-traditional
Digest: sha256:5f81f24a0815f0685f356a1348daf5d33fb4ad37ffd8b9f0c6dae3732f331f21
Status: Downloaded newer image for ibmcom/websphere-traditional:profile
fc1ddf352303eb893bcf23e003ea12ed73f7e917b2a6c27f3db77584703e0943
```

2. Dockerプロセスを確認します。

```
$ sudo docker ps
CONTAINER ID  IMAGE                                  COMMAND               CREATED
STATUS              PORTS                                               NAMES
fc1ddf352303  ibmcom/websphere-traditional:profile  "/work/start_server"  21
minutes ago  Up 21 minutes  0.0.0.0:9043->9043/tcp, 0.0.0.0:9443->9443/tcp   test
```

3. 管理コンソールのパスワードを確認します。

```
$ sudo docker exec test cat /tmp/PASSWORD
********
```

4. ブラウザから管理コンソールにアクセスします。

```
https://localhost:9043/ibm/console/
```

ユーザー名とパスワードには次の値を使用します。

- ユーザー名：wsadmin
- パスワード：3. で確認した文字列

●図 2-27　WAS のコンソール画面

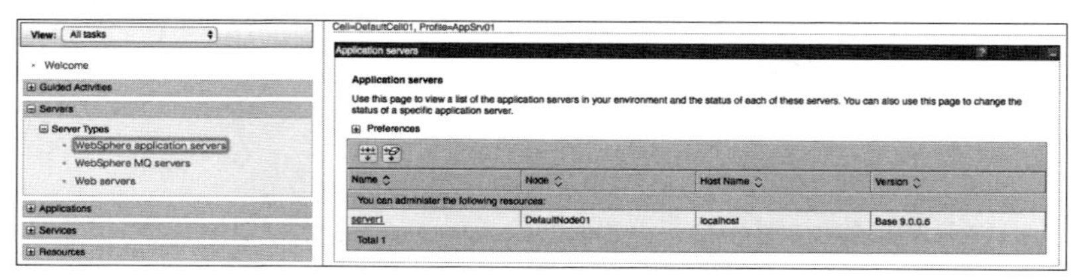

第3章

WAS traditionalにアプリケーションをデプロイする

3-1 WAS で使用可能な開発ツール

WAS V9.0 は Java EE 7 に対応しており、このバージョンをサポートする開発ツールであれば、どのようなツールを使用しても構いません。この節では WAS traditional でのアプリケーション開発に役立つツールを紹介します。

Eclipse IDE と WAS Developer Tools（WDT）

Eclipse は Java の開発環境として最もよく利用されているオープンソース・ベースの IDE です。Eclipse IDE for Java EE Developers は Java EE アプリケーション向けの開発ツールで、最新バージョンの Eclipse 4.7（Oxygen）は Java EE 7 の開発に対応しています。Eclipse のコードは `http://eclipse.org/` からダウンロードすることができ、プラグインを追加することで IDE の機能を自由に拡張できます。

現在、Eclipse 上に追加導入可能な WAS V9.0 用の開発ツール WAS Developer Tools（WDT）が Eclipse Marketplace に公開されており、誰でも無償で入手できます。WDT を使用することで、Eclipse のワークベンチから WAS の管理やアプリケーションのデプロイとテストを行うことができます。このプラグインが提供する機能は次の通りです。

- WAS traditional および Liberty への接続（ローカルおよびリモート接続）
- WAS の管理：起動、停止、コンソールの起動、管理スクリプトの実行
- ビジュアル・エディターを使用した Web アプリケーションの開発
- OSGi アプリケーションの開発
- アプリケーションのデプロイ、テスト、デバッグ

WAS Developer Toolsの導入と構成手順は次の通りです。ここでは、Eclipse上から同じマシンに導入済みのWAS V9.0に接続する例を紹介します。

1. Eclipseのワークベンチから、「Help」→「Eclipse Marketplace」を選択します。
2. SearchタブのFindテキストボックスに「websphere」と入力し、「Go」ボタンをクリックします。
3. IBM WebSphere Application Server V9.x Developer Toolsが表示されるので、「Install」ボタンをクリックします（図3-1）。

▶図3-1　バージョンの選択

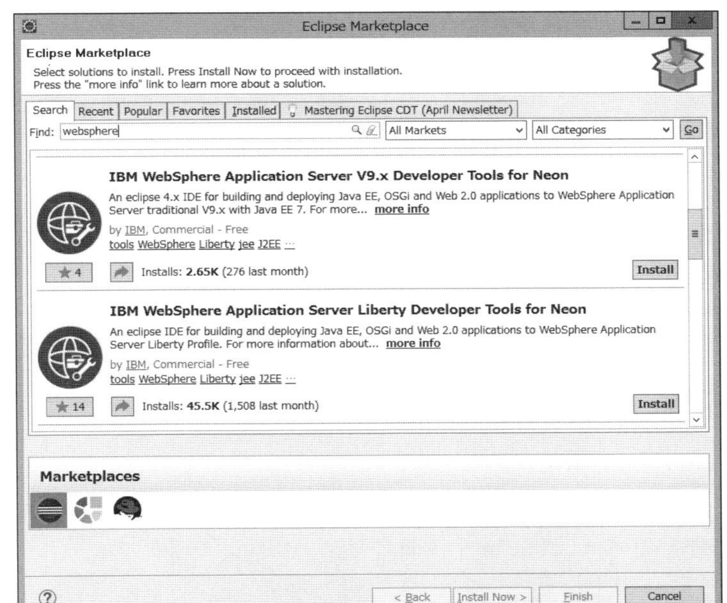

4. Featureの確認画面が表示されるので、必要な機能を選択して、「Next」ボタンをクリックします（図3-2）。

▶図 3-2　導入する機能の選択

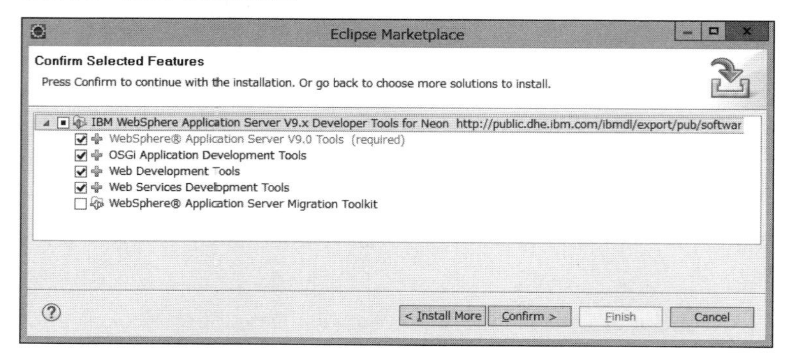

5. ライセンスの確認画面が表示されるので、「I accept...」を選択して「Finish」ボタンをクリックします。
6. 最後に「Restart Now」ボタンをクリックして、Eclipse を再起動します。
7. 次に、WAS のサーバー構成を作成します。ワークベンチの Servers タブから、「New」 → 「Server」を選択します。サーバーの定義画面で、WAS のバージョンを選択し、ホスト名を指定します（図 3-3）。

▶図 3-3　WAS サーバーの定義

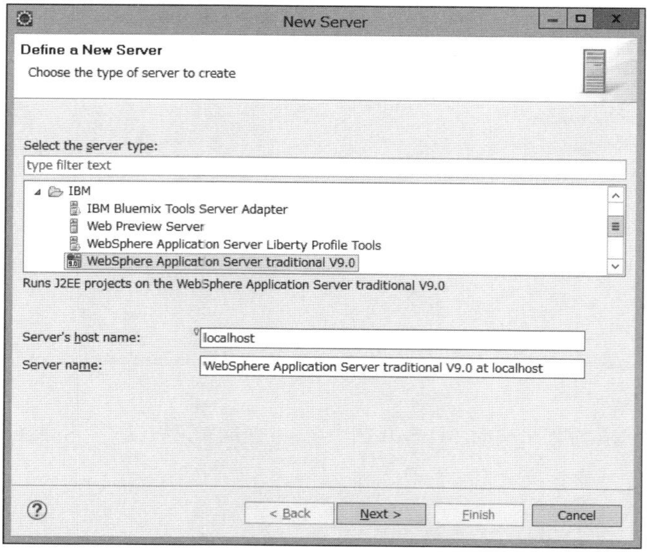

8. WASの導入ディレクトリーとJREを指定します。
9. WASのプロファイル名とサーバー名を指定します。WASの管理セキュリティを有効にしている場合には、ユーザーIDとパスワードも入力します（図3-4）。「Next」ボタンをクリックします。

▶図3-4 ユーザーIDとパスワードの入力

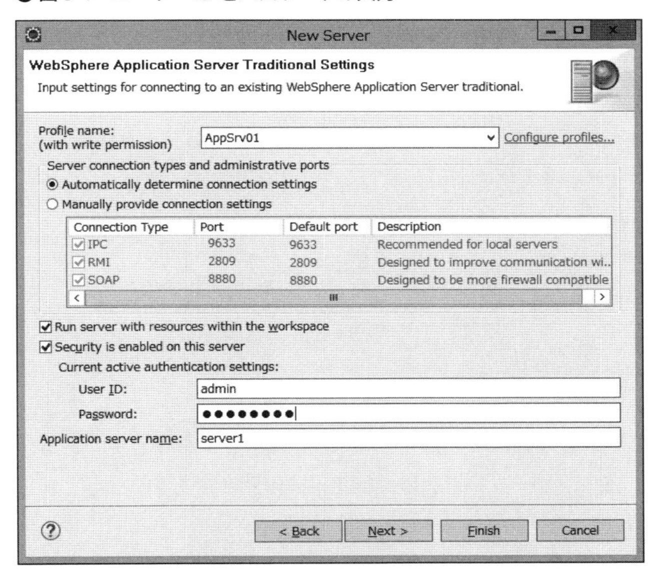

10. WAS環境にデプロイしたいプロジェクトがある場合は、プロジェクト名を選択し、「Add」ボタンをクリックします。追加が完了したら、「Finish」ボタンをクリックします。
11. Serversタブに追加されたWAS構成を選択し、スタートボタンをクリックするか、コンテキスト・メニューから「Start」を選択します。
12. サーバーのステータスが［Started, Synchronized］になったら起動が完了しています。アプリケーションのテストとデバッグを行うことができます。
13. プロジェクト・エクスプローラーから作成したJSPやサーブレットを選択し、コンテキスト・メニューの「Run As」→「Run On Server」をクリックします（図3-5）。

▶図3-5 サーバーの選択

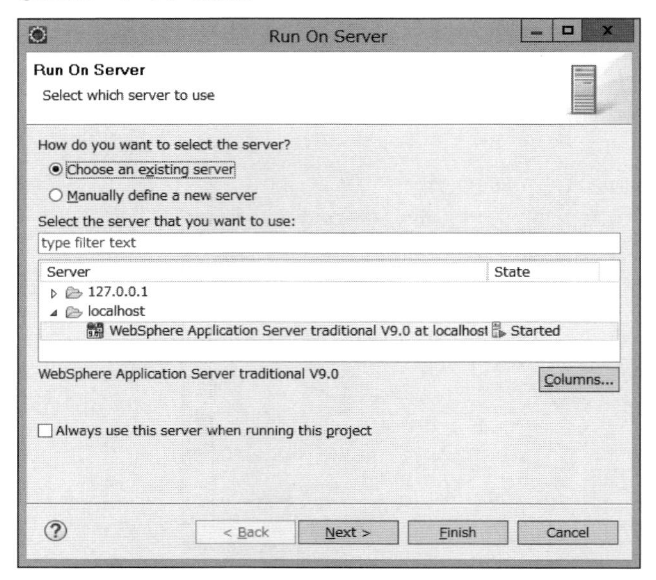

14. 構成したWASが選択された状態で「Finish」をクリックします。ブラウザが起動し、JSPやサーブレットの実行結果を確認できます。

Eclipse上に複数バージョンのWDTを導入することができるため、同じワークベンチから異なるバージョンのWASに接続することができます。接続先のWASは、同じマシン上のWASだけでなく、リモートのWASもサポートされます。

Rational Application Developer

Rational Application Developer（RAD）は、Eclipseをベースに開発生産性を向上する様々なIBM拡張機能を追加した有償の開発ツールで、略してRADと呼ばれています。RADは、WDTが提供する機能に追加して、SIPやSCA、バッチなどの幅広いプログラミング・モデルをサポートしており、さらにJavaのコード解析やUMLコードの可視化といった品質向上機能や、ホストやSAPとの連携機能といったより高度な開発機能を提供しています。

最新の RAD V9.6 は Java 8 と Java EE 7 の開発をサポートしています。RAD には WAS のテスト環境が同梱されており、RAD を導入する時に一緒に WAS を導入できます。RAD V9.6 には、WAS V8.5、V9.0 が付属しており、1 台の開発環境の中で複数バージョンの WAS に対応した開発やテストができるようになっています。

3-2 アプリケーションのパッケージング

Java EEアプリケーションのモジュール構成

作成したアプリケーションをアプリケーション・サーバーで動かすには、アプリケーションをパッケージングし、アプリケーション・サーバーにデプロイする必要があります（図3-6）。

図3-6　エンタープライズ・アプリケーションの開発からデプロイまで

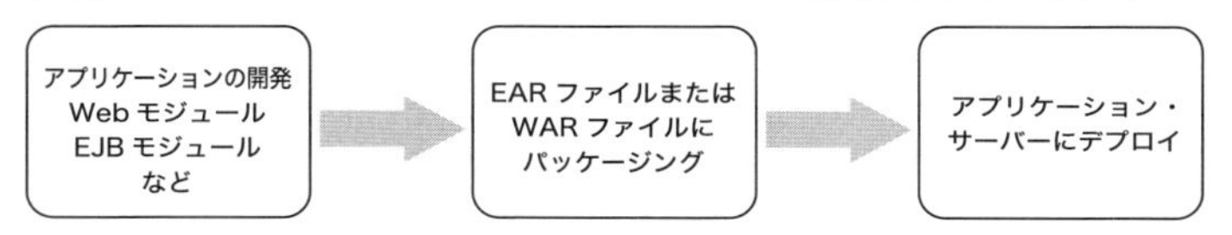

Java EEでは、アプリケーションのパッケージング方法についても規定されています（図3-7）。

図3-7　エンタープライズ・アプリケーションの構造

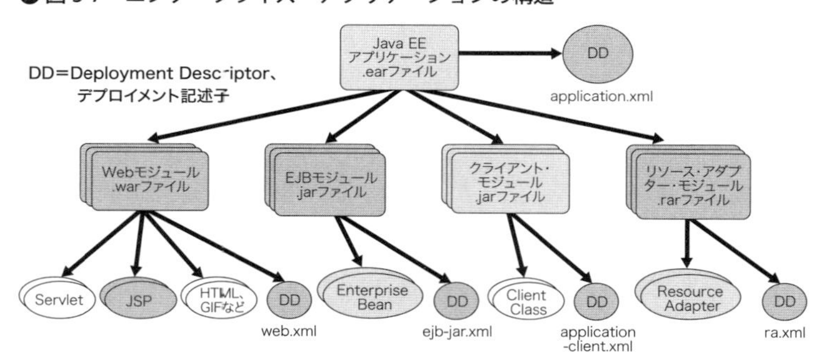

- アプリケーション

アプリケーションは、EAR（Enterprise Application aRchive）と呼ばれ

るアーカイブ・ファイル（拡張子は .ear）にまとめられます。EAR ファイルには、以下のモジュールが 1 つ以上含まれます。

- Web モジュール
  Servlet、JSP、JSF などの Web コンテナで稼働するコンポーネントをアーカイブしたファイルです。ファイルの拡張子は .war（Web Application aRchive）になります。Web アプリケーションの静的コンテンツである HTML ファイルや画像ファイルを含めることもできます。また、Java EE 6 から Web モジュールが拡張され、EJB を Web モジュールの中に含めることができるようになりました（図 3-8）。
- EJB モジュール
  EJB コンテナで稼働する EJB コンポーネントをアーカイブしたファイルです。ファイルの拡張子は .jar（Java Application aRchive）になります。
- アプリケーション・クライアント・モジュール
  EJB を呼び出すアプリケーション・クライアント・モジュールをアーカイブしたファイルで、拡張子は .jar になります。
- リソース・モジュール
  リソース・アダプターをアーカイブしたファイルで、拡張子は .rar（Resource Adapter aRchive）になります。

図 3-8　Java EE 6 における Web モジュールの拡張

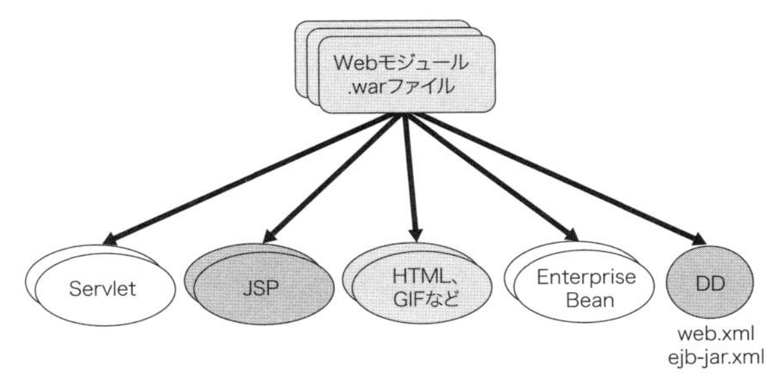

Column

ライブラリー・サポート

各モジュールでライブラリー（.jar ファイル）を共通で使う方法が規定されています。例えば、各モジュール（.war、.jar、.rar）の所定のディレクトリー

に .jar ファイルを置いてバンドルすることもできますし、EAR ファイル直下に JAR ファイルを配置し、共有ライブラリーとして Web モジュールや EJB モジュールから参照することもできます（RAD のエクスプローラー・ビューでは、「ユーティリティ JAR」として表記されます）。参照する JAR ファイルの場所は、各モジュールの META-INF/MANIFEST.MF の中で指定します。また、WAS では管理コンソールから共有ライブラリーを定義し、アプリケーションやモジュールに関連付けることもできます。ユーティリティ JAR 以外にも、RAD で Java Persistence API（JPA）を使用した「JPA プロジェクト」を作成する場合、このプロジェクトは .jar ファイルにまとめられます。

アプリケーションや各モジュールに対する設定情報は、デプロイメント記述子（デプロイメント・デスクリプター、DD）と呼ばれる XML ファイルに定義します。J2EE 1.4 まではモジュールごとに必ず 1 つのデプロイメント記述子が必要でしたが、Java EE 5 以降は省略できるようになりました。各モジュールに含まれるデプロイメント記述子のファイル名は次の通りです。

- アプリケーション：application.xml（Java EE 5 以降は省略可能）
- Web モジュール：web.xml（Java EE 5/Servlet 2.5 以降は省略可能）
- EJB モジュール：ejb-jar.xml（Java EE 5/EJB 3.0 以降は省略可能）
- アプリケーション・クライアント：application-client.xml（Java EE 5 以降は省略可能）
- リソース・アダプター：ra.xml（省略不可）
- Web サービス：webservices.xml（Web モジュールか EJB モジュールに含まれる。JAVA EE 5 以降は省略可能）

デプロイメント記述子は Java EE で共通の仕様ですが、アプリケーション・サーバーによっては、Java EE の仕様で定義された範囲を越えた機能拡張を提供することもよくあります。このような場合、規定のデプロイメント記述子には収まらない設定項目が出てきてしまいます。そのため、アプリケーション・サーバー・ベンダーは、追加機能の設定ファイルを提供しており、WAS では IBM 拡張デプロイメント記述子を用いて設定します。

▶表 3-1 デプロイメント記述子一覧（IBM 拡張ファイルを含む）

	Java EE 5（WAS V7）以降
アプリケーション	application.xml ibm-application-bnd.xml ibm-application-ext.xml
Web モジュール	web.xml ibm-web-bnd.xml ibm-web-ext.xml
EJB モジュール	ejb-jar.xml ibm-ejb-jar-bnd.xml ibm-ejb-jar-ext.xml
アプリケーション・クライアント・モジュール	application-client.xml ibm-application-client-bnd.xmi ibm-application-client-ext.xmi
Web サービス	webserivces.xml
Persistence	persistence.xml（JPA） orm.xml（JPA）

IBM 拡張デプロイメント記述子のファイル名は ibm で始まります。ファイル名に ext と入っているものが IBM 拡張機能を記述するファイルで、bnd と入っているものがバインディング情報を記述するファイルになります。

WDT を使用してプロジェクトを作成する場合、デプロイメント記述子を生成するかどうかを選択することができます。また、WDT が提供する編集ツールを使用して、GUI 画面から簡単にデプロイメント記述子の設定を行えます。WDT を含まない Eclipse で開発した場合など、EAR ファイルに IBM 拡張デプロイメント記述子が含まれていない場合は、管理コンソールからアプリケーションを導入する際に、自動的にこれらのファイルが作成されます。

Tomcat ユーザーの中には、アプリケーションを WAR ファイルの形にパッケージングせずに、直接クラスファイルやデプロイメント記述子をディレクトリーに配置しているケースも多いでしょう。Tomcat の場合は（デフォルトでは）webapps ディレクトリー配下に必要なファイルを配置するだけでアプリケーションを利用できます。しかし、WAS の場合は、EAR、WAR、JAR、SAR（SIP アプリケーション）のいずれかの形式にパッケージングしたアプリケーションを、まず最初にデプロイする必要があります。1 度デプロイしてしまえば、稼働中のサーバーのディレクトリーに更新したファイルを配置し、動的に変更を反映させるホット・デプロイメントの機能を利用することもできます。

パッケージングの階層構造

パッケージングの階層構造についても Java EE の仕様で決まっています。一般的な EAR ファイルを展開すると、図 3-9 のような構造になっています。

図 3-9　EAR ファイルの階層構造の例

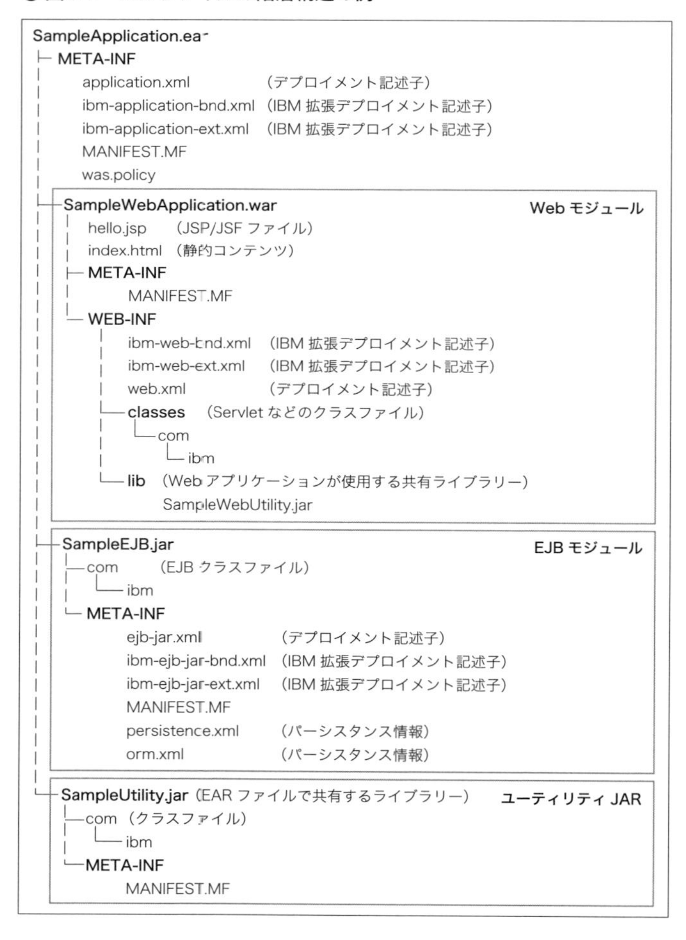

application.xml は、EAR ファイル直下の **META-INF** の中に配置します。ただし、Java EE 5 以降では、**application.xml** は省略可能です。また、WAS のアプリケーションに対するアクセス権を設定するための構成ファイル **was.**

policy も同じ場所に配置されます。

Web モジュール用のクラスファイル（Servlet など）は、WAR ファイルの WEB-INF/classes の中に配置します。JSP や HTML ファイル、画像ファイル、CSS ファイルなどは WAR ファイル直下に配置しますが、自由にサブディレクトリーを作成することもできます。web.xml は、WEB-INF ディレクトリーに配置します。Servlet 2.5 以降では、web.xml を省略できます。IBM 拡張デプロイメント記述子も同様に省略可能です。

EJB モジュールで使用するクラスファイルは、EJB jar ファイルの直下に配置します。また EJB のデプロイメント記述子は、META-INF の中に作成します。EJB 3.0 以降は、ejb-jar.xml や IBM 拡張デプロイメント記述子は省略可能になっています。また、Java EE 5 から、データベースへの永続化を行うための新しい O/R マッピング・フレームワークとして、Java Persistence API（JPA）が提供されました。JPA では永続化に関する情報について、コードの中にアノテーションを使用して記述するか、デプロイメント記述子（persistence.xml と orm.xml）に記述するかを選択できます。コードの中に記述する場合には、これら 2 つのファイルは不要となります。また、デプロイメント記述子を使用する場合でも、マッピング情報を persistence.xml の中に書くことも、orm.xml ファイルに別出しにすることもできるため、プロジェクトによっては、orm.xml ファイルが存在しない場合もあります。

Java EE 6 以降で Web モジュールの中に EJB を含める場合は、図 3-10 のような階層構造になります。

図 3-10 Java EE 6 以降の Web モジュールの階層構造

```
SampleWebApplication.war
|      JSP ファイル
|      HTML ファイル
|
├ META-INF
|        MANIFEST.MF
└ WEB-INF
        |
        |    ejb-jar.xml
        |    web.xml
        └── classes
              └─クラスファイル（ここに Servlet と EJB のクラスファイルを配置）
```

Column

アノテーションは Java SE 5 から導入された機能で、「注釈」と呼ばれることもあります。アノテーションは、@ で始まるキーワードを使い、Java のクラスやインターフェース、メソッドなどに対して、メタデータとして「注釈」を追加することができる機能です。アノテーションを使用すると、ソースコード内にリソース情報や依存関係、ライフサイクルを記述することができるようになり、デプロイメント記述子も不要になります。Java EE の世界では、Java EE 5 から Servlet、EJB、JPA、Web サービスでもアノテーションが使用できるようになりました。アノテーションを使用することで、コードの量が減り、開発生産性が向上するというメリットがあります。しかし、パフォーマンスや管理の観点からは、デプロイメント記述子を利用したほうがよい場合もあります。

3-3 アプリケーションをパッケージングする

　パッケージのルールを理解したところで、簡単なサンプル・アプリケーションをEARファイルにパッケージングするまでの手順を確認してみましょう。
　ここではWDTを使用したコード作成とデプロイメント記述子の作成、パッケージングの手順について確認します。どのツールでも手順は同じですが、WDTは画面が英語表示に対して、RADでは日本語画面が提供されています。今回作成するアプリケーションは、データベースにアクセスして取得したレコードをHTMLで返すシンプルなアプリケーションです。

▶図3-11　アプリケーションの概要

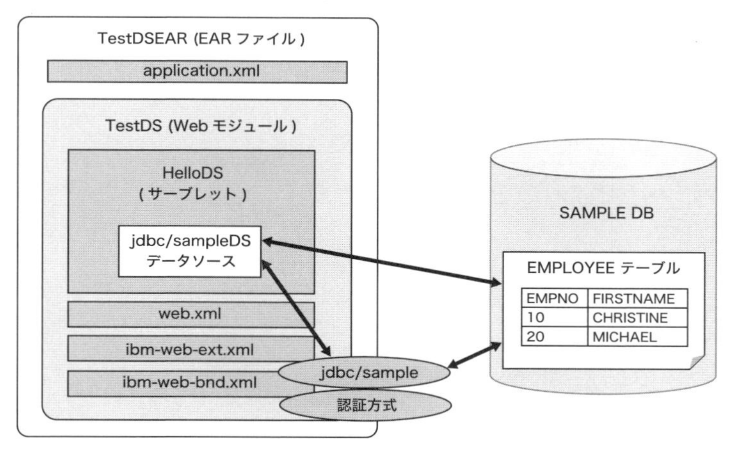

動的Webプロジェクトを作成する

1. WDTのワークベンチから、「ファイル」→「新規」→「動的Webプロジェクト」を選択します。

2. 動的 Web プロジェクトの設定画面が表示されるので、任意のプロジェクト名（TestDS）を指定します。「Dynamic web module version」の設定は、使用する Servlet のバージョンを指定します。WAS V9.0 環境では 3.1 がデフォルトで選択されています。「Add project to an EAR」では、この動的 Web プロジェクト（WAR ファイル）を追加する Java EE プロジェクト名を指定します。デフォルトで「動的 Web プロジェクト名＋ EAR」（ここでは TestDSEAR）という名前の Java EE プロジェクトが作成されるので、そのままの状態で「次へ」をクリックします。

図 3-12　動的 Web プロジェクトの作成（WDT）

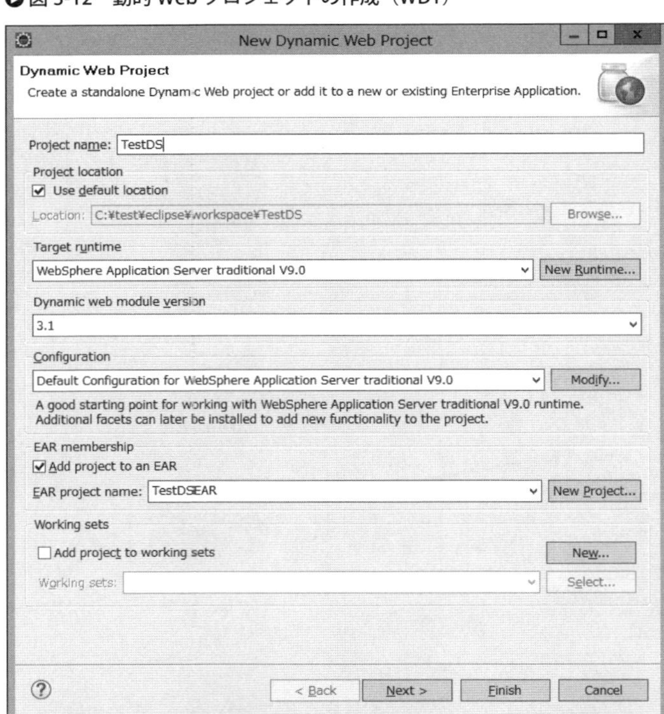

3. Java アプリケーションをビルドするためのソースフォルダーと出力フォルダーを指定し、「次へ」をクリックします。

4. 次にコンテキスト・ルートとコンテンツを保存するディレクトリー名を指定します。コンテキスト・ルートとは、クライアントからこの Web モジュールにアクセスするための URI のルートです。図 3-13 の例では、クライアントは次の URL でサーブレットにアクセスすることになります。

```
http://servername:port/TestDS/ServletName
```

デプロイメント記述子(`web.xml`)生成のオプションについては、デフォルトではチェックが外れていますが、デプロイメント記述子は後からツールで生成することもできます。ディレクトリー名はデフォルト設定のまま、「Finish」をクリックします。

▶図 3-13 Web モジュールの構成

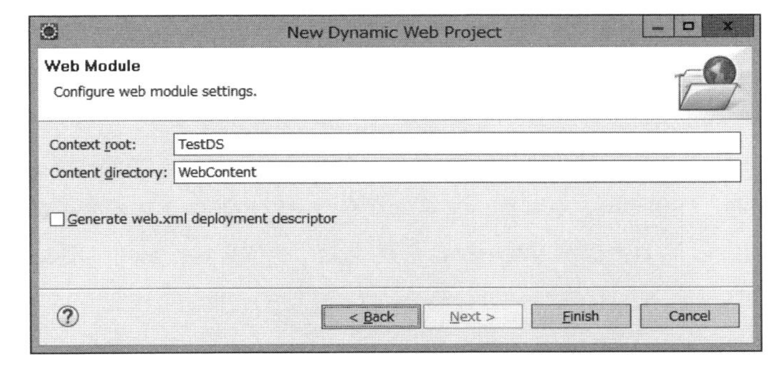

5. 「Open Associated Perspective?」というメッセージが表示されたら、「Yes」を選択します。
6. ワークスペースに動的 Web プロジェクト「TestDS」と、エンタープライズ・アプリケーション・プロジェクトの「TestDSEAR」が作成されたことが分かります。これらのプロジェクトを展開してみましょう(図 3-14)。Web プロジェクトの中の `WEB-INF` ディレクトリーの中に、デプロイメント記述子が作成されていることが分かります。「生成する」のチェックを外した場合は、`web.xml` が作成されません。また、Web プロジェクトの中に EJB のフォルダーが作成されていることも確認できます。

▶図3-14　エンタープライズ・エクスプローラー

7. 次にデータベースにアクセスする簡単なServletを作成します。Webプロジェクト「TestDS」上で右クリックし、コンテキスト・メニューから「New」→「Servlet」を選択します。パッケージ名とクラス名を指定してください。ここではパッケージ名をtestds、クラス名をHelloDSにしています。

▶図3-15　Servletの作成

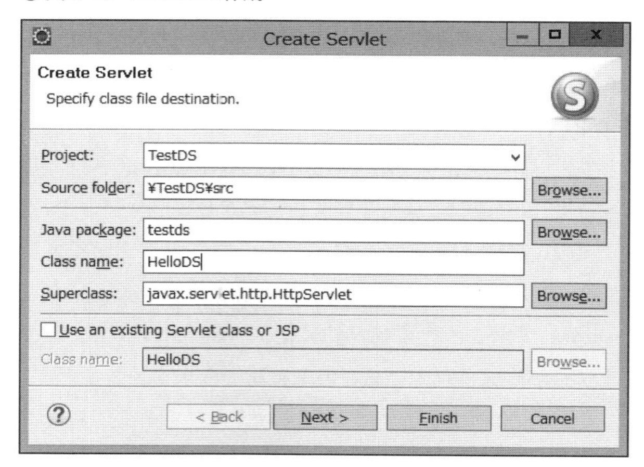

8. Servletの初期化パラメーターとURLマッピングを指定します。URLマッピングでは、このServletがアクセスされる名前を指定します。この例では、このServletは/TestDS/HelloDSでアクセスできることになります。この定義情報は、Servlet 2.5まではweb.xmlに記述していましたが、Servlet 3.0以降ではアノテーションとしてservlet内に記述されます。「次へ」をクリックします。

図3-16　URLマッピングの定義

9. Servletの作成画面では、「Inherited abstract methods」と「doGet」を選択して「Finish」をクリックします。
10. Javaソースのエディター画面が表示されるので、リソースに関するアノテーションの追加とdoGetメソッドの記述を行います。import文についてはクイック・フィックス機能を利用することで、必要なパッケージを簡単に追加できます。コードのサンプルをリスト3-1に示します。

リスト3-1　サンプルServlet

```
package testds;

import java.io.*;
import java.sql.*;
import javax.annotation.Resource;
import javax.servlet.*;
import javax.servlet.annotation.WebServlet;
import javax.servlet.http.*;
import javax.sql.*;

@WebServlet("/HelloDS")
public class HelloDS extends HttpServlet {
 private static final long serialVersionUID = 1L;

 @Resource(name = "jdbc/sampleDS", shareable = false)
 private DataSource ds;
```

```
  protected void doGet(HttpServletRequest request,
    HttpServletResponse response) throws ServletException, IOException {
   response.setContentType("text/html; charset=Shift_JIS");
   PrintWriter out = response.getWriter();
   Connection con = null;
   Statement stmt = null;
   ResultSet rset = null;
   try {
    con = ds.getConnection();
    stmt = con.createStatement();
    rset = stmt.executeQuery("select EMPNO, FIRSTNME from EMPLOYEE");
    while (rset.next()) {
     out.println(rset.getInt(1) + ", " + rset.getString(2) + "<br>");
    }
   } catch (SQLException e) {
    e.printStackTrace();
   } finally {
    try {
     rset.close();
     stmt.close();
     con.close();
    } catch (SQLException e) {
     e.printStackTrace();
    }
    out.close();
   }
  }
}
```

このサンプルでは、データ・ソースにアクセスして、EMPLOYEE テーブルから EMPNO と FIRSTNAME を抽出します。シンプルにするために、ここでは HTML タグの記述は省略しています。コードの記述が終わったら、「Ctrl キー＋ s」を押してソースコードを保管します。この時に自動的にクラスがコンパイルされます。

@WebServlet アノテーションとは

Servlet 2.5 までは、Servlet の初期化パラメーターや URL マッピングなどの定義情報は **web.xml** に記述していましたが、Servlet 3.0 からは **@WebServlet**

アノテーションを使用してコードの中に記述できるようになりました。表3-2は **@WebServlet** アノテーションで利用可能なパラメーターですが、デフォルト値を使用する場合は記述不要です。

▶表3-2 @WebSerblet アノテーションで使用可能なパラメーター

パラメーター	デフォルト値	説明
name	""	Servlet の名前
description	""	Servlet の説明
value	{}	Servlet の URL パターン
urlPatterns	{}	Servlet の URL パターン
initParams	{}	Servlet の初期化パラメーター @WebInitParam の配列
loadOnStartup	-1	始動時にロードする順序
asyncSupported	false	非同期処理をサポートするかどうか
smallIcon	""	Servlet の小アイコン
largeIcon	""	Servlet の大アイコン
displayName	""	Servlet の表示名

リスト3-2は初期化パラメーターを使用した例です。

▶リスト3-2 @WebServlet 初期化パラメーターの使用例

```
@WebServlet( value="/hello", name = "HelloServlet",
  initParams =
      {@WebInitParam(name="param1", value="value1"),
       @WebInitParam(name="param2", value="value2")
      })
```

@Resource アノテーションとは

Servlet 2.5以降では、**@Resource** アノテーションを使用して、JDBCやJMSなどのリソースのインジェクション（注入）を行うことができるようになりました。データ・ソースを使用する場合、Servlet 2.4まではJNDIを使用してlookup処理を記述する必要がありましたが、**@Resource** を使用すると、**name** パラメーターで指定した名前のリソースがデータ・ソースの変数に注入されるため、データベース接続のコーディングが簡単になります。また、Servlet 2.4までは参照しているリソースの宣言を **web.xml** の **resource-ref** タグに記述する必要がありましたが、**@Resource** アノテーションを使えばリソース参照の記述は不要になります。

表 3-3 は @Resource アノテーションで利用可能なパラメーターですが、デフォルト値を使用する場合は記述不要です。

▶表 3-3　@Resource アノテーションで使用可能なパラメーター

パラメーター	デフォルト値	説明
name	""	リソースの JNDI 名を指定する
type	java.lang.Object.class	リソースの Java データ型を指定する
authenticationType	AuthenticationType.CONTAINER	このリソースを使用するための認証タイプを指定する。AuthenticationType.APPLICATION か AuthenticationType.CONTAINER から選択する
shareable	true	リソースを、このコンポーネントと別のコンポーネント間で共有するかどうかを指定する。true か false のどちらかを指定する
mappedName	""	このリソースがマップされる製品固有の名前を指定する
description	""	リソースの説明を記述する

- 認証タイプ（authenticationType）とは
  データベースなどのリソースにアクセスするためのユーザー ID とパスワードをアプリケーションの中にハードコーディングすると管理が大変です。WAS では、J2C 認証別名（ユーザー ID とパスワードの組み合わせ）を作成し、リソースと認証別名をマッピングする方法を推奨しています。認証タイプの設定では、この認証の管理をどこで行うかを定義します。アプリケーション（またはコンポーネントとも呼ばれます）の中で実施するか、コンテナに任せるかのどちらかを設定します。Servlet 3.1 のアノテーションのデフォルトはコンテナになります。デプロイメント記述子で指定する場合は、<res-auth> タグの中で Application か Container を指定します。
- Shareable（共用可能）とは
  Shareable の設定では、同じデータベースへの接続を共用するかどうかの設定を行います。true（共用可能）に設定した場合、同じトランザクション・スコープ内の Servlet や EJB からの getConnection() 要求に対して、同じ接続のインスタンスが返されます（図 3-17）。これにより、同じデータベースへの複数回の更新が、2 フェーズ・コミットになることを防ぐことができます。ただし、トランザクション・スコープを抜けるまでは接続が占有され、他のアプリケーションからは使用できなくなり非効率となる場合があります。Shareble の設定を false（Unshareable）に設定した場合は、getConnection() 要求のたびに、異なるインスタンスが返されます。デプロイメント記述子で指定する場合は、<res-sharing-scope> タグの中に Shareable か Unshareable を指定します。

図 3-17 Shareable と Unshareable の違い

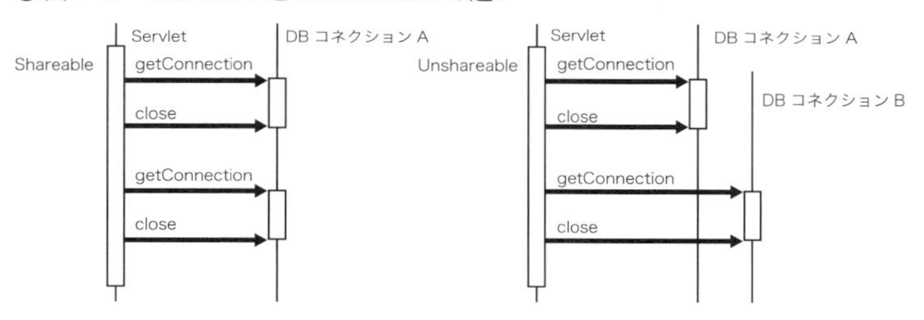

リスト 3-1 では @Resource アノテーションを使用してデータソースを定義しましたが、アノテーションを使用しない場合はアプリケーション内に JNDI lookup の処理を記述する必要があります（リスト 3-3）。さらに、web.xml 内にリソース参照を記述しなければなりません（後述）。

リスト 3-3 アノテーションを使用しない場合のコーディング例（JNDI lookup）

```
try {
  // JNDIコンテキストの取得
  InitialContext initCtx = new InitialContext();
  // リソース取得のために JNDIをlookup
  DataSource ds = (DataSource)
         initCtx.lookup("java:comp/env/jdbc/sampleDS");

  Connection con = ds.getConnection();
  stmt = con.createStatement();
  rset = stmt.executeQuery("select EMPNO, FIRSTNME from EMPLOYEE");
   ...

  } catch (NamingException e) {
     e.printStackTrace();
  }
```

Web アプリケーション・デプロイメント記述子を確認する

デプロイメント記述子の自動生成にチェックした場合、Web プロジェクトの WEB-INF 配下に web.xml が作成されます。エンタープライズ・エクスプローラーから web.xml ファイルをダブルクリックするとデプロイメント記述子エディターが開きます。XML 形式で表示するだけでなく、図 3-18 のような専用のエディターも提供しており、デプロイメント記述子のタグを正確に理解していなくても GUI 画面から簡単に設定できるようになっています。

▶図 3-18　Web アプリケーション・デプロイメント記述子エディター

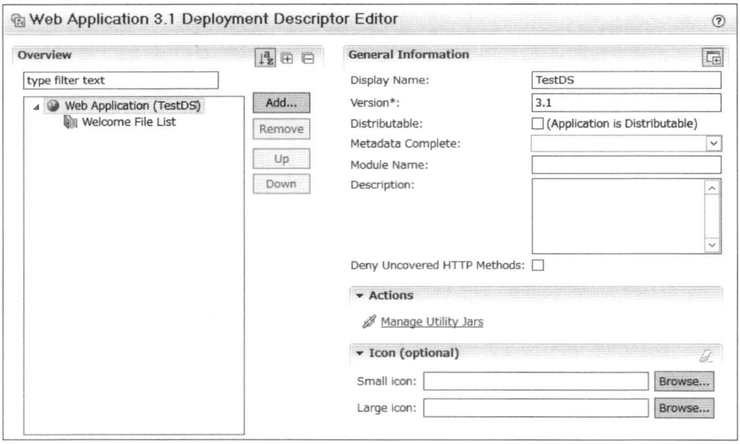

ソースタブを開くと、web.xml の内容を確認できます（リスト 3-4）。Servlet 作成時に指定した URL とのマッピング情報はアノテーションとしてソースファイルに記述されるため、web.xml には記載されていません。web.xml の各要素については、Servlet の仕様を参照してください。

▶リスト 3-4　Servlet 3.1 の web.xml の例

```
<?xml version="1.0" encoding="UTF-8"?>
<web-app id="WebApp_ID" version="3.1"
 xmlns="http://xmlns.jcp.org/xml/ns/javaee"
 xmlns:xsi="http://www.w3.org/2001/XMLSchema-instance"
 xsi:schemaLocation="http://xmlns.jcp.org/xml/ns/javaee
 http://xmlns.jcp.org/xml/ns/javaee/web-app_3_1.xsd">
```

```
  <display-name>TestDS</display-name>
  <welcome-file-list>
    <welcome-file>index.html</welcome-file>
    <welcome-file>index.htm</welcome-file>
    <welcome-file>index.jsp</welcome-file>
    <welcome-file>default.html</welcome-file>
    <welcome-file>default.htm</welcome-file>
    <welcome-file>default.jsp</welcome-file>
  </welcome-file-list>
</web-app>
```

■アノテーションを使用しない場合の指定方法

@Resource アノテーションを使用しない場合は、**web.xml** にリソース参照を定義する必要があります。WDT を使用した手順を確認しましょう。**web.xml** の編集画面から Overview セクションの「Web Application」が選択された状態で、「Add」ボタンをクリックし、「Recource Reference」を選択します。

リソース参照の追加画面で、「Name」にはアプリケーション内で使用しているデータ・ソースの JNDI 名（図 3-19 の例では jdbc/sampleDS）、「Type」に「javax.sql.DataSource」を指定します。認証は Application か Container のどちらかを、共有スコープには、Shareable（共有可能）か Unshareable（共有不可）のどちらかを指定します。

▶図 3-19　リソース参照定義画面

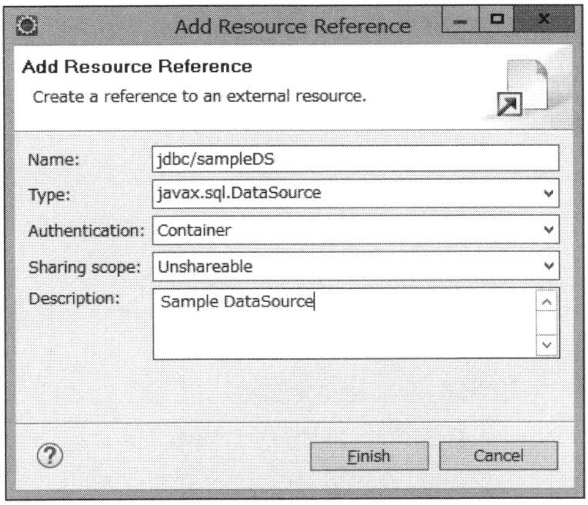

Add Resource Reference
Add Resource Reference
Create a reference to an external resource.
Name: jdbc/sampleDS
Type: javax.sql.DataSource
Authentication: Container
Sharing scope: Unshareable
Description: Sample DataSource
Finish　Cancel

この設定により、**web.xml** にリソース参照 **<resource-ref>** が追加されます。

リスト 3-5　web.xml のリソース参照設定例

```
<resource-ref>
    <description>Sample DataSource</description>
    <res-ref-name>jdbc/sampleDS</res-ref-name>
    <res-type>javax.sql.DataSource</res-type>
    <res-auth>Container</res-auth>
    <res-sharing-scope>Unshareable</res-sharing-scope>
</resource-ref>
```

WebSphere 拡張デプロイメント記述子を設定する

IBM 拡張デプロイメント記述子 **ibm-web-ext.xml** は、Servlet 3. 1 で **web.xml** を作成しない場合にも、WDT により自動生成されます。エンタープライズ・エクスプローラーから **WEB-INF** 配下の **ibm-web-ext.xml** をダブルクリックすると、Web 拡張エディターが開きます。

図 3-20　Web 拡張エディター

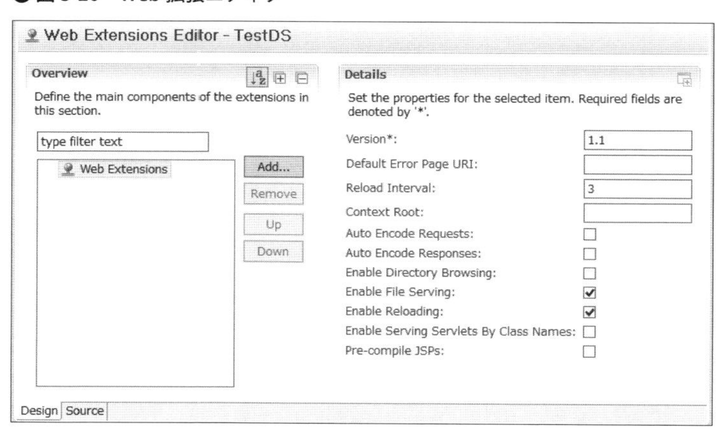

WDT を使う場合は XML を直接編集することはなく、図 3-20 のような GUI 画面から設定することが多いため、要素名や属性名を意識する必要はほとんどありません。ここでは IBM 拡張機能の主な要素について説明します。

表 3-4　Web 拡張機能

WDT での表記	XML ファイルでの要素名	説明
Default Error Page URI	default-error-page	デフォルト・エラー・ページのファイル名を指定します。アプリケーションに他のエラー・ページが指定されていない場合には、ここで指定したエラー・ページが使用されます。
Reload Interval	reload-interval	再ロードが使用可能に設定されている場合に、デプロイされたアプリケーションに更新があるかどうかをスキャンするための時間間隔を秒数で指定します。デフォルト値は 3 秒です。0 を指定した場合は、再ロードが使用不可となります。 ※ WAS V6.0 にて IBM 拡張デプロイメント記述子の中で再ロード間隔を指定することは非推奨となりました。代わりにアプリケーションのデプロイ時に指定することが推奨されます。
Auto Encode Reauests	auto-encode-requests	リクエストとレスポンスに関する文字コードは、アプリケーション開発者が明示的に指定します。WAS では、アプリケーションの中でエンコーディングが指定されていない場合に、この設定を使用することができます。デフォルト値はどちらも false ですが、true に変更することで、<WAS_HOME>/properties/encoding.properties と <WAS_HOME>/properties/converter.properties が参照されるようになります。
Auto Encode Reponses	auto-encode-responses	
Enbale Directory Browsing	enable-directory-browsing	ディレクトリー・ブラウズを使用可能にするかどうかを指定します。デフォルトは false です。使用可能にする場合、クライアントからファイルの一覧が参照できるようになり、セキュリティ上のリスクになる可能性があります。設定には注意してください。
Enable File Serving	enable-file-serving	ファイル・サービスを使用可能にするかどうかを指定します。ファイル・サービスにより、アプリケーションは、HTML や GIF などの静的コンテンツを提供することができます。デフォルト値は true です。アプリケーションに動的コンポーネントしかない場合には false に設定できます。

WDT での表記	XML ファイルでの要素名	説明
Enable Reloading	enable-reloading	アプリケーション・ファイルの更新時に、クラスの再ロードを使用可能にするかどうかを指定します。デフォルトは true です。 ※ WAS V6.0 にて IBM 拡張デプロイメント記述子の中で指定することは非推奨となりました。代わりにアプリケーションのデプロイ時に指定することが推奨されます。
Enable Serving Servlets By Class Names	enable-serving-servlets-by-class-name	クラス名によるサーブレットの呼び出しを使用可能にするか指定します。デフォルト値は false です。使用可能にする場合、公開する予定がなかったクラスが意図せずにクライアントから呼び出されることも発生するため、セキュリティ上のリスクになる可能性があります。本番環境では使用不可にすることを推奨します。
Pre-compile JSPs	pre-compile-jsps	JSP ファイルをデプロイ時にプリコンパイルするかどうかを指定します。プリコンパイルすることで、最初に JSP が呼び出される時にコンパイルが行われなくて済むため、処理時間が早くなります。デフォルト値は false です。true に変更する場合は、デプロイ時間が長くなりますので、ご注意ください。

Web 拡張エディターに表示されている設定項目以外にも、項目を追加することができます。概要のセクションから追加をクリックすると、次の項目を選択できます。

図 3-21　Web 拡張機能に対する追加設定

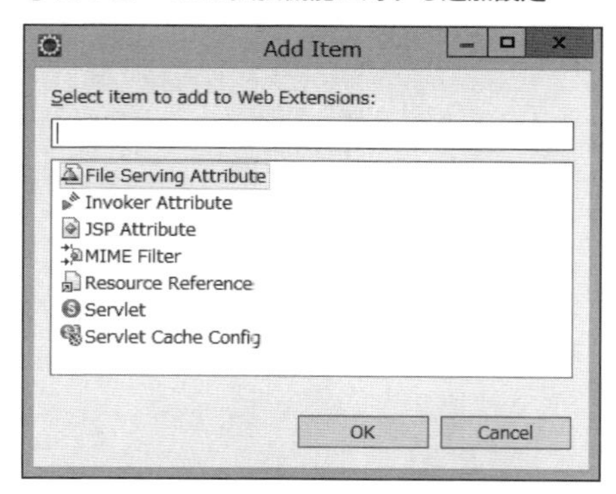

- File Serving Attribute：ファイルサービス（静的コンテンツのサービス）について追加項目を指定できます。
- Invoker Attribute：クラス名を基準にサーブレットを呼び出すサービスについての追加項目を設定できます。
- JSP Attribute：JSPに対する追加属性を指定します（表3-5）。
- MIME Filter：MIMEタイプに基づいて指定したServletを呼び出すことができます。WAS V6.0から非推奨となり、Servlet Filterの使用が推奨されます。
- Resource Reference：リソースに対して、コミットの優先順位と分離レベルを指定できます。
- Servlet：Servlet単位にグローバル・トランザクションとローカル・トランザクションの設定を行うことができます。
- Servlet Cache Config：WASは拡張機能として、Servletの動的結果をキャッシュする機能を提供しています。その構成について指定できます。管理コンソールから設定することもできます。

▶表3-5　使用可能な主なJSP属性

JSP属性名	説明
disableJspRuntimeCompilation	実行時にJSPのコンパイルを禁止するかどうかを指定する。デフォルト値はfalse。JSPが事前にコンパイルされている場合にはtrueに設定できる。
reloadEnabled	JSPの再ロードを実施するかどうかを指定する。明示的な指定がない場合は、Webモジュールの設定が使用される。
reloadInterval	再ロードが使用可能な場合、再ロード間隔を指定する。
trackDependencies	再ロードが使用可能な場合、JSPファイルの依存関係をトラッキングするかどうかを指定する。デフォルト値はfalse。
jdkSourceLevel	JSPをコンパイルするJDKのバージョンを指定する。次の数字を指定できる。デフォルト値は17。 13：JDK 1.3 14：JDK 1.4 15：JDK 5 16：JDK 6 17：JDK 7 18：JDK 8
keepgenerated	JSPをServletに変換する際に作成されるソースコードを保管するかどうかを指定する。デフォルト値はfalse。

JSP 属性名	説明
deprecation	生成された Java ソースのコンパイル時に、コンパイラーが使用停止警告を生成するかどうかを指定する。このパラメーターを true に設定した場合、-deprecation オプションが Java コンパイラーに渡される。デフォルトは false。
verbose	生成された Java ソースコードのコンパイル時に、コンパイラーが冗長出力を生成するかどうかを指定する。true に設定した場合、-verbose オプションが Java コンパイラーに渡される。デフォルト値は false。

リスト 3-6 に示すのは **ibm-web-ext.xml** ファイルのサンプルです。WDT のソースタブからも確認できます。

リスト 3-6　ibm-web-ext.xml の例

```
<?xml version="1.0" encoding="UTF-8"?>
<web-ext
        xmlns="http://websphere.ibm.com/xml/ns/javaee"
        xmlns:xsi="http://www.w3.org/2001/XMLSchema-instance"
        xsi:schemaLocation="http://websphere.ibm.com/xml/ns/javaee
 http://websphere.ibm.com/xml/ns/javaee/ibm-web-ext_1_1.xsd"
        version="1.1">

        <reload-interval value="3"/>
        <enable-directory-browsing value="false"/>
        <enable-file-serving value="true"/>
        <enable-reloading value="true"/>
        <enable-serving-servlets-by-class-name value="false" />

</web-ext>
```

WebSphere バインディングを設定する

WebSphere バインディングの設定ファイルである **ibm-web-bnd.xml** について確認しましょう。このファイルは、Web モジュールの中で使用されるリソースと、実際の WAS ランタイムで定義されたリソースを関連付ける（バインドする）ために提供されています。例えば、Web アプリケーション開発者がコーディングしている際に本番で使われるデータ・ソース名を知らないということはよくあります。また、アプリケーションを開発した後や WAS にデプロイした後に、環境の変化があり、データ・ソースの名前を変える必要が出てくることもあるかもしれません。このような場合にソースコードの修正が必要になると面倒です。

WAS ではこのようなことを考慮して、アプリケーションで使用するリソースの名前と、実際に WAS ランタイムで定義済みのリソースとを関連付けるためのバインディング機能を提供しています。バインディングの指定方法には次の 3 つがあります。1 < 2 < 3 の順に優先順位が高くなります。

1. WDT にて `ibm-web-bnd.xml` を作成して、Web アプリケーション内に一緒にパッケージングする方法
2. アプリケーションのデプロイ時にバインディングを指定する方法
3. アプリケーションのデプロイ後にバインディングを指定する方法

ここでは 1. の手順を紹介します。2. については、デプロイの手順の中で紹介します。

1. `WEB-INF` 配下の `ibm-web-bnd.xml` をダブルクリックすると、Web Bindings Editor が開きます。
2. Web Bindings (default_host) を選択して、「Add」をクリックします。「Add Item」画面で、「Resource Reference」を選択して、「OK」をクリックします。
3. Web Bindings の一覧にリソース参照が追加されるので、Web モジュールで使用されている名前（アノテーションで指定した名前）と、バインドするリソースの名前（WAS で定義されているデータ・ソースの JNDI 名）を指定します。

▶図 3-22　バインディングの設定画面

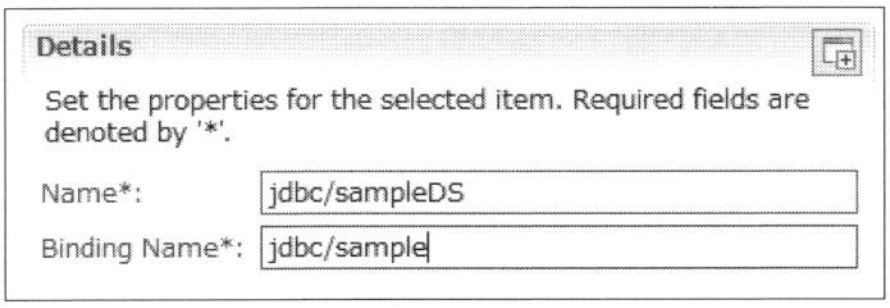

Details

Set the properties for the selected item. Required fields are denoted by '*'.

Name*: jdbc/sampleDS

Binding Name*: jdbc/sample

4. ソースタブで XML ファイルの内容を確認します（リスト 3-7）。

▶リスト 3-7　ibm-web-bnd.xml の例

```
<?xml version="1.0" encoding="UTF-8"?>
<web-bnd
        xmlns="http://websphere.ibm.com/xml/ns/javaee"
        xmlns:xsi="http://www.w3.org/2001/XMLSchema-instance"
        xsi:schemaLocation="http://websphere.ibm.com/xml/ns/javaee
 http://websphere.ibm.com/xml/ns/javaee/ibm-web-bnd_1_2.xsd"
        version="1.2">

        <virtual-host name="default_host" />

        <resource-ref name="jdbc/sampleDS"
 binding-name="jdbc/sample"></resource-ref></web-bnd>
```

分離レベルとは

分離レベルとは、データベースに対して複数のトランザクションが実行されるときに、1 つのトランザクションがどれだけ他のトランザクションに影響を与えずに実行できるか、つまり、どれだけ独立して（分離して）実行できるかを定義するものです。パフォーマンスを上げるためには、処理の待ち時間（ロック時間）が短いほうがよいですが、複数の処理を同時に実行すると、データの一貫性や正確性が犠牲になる可能性があります。管理者はアプリケーションの要件によって、どちらを優先するかを決めることになります。分離レベルは ANSI/ISO SQL 標準で定められており、表 3-6 に示す 4 段階があります。上に行くほど分離レベルが高く、一貫性が高くなりますが、パフォーマンスは悪くなってしまいます。

▶表 3-6　分離レベルの 4 段階

分離レベル	意味	説明
SERIALIZABLE	直列化可能	最も分離レベルが高く、トランザクションを逐次に実行する場合と同じ結果になる。ロック時間が長くなり、性能は悪くなる
REPEATABLE READ	反復可能読み取り	トランザクションが完了するまでは、1 度読み取ったデータが他のトランザクションによって更新されることがないことを保障する
READ COMMITTED	コミット読み取り	トランザクションにてコミット済みのデータを読み取る。他のトランザクションがデータを更新中の場合は、コミットが完了するまで待つ

分離レベル	意味	説明
READ UNCOMMITTED	未コミット読み取り	コミットが完了していない未確定のデータも読み取る

WASでの分離レベルの指定方法は、CMPとそれ以外で異なります。CMPの場合は、アクセス・インテントの設定から行います。CMP以外のEJBモジュールおよびWebモジュールでの分離レベルは、複数箇所で設定することができ、次のような設定方法があります。最も優先度が高い方法が1.の方法で、下に行くほど優先度が低くなります。推奨の設定方法は、3.のリソース参照で一括して設定を行い、必要に応じてアプリケーションの中で個別に1.や2.で設定する方法です。

1. SQL文のwith句で指定する。
2. アプリケーションのコードで`java.sql.Connection`インターフェースの`setTransactionIsolation`を指定する。
3. リソース参照にて指定する。
4. 管理コンソールからデータ・ソースのカスタム・プロパティーとして指定する。

リソース参照で分離レベルを設定しない場合、または、TRANSACTION_NONEを指定する場合は、JDBCドライバーのデフォルトの分離レベルが使用されます。ほとんどのJDBCドライバーではREPEATABLE READが利用されますが、OracleのJDBCドライバーの場合はREAD COMMITTEDになります。これは、OracleのJDBCドライバーがREAD COMMITTEDとSERIALIZABLEの2種類の分離レベルしかサポートしていないためです。また、Oracle DBに対してREPEATABLE READを指定した場合はSERIALIZABLEとして実行されるので、意図せずしてパフォーマンスが悪くなる場合があります。その場合は、READ COMMITTEDを明示的に指定してください。

▶表 3-7　データベースごとのデフォルトの分離レベル
（RR：REPEATABLE READ、RC：READ COMMITTED）

データベース	Db2	Oracle	Sybase	Informix	Apache Derby	SQL Server
デフォルトの分離レベル	RR	RC	RR	RR	RR	RR

Db2 を使用している場合にも注意が必要です。ANSI/ISO SQL 標準で定められた分離レベル名と Db2 の分離レベル名が異なるからです。しかも、異なる分離レベルに対して、同じ Repeatable Read（RR）という言葉が使用されているので注意してください。パフォーマンスを向上するには、アプリケーションの要件を確認して、分離レベルを変更することも検討してください。

▶表 3-8　JDBC の分離レベルと Db2 の分離レベルとの対比

JDBC		Db2	
TRANSACTION_SERIALIZABLE	S	RR	Repeatable read
TRANSACTION_REPEATABLE_READ	RR	RS	Read stability
TRANSACTION_READ_COMMITTED	RC	CS	Cursor stability
TRANSACTION_READ_UNCOMMITTED	RU	UR	Uncommitted read

EAR ファイルにエクスポートする

最後に、作成した Web モジュールを WAS に導入できる形にエクスポートします。WAS では、WAR ファルの形式もサポートしていますが、ここでは EAR ファイルにパッケージングします。

1. メニュー・バーから「file」 → 「Export」を選択します。Java EE を展開し、EAR ファイルを選択して、「次へ」をクリックします。
2. EAR プロジェクトに TestDSEAR が指定されていることを確認して、EAR ファイルを保管するロケーションとファイル名を指定します。拡張子は必ず .ear としてください。「終了」をクリックします。
3. 指定したロケーションに EAR ファイルが生成されていることを確認してください。以上で EAR ファイルの作成は完了です。

3-4 アプリケーションを WAS にデプロイする

1 2 3 4 5 6 7 8 9 10 11 12 13

WAS にアプリケーションをデプロイするにはいくつかの方法があります。

方法 1. 管理コンソールを使用してデプロイする。
方法 2. 管理ツールである `wsadmin` コマンドを使用してデプロイする。
方法 3. Job Manager を使用してデプロイする。

ここでは、1. の管理コンソールを使用した手順を説明します。ここでデプロイする WAS はスタンドアロン環境を対象としています。

「3-3　アプリケーションをパッケージングする」で作成した Web アプリケーションを WAS にデプロイする手順を確認しましょう。このアプリケーションにはデータ・ソースにアクセスする Servlet が含まれています。まずは WAS の管理コンソールからデータベースに接続するためのデータ・ソースの定義を行い、その後、作成した EAR ファイルをデプロイします。

▶図 3-23　アプリケーションからデータベースに接続する全体像

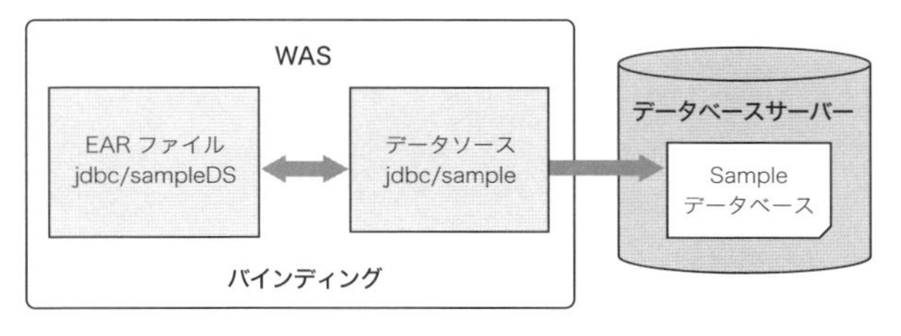

管理コンソールでの手順の概略は、次の通りです。

1. J2C 認証データを作成する。
2. JDBC プロバイダーを作成する。

3. データ・ソースを作成する。
4. EAR ファイルをインストールする。

J2C 認証データを作成する

1. WAS 管理コンソールにログインします。
2. J2C 認証データを準備します。このデータには、データベースにアクセスするためのユーザー ID とパスワードが保管されます。ナビゲーション・ツリーから「セキュリティー」 → 「グローバル・セキュリティー」を選択します。「認証」セクションにある「Java 認証・承認サービス」を展開し、「J2C 認証データ」をクリックします。

▶図 3-24　グローバル・セキュリティーの認証設定

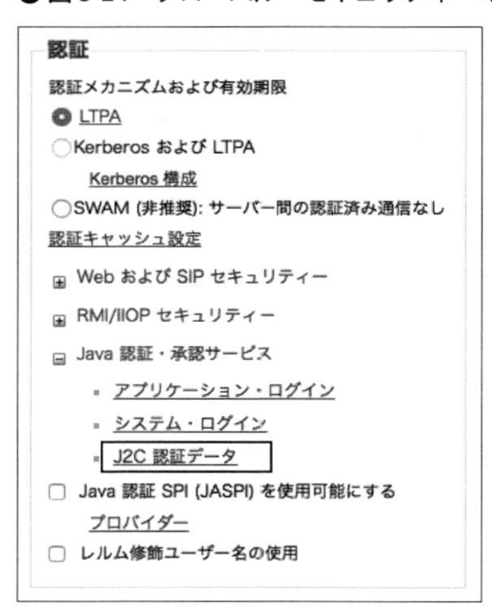

3. 「新規作成」をクリックします。
4. 別名（任意の名前）とデータベースにアクセスするためのユーザー ID とパスワードを指定し、「OK」をクリックします。

▶図 3-25 J2C 認証データの指定

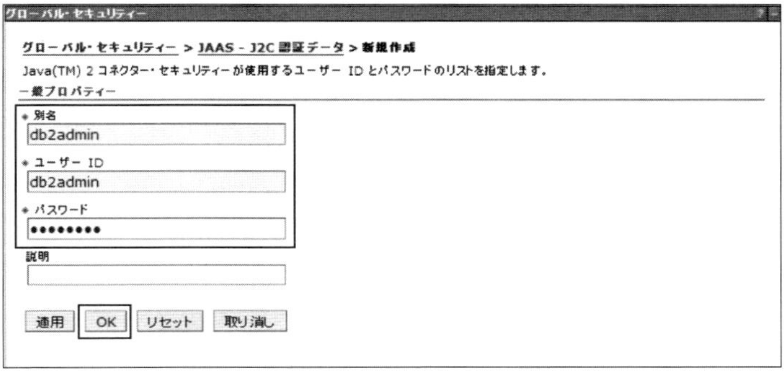

グローバル・セキュリティー

グローバル・セキュリティー > JAAS - J2C 認証データ > 新規作成
Java(TM) 2 コネクター・セキュリティーが使用するユーザー ID とパスワードのリストを指定します。
一般プロパティー
* 別名
db2admin
* ユーザー ID
db2admin
* パスワード
••••••••
説明

適用 OK リセット 取り消し

5. メッセージ・ボックス内の「保存」をクリックします。これで新しい認証データが保存されました。

JDBC プロバイダーを作成する

1. 次に JDBC プロバイダーを作成します。ナビゲーション・ツリーから「リソース」 → 「JDBC」 → 「JDBC プロバイダー」を選択します。
2. 有効範囲のドロップダウン・リストから、作成するリソースの有効範囲を選択します。ここでは「サーバー= server1」と記述された有効範囲を選択します。有効範囲の考え方については第4章で紹介します。「新規作成」をクリックします。
3. ここでは Db2 の IBM JCC ドライバーを使用して接続します。JDBC プロバイダーおよびデータ・ソースの設定項目の詳細については、第4章で説明します。設定画面から、データベース・タイプとプロバイダー・タイプ、実装タイプ、名前（任意の名前）を選択します。実装タイプは、2フェーズ・コミットを行う場合は XA データ・ソースを、2フェーズ・コミットを行わない場合は、接続プール・データ・ソースを選択してください。「次へ」をクリックします。

▶図 3-26　JDBC プロバイダーの設定

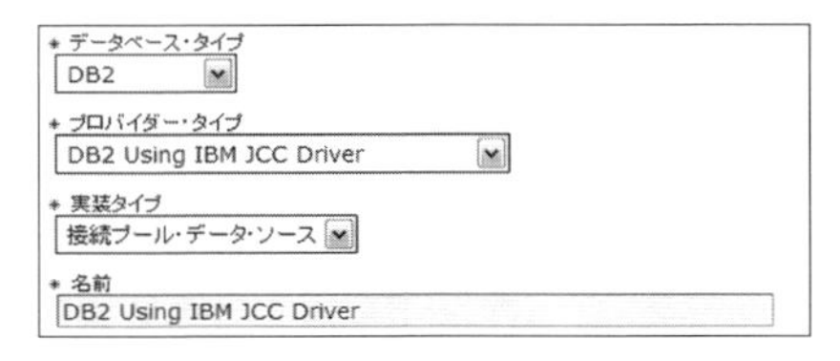

4. Db2 にアクセスするためのクラスパスとネイティブ・ライブラリー・パスの指定を行います。ここで設定した値は、WebSphere 変数として保存されます。「次へ」をクリックします。

▶図 3-27　データベース・クラスパスの設定

5. 要約を確認し、「終了」をクリックします。
6. メッセージが表示されるので、「保存」のリンクをクリックします。

データ・ソースを作成する

1. JDBC プロバイダーの一覧から、先ほど作成した Db2 JCC Provider をクリックします。
2. 追加プロパティーの「データ・ソース」をクリックします。
3. 「新規作成」をクリックします。

4. データ・ソース名（任意の名前）と JNDI 名（アプリケーションで使用する名前）を指定し、「次へ」をクリックします。

図 3-28　データ・ソース名と JNDI 名の設定

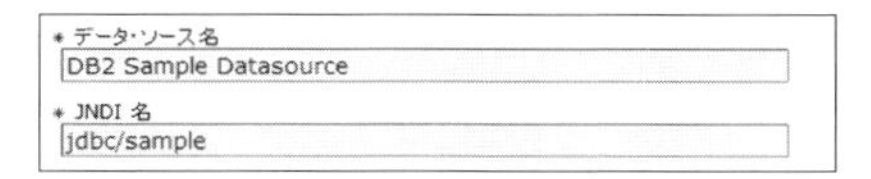

5. 接続するデータベースのデータベース名、サーバー名、ポート番号、ドライバー・タイプを指定し、「次へ」をクリックします。

図 3-29　データベースのプロパティー設定

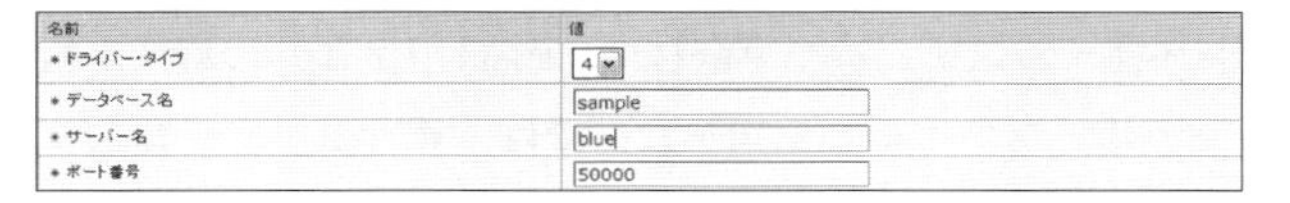

6. 認証方式（コンポーネントまたはコンテナー）に対して、先ほど作成した J2C 認証別名をドロップダウンリストから選択し、「次へ」をクリックします。この例ではコンテナー管理認証を選択しています。
7. データ・ソース作成の要約画面が表示されるので、確認してから「終了」をクリックします。
8. メッセージ・ボックスの保存をクリックします。以上でデータ・ソースの準備は完了です。
9. 接続の確認を行います。データ・ソースの一覧から、作成したデータ・ソースにチェックを入れて、「テスト接続」をクリックします。

図 3-30　データソースのテスト接続

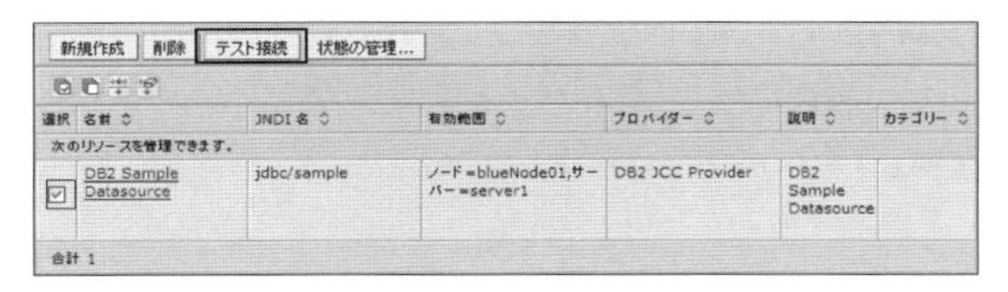

10. 接続が成功した場合は、次のメッセージが表示されます。

▶図 3-31　テスト接続が成功した場合のメッセージ

メッセージ
ノード blueNode01 にあるサーバー server1 上のデータ・ソース DB2 Sample Datasource のテスト接続が成功しました。

アプリケーションをデプロイする

1. データ・ソースの準備ができたので、次にアプリケーションをデプロイします。管理コンソールのナビゲーション・ツリーから「アプリケーション」→「新規アプリケーション」を選択します。画面から「新規エンタープライズ・アプリケーション」をクリックします。
2. 「ローカル・ファイル・システム」を選択して、EAR ファイルの場所を指定します。「ローカル・ファイル・システム」では、管理コンソールのブラウザを稼働している PC 上のファイル・システムが対象になります。「リモート・ファイル・システム」を選択すると、WAS サーバー上のファイル・システムが対象になります。EAR ファイルを指定後、「次へ」をクリックします。
3. アプリケーションの導入方法について、「ファースト・パス」で入力が必要な項目のみを表示するか、「詳細」で全ての設定画面を表示するかを選択します。通常はファースト・パスの使用で問題ありませんが、今回は設定項目を確認するために「詳細」を選択します。オプションの「デフォルトのバインディングおよびマッピングの生成の選択」を展開すると、バインディング情報の扱いについて指定できます。ここで「デフォルト・バインディングの生成」を選択した場合は、不足しているバインディング情報を WAS が自動的に生成します。ただし、既に IBM 拡張のバインディング・ファイルで指定された内容については上書きしません。既存のバインディング情報を上書きしたい場合には、「既存バインディングをオーバーライドする」を選択します。「次へ」をクリックします。

▶図 3-32 アプリケーションのインストール方法の指定

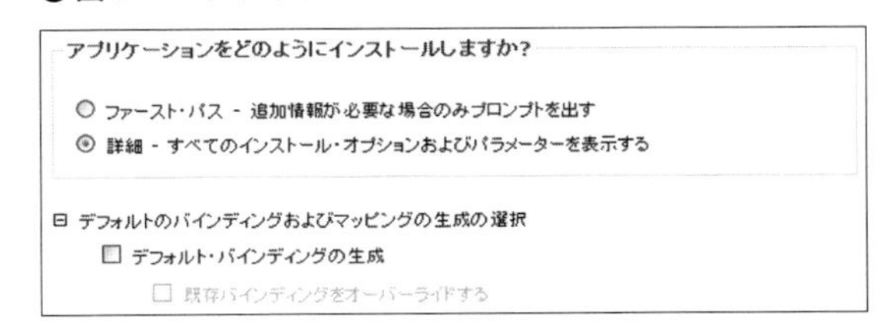

4. インストール・オプションの画面が表示されます。ここでは、JSP のプリコンパイルやリロードの指定など、IBM 拡張デプロイメント記述子（`ibm-web-ext.xml`）で指定した内容を上書きすることができます。図 3-33 の例では、クラス再ロードの設定を 5 秒で上書きしています。「次へ」をクリックします。

▶図 3-33 インストール・オプション

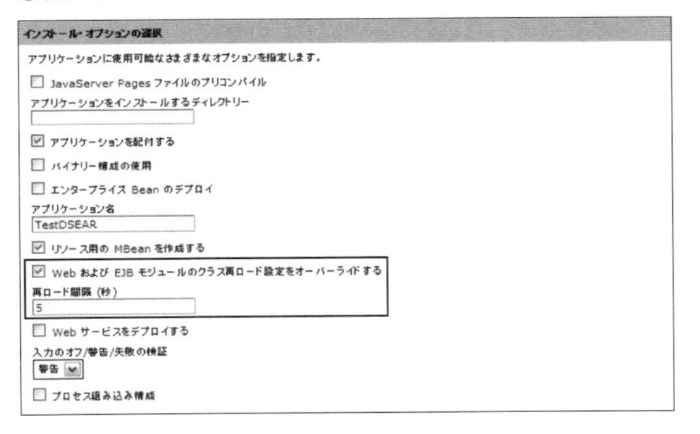

5. 次に、導入するモジュールをサーバーにマップします。ここでは Web モジュールを導入するサーバーとアクセスを可能にする Web サーバーを指定します。デフォルトで server1 には自動的にマップされますが、Web サーバー経由でもアクセスする場合には Web サーバーにもマップする必要があります。モジュールにチェックを入れて、コントロール・キーで server1 と webserver1 の両方を選択した後に、「適用」をクリックします。

▶図 3-34　Web モジュールをサーバーにマップ

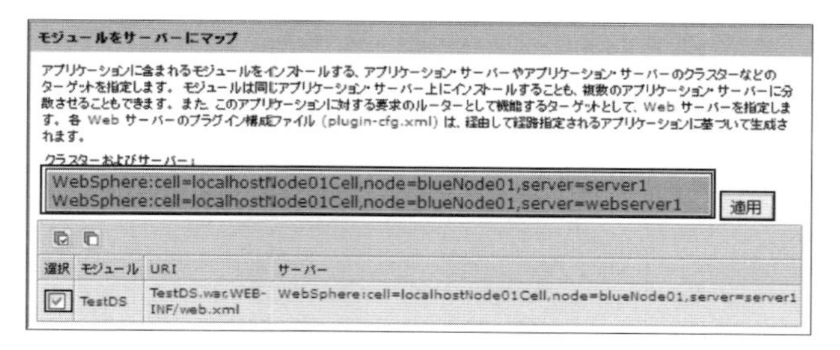

モジュールをサーバーにマップ
アプリケーションに含まれるモジュールをインストールする、アプリケーション・サーバーやアプリケーション・サーバーのクラスターなどのターゲットを指定します。モジュールは同じアプリケーション・サーバー上にインストールすることも、複数のアプリケーション・サーバーに分散させることもできます。また、このアプリケーションに対する要求のルーターとして機能するターゲットとして、Web サーバーを指定します。各 Web サーバーのプラグイン構成ファイル (plugin-cfg.xml) は、経由して経路指定されるアプリケーションに基づいて生成されます。
クラスターおよびサーバー：
WebSphere:cell=localhostNode01Cell,node=blueNode01,server=server1
WebSphere:cell=localhostNode01Cell,node=blueNode01,server=webserver1
適用
選択
モジュール
URI
サーバー
TestDS
TestDS.war,WEB-INF/web.xml
WebSphere:cell=localhostNode01Cell,node=blueNode01,server=server1

6. server1 と webserver1 の両方にマップされたことを確認し、「次へ」をクリックします。

▶図 3-35　Web モジュールのマップ状況

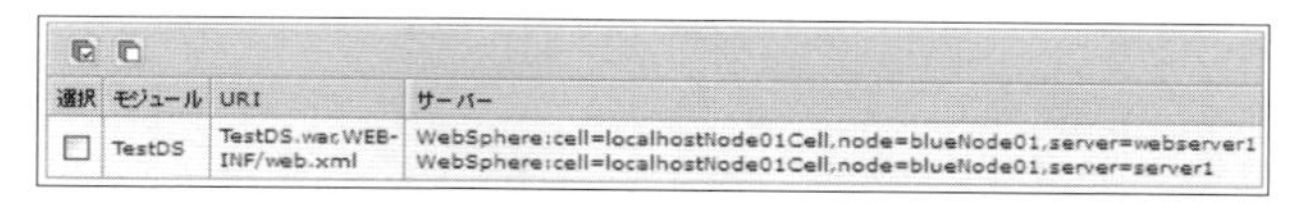

7. Web モジュールに含まれる JSP のリロード・オプションを指定することができます。WAS V9.0 では 10 秒が表示されるので、任意の値に設定後、「次へ」をクリックします。

▶図 3-36　JSP のリロード・オプションの設定

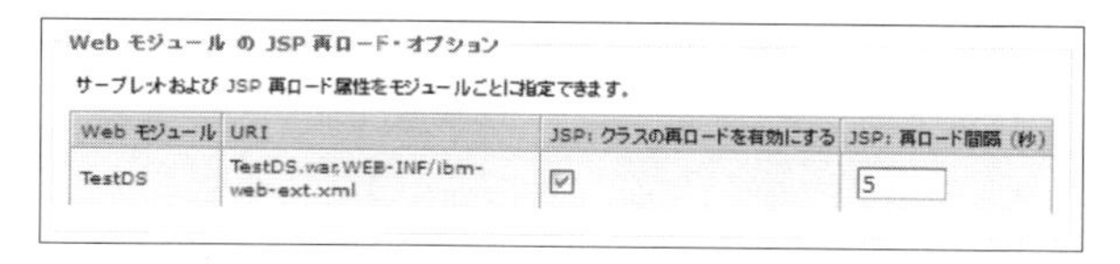

8. 共用ライブラリーを指定できます。確認後、「次へ」をクリックします。
9. 「共用ライブラリーの関係をマップ」画面で「次へ」をクリックします。
10. 次にリソース参照の画面が表示されます。ここでは、EAR ファイルに含まれているバインディング情報をもとにターゲットのリソース JNDI 名と認証方式が表示されます。ここでターゲット・リリースや認証方法を変更することもできます。確認後、「次へ」をクリックします。

図 3-37　リソース参照の設定

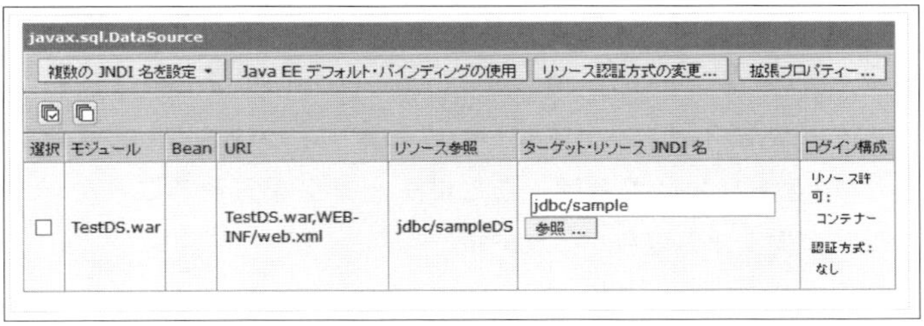

javax.sql.DataSource

複数の JNDI 名を設定 ▾ | Java EE デフォルト・バインディングの使用 | リソース認証方式の変更... | 拡張プロパティー...

選択	モジュール	Bean	URI	リソース参照	ターゲット・リソース JNDI 名	ログイン構成
☐	TestDS.war		TestDS.war,WEB-INF/web.xml	jdbc/sampleDS	jdbc/sample 参照 ...	リソース許可：コンテナー 認証方式：なし

Column

EAR ファイルに IBM 拡張バインディング記述が含まれていない場合には、ここでマップするリソースと認証方式を指定します。「参照」をクリックすると、WAS 上で定義されているリソースの JNDI 名一覧を確認できます。

11. Web モジュールを仮想ホストにマップします。ここでは、デフォルトの default_host にマップされています。「次へ」をクリックします。

図 3-38　仮想ホストの指定

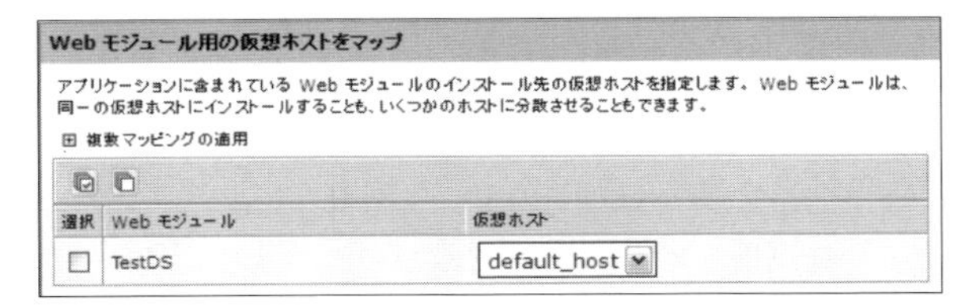

12. Web モジュールのコンテキスト・ルートを指定します。ここでは EAR ファイルで指定したコンテキスト・ルートが表示されますが、上書きすることもできます。確認後、「次へ」をクリックします。

図 3-39　コンテキスト・ルートの指定

Web モジュールのコンテキスト・ルートをマップ

デプロイメント記述子内に定義されたコンテキスト・ルートを編集することができます。

Web モジュール	URI	コンテキスト・ルート
TestDS	TestDS.war,WEB-INF/web.xml	/TestDS

13. JASPIプロバイダーのマップ画面が表示されるので、「次へ」をクリックします。
14. 「モジュールのメタデータ」画面では、metadata-complete属性のチェックが外れたまま「次へ」をクリックします。ソースコードにアノテーションが含まれない場合は、ここにチェックを入れることで、パフォーマンスが向上する場合があります。

図3-40 モジュールのメタデータ設定

モジュールのメタデータ

metadata-complete 属性は、このモジュールのデプロイメント記述子を完了するかどうかを定義します。
metadata-complete は、「true」に設定される場合、デプロイメントに指定されるアノテーションは無視されます。

モジュール	URI	metadata-complete 属性
TestDS	TestDS.war,WEB-INF/web.xml	☐

15. モジュールのビルドIDが表示されるので、「次へ」をクリックします。
16. 要約画面が表示されるので、確認後、「終了」をクリックします。
17. デプロイが開始されます。「正常にインストールされました」のメッセージが表示されたら、「保存」をクリックし、構成を保管します。
18. アプリケーションを起動します。管理コンソールのナビゲーション・ツリーから「アプリケーション」→「アプリケーション・タイプ」を展開し、「WebSphereエンタープライズ・アプリケーション」を選択します。導入済みのアプリケーションが表示されるので、今回導入したアプリケーション（TestDSEAR）を選択して、「開始」をクリックします。

図3-41 アプリケーションの開始

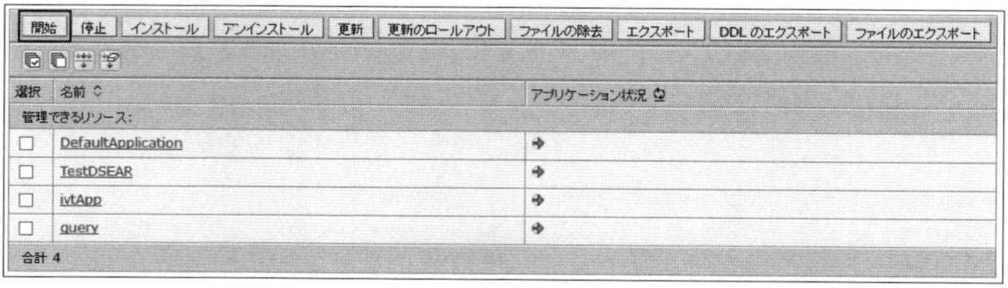

開始 | 停止 | インストール | アンインストール | 更新 | 更新のロールアウト | ファイルの除去 | エクスポート | DDL のエクスポート | ファイルのエクスポート

選択	名前	アプリケーション状況
管理できるリソース:		
☐	DefaultApplication	➔
☐	TestDSEAR	➔
☐	ivtApp	➔
☐	query	➔
合計 4		

19.「正常に始動されました。」のメッセージが表示され、アプリケーションの状況が赤い×印から、緑の矢印に変わると、アプリケーションの起動が完了したことになります。

図 3-42　アプリケーション開始のメッセージ

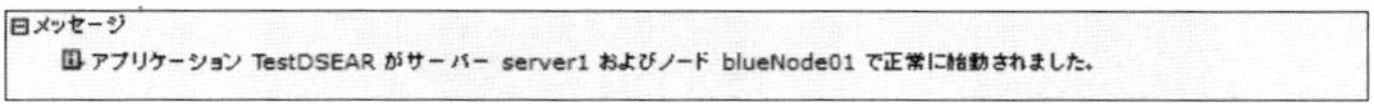

メッセージ
アプリケーション TestDSEAR がサーバー server1 およびノード blueNode01 で正常に始動されました。

20. ブラウザを開いて、アプリケーションの稼働を確認します。
このアプリケーションは、`http://server_name:9080/TestDS/HelloDS` で呼び出すことができます。SAMPLE データベースの EMPLOYEE テーブルから、EMPNO と FIRSTNAME が取り出されていれば成功です。

リスト 3-8　アプリケーションの実行結果

```
10, CHRISTINE
20, MICHAEL
30, SALLY
50, JOHN
...
```

Web サーバー経由でアクセスする

最後に Web サーバー経由のアクセスを確認します。Web サーバーのデフォルト設定では、アプリケーションの導入後に自動的にプラグイン構成ファイル（`plugin-cfg.xml`）が生成され、Web サーバーに伝搬されますが、ここでは、手動での手順を確認します。

図 3-43　プラグラインの生成と伝搬

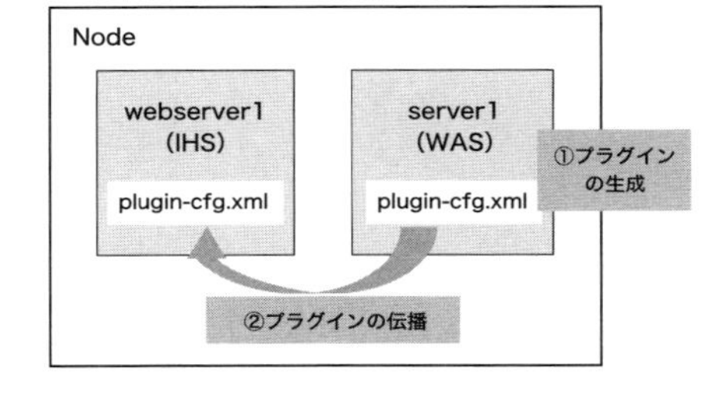

1. 管理コンソールのナビゲーション・ツリーから、「サーバー」 → 「Web サーバー」を選択します。
2. webserver1 を選択し、「プラグインの生成」をクリックします。次のメッセージが表示され、WAS のプロファイル配下にあるプラグイン構成ファイル（`plugin-cfg.xml`）が更新されます。

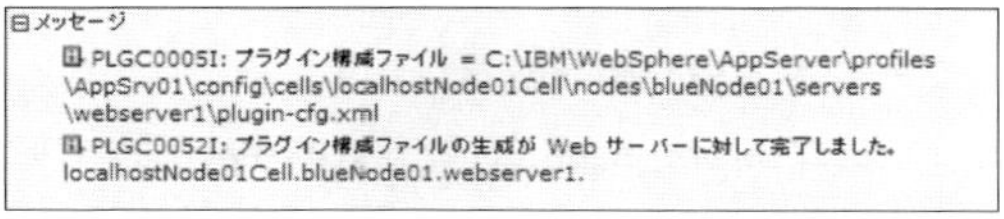

▶図 3-44　プラグイン構成ファイル生成完了のメッセージ

```
メッセージ
PLGC0005I: プラグイン構成ファイル = C:\IBM\WebSphere\AppServer\profiles
\AppSrv01\config\cells\localhostNode01Cell\nodes\blueNode01\servers
\webserver1\plugin-cfg.xml
PLGC0052I: プラグイン構成ファイルの生成が Web サーバーに対して完了しました。
localhostNode01Cell.blueNode01.webserver1.
```

3. 次に、Web サーバーに伝搬します。同様に webserver1 を選択して、「プラグインの伝搬」をクリックします。次のメッセージが表示され、`plugin-cfg.xml` ファイルが Web サーバーにコピーされます。

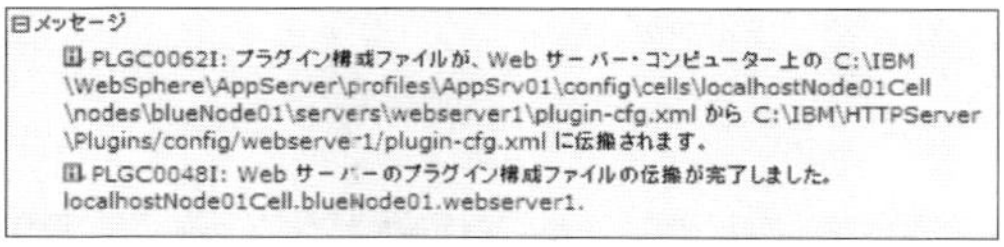

▶図 3-45　プラグイン構成ファイル伝搬完了のメッセージ

```
メッセージ
PLGC0062I: プラグイン構成ファイルが、Web サーバー・コンピューター上の C:\IBM
\WebSphere\AppServer\profiles\AppSrv01\config\cells\localhostNode01Cell
\nodes\blueNode01\servers\webserver1\plugin-cfg.xml から C:\IBM\HTTPServer
\Plugins/config/webserver1/plugin-cfg.xml に伝搬されます。
PLGC0048I: Web サーバーのプラグイン構成ファイルの伝搬が完了しました。
localhostNode01Cell.blueNode01.webserver1.
```

4. Web サーバーが使用中のプラグイン構成ファイルが更新された場合、デフォルトでは 1 分ごとに Web サーバーにリロードされる仕組みになっています。変更内容をすぐに反映させたい場合には、Web サーバーを再始動し、新しいプラグイン構成ファイルを読み込ませます。
5. ブラウザから `http://server_name/TestDS/HelloDS` を実行して、Web サーバー経由でのアプリケーションの稼働を確認します。

3-5 アプリケーションの更新方法

デプロイしたアプリケーションを更新するには、デプロイと同様に、次の方法があります。

- 管理コンソールを使用して更新する。
- 管理ツールであるwsadminコマンドを使用して更新する。
- ANTを使用して更新する。
- ホット・デプロイメントを使用して更新する。

ここでは、最初の管理コンソールからの手順を説明します。

アプリケーションを更新する場合、変更の範囲によって、次の5つの方法から選べます。

方法1. アプリケーション全体（EARファイル）を置き換える
方法2. 単体モジュール（.warファイル、.jarファイル、.rarファイル）を置き換える、または追加する
方法3. 1つのファイルのみ置き換える、または追加する
方法4. アプリケーションまたはモジュールからファイルを削除する
方法5. 複数のファイルを追加、更新、削除する

WASでは、実行中のアプリケーションに対してファイルを更新することができます。この場合、WASが自動的にアプリケーション、または影響のあるモジュールを停止し、アプリケーションの更新を実行後、該当のアプリケーションやモジュールを再始動するので、管理者がアプリケーションの停止・開始を行う必要はありません。

EAR ファイル全体を置き換える方法

アプリケーション全体を新しい EAR ファイルで置き換える場合は、次の手順を実施します。

1. 管理コンソールから「アプリケーション」 → 「アプリケーション・タイプ」 → 「WebSphere エンタープライズ・アプリケーション」を選択します。更新したいアプリケーションにチェックを入れて、「更新」ボタンをクリックします。

図 3-46　アプリケーションの更新

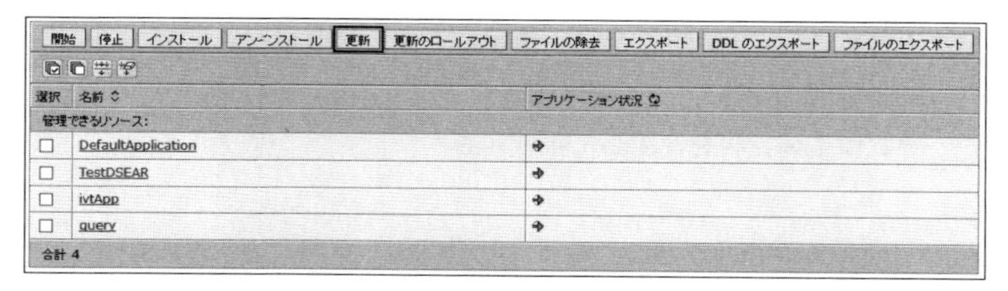

2. 「アプリケーション更新の準備」画面で「アプリケーション全体を置換する」を選択して、EAR ファイルの場所を指定します。「次へ」をクリックします。

図 3-47　EAR ファイルの置き換え

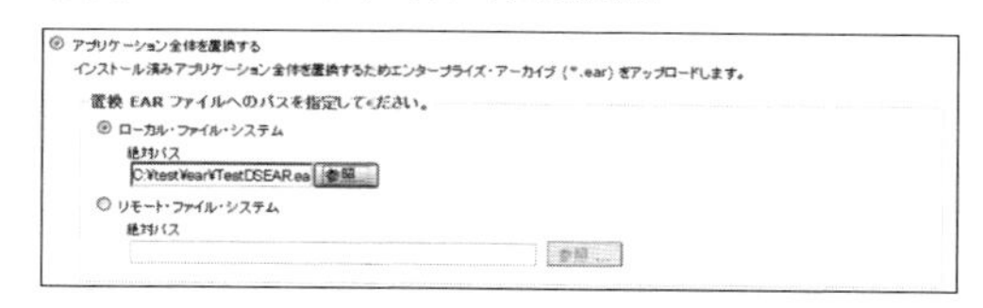

3. アプリケーションをデプロイした手順と同様に、必要な項目を設定します。最後の要約画面で「終了」をクリックします。
4. 「保存」をクリックし、マスター構成に保管します。
5. アプリケーションの更新により、アプリケーションの URL に変更が生じる場合は（例えば Servlet マッピングの追加・更新・削除など）、Web サーバー・プラグインが再作成され、Web サーバーに伝搬されたことを確認します。

WAS NDでのアプリケーション管理

WAS NDでは、アプリケーション・エディション管理と呼ばれるバージョン管理の機能を提供しています。これにより同一セル内で同じアプリケーション（EARファイル）に対して複数のバージョンを同時に保持することができるようになります。デプロイするターゲット（JVM）が異なれば同時に複数バージョンをアクティブにすることもできるため、リリース前の検証用と本番用の2バージョンを同時に稼働させることもできます。さらにWAS NDには、本番用のクラスター構成をもとに、検証用のクラスターを自動で作成する機能も提供しています。検証が完了し、本番環境に最新バージョンをロールアウトした後には、検証用クラスターは自動で削除されます。

バージョン管理機能では、バージョンの戻しもサポートしています。例えば本番環境にリリースした新バージョンのアプリケーションに不具合が発生した場合には、すぐに前のバージョンに切り戻すことができるので安心です。

さらにインテリジェント・ルーティング機能と組み合わせることで、バージョンごとにリクエストの割り振りを変えることができます。例えば、現行バージョンのV1は全ユーザーがアクセスできるようにし、検証用の新バージョンV2はテスターのみがアクセスできるようにする、といった制御ができます。これにより、検証環境で最終テストを実施して問題がないことを確認してから、新バージョンを全ユーザーにリリースすることができるようになります。

▶図3-48　WAS NDのエディション管理

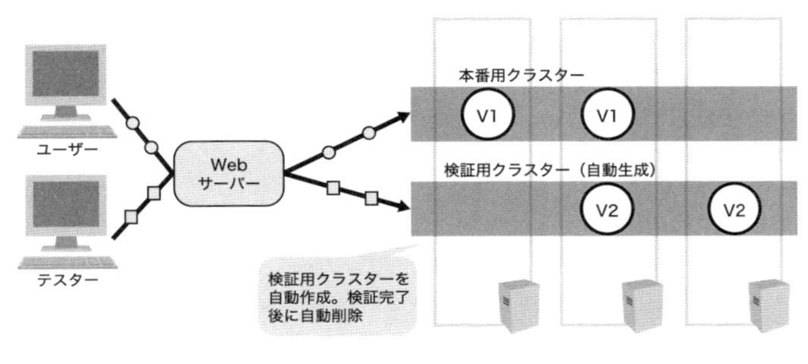

アプリケーションのロールアウト時も、サービス無停止での更新ができるように設計されています。ロールアウトの方法としては、グループ・ロールアウト

（指定した台数ずつ更新を実施）とアトミック・ロールアウト（半数ずつ更新を実施）の２種類が提供されています。どちらの場合もエディション管理機能と Web サーバーが連携し、更新中のサーバーに処理を割り振らないように動的にルーティングを制御しながら、クラスター全体のロールアウトを実施します。

▶図 3-49　エディション管理におけるロールアウトの流れ

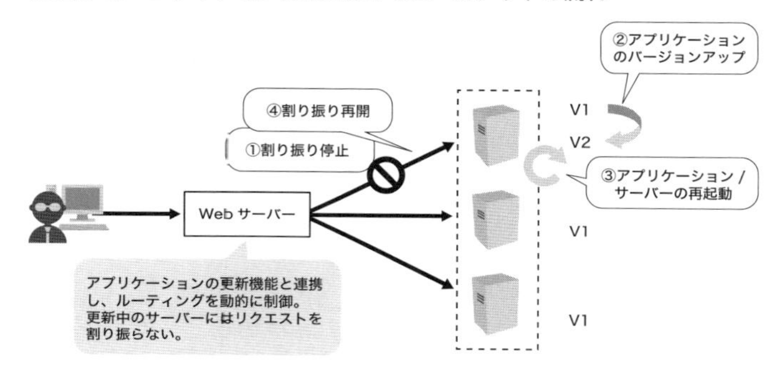

第4章

WAS traditionalの基本的な設定と操作

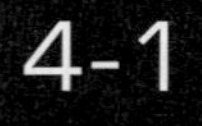

4-1 IHS の設定

IHS とは、Apache をベースにした Web サーバーです。ベースにしている Apache のバージョンは次の通りで、対応する Apache の資料を参照できます。

- IHS V8.5：Apache 2.2.8
- IHS V9.0：Apache 2.4.12 (with additional fixes)

IHS と Apache の主な違いは、SSL 通信とプラグインの部分です。さらに WAS では、管理コンソールから `httpd.conf` やプラグイン定義ファイルの設定や証明書を管理できます。この節では WAS 特有な設定がある次の項目を解説します。

- 最大同時接続数
- SSL 通信
- Web サーバー・プラグイン（以降、プラグイン）

最大同時接続数

Web ブラウザからの最大同時接続数は、使用する環境に合わせて変更が必要です。WAS traditional はトランスポート・チャネルでデフォルト 20,000 の接続が可能です。この数以下の場合は IHS の設定だけを考慮していればよいことになります。ベースとなる Apache MPM（Multi Processing Module）のディレクティブと値は IHS を実行する OS で異なります。MPM には、図 4-1 に示す 3 つのモジュールがあります。

▶図4-1　IHS V8.5以降の3つのMPM

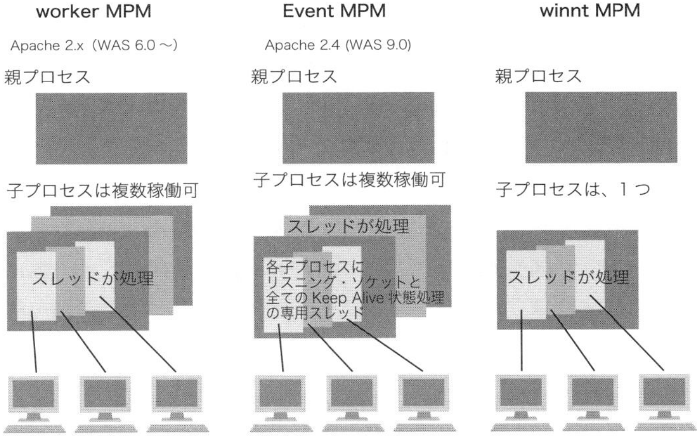

worker MPM
Apache 2.x（WAS 6.0～）
親プロセス
子プロセスは複数稼働可
スレッドが処理

Event MPM
Apache 2.4 (WAS 9.0)
親プロセス
子プロセスは複数稼働可
スレッドが処理
各子プロセスに
リスニング・ソケットと
全てのKeep Alive状態処理
の専用スレッド

winnt MPM
親プロセス
子プロセスは、1つ
スレッドが処理

- worker MPM

WAS V8.5では、Apache 2.xをベースにしたIHSを使用しています。UNIX版IHSは、worker MPMを使用しています。これは、マルチスレッドとマルチプロセスのハイブリッド型です。負荷に応じて子プロセスを増減させるのはprefork MPMと同じですが、要求処理をスレッドで実行します。親プロセスが子プロセスを生成した時に`ThreadsPerChild`の分スレッドを生成しているので、prefork MPMよりパフォーマンスが良くなります。特徴は次の通りです。

- 要求に対して、スレッドが処理を実行
- 負荷に応じて子プロセスを増減
- 1子プロセスあたりのスレッド数は固定

- event MPM

WAS V9.0に同梱のIHS V9.0(Apache 2.4)では、「Keep-Alive問題」に対応するためevent MPMがLinuxで利用できます。Keep-Aliveは、TCP接続のオーバーヘッドを減らすために最初のリクエストが完了しても接続を切らずに設定した時間を待ち、次のリクエストの処理を高速化します。しかし処理が終わっても設定値(デフォルト10秒)解放されずに待ち続けます。worker MPMではワーカースレッドが直接クライアントからのデータを待っていました。各子プロセスはリスニング・ソケットと全てのKeep-

Alive 状態を処理するために専用のリスナースレッドを用意しました。AsyncRequestWorkerFactor ディレクティブが追加され、アイドル状態の要求ワーカーの数に応じて、プロセスごとに受け入れられる接続の数を制限します。全てのワーカーがビジー状態になると keep-alive timeout が経過していなくてもキープアライブ状態の接続を閉じます。
重要なディレクティブは、ThreadPerChild、ServerLimit と MaxClients です。デフォルトの httpd.conf で指定されている最大接続数（MaxClients）は 1200 です（表 4-1）。ServerLimit（12）× Threadlimit（100）= 1,200 となっています。「第７章　パフォーマンス・チューニング」では詳細を解説しています。

▶表 4-1　UNIX 版 IHS（event MPM）の httpd.conf デフォルト値

ディレクティブ	デフォルト	説明
ThreadLimit	100	ThreadPerChild の最大設定値
ServerLimit	12	StartServers の最大設定値
StartServers	1	起動時の初期プロセス数
MaxClients	1200	クライアントの同時コネクション数の最大値
MinSpareThreads	50	スペアに用意しておくスレッド数の最小値
MaxSpareThreads	300	スペアに用意しておくスレッド数の最大値
ThreadPerChild	100	個々の子プロセスが起動時に生成するスレッドの数
MaxRequestsPerChild	0	個々の子プロセスが処理できる要求の最大数。0 に設定されている場合、期限切れでプロセスが終了することはない。0 が推奨
AsyncRequestWorkerFactor	2	プロセスごとの同時接続を制限します max_connections = (ThreadsPerChild + (AsyncRequestWorkerFactor * number of idle workers)) * ServerLimit"
LockFile	Logs/accept.lock	受け付けをシリアライズするためのロックファイルの位置
PidFile	Logs/httpd.pid	サーバー起動時にプロセス ID を記録するファイルの指定
Listen	80	Listen する IP アドレスとポート

- winnt MPM

IHS Winodws 版は、winnt MPM を使用しています。親プロセスが要求の処理を行う子プロセスを１つ起動します。そして子プロセスのスレッドで要求を処理します。特徴は次の通りです。

- 要求に対してスレッドが処理を実行
- 要求を処理する子プロセスは1つ
- Windows向けに最適化

winnt MPMは子プロセスが1つなので、ThreadsPerChildとTreadLimitが最大接続数の設定です。V9.0のデフォルトのhttpd.confは1200です（表4-2）。

表4-2 IHS Windows版の最大接続数のhttpd.confデフォルト値

ディレクティブ	デフォルト	説明
TreadLimit	1200	ThreadPerChildの最大設定値
ThreadPerChild	1200	個々の子プロセスが起動時に生成するスレッドの数
MaxRequestsPerChild	0	個々の子サーバプロセスが扱えるリクエストの制限数を設定。0は期限切れでプロセスが終了することはない
MaxMemFree	2048	主アロケータが保持できる空のメモリの最大値をキロバイト単位で設定

IHSとWebブラウザ間通信のSSL

IHSのSSLモジュールはIBMが提供しています。WAS V7.0以降は、httpd.conf内にコメントの状態でSSL設定のサンプルが含まれています。次に示すのは、WAS V9.0のhttpd.confにSSLモジュールを追加し、必要な行をアンコメントしてSSLServerCertディレクティブを追加した例です（リスト4-1）。

リスト4-1 httpd.confのSSL設定のサンプルと設定例

```
LoadModule ibm_ssl_module modules/mod_ibm_ssl.so ―――①
Listen 0.0.0.0:443 ―――②
## IPv6 support:
#Listen [::]:443
SSLCheckCertificateExpiration 30 ―――③
<VirtualHost *:443> ―――④
SSLEnable ―――⑤
Header always set Strict-Transport-Security "max-age=31536000;
includeSubDomains; preload" ―――⑥
</VirtualHost>
KeyFile < IHS_HOME >/conf/ihsserverkey.kdb ―――⑦
```

```
#SSLDisable
```

① IHS 用に SSL と TLS（Transport Layer Security）をサポートします。
② このサーバーが持つ全ての IP アドレスでポート 443 による接続を受け付けます。
③ 指定された数の日以内に期限切れになる TLS 証明書をスタートアップ時とレポート時にチェックします。
④ 仮想ホストの IP アドレスとポートを指定します。
⑤ この仮想ホストの SSL を有効にします。デフォルトで有効。
⑥ HTTP で接続された場合に強制的に HTTPS にリダイレクトする設定（HTTP Strict Transport Security）がデフォルトで指定されています。max-ages は有効期間秒数を指定。サブドメインも対象としています。
⑦ 鍵データベース・ファイル（使用する証明書）を指定します。鍵データベースの中には複数の証明書を保管することができます。同じ鍵ラベルで有効期限が異なる証明書が鍵ファイルに収められていると先にあるものが利用されます。古い有効期限が切れたものが残っていると通信できなくなるので注意が必要です。

■自己証明書の作成

インターネットに公開する Web サーバーでは、ベリサインなどの正式な認証局の証明書が必要です。しかし、設定作業の確認などのために自己証明書を作りたい時があります。ここでは、WAS 提供の鍵管理ツールで鍵ファイルを作成する手順を示します。鍵ファイルを作成する方法は、3 つあります。

- iKeyman GUI 鍵管理ツール
  鍵ファイルを GUI で操作できるので分かりやすいという利点があります。
- iKeyman コマンド管理ツール
  iKeyman はコマンドで利用できます。コマンドは元となるスクリプトを準備しておけば、繰り返しが必要な作業を効率化できます。Windows の起動の例を次に示します。

```
<IHS_HOME>¥bin¥gskcmd -keydb -create -db <ファイル名>.kdb -pw <パスワード>
-type cms -expire <日数> -stash
```

- WAS 管理コンソール
  IHS の場合、管理コンソールからも SSL の設定が可能です。WAS と IHS の管理を一元的に行えます。

iKeyman GUI 鍵管理ツールの操作手順は次の通りです。このツールは、IHS だけでなく WAS や JDK にも含まれています。鍵データベース・ファイルに自己証明書を作成する手順は次の通りです。

1. iKeyman を起動します。

```
<IHS_HOME>¥bin¥iKeyman.bat
```

2. 「鍵データベース・ファイル」 → 「新規」をクリックし、新規画面で以下を入力して「OK」します。
   - 鍵データベース・タイプ：CMS
   - ファイル名：key.kdb
   - 場所：`<IHS_HOME>¥conf¥`（例）
3. 「パスワード」画面で、以下を入力します。「パスワードをファイルに隠す」は、IHS で SSL を利用する場合には必須の指定です。「OK」を押すと鍵ファイルが作成されます。
   - パスワード
   - 有効期限：チェックして入力します（例：365 日）。
   - パスワードをファイルに隠す：チェックします。
4. メインの画面に戻るので、「個人証明書」を選択し、右下の「新規自己署名」 → 「新規自己署名証明書の作成」をクリックします。
   - 鍵ラベル：`selfSigned`（例）
   - バージョン：X509 V3
   - 鍵サイズ：4096（例）
   - 署名アルゴリズム：SHA384withRSA（例）

- 共通名：サーバーのホストネーム・ドメイン名
- 組織や国の情報を入力します（オプション）。

これらを入力して「OK」をクリックすると、自己署名証明書が作成されます（図 4-2）。

図 4-2　iKeyman を使用した新規自己証明書の作成

Column

SHA-2 と IBM Java 暗号プロバイダーのエイリアス名

2017 年に SHA-1 衝突攻撃にグーグルが成功し公表されたことから、SHA-2 への移行が進みました。IHS は、どのバージョンでも GSKit 7.0.4.14 を使用していれば、SHA-2（sha224、sha256、sha384、sha512）ダイジェストアルゴリズムを使用できます。しかし、TLSv1.2 で有効な SHA-2 ベースのダイジェストを使用する場合、IHS V8.0 以降が必要です。

また、古い IBM Java 暗号プロバイダーでは、出力サイズに基づくエイリアス名が、SHA3WithRSA や SHA5WithRSA などと使われていました。現在は、SHA384withRSA、SHA512withRSA のように変更されています。これらは、SHA-2 に派生しているものです。

IHS のリモート管理

IHS 管理サーバーやノード・エージェントを利用すると、リモートの IHS に対して WAS 管理コンソールから次のことができます。IHS 管理サーバーは、WAS Base でも利用できます。DMZ の利用や負荷分散のために IHS と WAS を別の筐体で利用する時に管理作業が便利になります。

- IHS の起動／停止
- 状況のモニター
- IHS 構成ファイル（httpd.conf）の表示・編集
- プラグイン構成ファイルの表示・編集
- プラグイン構成ファイルの生成・伝搬
- ログ・ファイルの表示
- 証明書の管理

WAS ND を使用する場合は、ノード・エージェントによって、IHS だけでなく IHS 以外の Web サーバーの稼働状況の管理やプラグイン生成も行えます。しかし、IHS 以外の場合はプラグインの伝搬、起動・停止、構成ファイルの編集、ログ・ファイルの表示ができません。

図 4-3　IHS の管理とプラグイン構成ファイル（plugin-cfg.xml）

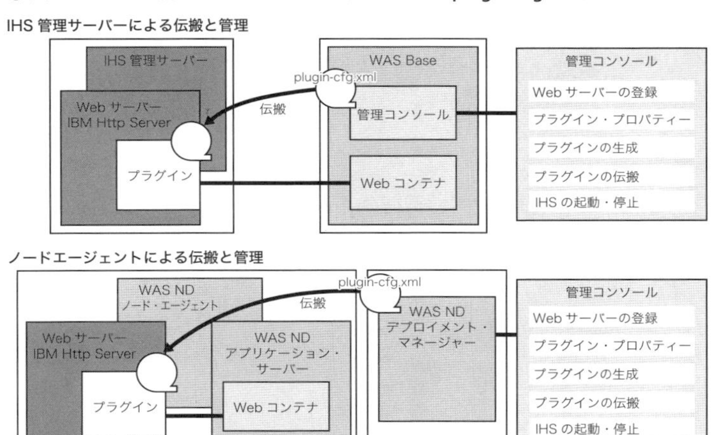

デフォルトのプラグイン構成ファイルは plugin-cfg.xml という XML ファイルです。このファイルの内容については次の節で解説します。スタンドアロンのアプリケーション・サーバーは、プラグイン構成ファイルをローカルの <WAS_HOME>/profiles/< プロファイル名 >/config/< ～ Web サーバー名 >/ の下に生成します。Web サーバーのノードが異なる場合には、それをコピーします。管理コンソールの操作では、「プラグインの伝搬」と呼んでいます。WAS ND のクラスター構成の場合は、デプロイメント・マネージャーのノードに生成されます。ノード・エージェントが管理しているサーバーに Web サーバーがある場合は、管理対象ノードと呼んでいます。デプロイメント・マネージャーからの伝搬は、ノード・エージェントが行います。

■管理コンソールでの「Web サーバー」の登録

プラグインの伝搬や Web サーバーの管理が、管理コンソールからできると便利です。そのための設定手順を WAS Base の Windows 版を例に示します。

1. IHS 管理サーバーを開始します。コマンドは、「2-5 IHS の起動・停止方法」を参照してください。
   admin_error.log を見て、正常に起動したことを確認します。

```
[Sun Feb 05 19:07:24.807593 2017] [:notice] [pid 10664:tid 316] Using config
file E:/IBM/HTTPServer/conf/admin.conf
～
[Sun Feb 05 19:07:24.857596 2017] [mpm_winnt:notice] [pid 11972:tid 188]
AH00354: Child: Starting 25 worker threads.
```

2. WAS 管理コンソールで、「サーバー」 → 「サーバー・タイプ」 → 「Web サーバー」を選択し、「新規作成」をクリックします。
3. 「新規 Web サーバー定義の作成」で、次のように入力し「次へ」をクリックします。
   - サーバー名：webservre1（例）
   - タイプ：IBM HTTP Server（例）
   - ホスト名：hostname（例）
   - プラットフォーム：Windows（例）

- ノード・エージェントを使用する場合は、ホスト名とプラットフォームの代わりに「ノードの選択」が表示されます。

4. 「Web サーバー・テンプレートの選択」で「IHS」を選択し、「次へ」をクリックします。
5. 新規 Web サーバー・プロパティーを入力します。
   - ポート：80
   - Web サーバーのインストール・ロケーション：`<IHS_HOME>`
   - サービス名：IBMHTTPServeV9.0
   - プラグインのインストール・ロケーション：`<PLUGIN_HOME>`
   - Web サーバーへのアプリケーション・マッピング：全て
   - 管理サーバーのポート：8008
   - ユーザー名：userid
   - パスワード：password
   - SSL の使用：使用しない
   - ノード・エージェントを使用する場合は、管理サーバーのポート、ユーザー名、パスワード、SSL の使用の指定はありません。
6. 「OK」をクリックして、「保存」すると Web サーバーが作られます。

図 4-4　Web サーバーの管理

プラグイン

IHS導入直後のhttpd.confには、プラグイン用のモジュールやディレクティブはありません。プラグイン構成ツールで設定する際に、httpd.confを指定してロードモジュールとWebSpherePluginConfigディレクティブが構成されます。プラグインを導入したディレクトリー<PLUGIN_HOME>/config/<Webサーバー名>には、プラグイン構成ファイルやSSL用の鍵データベースが用意されます。プラグインのロードモジュールは、JavaでなくC言語で記述されているので、OSにより実装コードが異なります。一般的にはプラグインのためにhttpd.confを修正する必要はありません。しかし、WASのポートを指定してサーブレットを呼び出すと動くにも関わらず、IHSのポートを指定すると動かない場合は、httpd.confのこの設定から調査します。

リスト4-2　IHS V9.0 Windows版の例

```
LoadModule was_ap24_module "<PLUGIN_HOME>¥bin¥32bits¥mod_was_ap24_http.dll"
WebSpherePluginConfig "<PLUGIN_HOME>¥config¥webserver1¥plugin-cfg.xml"
```

Column

なぜ、HTTP要求を直接WASに送らないのか？

プラグインを利用すると次のような利点があるからです。

- 負荷分散とフェイルオーバー機能が提供される。
- 静的コンテンツをWebサーバーから配信できるのでWASへの負担が軽減される。
- Webサーバーとプラグインを別筐体のサーバーに配置することができ、WASをDMZの内側に配置することができるためセキュリティが向上する。
- IHSによる豊富なロギング機能と要求内容の編集機能などが利用できる。

4-2 プラグインの設定

この節では、プラグインの動作とプラグイン構成ファイルを作成する時に考慮すべき点について解説します。

プラグインの動作

プラグインの動作を理解しておくと、問題判別やWASトポロジーを検討する時に役立ちます。図4-5は、ブラウザからの要求に対してプラグインがどのように動作するかを示しています。

▶図4-5 プラグインの役割

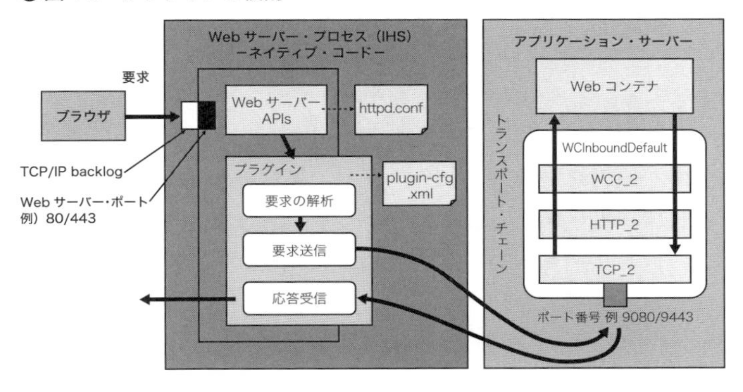

1. Webサーバーは、最初にHTTP要求を受け付けます。デフォルトのポートは80です。
2. 次に要求をプラグインに渡します。プラグインは、プラグイン構成ファイル（`plugin-cfg.xml`）に指定されたルールに基づいてアプリケーション・サーバーへの要求とWebサーバー上で処理する要求を決定します。プラグイン構成ファイルは、アプリケーション・サーバーへ要求を送信する

URL（コンテキスト・ルート）の情報を含んでいます。そのため WAR や EAR を新規にデプロイした時は、アプリケーション・サーバーでプラグイン構成ファイル生成し、Web サーバーにコピーしなければなりません。また、プラグインは、単純に要求を転送するのではなく、HTTP ヘッダーと GET/POST 要求・データなどをブレイクダウンし、再構成して送信しています。ブラウザから Web サーバーに SSL で要求が来ると、プラグインは要求を SSL でアプリケーション・サーバーに送ります。

3. WAS は要求を受け取ります。この時、プラグインは「トランスポート・チャネル・サービス」と接続します。「トランスポート・チャネル・サービス」が要求と応答を仲介します。Web コンテナが「トランスポート・チャネル・サービス」を介して応答を返すと、プラグインが応答受信の処理を行い、ブラウザに応答を返します。

WAS V5.1 までは Web コンテナのスレッドがブラウザと接続していました。そのため接続する数はスレッド数の最大まででした。スレッド数の制限を超えて接続できない要求は、OS が `MaxConnectBacking` でバッファーを確保していました。

WAS V6.0 から「トランスポート・チャネル・サービス」は、Java のノンブロッキング I/O をベースに、HTTP クライアント接続と Web コンテナ・スレッドの多対 1 マッピングを効率的に行います。TCP チャネルは、クライアントの接続と HTTP チャネル・レイヤーとの非同期入出力を管理します。HTTP チャネル・レイヤーは HTTP プロトコルをサポートし、Web コンテナ・チャネル（WCC）がサーブレットや JSP など Web コンテナのスレッドに要求をディスパッチします。「トランスポート・チャネル・サービス」は、少ない Web コンテナ・スレッドで多くのクライアント接続から効率的に利用できるようにしています。

また、WAS ND V8.5.5 から Web サーバー・インテリジェント・マネジマントがプラグインで利用できるようになりました。詳しくは、「4-4 インテリジェント・マネジメント機能」を参照してください。

プラグイン構成ファイルとルーティング

プラグイン構成ファイルは、IHS への要求の URI を解析して WAS へ要求を送るための定義です。

図 4-6　プラグイン構成ファイルの設定

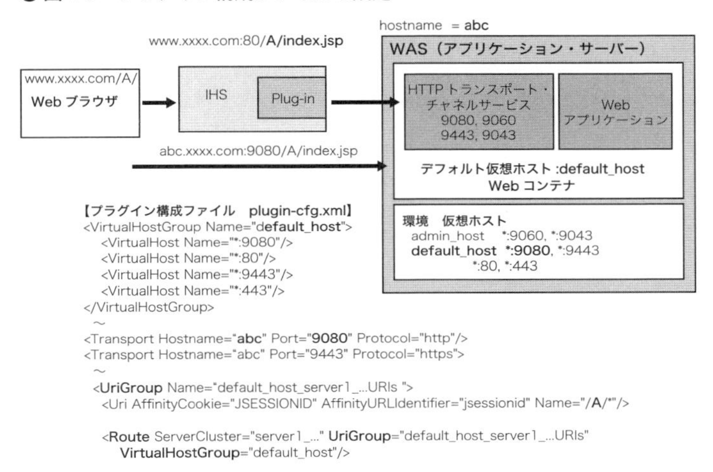

図 4-6 のアプリケーション・サーバーの中では、Web アプリケーションが仮想ホスト `default_host` と結び付けられています。EAR や WAR をアプリケーションとしてデプロイする時に仮想ホストとマップしています。通常は、複数の仮想ホストを使わないのであまり意識されませんが、「3-4　アプリケーションを WAS にデプロイする」の手順でこの結び付けを行っています。そして、IP アドレスとポート番号が仮想ホストに定義されています。

Web サーバーに要求が来ると Web サーバーで処理される前にプラグインが「要求の解析」を行います。プラグイン構成ファイルの情報は、次のように利用されます。

1. 各要求と `Route` に定義された `UriGroup` と `VirtualHostGroup` を比較します。
2. 該当する `UriGroup` と `VirtualHostGroup` が見つかったら、そのサーバー・クラスターに要求を送ります。

3. サーバーが複数ある場合は、WLMポリシーやセッション・アフィニティの指定により所定のサーバーを選択します。

例えば、http://www.xxxx.com/A/Hello要求をIHSに送信すると、プラグインは、hostnameまたはVirtualHost部分（www.xxxx.com/:80）とURI部分（/A/Hello）の２つに分割します。VirtualHostは、*:80なので一致します。次にURI部分をチェックし、/A/*と一致するので、サーバー・クラスターが特定されます。一致しなければ、Webサーバーへの要求とされます。

9080ポートを指定して直接WASに要求すると正常に動くのに、IHSに要求すると「SRVE0255E: nnnnnn:80を処理するWebグループ/仮想ホストが定義されていません。」とメッセージが出力されることがあります。その場合には、<VirtualHost Name=<値> />、<Transport Hostname=<値> />、<Uri Name=<値> />の指定が反映されていなかったり違っていることが考えられます。

■仮想ホストとポート

仮想ホストは、WASが提供する１つのサーバー・プロセスを複数のホスト・マシンのように見せるための仕掛けです。管理コンソールもWASからするとアプリケーションの１つですが、ユーザーのアプリケーションと混在させてお互いに影響させたくありません。そこで仮想ホストを利用してポート番号を分けて管理しています。デフォルトで次の２つが用意されています。

- default_host：HTTPトランスポートやWebサーバーを通してユーザー・アプリケーションが使用。
- admin_host：管理コンソールが使用。

ホスト名は、IPアドレス、DNSホスト名（ドメイン・ネーム接尾部あり／なし）、ワイルド・カード文字（*）が利用できます。ポート番号は、SSLを利用する場合としない場合の２つがデフォルトで指定されています。default_hostのホスト名とポート番号が、プラグイン構成ファイルの<VirtualHost Name=<値> />の値に反映されます。

▶表 4-3 アプリケーション・サーバーの管理（ポート番号は例）

ホスト別名	リソースホスト名とポート番号例	説明
admin_host	*:9060 *:9043	管理コンソールが使用するホスト名とポート番号が指定されている
default_host	*:9080 *:9443 *:80 *:443 *:5060 *:5061	default_host のホスト別名には、Web サーバーから、または直接クライアントからアクセスするためのポートを指定する。 ・HTTP トランスポートからの要求用 9080, 9443：wc_defaulthost,wc_defaulthost_secure 5060, 5061：sip_defaulthost, sip_defaulthost_secure ・Web サーバーからの要求用：80,443

同一サーバーに複数のプロファイルを作成すると、自動的に重ならないポート番号が割り振られます（表 4-3 のポート番号も変わります）。また、次のような場合にポート番号の変更や追加を行います。

- Web サーバーのポート 80 以外で実行する場合：例えば、8080 を使用する場合は、default_host の 80 を 8080 に変更します。
- Web サーバーとアプリケーション・サーバーの通信用ポート 9080 を変更する場合：default_host のポートとともに HTTP トランスポート・チャネル（この場合 Web コンテナ・トランスポート・チェーン）の wc_defaulthost のポートも変更します。

仮想ホスト・ポート番号の設定手順は次の通りです。

1. 管理コンソールで「環境」 → 「仮想ホスト」を選択し、「<default_host>」をクリックします。
2. ホスト別名をクリックします。
3. ホスト名とポート番号の対の一覧が表示されます。ポート番号を変更する時は、「ホスト名＊」をクリックします。
4. ポート番号を変更して「OK」をクリックし、「保存」します。

プラグイン構成ファイルのパラメーター

プラグイン構成ファイルは、ルーティングの情報以外に負荷分散やフェイル・オーバー、セッション管理のための設定を持っています。XML なので直接編集することもできますが、管理コンソールでの設定が推奨されています。管理コンソールで指定しておけば再生成によって上書きされることはなくなります。プラグイン構成ファイルの主な属性の意味とデフォルト値は表 4-4 の通りです。プラグイン構成ファイルのソースの抜粋は、リスト 4-3 です。

▶リスト 4-3　プラグイン構成ファイル

```
<Config ASDisableNagle="false" AcceptAllContent="true" AppServerPortPreference="
HostHeader" ChunkedResponse="false" FIPSEnable="false" FailoverToNext="false"
HTTPMaxHeaders="300" IISDisableFlushFlag="false" IISDisableNagle="false"
IISPluginPriority="High" IgnoreDNSFailures="false"
KillWebServerStartUpOnParseErr="true" MarkBusyDown="false" OS400ConvertQuery
StringToJobCCSID="false" RefreshInterval="60" ResponseChunkSize="64"
SSLConsolidate="true" StrictSecurity="true" TrustedProxyEnable="false"
VHostMatchingCompat="false">… ――――――――――――――――――――① 
<Log LogLevel="Error" Name="<IHS HOME>¥Plugins¥logs¥webserver¥http_plugin.
log"/> … ――――――――――――――――――――――――――――――② 
< VirtualHostGroup Name="default_host">
      <VirtualHost Name="*:9080"/>
      <VirtualHost Name="*:80"/>
      <VirtualHost Name="*:9443"/>
</VirtualHostGroup>
<ServerCluster CloneSeparatorChange="false" GetDWLMTable="true"
IgnoreAffinityRequests="false" LoadBalance="Round Robin" Name="CL1"
PostBufferSize="0" PostSizeLimit="-1" RemoveSpecialHeaders="true"
RetryInterval="60" ServerIOTimeoutRetry="-1">… ――――――――――――――③ 
<Server CloneID="1b8h1sg7l" ConnectTimeout="5" ExtendedHandshake="false"
LoadBalanceWeight="2" MaxConnections="-1" Name="Node02_MEM1"
ServerIOTimeout="900" WaitForContinue="false">… ―――――――――――――④ 
  <Transport Hostname="hostmane" Port="9082" Protocol="http"/>
     <Property Name="keyring" Value="<IHS HOME>¥Plugins¥config¥webserver901¥
plugin-key.kdb"/>
  </Transport>
</Server>
   <PrimaryServers>
     <Server Name="Node02_Mem3"/>
   </PrimaryServers>
</ServerCluster>
```

```
    <UriGroup Name="default_host_CL1_URIs">
       <Uri AffinityCookie="JSESSIONID" AffinityURLIdentifier="jsessionid"
Name="/TestWeb1/*"/>
    </UriGroup>
    <Route ServerCluster="CL1" UriGroup="default_host_CL1_URIs"
VirtualHostGroup="default_host"/>
  ～
```

表 4-4 Config 要素の属性（リスト 4-3 の①を参照）

属性	デフォルト	説明
RefreshInterval	60	構成最新表示（再ロード）間隔（秒）
IgnoreDNSFailures	false	Web サーバー始動時に DNS 障害を無視して起動する
AppServerPortPreference	HostHeader	アプリケーション・サーバーが sendRedirect 用の URI 作成に使用するポート番号に次のどちらを利用するかを指定する ・HostHeader：HTTP 要求のホスト・ヘッダーにあるポート番号 ・WebserverPort：Web サーバーが要求を受信したポート番号
FailoverToNext	false	[WAS V7.0.0.13 からは] false の時、障害サーバーへのリクエストを次のサーバーでなくラウンドロビンまたはランダムで分散して割り振る
VHostMatchingCompat	false	true の場合、要求を受信したポート番号を物理的に使用することによって仮想ホスト・マッピングが実行される
StrictSecurity	true	アプリケーション・サーバーの FIPS SP800-131 および TLSv1.2 のハンドシェーク・プロトコル設定と互換性のあるセキュリティをプラグインが使用可能にできるようにすることを指定します。V9.0 からデフォルトが、true になりました。
SSLConsolidate	true	新規 SSL トランスポートのセットアップを構成ファイルで既存の SSL トランスポートのセットアップと比較し、新規 SSL の鍵リングと CertLabel の値が同じ場合に、既存の SSL 環境を使用し、初期化時間の短縮とメモリー使用量を減らします。
KillWebServerUponParseErr	true	ignoreDNSFailures が false に設定されている場合に、IHS が始動しないようにするには、KillWebServerStartUpOnParseErr を true に設定します。

表 4-5　Log 要素の属性（リスト 4-3 の②を参照）

属性	デフォルト値	説明
LogLevel	Error	ログに記録するレベル ・Trace：要求プロセスの全てのステップの詳細 ・Stats：それぞれの要求に対して選択されたサーバーと要求の処理に関するその他のロード・バランシング情報 ・Warn：異常な要求処理の結果出された全ての警告およびエラー・メッセージ ・Error：異常な要求処理の結果出されたエラー・メッセージ ・Debug：要求の処理中に実行された重大なステップ ・Detail：要求および応答に関する全ての情報
name	http_plugin.log	プラグイン・ログのファイル名 デフォルトのディレクトリーは、<PLUGIN_HOME>/logs/<Web サーバー名 >/

表 4-6　ServerCluster 要素の属性（リスト 4-3 の③を参照）

属性	デフォルト値	説明
LoadBalance	Round Robin	ロード・バランシング・オプション（Round Robin または Random）
RetryInterval	60	サーバーがマークされてからプラグインが接続を再試行するまでの時間の長さを指定する整数（秒）
PostSizeLimit	-1	要求コンテンツの最大サイズ（単位は KB、-1 は無制限）
PostBufferSize	64	アプリケーション・サーバーが応答しない場合、コンテンツのある未完了の要求が再試行される。その要求を保持するバッファー・サイズ。0 の場合は再試行されない (単位は KB)
IgnoreAffinityRequests	true	Web サーバー始動時に DNS 障害を無視する。
CloneSeparatorChange	false	クローン分離文字としてプラス記号（+）を使用する。一部のパーベイシブ・デバイスでは、セッション・アフィニティで使用するクローン ID を分離する区切り文字コロン（:）を処理できない
GetDWLMTable	false	新規作成されたプラグイン・プロセスが、事前にアプリケーション・サーバーからパーティション・テーブルを要求し、その後 HTTP リクエストを処理するかどうかを指定する。このカスタム・プロパティーが使用されるのは、メモリー間セッション管理が構成されている場合のみ

▶表 4-7　Server 要素の属性（リスト 4-4 の④を参照）

属性	デフォルト値	説明
Name	サーバー名	サーバーの管理名
CloneID	クローン ID	要求の HTTP Cookie ヘッダー（または URL の再書き込みを使用している場合は URL）に、このクローン ID がある場合は、プラグインは、その要求をこの特定のサーバーに送る
WaitForContinue	false	要求の内容をアプリケーション・サーバーに送信する前に、HTTP 1.1 100 Continue サポートを使用するかどうかを指定する
LoadBalanceWeight	2	ラウンドロビンを使用している場合、このサーバーに関連する重み（0 から 20 までの任意の整数）を指定する
ConnectTimeout	5	アプリケーション・サーバーとの非ブロッキング接続を実行することができる。非ブロッキング接続は、プラグインが宛先と接続して、ポートが使用可能かどうかを判断することができない場合に役立つ。 ConnectTimeout 値が指定されていない場合や 0 の場合、プラグインはブロッキング接続を実行する。この場合、プラグインは、OS がタイムアウトになり（OS によって異なるが最長 2 分）、プラグインがサーバーに unavailable とマークを付けることができるようになるまで何もしない
ExtendedHandshake	false	拡張ハンドシェイクは、プロキシー・ファイアウォールがプラグインとアプリケーション・サーバーとの間にある時に使用される。このような場合、プラグインは予想通りにフェイルオーバーできない。true にすると、プラグインはアプリケーション・サーバーと複数のハンドシェイクを行い、要求を送る前にアプリケーション・サーバーが稼働していることを確認する
MaxConnections	-1	任意の時点に Web サーバー・プロセスを流れることができる、アプリケーション・サーバーへの保留中の接続の最大数を指定する
ServerIOTimeout	60	アプリケーション・サーバーへの要求を送信し、アプリケーション・サーバーからの応答を読み取る場合のタイムアウト値（秒）を設定する

考慮が必要な属性と誤解しやすい属性についてもう少し詳しく説明します。管理コンソールから修正する操作も示します。

■プラグイン構成ファイルをリロードする時間（RefreshInterval）

新しい EAR をアプリケーション・サーバーに追加するとプラグイン構成ファイルを更新し、その内容をプラグインに反映しなければなりません。IHS を再起動すればロードされますが、その間は IHS が停止してしまいます。IHS を再起動しなくても、プラグインはプラグイン構成ファイルをリロードします。

プラグインは、HTTP 要求を受け付けるとプラグイン構成ファイルの前回のチェック時刻と現在時刻の差分と RefleshInterval の値を比較します。次にプラグイン構成ファイルのタイムスタンプをチェックし、タイムスタンプが更新されていたらリロードを行います。デフォルトは 60 秒です。リロードは IHS の個々の子プロセスが別々に行うため、子プロセスが多数ある環境では要件に合わせて間隔を調整する必要があります。例えば、構成変更が生じない本番では長くするかリロードを停止します。また、構成変更が頻繁に発生するテスト環境ではデフォルトのままとします。

■障害を検知すると要求を再送（PostBufferSize）

管理コンソールの画面では、PostBufferSize が「HTTP 要求内容を読み取る時に使用する最大バッファー・サイズ」とされています。これは誤解を招きやすい表現なので気を付けてください。PostBufferSize は、プラグインが要求を送信したサーバーをダウンと認識した時に、要求を別のアプリケーション・サーバーに再送するために使います。デフォルトは 64 で、そのバッファーにある要求が再送されます。ネットワーク障害などの場合、WAS は要求を処理しているので二重処理の可能性があります。0 の場合は再送しません。

操作手順は次の通りです。

1. 「サーバー」 → 「サーバー・タイプ」 → 「Web サーバー」を選択し、Web サーバー名をクリックします。
2. 「追加プロパティー」の下の「プラグイン・プロパティー」をクリックします。
3. 「プラグイン・プロパティー」画面の「構成最新表示時間」が、Refresh Interval（リフレッシュ・インターバル）です。
4. 元に戻って「追加プロパティー」の下の「要求ルーティング」をクリックします。
5. 「HTTP 要求内容を読み取る時に使用する最大バッファー・サイズ」が、PostBufferSize です。

Web サーバーの「プラグイン・プロパティー」画面の「要求および応答」「キャッシング」に Web サーバーごとに指定するプラグイン構成ファイルの

パラメーターがあります。図 4-7 は各画面の入力項目が分かるように画面を重ねています。

▶図 4-7　Web サーバーのプラグイン・プロパティー画面

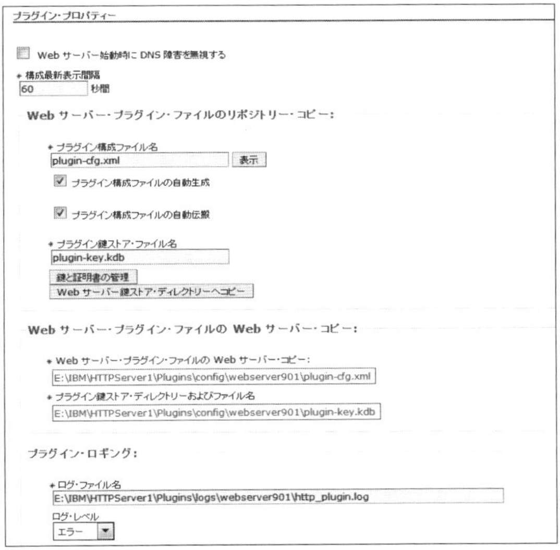

プラグイン・プロパティー

Web サーバー始動時に DNS 障害を無視する

* 構成最新表示間隔
60 秒間

Web サーバー・プラグイン・ファイルのリポジトリー・コピー：

* プラグイン構成ファイル名
plugin-cfg.xml　表示
プラグイン構成ファイルの自動生成
プラグイン構成ファイルの自動伝搬

* プラグイン鍵ストア・ファイル名
plugin-key.kdb
鍵と証明書の管理
Web サーバー鍵ストア・ディレクトリーへコピー

Web サーバー・プラグイン・ファイルの Web サーバー・コピー：

* Web サーバー・プラグイン・ファイルの Web サーバー・コピー：
E:\IBM\HTTPServer1\Plugins\config\webserver901\plugin-cfg.xml
* プラグイン鍵ストア・ディレクトリーおよびファイル名
E:\IBM\HTTPServer1\Plugins\config\webserver901\plugin-key.kdb

プラグイン・ロギング：

* ログ・ファイル名
E:\IBM\HTTPServer1\Plugins\logs\webserver901\http_plugin.log
ログ・レベル
エラー

■巨大ファイルの受信を防ぐ（PostSizeLimit）

ファイルを受信するアプリケーションをアプリケーション・サーバーで動かす場合、予期しない巨大なファイルを送りつけられたりするとメモリー不足でハング状態になる可能性があります。プラグインで要求コンテンツの最大サイズを KB 単位で指定して制限することができます。デフォルトは無制限です。

■シンプル・クラスターのセッション管理で使用するクローン ID の指定（CloneID）

この設定は、クラスターがない WAS Base でプラグインによるアフィニティ・ルーティングを行うための設定です。次の設定を行うことで、`HttpSessionCloneId` の値が、クローン ID にセットされます。

1. 「サーバー」→「サーバー・タイプ」→「WebSphere Application Server」を選択し、サーバー名をクリックします。

2. 「コンテナー設定」の下で「Web コンテナー設定」を展開し、「Web コンテナー」をクリックします。
3. 「追加プロパティー」の下の「カスタム・プロパティー」をクリックし、「新規作成」を選択します。
4. 次の項目を入力して「OK」をクリックして「保存」をクリックします。
   - 名前：HttpSessionCloneId
   - 値：サーバーに固有な値。固有値は８～９桁の英数字（例：test1234）
5. アプリケーション・サーバーを再起動します。

■シンプル・クラスター用プラグイン構成ファイルの作成

WAS V7.0 Fix Pack13 より、プラグイン構成ファイルをマージするコマンドが提供されています。これによって Base/Express のシンプル・フェイルオーバーが利用しやすくなりました。作成手順は、次の通りです。

1. 「サーバー」 → 「サーバー・タイプ」 → 「Web サーバー」を展開し、Web サーバー名を選択して、「プラグインの生成」をクリックします。プラグイン構成ファイル plugin-cfg.xml が、<PLUGIN_ROOT>/<プロファイル名>/config/cells/<セル名>/nodes/<ノード名>/servers/<Web サーバー名>/ にデフォルトでは生成されます。
2. プラグイン構成ファイルを生成した後、複数の plugin-cfg.xml ファイルを手動またはコマンドでマージします。コマンドは次のように実行します。

▶WAS V9.0 の場合

```
<WAS_HOME>/bin/pluginCfgMerge.bat (.sh) plugin-cfg1.xml plugin-cfg2.xml…
result-plugin-cfg.xml
```

plugin-cfg1.xml、plugin-cfg2.xml がマージ元ファイルで、result-plugin-cfg.xml が生成ファイルです。

■アプリケーション・サーバーのハングが IHS の接続を塞ぐことを防ぐ（MaxConnections）

MaxConnections は、プラグインからアプリケーション・サーバーへの接続の最大数を制限する時に設定します。1台のアプリケーション・サーバーのハングが、IHSの接続のスレッドを全て塞いでしまうことを防止できます。設定値について詳しくは、「5-5　障害範囲の局所化」で ServerIOTimeout と RetryInterval と共に解説しています。

操作手順は次の通りです。なお、管理コンソールから MaxConnections パラメーターを指定する時、図4-8の画面には Server 要素に含まれていた MaxConnections に該当するプロパティーがありません。これは、アプリケーション・サーバーごとに定義されるプロパティーになります。

1. 「サーバー」→「サーバー・タイプ」→「WebSphere Application Server」を選択し、サーバー名をクリックします。
2. 追加プロパティーの「Web サーバーのプラグイン・プロパティー」をクリックします。
3. サーバーごとの定義に対応したプロパティーを指定できます。

図4-8　アプリケーション・サーバーから編集するプラグイン・プロパティー

Web サーバーのプラグイン・プロパティー
サーバーのロール
1次
接続タイムアウト
接続タイムアウトの使用
接続タイムアウト
5 秒間
読み取り/書き込みタイムアウト
読み取り/書き込みタイムアウトの使用
読み取り/書き込みタイムアウト
900 秒間
アプリケーション・サーバーが処理できる接続の最大数
接続の最大数の使用
接続の最大数
0 接続
アプリケーション・サーバーが実行しているかどうかを検査するために拡張ハンドシェークを使用する
要求コンテンツを送信する前に、ヘッダー「100 Continue」を送信する

■「メモリー間の複製」利用時はパーティション・テーブルを事前にロードする

プラグインは、「ラウンドロビン」か「ランダム」のアルゴリズムによって

クラスター構成での負荷分散を行います。セッション情報はメモリーに記憶されているので、同じユーザーからの要求は同じサーバーに送信する必要があります。詳しくは、「7-3　WAS のチューニング」の「HTTP セッション」を参照してください。クローン ID は、データベースでセッション情報を共有する場合に使用されます。メモリー間の複製を利用する時は、パーティション ID を使用します。メモリーに複製をとる場合、相手プロセスの起動状態が動的に変わり、複製の数も設定で変わります。アフィニティ対象のアプリケーション・サーバーがダウンした場合、複製のあるアプリケーション・サーバーに要求を送ることが効率的な処理となります。そのため、パーティション ID とクローン ID を持つパーティション・テーブルが、WAS に作られます。

このテーブルは、最初の要求に対して WAS からの応答が来た時にプロセスごとに作られます。`httpd.conf` に `StartServers=10` のように指定して worker MPM で複数プロセスを利用する場合、各プロセスへの初回アクセスに対してパーティション・テーブルがないため、ラウンドロビンによる負荷分散も最初は偏って見えてしまいます。このような動作を防ぐために、パーティション・テーブルを事前にロードすることをお勧めします。操作は次の通りです。

1. 「サーバー」 → 「サーバー・タイプ」 → 「Web サーバー」を選択し、<Web サーバー名 > をクリックします。
2. 「カスタム・プロパティー」をクリックします。
3. 「新規作成」をクリックし、名前に GetDWLMTable、値に true を設定します。

Column

WAS は動いているのに IHS プラグイン経由での要求が突然受け付けられなくなる

「プラグイン・ログにも何もエラーの情報は書かれません。何も変えていません。」という相談を受けたことがあります。`LogLevel="Trace"` と指定していたために大量にプラグイン・ログが出力されていたことが原因でした。ファイル・サイズが 2GB になりログを書けないために停止していたのです。2GB の壁があるのは 32 ビットプログラムの制約です。

■プラグイン構成ファイルの自動更新と自動伝搬を停止するには

プラグイン構成ファイルの自動更新と自動伝搬はデフォルトでオンになっています。

1. 「サーバー」 → 「サーバー・タイプ」 → 「Web サーバー」を選択し、Web サーバー名をクリックします。
2. 「追加プロパティー」の下の「プラグイン・プロパティー」をクリックします。
3. 「プラグイン・プロパティー」の画面で、「プラグイン構成ファイルの自動更新」「プラグイン構成ファイルの自動伝搬」のチェックを外します。
4. 「OK」をクリックして、「保存」します。

WAS ND でノード・エージェントを使用している場合は、デプロイメント・マネージャーに指定します。

1. 「システム管理」 → 「デプロイメント・マネージャー」を選択し、「追加プロパティー」の「管理サービス」をクリックします。
2. 「Web サーバー・プラグイン構成サービス」をクリックします。
3. 「Web サーバー構成の自動処理を使用可能にする」もオフにします。

自動更新と自動伝搬を停止している場合は、次の操作を行うと手動でプラグインの生成と伝搬を行います。

- 新しいアプリケーションのデプロイ・削除
- Web サーバー、プラグイン・プロパティーの変更
- 仮想ホストの追加・削除

4-3 アプリケーション・サーバーの基本的な設定

この節では、WAS traditional を構成する主な設定パラメーターについて説明します。安定稼動に関わる JVM 設定などは第 5 章、ログなど問題判別に関わる内容は第 6 章、性能に関わるチューニングは第 7 章でさらに詳しく解説します。

- サーバー構成（アプリケーション・サーバー自身の起動・実行）
- クラス・ローダー
- JVM 設定
- アプリケーションが使用するリソース
  - データ・ソース（JDBC）
- ログ

WAS の起動

プロファイル管理ツールでプロファイルを作成すると自動的に設定され、特に意識せずとも WAS を起動できます。しかし、開発用に少しでも起動を早くしたり、本番で不要な WAS のコンテナを動かさないなどの設定を手動で行うことができます。

■開発用に少しでも起動を早くしたい

サーバーの停止や起動が頻繁に行われる開発環境では、少しでも起動を早くしたいものです。「開発モードでの実行」をオンにすると、バイトコード検証を使用不可にし、JIT コンパイラーのコストも削減されるので起動が早くなります。その他に「並列始動」として起動を複数スレッドで行う機能もあります。この設定は、デフォルトで有効になっています。

設定は、管理コンソールで、「サーバー」→「サーバー・タイプ」→

「WebSphere Application Server」 → サーバー名をクリックします。

表 4-8 サーバー構成の設定

項目	デフォルト値	説明
開発モードでの実行	off	開発モードではオンにすると起動が少し早くなる
並列始動	on	起動を複数のスレッドで行う
必要に応じてコンポーネントを開始	off	ランタイム・プロビジョニング機能。EJB や SIP を使用しなければ、オンにすると起動が少し早くなる
内部サーバー・クラスへのアクセス	許可	WAS の内部実装コードにアプリケーションからアクセスすることを許可する。モードは、移行のしやすさを確認するためのものなので、本番では許可を指定すること
クラス・ローダー・ポリシー	複数	サーバー（JVM の）単位で、クラス・ローダーを 1 つにするか、アプリケーション（EAR）ごとに（複数）にするかを指定する。Java EE の仕様に準拠するためには複数に指定する
クラス・ローダー・モード	親が最初	クラスをロードする順序を指定する。複数の場合は、親が最初になる。単一の場合には、子が最初を選ぶことができる

Column

同じノードの複数の JVM でクラスを共有する

IBM JDK 5.0 以降は、同じノードなら複数の JVM でクラスを共有することができます。共有されるクラスは、JVM の heap の外の共有メモリーに保管されます。2 つ目以降の JVM の起動が早くなり、メモリー使用量もトータルで削減されます。これはデフォルトで利用されています。WAS V8.0 Windows の例を次に示します。

```
-Xshareclasses:name=webspherev80,nonFatal
-Xscmaxaot4M
-Xscmx60M
-Xshareclasses:none ————共有クラスの利用を中止する場合のJVM引数の指定
```

クラス・ローダー

WAS は、階層構造の複数クラス・ローダーを提供しています。親または上位のクラス・ローダーがロードしたクラスからは、子または下位のクラス・ローダーがロードしたクラスを見ることができません。しかし、子または下位のクラス・ローダーがロードしたクラスは、親または上位のクラス・ローダーがロードしたクラスを見ることができます。Tomcat や他社のアプリケーション・サーバーから移行してくると、使用するクラス・ローダーが分かれてアクセスできなくなったり、読み込む順序が逆になることで別の JAR の異なるクラスが動いてエラーになったりすることがあります。WAS のランタイム環境は、次のようなクラス・ローダーを利用してクラスを検索し、ロードしています。

▶図 4-9　クラス・ローダー階層

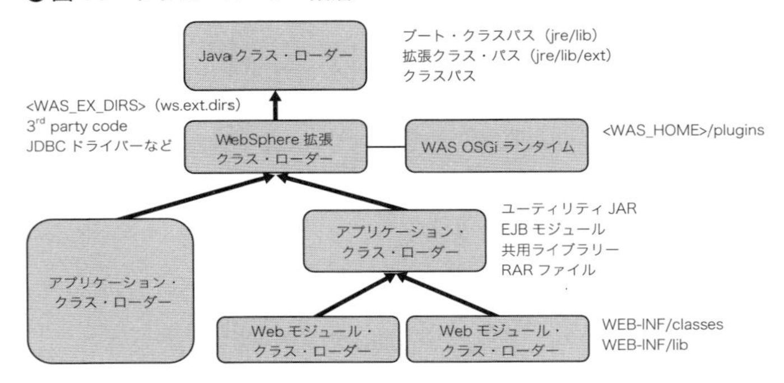

- JVM のクラス・ローダー

  JVM では、次の 3 つのクラス・ローダーが使用されています。

  - ブートストラップ・クラスローダー

    ブートストラップ・クラスローダーは、`<JAVA_HOME>/jre/lib` よりコアな Java ライブラリーをロードします。このクラス・ローダーは、コア JVM の一部でネイティブコードで書かれています。

  - 拡張クラス・ローダー

    拡張クラス・ローダーは、`<JAVA_HOME>/jre/lib/ext` またはシステム・プロパティー `java.ext.dirs` で指定したディレクトリーからクラスをロードします。

  - CLASSPATH クラス・ローダー

    環境変数 CLASSPATH または `java.class.path` に指定されたディレクトリーやクラスをロードします。

- WebSphere 拡張クラス・ローダー
  WebSphere拡張クラス・ローダーは、実行時に必要なアプリケーション・サーバーのクラスをロードします。WAS V6.0 までは、ws.ext.dirs システム・プロパティーでパスが決定されるクラス・ローダーでした。WAS V6.1 以降は、WAS 自身が OSGi バンドルとしてパッケージされています。各 OSGi バンドルは、それぞれがクラス・ローダーを持っています。アプリケーションからは、これによる違いを意識する必要はありません。WebSphere 拡張クラス・ローダーは、環境変数 WAS_EXT_DIRS またはシステム・プロパティー ws.ext.dirs で指定したディレクトリー(<WAS_HOME>/lib など)からロードします。ws.ext.dirs の値は、setupCmdLine.bat (setupCmdLine.sh) で書かれています。OSGi バンドルとしてパッケージングされたクラスは、<WAS_HOME>/plugins に保管されています。
- アプリケーション・モジュール・クラス・ローダー
  アプリケーション・モジュール・クラス・ローダーは、エンタープライズ・アプリケーション (EAR) に含まれる JAR をロードするものです。EAR に含まれる JAR は、EJB モジュール (JAR)、依存関係 JAR ファイル、リソース・アダプター・アーカイブ (RAR) です。このアプリケーション・モジュール・クラス・ローダーを 1 つ (単一:Single) にするか、モジュールごと (複数:Multiple) にするか設定できます。Java EE の仕様は複数なので、デフォルトは複数になっています。
- Web モジュール・クラス・ローダー
  Web モジュール・クラス・ローダーは WEB-INF/classes と WEB-INF/lib のディレクトリーのファイルをロードします。省略時の設定を変えることで、アプリケーション・モジュール・クラス・ローダーが Web モジュール (WAR) をロードし、Web モジュール・クラス・ローダーを使用しないようにすることもできます。

1 2 3 4 5 6 7 8 9 10 11 12 13

Column

Db2 JDBC ドライバーの Fix が適用できない

WebSphere 変数 `${Db2_JCC_DRIVER_PATH}` で指定したディレクトリー上の `db2jcc4.jar`、`db2jcc_license_cisuz.jar`、`db2jcc_license_cu.jar` ファイルを置き換えてもドライバーのモディフィケーション・レベルが変わらないというトラブルがありました。

原因は、クラス・ローダーの検索順序が先となる JVM の CLASSPATH クラス・ローダー `<WAS_HOME>/lib/` の下に、古い JDBC ドライバー jar ファイルが置かれていたことでした。そのため、JDBC プロバイダーの構成で指定したクラス・パスの JDBC ドライバー jar ファイルのクラスが使用されていませんでした。

■クラス・ローダー・ポリシー

WAS のアプリケーション・モジュール・クラス・ローダーと Web モジュール・クラス・ローダーを分離するかどうかを指定します。それぞれに単一または複数が設定できます。

クラス・ローダー・ポリシーの変更の操作と影響を例で示します。EAR には EJB と WAR の 2 つがあります。EJB と WAR で共通に利用する依存 JAR は別で、それぞれが EAR に含まれています（図 4-10）。

▶図 4-10　EAR が 2 つの例

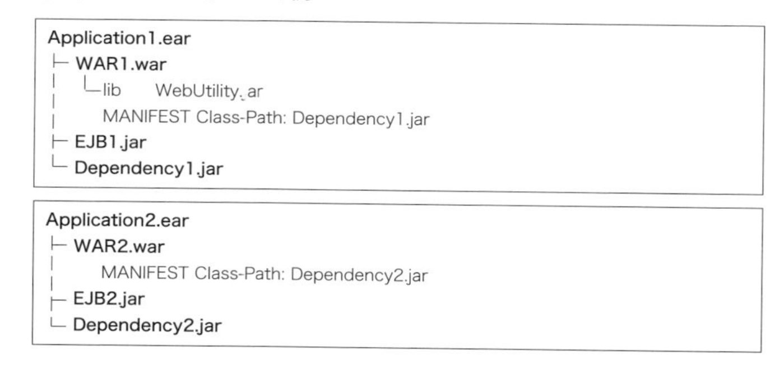

Application1.ear
├ WAR1.war
└lib　WebUtility.jar
MANIFEST Class-Path: Dependency1.jar
├ EJB1.jar
└ Dependency1.jar
Application2.ear
├ WAR2.war
MANIFEST Class-Path: Dependency2.jar
├ EJB2.jar
└ Dependency2.jar

デフォルトの場合は、クラス・ローダーとクラス・パスに含まれる JAR とディレクトリーは図 4-11 のようになります。

▶表 4-9　クラス・ローダーのデフォルトの指定

アプリケーション・モジュール	複数
Web モジュール	アプリケーションの各 WAR ファイルのクラス・ローダー

▶図 4-11　モジュール・クラス・ローダー
（アプリケーション：複数、Web モジュール：複数）

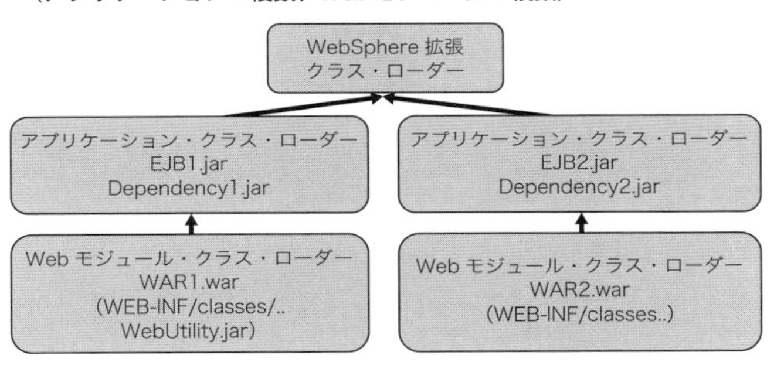

クラス・ローダー・ポリシーを表 4-10 のように設定します。すると、図 4-12 のようにアプリケーション・クラスローダーは 1 つになり、単一と設定した Web モジュール・クラス・ローダーもそこに含まれます。

▶表 4-10　クラス・ローダーをアプリケーションを単一、Web モジュールの一方を単一に設定

アプリケーション・モジュール	単一
Application1 の Web モジュール	アプリケーションの各 WAR ファイルのクラス・ローダー
Application2 の Web モジュール	アプリケーションの単一のクラス・ローダー

図 4-12　モジュール・クラス・ローダー
（アプリケーションと WAR2：単一、WAR1：各 war）

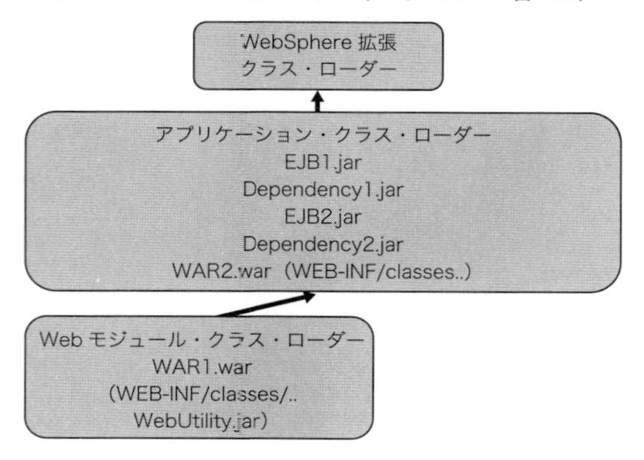

クラス・ローダー・ポリシーのアプリケーションを複数、Web モジュール・クラス・ローダーの１つを単一とします（表 4-11）。すると、図 4-13 のようにクラス・ローダーは使用されます。

表 4-11　クラス・ローダーのアプリケーションを複数、Web モジュールの一方を単一に設定

アプリケーション・モジュール	複数
Application1 の Web モジュール	アプリケーションの各 WAR ファイルのクラス・ローダー
Application2 の Web モジュール	アプリケーションの単一のクラス・ローダー

図 4-13　モジュール・クラス・ローダー
（アプリケーション：複数、WAR2：単一、WAR1：各 war）

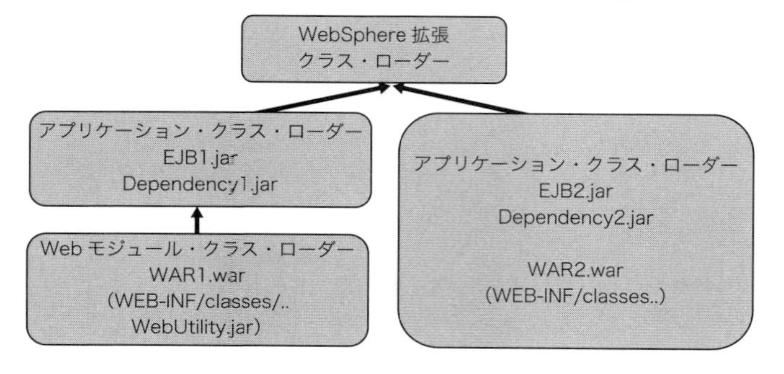

クラス・ローダーの設定手順を示します。ここでは、図4-12で示しているアプリケーションを単一、Webモジュールを各Warと単一にする設定の手順を示します。

1. 「サーバー」 → 「サーバー・タイプ」 → 「WebSphere Application Server」を選択します。
2. サーバー一覧が表示されたら、サーバー名（例：server1）を選択します。
3. 「サーバー固有のアプリケーション設定」の「クラス・ローダー・ポリシー」で「単一」を選択します。「単一」を選択すると「クラス・ローダー・モード」クラス・ローダーの順序を選択できるようになります。
4. 「アプリケーション」 → 「アプリケーション・タイプ」 → 「WebSphere エンタープライズ・アプリケーション」を選択します。
5. アプリケーションの一覧が表示されたら、設定するアプリケーション名（例：Application1）をクリックします。
6. 「詳細プロパティー」 → 「クラス・ロードおよび更新の検出」を選択します。
7. 「WAR クラス・ローダー・ポリシー」で「アプリケーションの各Warファイルのクラス・ローダー」を選択します。
8. 同様に「Application2」のWARクラス・ローダー・ポリシーを「アプリケーションの単一クラス・ローダー」に設定します。

■共有ライブラリー

ここまではEARごとに別のJARファイルを使用していましたが、共通のJARを使う場合もあります。共通のJARをそれぞれのEARに含めることもできますが、共通のJARに修正が必要な場合は、全てのEARをパッケージングし直して配置しなければなりません。Java EEでは、アプリケーションの`MANIFEST.MF`ファイルでJARファイルの相対パスを宣言することで、EAR外部のファイルを共用できます。しかし、この方法はアプリケーション・サーバー管理者からは分かりにくい設定です。WASでは、共用ライブラリーという機能で管理しやすくしています（図4-14）。

▶図4-14 2つのEARで同じ共通JARを使用する例

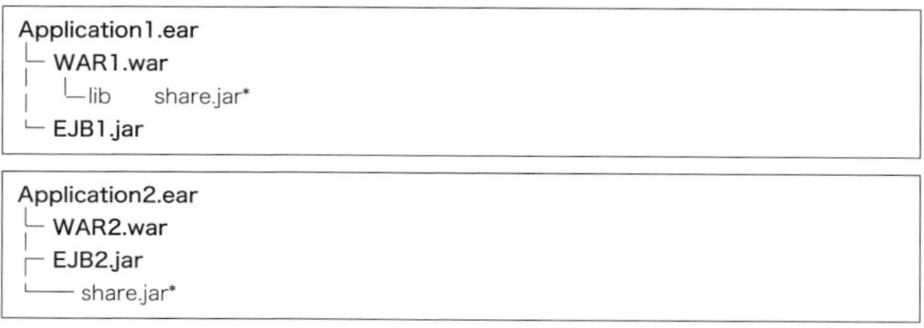

* 共用ライブラリーにshare.jarを登録し、EARには含めません

図4-14のように2つのアプリケーションで共通のjarファイル（share.jar）を使用する必要があるとします。共有ライブラリーをアプリケーション・クラス・ローダーとWebモジュール・クラス・ローダーに関連付けて使用できます。図4-15を参照してください。

▶図4-15 共有ライブラリーをアプリケーションとWebモジュールのクラス・ローダーに関連付けた場合

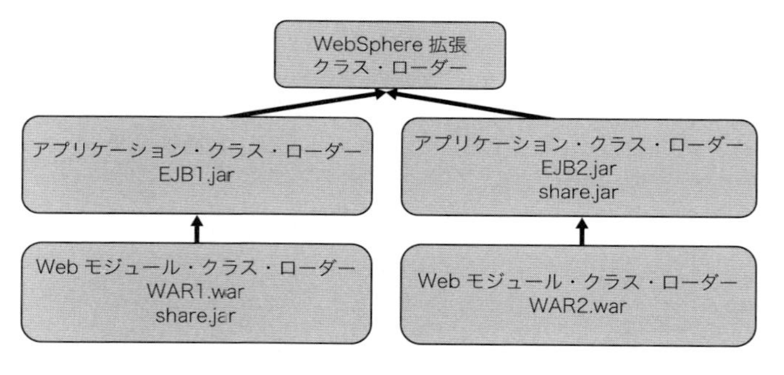

この場合、share.jarのクラスはアプリケーションとWARの2つのモジュール・クラス・ローダーで二重にロードされます。独立した共用ライブラリー・クラス・ローダーを使用すると、各アプリケーションで共通のクラス・セットを利用できます。これにより、メモリーの占有スペースを減らすことができます。

図 4-16　共有ライブラリーで独立したクラス・ローダーを使用する場合

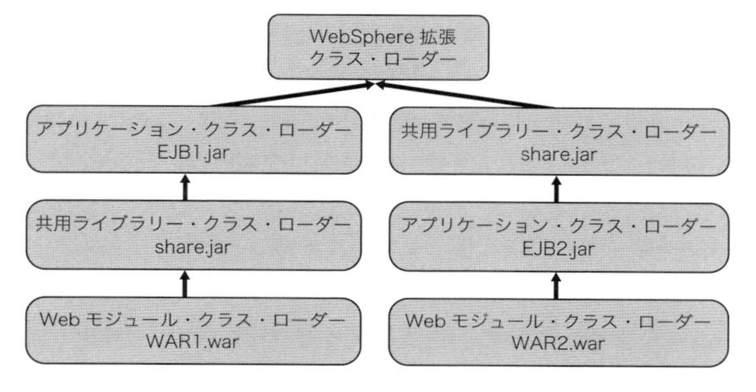

共有ライブラリーの設定手順は次の通りです。

1. 共有ライブラリーを作成します。「環境」 → 「共有ライブラリー」をクリックし、「共有ライブラリー」画面で有効範囲を選択して「新規作成」をクリックします。
2. 共有ライブラリーの「名前」（例：share）と「クラス・パス」（例：/ パス名 /`share.jar`）を指定します。クラス･パスには、JAR または ZIP ファイル名またはディレクトリーを指定します。「OK」をクリックして、さらに保存を選択します。この時、「この共有ライブラリーで独立したクラス・ローダーを使用する」にチェックすると、図 4-16 のようにクラス・ローダーを利用します。
3. デプロイした WAR に共有ライブラリーを関連付けます。
「アプリケーション」 → 「アプリケーション・タイプ」 → 「WebSphere エンタープライズ・アプリケーション」をクリックし、EAR の一覧を表示します。関連付ける EAR（例：Application1）をクリックします。
4. 「参照」 → 「共有ライブラリー参照」をクリックします。
5. 関連付けるアプリケーション（例：WAR1）を選択し、「参照共有ライブラリー」ボタンをクリックします。
6. 使用可能のリストで先ほど登録した共有ライブラリーの名前を選択し、「>>」をクリックして選択済みへ登録します。選択済みリストボックスに共用ライブラリー名が登録されたら、「OK」をクリックします。すると、アプリケーションのリストの右側に、共有ライブラリーの名前が表示されます。

7. 「OK」をクリックして、さらに保存します。
8. 3. から 7. の操作を Application2 の EJB2 に対しても同様に行います。

■クラス・ローダー・モード

クラス・ローダーは、自身でクラスをロードするだけでなく、親クラス・ローダーにクラスのロードを委任します。標準JVMクラス・ローダーでは、「親が最初」がデフォルトの動作です。WASでは、クラス・ローダー・モードとして設定を変えることができます。クラス・ローダー順序とも呼ばれ、次の2つから選択できます。

- 最初に親クラス・ローダーをロードしたクラス（デフォルト）
- 最初にローカル・クラス・ローダーをロードしたクラス（親は最後）

Column

WASだとLog4Jのログが出力できない

クラス・ローダー順序はデフォルトでは、「親が最初」となっています。Log4jの構成ファイルである`commons-logging.properties`は、クラス・ローダーを利用して読み込まれるため、WASの設定が反映されてしまいます。ロガーとして`org.apache.commons.logging.impl.Jdk14Logger`が、WASではロードされることになります。アプリケーションでログを`log4j`を用いて出力している場合は、ログが出力されないなどエラーの原因になります。

この場合には、アプリケーションに`commons-logging.properties`を持たせて、クラス・ローダー・モードを「親を最後」（`PARENT_LAST`）にします。

- EARレベルで`commons-logging.jar`を使用している場合
    1. アプリケーション・クラス・ローダーのクラス・ローダー順序を「最初にローカル・クラス・ローダーをロードしたクラス（親は最後）」に変更します。

2. WAR クラス・ローダーのクラス・ローダー順序を「親は最後」に変更します。

- Web モジュールレベルで `commons-logging.jar` を使用している場合
  - WAR クラス・ローダーのクラス・ローダー順序を「親は最後」に変更します。

■クラス・ローダー・ビューワー

クラス・ローダー・ビューワーは、クラスがどのクラス・ローダーを利用して、どの JAR ファイル・ディレクトリーからロードされたかをビジュアルに表示できます。また、テーブル・ビューでは、クラス・パスだけでなくクラスの一覧も表示できます。クラスが見つからなかったり、クラスの動作に異常を感じた時の確認に有効な機能です。クラス・ローダー・ポリシーやクラス・ローダー・モード（順序）が反映された結果の確認もできます。

図 4-17　クラス・ローダー・ビューワー

```
ClassLoader - 検索順序
⊞ 1 - JDK 拡張 - sun.misc.Launcher$ExtClassLoader
⊞ 2 - JDK アプリケーション - sun.misc.Launcher$AppClassLoader
⊞ 3 - OSGI - org.eclipse.osgi.internal.baseadaptor.DefaultClassLoader
⊞ 4 - 拡張 - com.ibm.ws.bootstrap.ExtClassLoader
⊟ 5 - WebSphere Application Server 保護クラス・ローダー - com.ibm.ws.classloader.ProtectionClassLoader
      クラス
      クラスパス
⊟ 6 - モジュール - com.ibm.ws.classloader.CompoundClassLoader
      クラス
      クラスパス
⊟ 7 - モジュール - com.ibm.ws.classloader.CompoundClassLoader
      クラス
    ⊟ クラスパス
      file:/D:/WASv8ND/profiles/AppSrv04/installedApps/AA0424160Cell05/HelloEAR.ear/HelloWeb.war/WEB-INF/classes
      file:/D:/WASv8ND/profiles/AppSrv04/installedApps/AA0424160Cell05/HelloEAR.ear/HelloWeb.war
```

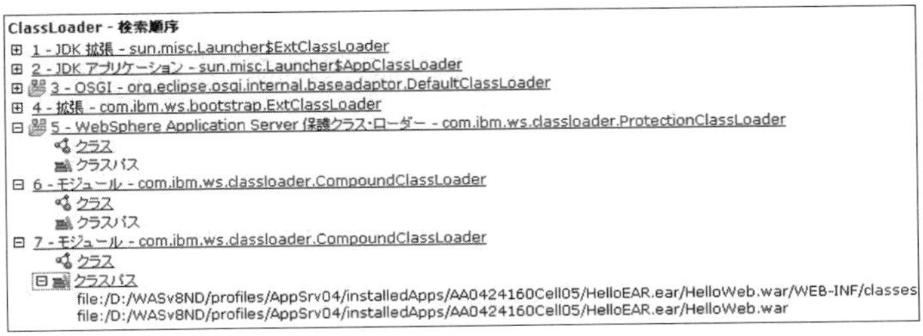

表示の手順は次の通りです。

1. 「トラブルシューティング」の「クラス・ローダー・ビューワー」をクリックします。
2. 「サーバー」から「アプリケーション」、「Web モジュール」または「EJB モジュール」の順に展開し、モジュール（WAR、EJB）が表示されたら、モジュール名をクリックします。
3. 「モジュール・クラス・ローダーの表示」を選択します。図 4-17 は、クラス・ローダー順序は「親が先」でクラス・ローダー・ポリシーは「複数」の設定です。

クラス・ローダー・ビューワーにロードされたクラス名を表示するには、次の手順を実行します。

1. 「サーバー」→「サーバー・タイプ」→「WebSphere Application Server」を選択します。サーバー一覧が表示されたら、サーバー名（例：server1）をクリックします。
2. 「追加プロパティー」の「クラス・ローダー・ビューワー・サービス」をクリックします。
3. 「サーバー始動時にサービスを使用可能にする」を選択し、「OK」をクリックして保存します。
4. サーバーを再起動します。
5. 「クラス・ローダー・ビューワー」を表示して、「テーブル・ビュー」をクリックします。

JVM への設定

ここには、性能、監視やデバッグに関わる設定があります。基本設定としては変更するところは２箇所です。ガーベッジ・コレクション（以降 GC）の状況をプロセス・ログに記録することとヒープ・サイズの変更です。IBM JVM の場合の基本的な設定を説明します。

- 冗長ガーベッジ・コレクション
  GC の状況を記録するかどうか指定します。デフォルトはオフですが、オンにして GC 状況を把握します。
- 初期ヒープ・サイズ
- 最大ヒープ・サイズ
  ヒープ・サイズは、JVM の種類（32 ビットまたは 64 ビット）、実行環境の実メモリーのサイズ、アプリケーション特性や要件によって最適値は異なります。テスト環境としては、初期ヒープ・サイズを 256 ～ 512MB、最大ヒープ・サイズを 512 ～ 1024MB ぐらいにまず設定し、負荷テストや性能テストの結果を受けてチューニングします。

- JIT を使用不可にする
  JIT（Just In Time）コンパイラーを使用するかどうかを指定します。JVM が実行中にクラッシュしてしまう時に JIT に原因があるどうかチェックするためにオフにすることがあります。基本的にオフにする必要はありません。
- 汎用 JVM 引数
  前述のヒープ・サイズなどや性能に影響する GC のアルゴリズムは、ここで指定します。このような JVM の実行オプションは、JVM 引数として Java コアなどに表示されるので主なものを示します。「初期ヒープ・サイズ」への入力よりも汎用 JVM 引数の指定が優先されます。
  - -Xgcpolicy：GC ポリシーは、WAS V7.0 はスループットの最適化（optthruput）、WAS V8.0 はレスポンス重視の世代別 GC（gencon）がデフォルトで、次のようなものがあります。詳しくは第 7 章で解説します。
    - gencon：世代別 GC でオールドとニューの領域に分けて管理
    - balanced：WAS V8.0 で新たにサポート
    - Metronome：十分なリソースがある場合、アプリの停止時間 3 ミリ秒を目標。Linux ／ AIX
    - optavgpause：GC ポーズタイムを最小化
    - optthruput：スループットを最適化
  - -Xms：初期ヒープ・サイズ（例：-Xms256m）
  - -Xmx：最大ヒープ・サイズ（例：-Xmx512m）
  - -Xhealthcenter：問題判別支援ツールを WAS V7.0 ～ V8.5 で利用する時に指定します。デフォルトのポート（1972）を変更する場合の指定は、-Xhealthcenter:port=<port_number> です。
  - -Xverbosegclog:<file name>,X,Y：冗長ガーベッジ・コレクションの出力を循環ログとします。X は循環するファイル数、Y は記録する GC 回数です（詳しくは、第 6 章を参照）。
  - -Xquickstart：短い時間実行のアプリケーション向けに JIT のチューニングを設定します。

JVM への設定手順は次の通りです。

1. 管理コンソールから「サーバー」 → 「サーバー・タイプ」を展開し、「WebSphere Application Server」を選択します。
2. サーバー名（例：server1）をクリックします。
3. 「サーバー・インフラストラクチャ」 → 「Java およびプロセス管理」を展開し、「プロセス定義」をクリックします。
4. 「追加プロパティー」 → 「Java 仮想マシン」をクリックして表示される Java 仮想マシンの構成画面で指定します。

▶表 4-12　JVM の主な設定項目

項目	デフォルト値	説明
冗長ガーベッジ・コレクション	`off`	GC の実行状況を出力するかを指定する。on が推奨で、GC 時間とヒープ・サイズを監視できる
初期ヒープ・サイズ	未指定	MB 単位で指定する。i と分散系のデフォルトは、50MB
最大ヒープ・サイズ	未指定	MB 単位で指定する。32/64 ビットともにデフォルトは、1968MB
汎用 JVM 引数	`-agentlib:getClasses`	アプリケーション・サーバー・プロセスを開始する JVM に渡すコマンド行引数を指定する
JIT を使用不可にする	`off`	JVM のジャストインタイム（JIT）コンパイラーを使用するかを指定する

Solaris と HP-UX の WAS は、OEM の JVM を利用しています。そのため JVM 引数の設定は異なるので、InfoCenter の「HotSpot Java 仮想マシンの調整」を参照してください。

Column

汎用 JVM 引数の指定を変えたら WAS が起動しなくなった

この指定は、JVM 起動のパラメーターなので指定にエラーがあると起動できなくなることがあります。WAS Base では管理コンソールが使えなくなってしまいます。事前に `<WAS_HOME>` 以下またはプロファイル以下の全てをバックアップしておけばよいのですが、バックアップがない時もあります。Base では、この設定は、「保存」をクリックした時に、次のファイルに書き込まれます。

<WAS_HOME>/profiles/<プロファイル名>/config/cells/<セル名>/nodes/<ノード名>/servers/<サーバー名>/server.xml

指定した内容がそのまま保管されているので、<jvmEntries>のgenericJvmArgumentsにある内容を削除すれば、回復することができます。

1 2 3 4 5 6 7 8 9 10 11 12 13

ログ・サイズとローテーション

WASは、問題判別のために表4-13のログを出力します。各ログの内容については、「6-5　ログを確認する」を参照してください。デフォルトの設定ではサイズや世代数が小さいログがあるので、必要に応じてロケーション、ファイル名、最大サイズ、世代数（ヒストリー・ファイルの最大数）、フォーマットやレベルなどの項目を設定します。WASには、問題判別以外に使用するログとしてトランザクション・ログがあります。これは4-4節のコラムで触れます。

表4-13　ログ・サイズとローテーションの設定

対象ファイル	デフォルト・ファイル名	サイズやローテーション機能
プロセス・ログ	native_stdout.log	なし
	native_stderr.log	なし*
JVMログ	SystemOut.log	あり、最大サイズ、世代数、開始時刻、繰り返し
	SystemErr.log	あり、最大サイズ、世代数、開始時刻、繰り返し
診断トレース	trace.log	メモリー・バッファーまたはファイル、最大サイズ、世代数
保守ログ	activity.log	最大サイズ（1つのファイルを繰り返し使用する）
NCSAアクセス・ログ	http_access.log	最大サイズ、世代数
HTTPエラー・ログ	http_error.log	最大サイズ、世代数
FFDC	<サーバー名>_<プロセス名>_<タイムスタンプ>.txt	なし（エラー時に出力されるので指定不要）

* GC状況を出力するデフォルトのnative_stderr.logを世代管理する機能がWASにはありません。GC状況のログをローテーションさせるには、JVM引数で指定します。詳細は、第5章の「verbose:gc出力ファイルの指定と世代管理」を参照してください。

ログ・サイズとローテーションの設定手順は次の通りです。

1. 「トラブルシューティング」 → 「ログおよびトレース」を選択し、サーバー一覧でサーバー名を選択します。
2. ログ名を選択して表 4-14 に示す詳細を指定します。

▶表 4-14　WAS のログ周りの設定

項目	デフォルト値	説明
プロセス・ログ		
STDOUT ファイル名	`${SERVER_LOG_ROOT}/native_stdout.log`	
STDERR ファイル名	`${SERVER_LOG_ROOT}/native_stderr.log`	
診断トレース・サービス		
出力先（なし／メモリー・バッファー／ファイル）	ファイル	トレース出力を「なし」または次の 2 つから指定する。 ・出力ファイルに直接書き込む ・メモリーに保管し、ランタイム・ページにある「ダンプ」ボタンでファイルに書き込む
メモリー最大バッファー・サイズ	8 × 1,000 件	バッファー内のキャッシュに入れられるエントリー数を千単位で指定する。この数値を超過すると、より古いエントリーを新しいエントリーで上書きする
最大ファイル・サイズ	20MB	最大サイズを MB 単位で指定する
ヒストリー・ファイルの最大数	1	保持するロールオーバー・ファイルの最大数
ファイル名	`${SERVER_LOG_ROOT}/trace.log`	
トレース出力フォーマット	基本（互換）	トレース出力の 3 つのレベル ・基本（互換）：基本トレース情報のみ出力し出力量を最小化 ・拡張：トラブルシューティングと問題判別で使用する詳細な情報を表示 ・ログ・アナライザー：Showlog ツールと同じフォーマットでトレース情報を保存
JVM ログ		
`System.out` ファイル名	`${SERVER_LOG_ROOT}/SystemOut.log`	
ファイル・フォーマット	基本（互換）	`System.out` ファイルの保管に使用するフォーマット
ログ・ファイルの回転	ファイル・サイズ	ファイル・サイズまたは時間
最大サイズ	1MB	このサイズに到達するとロールオーバーする
開始時刻 / 繰り返し時間	24/24	ロールオーバー・アルゴリズムを最初に開始する時刻とロールオーバーするまでの時間数

項目	デフォルト値	説明
ヒストリー・ログ・ファイルの最大数	1	履歴ファイルを保持する数。1 ～ 200
アプリケーション・プリント・ステートメントの表示	on	アプリケーションの System.out.println の出力を System.out ログに出力する
プリント・ステートメントのフォーマット	on	WAS のログ出力と同様に日時などをフォーマットする
System.err ファイル名	${SERVER_LOG_ROOT}/SystemErr.log	
ログ・ファイルの回転	ファイル・サイズ	ファイル・サイズまたは時間
最大サイズ	1MB	このサイズに到達するとロールオーバーする
開始時刻 / 繰り返し時間	24/24	ロールオーバー・アルゴリズムを最初に開始する時刻とロールオーバーするまでの時間数
ヒストリー・ログ・ファイル最大数	1	履歴ファイルを保持する数。1 ～ 200
アプリケーション・プリント・ステートメントの表示	on	アプリケーションの System.err.println の出力を System.err ログに出力する
プリント・ステートメントのフォーマット	on	WAS のログ出力と同様に日時などをフォーマットする
IBM 保守ログ		
保守ログを使用可能にする	on	IBM 保守ログによるログ・ファイルの作成を指定する
ファイル名	${LOG_ROOT}/activity.log	
最大サイズ	2MB	保守ログ・ファイルの最大サイズを MB 単位で指定する。最大サイズに達したところで循環し、JVM ログのように新しいログ・ファイルにロールオーバーすることはない
相関 ID を使用可能にする	on	各メッセージとともに記録される相関 ID を生成し、これによって、アクティビティーを特定のクライアント要求と関連付けが可能になる
ログ詳細レベルの変更		
機密の可能性があるデータのロギングおよびトレースを使用不可にする	off	機密性のある情報がトレースに書かれないようにロガーを使用できないようにする
ログ詳細レベルの変更 コンポーネントグループ	*=info	ログ詳細レベルを設定する Java パッケージ、クラスまたはその集合とログ・レベル（off、fatal、severe、warning、audit、info、config、detail、fine、finer、finest、all）を指定する
NCSA アクセス・ロギングおよび HTTP エラー・ロギング		
サーバー始動時にロギング・サービスを使用可能にする	off	NCSA アクセスまたは HTTP エラー・ロギングをサーバー始動時から開始する

項目	デフォルト値	説明
アクセス・ロギングを使用可能にする	on	NCSA アクセス・ログには、HTTP トランスポート・チャネルが処理する全てのインバウンド・クライアント要求のレコードが含まれている
アクセス・ログのファイル・パス	${SERVER_LOG_ROOT}/http_access.log	
アクセス・ログの最大サイズ	500MB	最大サイズ制限に達すると、log_name.1 アーカイブ・ログが作成される
ヒストリー・ファイルの最大数	1	履歴ファイルの最大数
NCSA アクセス・ログ・フォーマット	共通	・共通：要求されたリソースとその他いくつかの情報 ・結合：参照、ユーザー・エージェントと Cookie 情報
エラー・ロギングを使用可能にする	on	HTTP チャネルがクライアント要求を処理するときに発生する HTTP エラーが記録される
アクセス・ログのファイル・パス	${SERVER_LOG_ROOT}/http_error.log	
アクセス・ログの最大サイズ	500MB	最大サイズ制限に達すると、log_name.1 アーカイブ・ログが作成される
ヒストリー・ファイルの最大数	1	履歴バージョンの最大数を指定する
エラー・ロギング・レベル	警告	・クリティカル：WAS が正常に機能しなくなる重大な障害のみ ・エラー：クライアントへの応答で発生したエラー ・警告：クライアント要求を処理する際に発生する一般エラー（ソケット例外など） ・通知：クライアント要求を処理する際に実行されるタスクの状況 ・デバッグ：さらに詳細なタスク状況の情報

■ハイパフォーマンス拡張可能ロギング

ハイパフォーマンス拡張可能ロギング High Performance Extensible Logging（HPEL）は、ログ・データをバイナリー形式でリポジトリーに蓄積する WAS V8.0 からの新ログ方式です。従来のロギング・モードに比べてパフォーマンスが向上しています。パフォーマンス悪化の問題で、本番では取れなかったトレースの収集が実現できるようになってきました。デフォルトは、従来と同じ形式のログ出力です。バイナリーのデータは、フィルタリングして管理コンソールで表示するか、`logViewer` コマンドでテキスト・ファイルに変換します。

◆表 4-15 HPEL の出力ファイル

対象ログ	通常のログ・モード（デフォルト）	HPEL モード	HPEL テキスト・ログ
JVM ログ システム出力 システムエラー	SystemOut.log SystemErr.log	logdata/<no>_pid-<server>/<no>.wbl	TextLog_<date>_<time>.log
診断トレース	trace.log	tracedata/<no>_pid_<server>/<no>.wbl	トレースを上記ファイルに含めることも可能

HPEL 使用の手順は次の通りです。

1. 「トラブルシューティング」 → 「ログおよびトレース」を選択し、サーバー一覧でサーバー名を選択します。
2. 「HPEL モードに切り替え」を選択し、保存します。
3. 「HPEL ロギングの構成」「HPEL トレースの構成」「HPEL テキスト・ログの構成」の 3 つのメニュー項目が追加で画面に表示されます。ここで、出力先のディレクトリー、最大ログ・サイズ、スペース不足時のアクション（サーバーの停止、古いレコードのパージ、ロギングの停止）などを指定できます。
   「HPEL テキスト・ログの構成」は、テキスト・ログを使用するかしないか、トレースの情報を含めるかなども指定できます。
4. 保存して、再起動します。

管理コンソールで HPEL ログ表示の手順は次の通りです。

1. 「トラブルシューティング」 → 「ログおよびトレース」を選択し、サーバー一覧でサーバー名を選択します。
2. 「HPEL ログおよびトレースの表示」をクリックするとデフォルトでは 20 件のレコードが表示されます。

logViewer コマンドでテキスト・ファイルに変換する手順は次の通りです。

1. コマンドを実行するディレクトリーを <WAS_HOME>/profiles/< プロファイル名 >/bin に変更します。

2. `logViewer.bat`（`logViewer.sh`）を実行します。主な引数は次の通りです。
   - `-repositoryDir`：リポジトリー・ディレクトリー・パス。指定がない場合は、デフォルトが使用されます。
   - `-outLog`：出力ファイル名。指定がない場合は、コンソールに表示されます。
   - `-startDate`：取り出す最初の日時を yy/M/d H:m:s:S の形式で指定します（H：hours、m：minutes、s：seconds、S：milliseconds）。日付だけの指定も可能です。
     例：`-startDate "09/1/30 4:0:0:100 JST"`
   - `-stopDate`：取り出すデータの最近の日時。形式は、`-startDate` と同じです。

Windows の例

```
LogViewer -outLog e:¥temp¥server1_20170302.log -startDate 17/3/1 -stopDate
17/3/3
```

JDBC プロバイダー

「3-4　アプリケーションを WAS にデプロイする」で、セキュリティの設定として J2C 認証データの作成、JDBC プロバイダーとデータ・ソースの作成を解説しました。この節では、WAS としての考慮点を順にまとめていきます。図 4-18 は、データベース接続のための設定とアプリケーション（サーブレット）との関係について示しています。

1. サーブレットで JNDI 名を使ってデータ・ソースを lookup します。この時、ソースコードに書かれた JNDI 名と WAS で定義したデータ・ソースの JNDI 名が異なっていてもソースコードに影響しないように「リソース参照」という外部の定義の名前を利用します。Java EE の標準で決められている共有スコープ（共用可能／共有不可）を変更する時は、このデプロイメント記述子で定義します。
2. データベースへの接続に必要なユーザー ID とパスワードは、J2C 認証別名を作成し、直接ユーザー ID とパスワードを指定せずに別名を使います。これによりパスワードの変更などの保守作業が容易になります。

3. JDBC プロバイダーを作成し、使用する JDBC ドライバーや実装タイプを登録しました。データ・ソース設定の共通部分を分けて登録することで設定する項目を減らしています。
4. 既に登録されている JDBC プロバイダーを利用して、個別のデータ・ソースの名前、JNDI 名、使用する JDBC プロバイダーとデータベース、サーバー、接続プーリングを設定します。

◆図 4-18　データベース接続に関連する設定

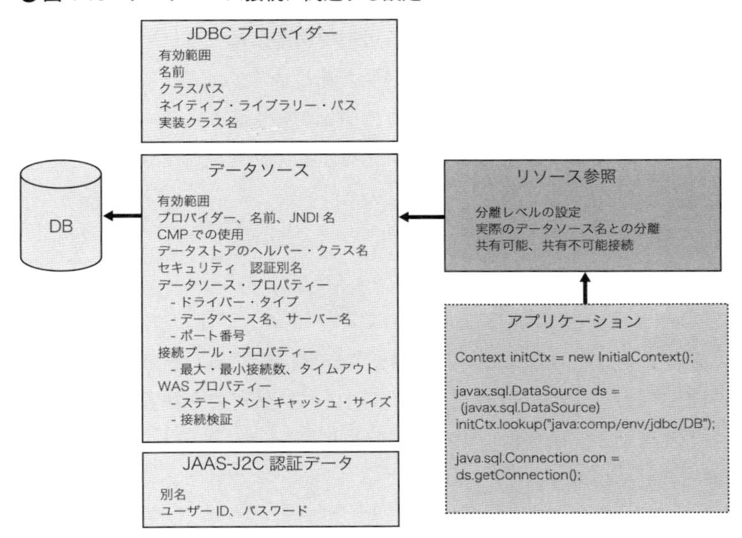

■有効範囲の設定

有効範囲とは、リソースが可視になるレベルです。有効範囲の設定方法については、「3-4　アプリケーションを WAS にデプロイする」の「JDBC プロバイダーを作成する」を参照してください。第 3 章で解説した WAS Base の場合は、基本的にサーバー単位の構成となります。一方、WAS ND の場合には、デプロイメント・マネージャーの管理単位であるセル、サーバーごとのノード・エージェントが管理するノード、複数のサーバーにまたがるクラスターがあります。設定の優先順位は、次の通りです。有効な範囲はこれと逆で、セルが大きくアプリケーションが小さくなります。

- 優先順位:「アプリケーション」＞「サーバー」＞「ノード」＞「クラスター」＞「セル」
- 有効な範囲：「セル」＞「クラスター」＞「ノード」＞「サーバー」＞「アプリケーション」

セルで定義をすれば、その下のサーバーやクラスターでは定義は不要で、全てのサーバーで設定が有効です。しかし、WAS V6.0 以降では、セル内でのリソースの構成は非推奨です。これは利用できないリソースでもセル・スコープのリソースがセル内の全てのノードから可視であるためです。代わりにクラスター・スコープでリソースを構成する必要があります。JDBC プロバイダーの設定は、JDBC ドライバーの JAR ファイルの場所のようにサーバーごとの物理的な影響を受けるので、どこまで標準化をするのかを含めて検討しなければなりません。

■ JDBC プロバイダーと実装タイプの選択

JDBC プロバイダーの作成方法については、「3-4　アプリケーションを WAS にデプロイする」の「JDBC プロバイダーを作成する」を参照してください。「JDBC プロバイダー・タイプ」は、同じベンダーでも複数から選択できます。ただし Db2 の場合は、V9.5 以降は JDBC4.0 に対応した JCC ドライバーが推奨されています。

表 4-16　Oracle と Db2 の JDBC プロバイダー・タイプの例

JDBC プロバイダー・タイプ	説明
Db2 Using IBM JCC Driver	JDBC 4.0 をサポート。WAS V7.0 以降で設定。`db2jcc4.jar`、`db2jcc_license_cisuz.jar`、`db2jcc_license_cu.jar` を使用する
Db2 Universal JDBC Provider	JDBC 3.0 をサポート。使用する jar ファイルは Db2 Using IBM JCC Driver と同じだが、JDBC 4.0 の機能は利用できない
Oracle JDBC Driver	`ojdbc6.jar` は、JDBC4.0 をサポート
Oracle JDBC Driver（UCP）	WAS V8.0 で設定可

注：SQL Server や Infomix などの JDBC プロバイダー情報については、InfoCenter の「JDBC プロバイダーの要約」を参照してください。

Javaアプリケーションからデータベースへのアクセスには、製品に依存しない共通インターフェースを使用します。このインターフェースの実装として、製品ごとに1フェーズ・コミットと2フェーズ・コミットに対応したクラスが提供されています。JDBCプロバイダー構成時には「接続プール・データソース」と「XAデータ・ソース」の2種類が選択可能です。次のような場合は、パフォーマンス上のメリットからも「接続プール・データソース」を選択します。

- アクセスするリソースが1つのデータベースのみ
- セッション情報をデータベースに保管する

データベースに加えて、JMSやEISなどのトランザクション・サーバーにアクセスする場合やデフォルトのEJBトランザクションを利用する場合は、「XAデータ・ソース」を選択します。

表4-17 Db2用JDBCドライバーの実装タイプ

実装タイプ	説明
接続プール・データソース	1フェーズ・コミットに対応した実装クラスを利用する。 Db2の例： `com.ibm.db2.jcc.Db2ConnectionPoolDataSource`
XAデータ・ソース	2フェーズ・コミットに対応した実装クラスを利用する。 Db2の例：`com.ibm.Db2.jcc.DB2XADataSource`

Column

2フェーズ・コミット

1フェーズ・コミットは、データベース（自分のリソースを管理しているのでリソース・マネージャーと呼ばれる）が、その中でコミットとロールバックを管理しているので、ローカル・トランザクションと呼ぶことがあります。アプリケーションが処理の確定（コミット）を要求し、それに応答を返した時にデータベースに障害が発生してもSQLの実行結果は保たれます。コミット処理は、図4-19の1回のやり取りで確定されます。

▶図 4-19　1 フェーズ・コミット

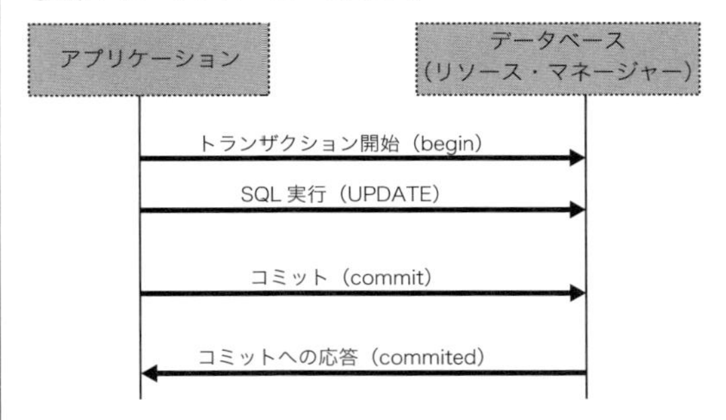

この 1 フェーズ・コミットの処理では、データベース（リソース・マネージャー）が 2 つあると、1 つの更新が成功した後で 2 つ目の更新に失敗したアプリケーションは、自分で成功した更新を元に戻す必要があります。このアプリケーションの処理を簡単にするために、2 フェーズ・コミットのトランザクション処理がサポートされています。

2 フェーズ・コミットの処理は、トランザクションの確定の部分が図 4-20 のように行われます。アプリケーションは、WAS にコミットを要求します。WAS は、データベース 1 と 2 にコミットの準備を要求します。データベースは、障害が発生しても状況によってコミットでもロールバックでもできるようにログを書き出します。WAS は、この状況をトランザクション・ログに出力しています。これを準備フェーズといいます。2 つのデータベースの準備が完了したら、WAS はコミットを要求します。これを確定フェーズといいます。このようにコミットの処理が 2 つのフェーズで行われるので、2 フェーズ・コミットと呼ばれています。ログは障害に備えて物理的に書き出し、WAS とデータベースで通信が行われるので、1 フェーズ・コミットに比べて処理は重くなります。

図 4-20　2フェーズ・コミット

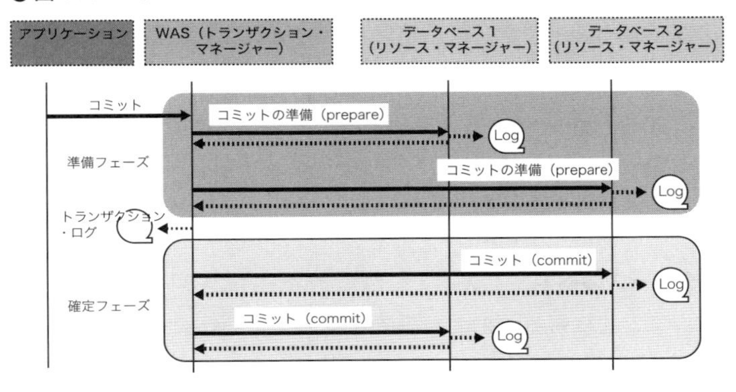

異なるベンダーのトランザクション・マネージャーと異なるベンダーのデータベースやメッセージング・エンジンでこの処理を実現するために、JTA（Java Transaction API）の仕様が標準として決められています。JTAは、X/Openの分散トランザクションの処理規格のX/Open XA APIを使用しています。そのため2フェーズ・コミットの実装タイプをXAデータ・ソースと呼んでいます。図4-20のトランザクション・ログは、Baseでは、デフォルトで次のディレクトリーに出力されています。

```
<WAS_HOME>/profiles/<プロファイル名>/tranlog/<セル名>/<ノード名>/<サーバー名>/transaction
```

トランザクション・サービスの設定手順は次の通りです。

1. 管理コンソールから「サーバー」→「サーバー・タイプ」を展開し、「WebSphere Application Server」を選択します。
2. サーバー名（例：server1）をクリックします。
3. 「コンテナー設定」→「コンテナー・サービス」を展開し、「トランザクション・サービス」をクリックします。

データ・ソースの設定

アプリケーションは、データ・ソースを使用してデータベースとの接続を取得します。各データ・ソースに対応する接続プールを接続管理機能が提供します。また、同じ JDBC プロバイダーを使用して複数の設定が異なるデータ・ソースを作成することもできます。管理コンソールのメニューには、次の 2 つのデータ・ソースがあります。

- データ・ソース
- データ・ソース（V4 - 非推奨）

■物理データベースの指定

データベースが提供する JDBC ドライバーの仕様に従って、データベースに接続するプロパティーを指定します。Db2 や Oracle の場合、画面がそれぞれに合わせて用意されています。

Oracle の場合は、URL を指定します（図 4-21）。

- シンドライバーの例：jdbc:oracle:thin:@<サーバー名>:1521:sample
- シックドライバーの例：jdbc:oracle:oci8:@sample

▶図 4-21　データ・ソースの作成　Oracle

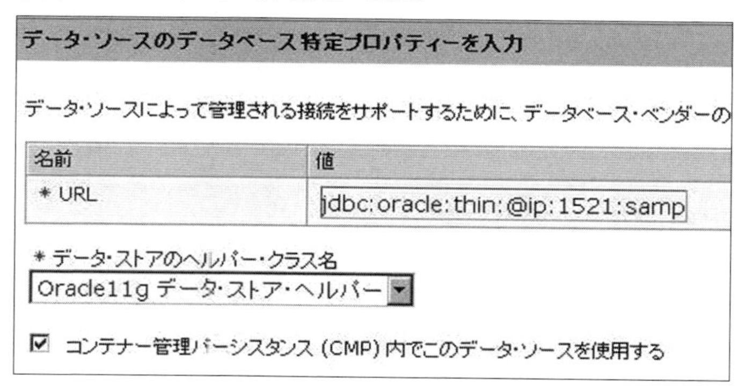

Db2 の URL は、次のように指定します。画面はデータベース名、サーバー名、ポート番号が独立した入力フィールドになっています（図 4-22）。

- jdbc:db2://<ホスト名>:<ポート番号>/<データベース名>

▶図 4-22　データ・ソースの作成　Db2

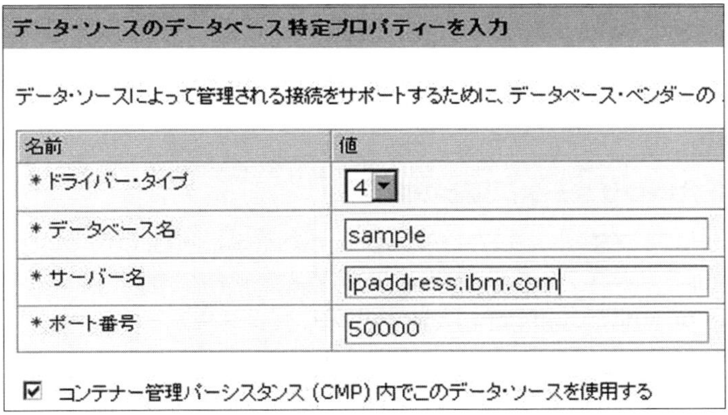

データ・ソースのデータベース特定プロパティーを入力

データ・ソースによって管理される接続をサポートするために、データベース・ベンダーの

名前	値
＊ドライバー・タイプ	4
＊データベース名	sample
＊サーバー名	ipaddress.ibm.com
＊ポート番号	50000

☑ コンテナー管理パーシスタンス (CMP) 内でこのデータ・ソースを使用する

■セキュリティ別名

WAS は、ユーザー ID とパスワードをアプリケーションのソースコードから切り離して別名で管理する機能を提供しています。これは、「3-4　アプリケーションを WAS にデプロイする」の「J2C 認証データを作成する」で説明した操作です。この J2C 認証別名は、データ・ソースだけでなく JMS 接続ファクトリーなどのリソースを使用する際にも利用されます。データ・ソースの認証別名を指定する方法は、次の 3 通りです。

認証別名の指定方法 1.

　「コンテナー管理認証別名」としてデータ・ソースなどのリソースに設定

認証別名の指定方法 2.

　「コンポーネント管理認証別名」としてデータ・ソースなどのリソースに設定

認証別名の指定方法 3.

　「コンテナー管理認証別名」として EAR のリソース参照に設定

認証別名の指定方法 1 と 2 は、データ・ソースを定義する時に認証別名も同時に指定します。JNDI 名が分かれば、どの EAR からもデータベースにアクセスできます。そして同じユーザー ID となります。3 は、認証別名の設定はデータソースには行いません。EAR の作成時に IADT か RAD で指定するか、

EAR をデプロイした後に管理コンソールで EAR に対して設定します。EAR の数が多ければ設定は面倒ですが、EAR ごとにユーザー ID を分けることができます。

Column

Java EE 仕様のリソース認証との関係

Java EE 仕様の Resource Authentication Requirements の節では、Java EE コンテナがリソースへの接続に認証情報を指定する方法が規定されています。その中に「Configured Identity（コンテナに定義した認証情報を利用する方法）」と「Programmatic Authentication（アプリケーション・コンポーネントから Java API 経由で認証情報を渡す方法）」の 2 つがあり、これは Java EE に準拠したアプリケーション・サーバーでは必ず利用できます。

認証別名の指定方法 1 は、「Configured Identity」に対応した方法です。「Programmatic Authentication」は、JDBC の場合、`getConnection` メソッドの引数でユーザー ID とパスワードを渡すことが代表的な方法です。しかし、アプリケーション・プログラムからの設定は接続をプールして共用する場合、認証情報が一致しないと再利用されないなど、実用的ではありません。

アプリケーションはそれ以外にもいろいろな認証メカニズムを利用できます。WAS では、`web.xml` の `<res-auth>` に Application と指定し、「コンポーネント管理認証別名」を指定することで、「Programmatic Authentication」として扱われます。

手順は「3-4 アプリケーションを WAS にデプロイする」の「データ・ソースを作成する」を参照してください。認証別名の指定方法 1 と 2 ではそれぞれ「コンポーネント管理認証別名」と「コンテナー管理認証別名」で指定します。どちらを使用するかは、デプロイメント記述子またはアノテーションで指定します。サーブレットであれば、`web.xml` リソース参照の `<res-auth>` の値に応じて次のように指定します。

- `Application` の場合：コンポーネント管理認証別名
- `Container` の場合：コンテナー管理認証別名

サーブレットで「コンポーネント管理認証別名」を使用する場合の記述例を以下に示します（リスト 4-4、リスト 4-5)。

▶リスト 4-4 デプロイメント記述子（web.xml）

```
<resource-ref>
  <res-ref-name>jdbc/sample</res-ref-name>
  <res-type>javax.sql.DataSource</res-type>
  <res-auth>Application</res-auth>
  <res-sharing-scope>Unshareable</res-sharing-scope>
</resource-ref>
```

▶リスト 4-5 アノテーション

```
@Resource(name="jdbc/sample",
  authenticationType=AuthenticationType.APPLICATION,shareable=false)
  javax.sql.DataSource ds ;
```

リソース参照で、Container を指定した場合は、さらに「マッピング構成別名」で、DefaultPrincipalMapping または「なし」を選びます。このログイン構成によって J2C 認証別名が使用されます。マッピング構成別名は、「グローバル・セキュリティー」の「Java 認証・承認サービス」(Java Authentication and Authorization Service：JAAS) で定義されているアプリケーションのログイン構成で、数種類提供されています。認証別名の指定方法 1 の「コンテナー管理認証別名」と「マッピング構成別名」(DefaultPrincipalMapping) は、WAS V6.0 で非推奨とされています。

リソース参照で、Application を指定した場合は、「コンポーネント管理認証別名」で J2C 認証別名を選択します。これらの指定は、どちらもデータ・ソースの設定として、ユーザー ID とパスワードを別名で指定したことになります。どのアプリケーションでもデータ・ソースを利用できます。

XA リカバリーの認証別名は、XA 対応の JDBC プロバイダーを選択した時に表示されます。2 フェーズ・コミットで説明した障害時のリカバリーのための接続に使用する別名を指定します。

アプリケーションごとに認証別名を分けたい場合には、認証別名の指定方法 3 を行います。その場合、設定画面で「コンテナー管理認証別名」は指定しません。その代わりに次のどちらかの方法で指定します。

- EARの中のIBM拡張デプロイメント記述子で認証別名を指定
- EARをデプロイ後に認証別名を指定

EARの中のIBM拡張デプロイメント記述子で認証別名を指定する操作は次の通りです。

1. WDTで、Webデプロイメント記述子（web.xml）またはアノテーションにコンテナを指定します。
2. ibm-web-bnd.xmlをダブルクリックし、「Webバインディング・エディター」画面を開いてリソース参照を追加します。詳しくは「3-3　アプリケーションをパッケージングする」の「WebSphereバインディングを設定する」を参照してください。
3. 「Resource Reference」を選択して「Add」ボタンをクリックします。「Add Item」で「Authentication Alias（認証別名）」を選択して「OK」をクリックします。
4. 「Authentication Alias」を選択し、Nameに認証別名を入力します。

図4-23　IBM拡張デプロイメント記述子で認証別名を指定

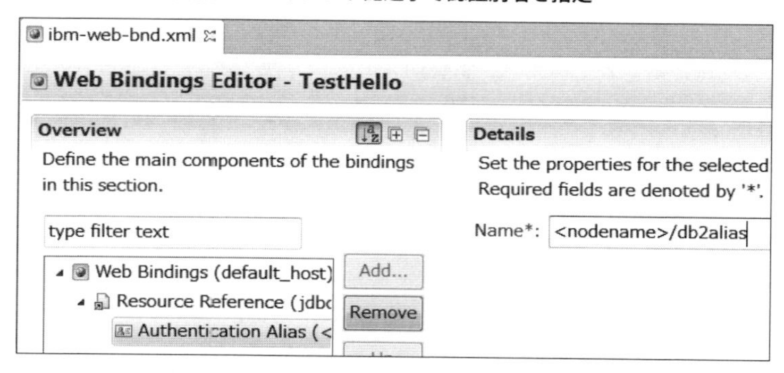

デフォルトでは、登録時に認証別名の接頭部にノード名が追加されます。複数のノードで実行するEARで利用するには、J2C認証データの新規作成時に「新規別名の接頭部にセルのノード名を付加してください」のチェックを外し、「適用」をクリックして「保存」を行ってから登録します（図4-24）。

◆図 4-24　J2C 認証別名の登録

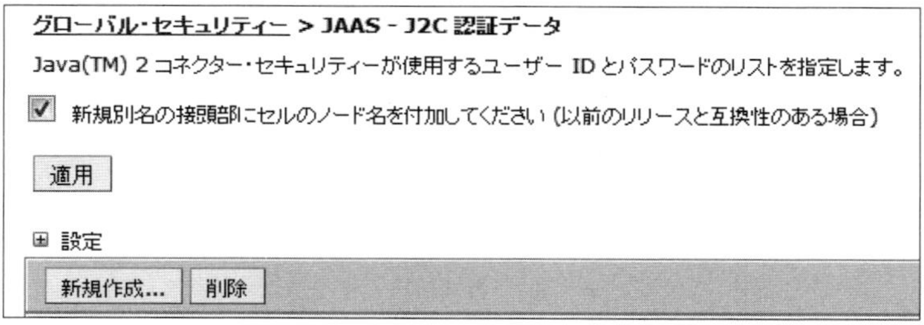

グローバル・セキュリティー > JAAS - J2C 認証データ
Java(TM) 2 コネクター・セキュリティーが使用するユーザー ID とパスワードのリストを指定します。
☑ 新規別名の接頭部にセルのノード名を付加してください (以前のリリースと互換性のある場合)
適用
⊞ 設定
新規作成... 削除

EAR をデプロイ後に認証別名を指定する操作は次の通りです。

1. 管理コンソールで「アプリケーション」 → 「アプリケーション・タイプ」を展開し「WebSphere エンタープライズ・アプリケーション」をクリックします。さらにアプリケーションをクリックし、「エンタープライズ・アプリケーション」画面を表示します。
2. 「リソース参照」をクリックし、「エンタープライズ・アプリケーション」のリソース参照画面を表示します。
3. 「リソース認証方式の変更」をクリックします。
4. 「デフォルト・メソッドの使用」を選択し、「認証データ入力」で、J2C 認証別名を選択します。該当するモジュールを選択し、「適用」をクリックします。アプリケーションでは、「コンテナー管理認証別名」の使用が設定されている必要があります（図 4-25）。

1 2 3 4 5 6 7 8 9 10 11 12 13

▶図 4-25　リソース認証方式の変更

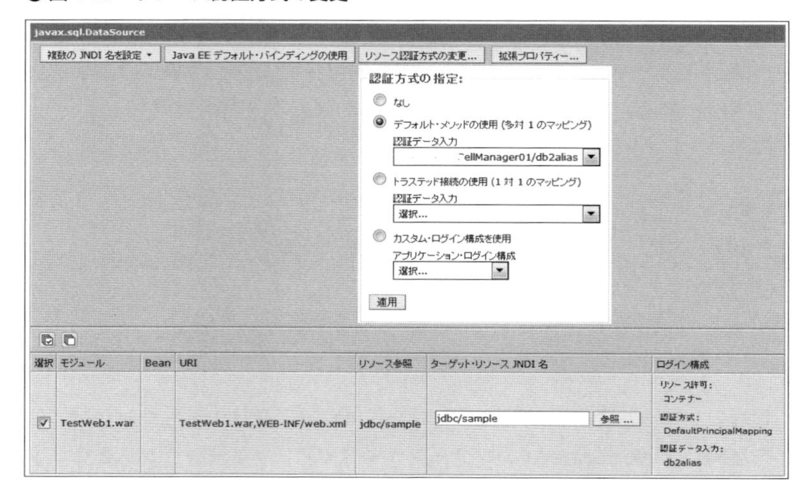

5. 「OK」をクリックして「保存」します。

■接続プール・プロパティーの設定

データベースとの接続は、プロセス間の通信と準備を必要とする重い処理です。Java EE サーバーは、多数の Web ブラウザが Web コンテナのサーブレットを利用してデータベースにアクセスします。このような処理ではデータベースとの接続は使い終わってもクローズしないでプールし、使い回したほうが効率的です。そのため、WAS はデータベース接続をプールする仕掛けを提供しています。サーブレット（アプリケーション）は、使い終わったらすぐにクローズしてプールに戻したほうが、より多くのサーブレットで接続を共用できます。

最小接続数が 1 でも、起動時に接続プールには、データベース接続はありません。サーブレットや EJB から `getConnection()` の要求が出された時にデータベース接続のインスタンスが接続プールに作られます。同時接続の要求があると最大接続数で指定した数まで接続プールに接続が作られます。最大接続数を超えて接続の要求が出されると、接続タイムアウトの指定まで待たされ、それを超えると例外がスローされます。アプリケーションの接続がクローズされても接続プールのデータベース接続のインスタンスはすぐに廃棄はされません。リープ時間で指定した間隔で、未使用タイムアウトの時間が経過していないかチェックします。未使用タイムアウトの時間を過ぎると最小接続数を超えたデータベース接続は破棄され、最小接続数に指定した数だけ接続プールに残ります。デフォルトでは、経過時間タイムアウトは0なので、最小接続数で指定した数のデータベース接続は無制限の期間残ります。経過時間タイムアウトを指定すると最小接続数に関わらず破棄できます。

第3章で解説した共用可能接続を2フェーズ・コミットで使用する場合、アプリケーションが最大接続数に達して接続が取れなくならないような数を設定する必要があります。共用可能な場合、接続を確保できずにトランザクションを終了できないと接続はすぐ他のアプリケーションで再利用されないからです。例えば、サーブレットが2つのデータベース接続を使用する場合、Webコンテナのスレッド数をnとすると、データベース最大接続数はn×2＋1となります。

また、この最大接続数や最小接続数の指定はサーバー単位です。クラスターに2つのサーバー（クラスター・メンバー）がある場合、最大接続数が10とすると、データベースは最大20の接続が利用できるように設定しなければなりません。

図4-26　最小接続数と未使用タイムアウト

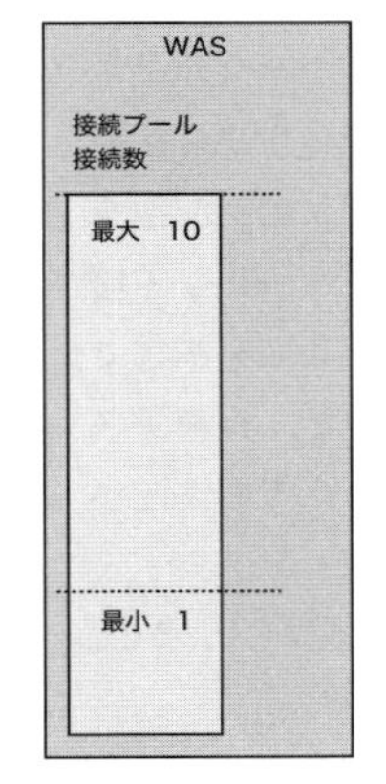

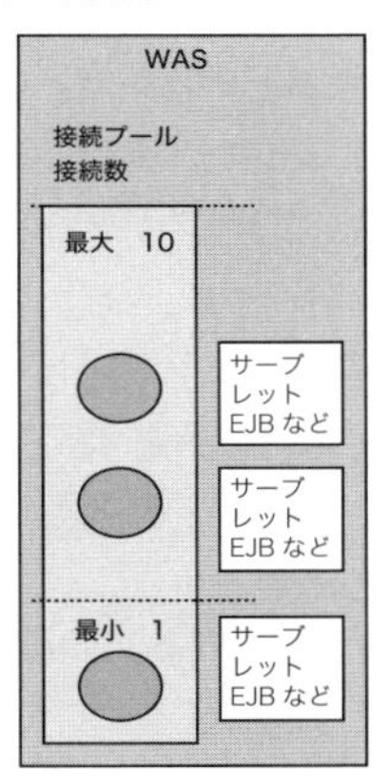

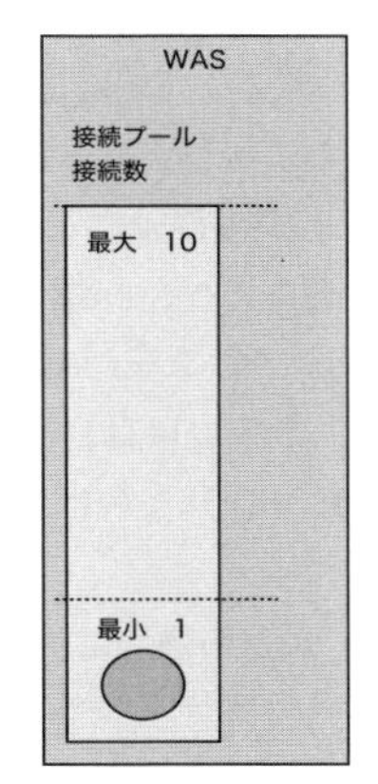

▶表 4-18　接続プール・プロパティーのデフォルト値と説明

項目	デフォルト値	説明
接続タイムアウト	180 秒	接続要求がタイムアウトになり、ConnectionWaitTimeoutException がスローされるまでの時間（秒）。0 の場合は無制限に待機する
最大接続数	10	このプールに構築できる物理接続の最大数
最小接続数	1	プールする接続の最小数を指定する。接続がこの数以下の場合は、未使用タイムアウトでは接続は破棄されない。経過時間タイムアウトを過ぎた接続は破棄される
リープ時間	180 秒	プール維持スレッドの実行間隔（秒）。0 の場合は、未使用と経過時間タイムアウトは無視される
未使用タイムアウト	1800 秒	未使用またはアイドルの接続が廃棄されるまでの時間（秒）
経過時間タイムアウト	0	接続が廃棄されるまでの時間（秒）。0 の場合は接続を無期限にプールする（推奨）
パージ・ポリシー	EntirePool	接続エラー時の接続のパージ方法。 ・EntirePool：プール内の接続は全て失効としクローズされる ・FailingConnectionOnly：エラーが発生した接続だけがクローズされる

Column

Db2 のエージェント・プールと自動チューニング

WAS が、Db2 に接続し SQL を発行するとそれを受け取るプロセスがエージェントです。このエージェントが SQL を解析・実行し、結果を WAS に返します。基本的に 1 つの接続ごとに 1 つプロセスが作られます。エージェントの作成は重い処理なので、Db2 自身にもこのエージェントをプールする機能があります。Db2 ではエージェント数やエージェント・プール数を指定できます。Db2 は、V9.5 以降は自動的にチューニングされるので、負荷テストを 20 分、40 分、60 分と続けていくと手動で設定を変えなくても性能が向上していきます。

WAS の接続プールとの違いは次の通りで、WAS での設定が推奨されます。

- WAS JVM 内のデータベース接続をインスタンスとしてプールする
- アプリケーション・サーバーごとのデータベースへの同時接続数を制限できる
- Prepared Statement Cache の機能を持つ

■パージ・ポリシー

プールされているデータベース接続を利用してエラーが発生した場合、アプリケーションに`StaleConnectionException`がスローされます。パージ・ポリシーは、その場合にプールしている接続を全て破棄する（`EntirePool`）かエラーがあった接続のみ破棄をする（`FailingConnectionOnly`）かを設定します。特定の接続のみがエラーで、残りが有効であれば、`FailingConnectionOnly`は無駄がありません。しかし、データベースやネットワーク障害、データベースの再起動でも全ての接続がエラーになる場合が多く、接続を失っているデータベース接続のインスタンスがプールに残っていると、その分だけアプリケーションに例外がスローされてしまいます。`EntirePool`は、アプリケーションのエラー処理を単純化できます（図4-27）。

▶図4-27　パージ・ポリシー

エラー発生

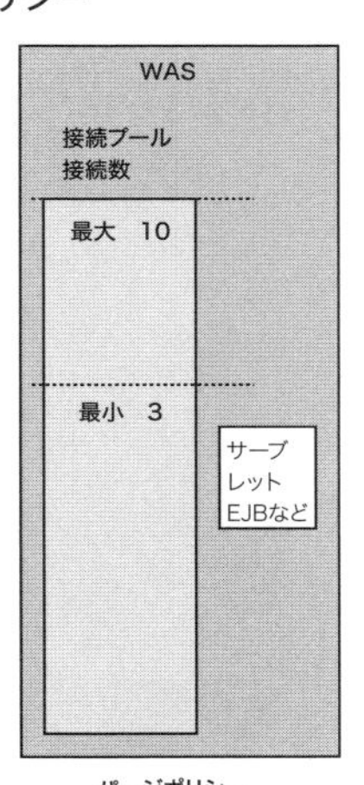

パージポリシー
EntirePool

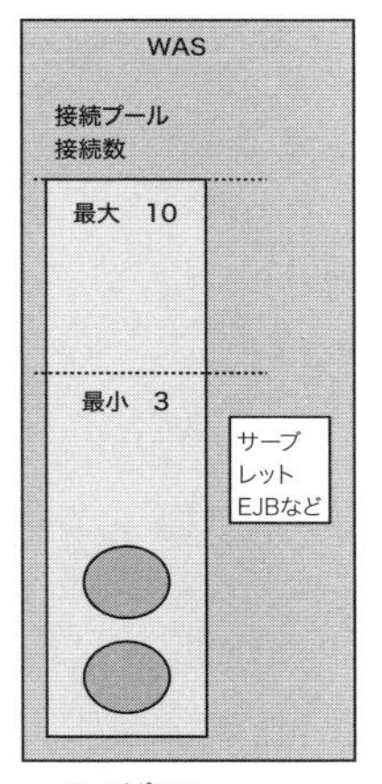

パージポリシー
FailingConnectionOnly

■データベース接続の検証

WASでは、データベースの再起動を行った時などに接続プールへのアクセスで例外を発生させない仕掛けも提供しています。WAS V6.1以前でのJDBC3.0以前のバージョンでは、SQL文の実行により接続を検証していました。WAS V7.0以降では、JDBC4.0に追加された`isValid()`メソッドを使って事前に効率良く接続が確認できるようになりました。この設定は、新規作成ウィザードでは指定できません。データ・ソースを1度作成してから「WebSphere Application Server データ・ソース・プロパティー」に指定します。

管理コンソールで Db2 や Oracle の接続検証を設定するには次の手順を実行します。

1. 「リソース」 → 「JDBC」 → 「データ・ソース」を選択し、データ・ソース名をクリックします。
2. 「WebSphere Application Server データ・ソース・プロパティー」の「接続検証プロパティー」の「新規接続の検証」または「既存プール接続の検証」をチェックし、「検証オプション」で「JDBC ドライバーによる検証」を選択します（図 4-28）。

▶図 4-28　Db2 の場合の接続検証プロパティー

接続検証プロパティー
☑ 新規接続の検証
再試行回数
100
再試行間隔
3 秒間
☑ 既存プール接続の検証
再試行間隔
0 秒間
検証オプション
◉ JDBC ドライバーによる検証
タイムアウト
180 秒間
○ SQL 照会による検証 (V7 では非推奨)
照会
SELECT CURRENT SQLID FROM SYSIBM.SYSDUMMY1

接続検証以外にも WAS 特有のデータ・ソース・プロパティーが提供されています（表 4-19）。

▶表 4-19 WebSphere Application Server データ・ソース・プロパティー

項目	デフォルト値	説明
ステートメント・キャッシュ・サイズ	10	接続ごとにプリペアド・ステートメントをキャッシュできる数。0 は、ステートメントをキャッシュしない
マルチスレッド・アクセス検出を使用可能にする	off	複数のスレッドが同じ接続ハンドルにアクセスした場合に警告メッセージを出力する
データベース再認証を使用可能にする	off	異なるユーザー ID とパスワードで頻繁に接続と認証をする場合に利用すると効率良く処理できる場合がある。WAS の実行環境自身には再認証の機能は実装されていない。そのため、DataStoreHelper クラスを拡張して doConnectionSetupPerTransaction() メソッドを実装し、このメソッドで再認証を行う必要がある
JMS 1 フェーズ最適化サポートを使用可能にする	off	JMS のパーシスタンスとデータベース・アクセスを 1 フェーズ・コミットで行える。ただし、JDBC アプリケーションと CMP で接続は共用できない。XA プロバイダーは使用できない
トランザクション・コンテキストの欠落をログに記録	on	アプリケーションがトランザクション・コンテキストなしで接続を取得した時に、コンテナからアクティビティー・ログに記録するかどうかを指定する。これは Java EE 標準の例外である
非トランザクション・データ・ソース	off	WAS がグローバル・トランザクションまたはローカル・トランザクションで、このデータ・ソースを使用して接続を取得しないことを指定する。アプリケーションは接続でローカル・トランザクションを開始する場合、接続の setAutoCommit(false) を明示的に呼び出す必要があり、開始したトランザクションをコミットまたはロールバックする必要がある
エラー検出モデル	WebSphere Application Server 例外マッピング・モデルの使用	・WebSphere Application Server 例外マッピング・モデルの使用：JDBC ドライバーによってスローされた例外を、データ・ストア・ヘルパーのエラー・マップに定義された例外で置換する ・WebSphere Application Server 例外検査モデルの使用：JDBC ドライバーによってスローされた例外を、データ・ストア・ヘルパーのエラー・マップに定義された例外で置換しない
接続検証プロパティー	off	データベース接続を接続マネージャーがテストするかどうかを指定する。 ・新規接続の検証：off 再試行回数：100 再試行間隔：3 秒 ・既存プール接続の検証：off 再試行間隔：0 秒 ・検証オプション JDBC ドライバーによる検証：off タイムアウト：秒 SQL 照会による検証

項目	デフォルト値	説明
拡張 Db2 機能		
異機種混合プールで取得／使用／クローズ／接続パターンの最適化	off	WAS V7.0 以降、拡張 Db2 データ・ソースは、アプリケーション (EAR) ごとに異なるデータ・ソースのカスタム・プロパティーを設定できる。つまり異なるデータ・ソース・プロパティーを指定しても接続プールを共用することができ、リソースの消費を抑えられる。「get/use/close 接続パターン 」で物理接続が 1 つの場合は 2 フェーズ・コミット処理を回避する。この最適化を実施したくない場合は、この項目をチェック（on）にする
Db2 自動クライアント転送オプション	off	データベースに障害が発生した場合に、接続先データベースを切り替える機能。 ・クライアント転送の再試行間隔：秒 ・クライアント転送の最大再試行回数 ・代替サーバー名 ・代替ポート番号 ・クライアント転送サーバー・リスト JNDI 名 ・JNDI からのアンバインド・クライアント転送リスト：off

■プリペアド・ステートメントのキャッシュ

WAS は、アプリケーションの性能を向上させるために「ステートメント・キャッシュ・サイズ」や「JMS 1 フェーズ最適化サポートを使用可能にする」を調整できます。「ステートメント・キャッシュ・サイズ」は、接続当たりのプリペアド・ステートメントと呼び出し可能ステートメント キャッシュできる数を指定します。プリペアド・ステートメントについて説明します。

▶リスト 4-6　プリペアド・ステートメントの例

```
String str = "A00";
PreparedStatement prprdstmt = con.prepareStatement(
        "select EMPNO,FIRSTNME from EMPLOYEE WHERE WORKDEPT=?"); ――①
prprdstmt.setString(1,str); ――②
ResultSet rset = prprdstmt.executeQuery(); ――③
```

▶リスト 4-7　普通の SQL ステートメントの例

```
String str = "'A00'";
String sql = "select EMPNO,FIRSTNME from EMPLOYEE WHEREWORKDEPT=";
  Statement stmt = con.createStatement(); ――④
ResultSet rset = stmt.executeQuery(sql+str); ――⑤
```

普通の SQL ステートメントは、⑤の executeQuery を実行するとデータベースで SQL 構文解析しアクセスの計画を作り、実行されます。プリペアド・ステートメントは、①で解析され、③で実行されます。そのため、②のパラメーターを変更し、③の実行を繰り返す場合には高速化されます。アプリケーション・サーバーでこの処理を行う場合、①の処理を呼ぶとプリペアド・ステートメント・オブジェクトを作成し、データベースに SQL を送信し準備の負荷がかかってしまいます。そこで、このオブジェクトをキャッシュしておくと高速化できるのです。WAS は、①のステートメント文字列として比較し同じかどうか認識します。

Column

プリペアド・ステートメントは、SQL インジェクションに強いのか

SQL インジェクションは、予期しない文字列を SQL 文に含めて実行させて、外部に出したくない情報を表示させることです。例えば、上述の普通のステートメントの場合、str に部門 ID でなく、次の文字列が入れられたとします。

```
"OR 1=1
```

部門 ID は存在しないのですが、1=1 が真になるので、全ての部門のデータが表示されてしまいます。

プリペアド・ステートメントの例に同じ文字列をセットして実行しても OR の部分が SQL とは解釈されず、"OR 1=1 が部門コードと比較されます。これだけでインジェクション攻撃に対応できるわけではありませんが、外部からの入力を SQL 引数として使う場合は、より安全な書き方です。

■代替 Db2 クライアント・リルート

Db2 自動クライアント転送オプションは、Db2 がプライマリー DB と代替 DB を持ち、ホスト名／ポート番号が異なる場合に代替 DB へフェイルオーバーされても、DB への接続処理を実施せず、トランザクションを実行するための設定です。WAS V7.0 以降は、Db2 クライアント・リルート機能を管理コンソールから指定できるようになりました。この機能は、Db2 V9.5 以降でエンタープライズ版データベース・パーティショニング・フィーチャー（DPF）

を使用したエンタープライズ・サーバー版（ESE)、またはデータ・プロパゲーター（DPROPR）スタイル複製、HACMP、HADR（高可用性災害リカバリー）の使用が前提となります。

セッション管理

HTTP は、クライアントとサーバーの間で状態を保持することができません。そのため、WAS は、特定のユーザーの情報を保持するセッション管理の機能を持っています。図 4-29 は、セッション管理のメカニズムを示しています。ユーザーから最初の要求が来た時に、セッション・オブジェクトをメモリー上に作成し、セッション ID を割り当てます。セッション ID は、Cookie を使える場合は Cookie を利用して応答と一緒に返されます。次の要求ではセッション ID を含めて送信されます。この Cookie 名は、JSESSIONID となっています。これを利用して、サーバー上のメモリーに保管されたユーザーの情報にアクセスできます。アプリケーションがセッション情報を使用し終わった時に破棄（`HttpSession.invalidate()`）して終了します。WAS では、Cookie 以外に SSL ID や URL 再書き込みを利用することもできます。

図 4-29　アプリケーション・サーバーのセッション管理

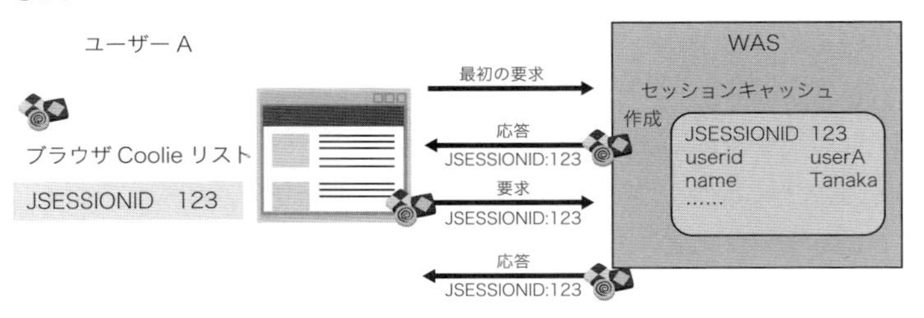

■セッション・アフィニティとセッション・フェイルオーバー

さらにアプリケーション・サーバーを複数使用する場合、メモリー上にセッション情報を保管するサーバーと保管しないサーバーがあります。図 4-30 の上のように最初の要求がアプリケーション・サーバーに割り当てられると、2 回目以降の要求も同じサーバーに割り振られないとユーザーのセッション情報を利用することができません。このように同じサーバーに割り振ることをアフィニティと呼んでいます。このアフィニティ・ルーティングは、WAS の全てのエディションで利用することができますが、Base の場合は、カスタム・プロパティーへの設定が必要です。

セッション情報を保管しているサーバーがダウンした場合、その情報の複製をデータベースや別のアプリケーション・サーバーのメモリーに保管しておき、引き継いで利用できます。これをセッション・フェイルオーバーと呼んでいます。Base では、データベースに複製を保管するセッション・パーシスタントを設定できます。WAS ND では、メモリー間の複製も利用できます。

図 4-30 セッション・アフィニティ（類縁性）とセッション・フェイルオーバー

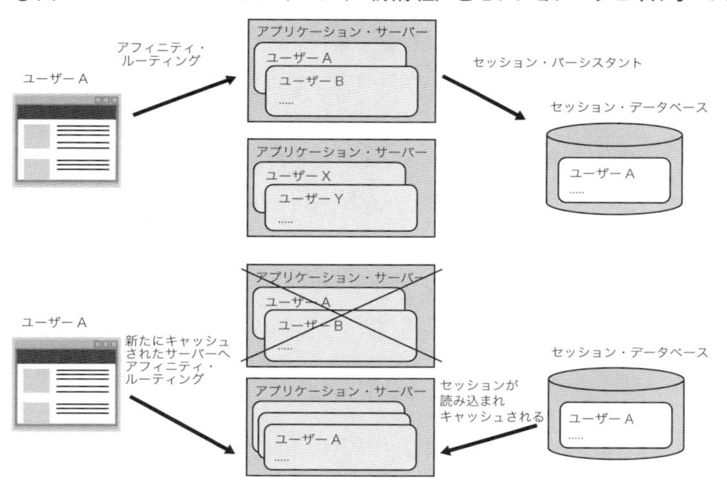

ここでは、Base のデータベースを利用したシンプル・フェイルオーバー構成の設定の手順を示します。

■データベースを利用したセッション・フェイルオーバーの設定

セッション・パーシスタントを使用したフェイルオーバーを行う設定の手順を示します。WAS の全てのエディションで利用できます。この操作の前に、XA ではない「接続プール・データソース」の JDBC プロバイダーとそれを利用したデータ・ソースを作成しておきます。WAS に同梱されている Db2 は、このために無料で利用することができます。

1. 「サーバー」 → 「サーバー・タイプ」 → 「WebSphere Application Server」を選択し、サーバー名をクリックします。
2. 「コンテナー設定」の下の「セッション管理」をクリックします。
3. 「追加プロパティー」の下の「分散環境設定」をクリックします。
4. 「データベース」をクリックします。
5. 次の項目を入力し、「OK」をクリックし、「保存」します。
   - データ・ソース JNDI 名：事前に作成した JNDI 名、ユーザー ID、パスワード

Db2 行サイズ、テーブル・スペース名、複数行スキーマを使用する場合は、セッションのサイズや性能を考慮して設定します。

6. 「データベース」を選択し「OK」をクリックして「保存」します。

■メモリー間の複製を利用したセッション・フェイルオーバーの設定

WAS ND のクラスター構成では、データベースを使わずに他のアプリケーション・サーバーのメモリーに複製を保管することができます。クラスター・メンバーとなるアプリケーション・サーバー同士でお互いのセッション情報を保管することを「ピアツーピア」と言います。3 台以上の複数のアプリケーション・サーバーがある場合、いずれかのサーバーに 1 つだけ複製を作ることを「単一レプリカ」と呼びます。

新規クラスター作成時の設定手順は次の通りです。

1. クラスターを作成します。「サーバー」 → 「クラスター」 → 「WebSphere Application Server クラスター」を選択し、「新規作成」をクリックします。
2. ウィザードの「基本クラスター情報の入力」で「HTTP セッションのメモリー間の複製の構成」をチェックすると複製ドメインが作られます。複数ドメイン名は、クラスター名と同じで、複製モード「クライアントとサーバーの両方」で「ピアツーピア」「単一レプリカ」のメモリー間の複製の構成を作成します。
3. 「OK」をクリックして「保存」します。

クラスター作成後に設定する場合は、次の操作を行います。ここでは、クラスター・メンバーとして2つのアプリケーション・サーバーがあり、相互にセッション情報を複製（ピアツーピア）します。

1. 「環境」 → 「複製ドメイン」を選択し、「新規作成」をクリックします。複製ドメイン名、要求タイムアウト（デフォルト5秒）、複製の転送時の暗号化、レプリカの数（デフォルト 単一レプリカ）を指定します。
2. 「OK」をクリックして「保存」します。複製ドメインを作成すると「データ複製ドメイン」と表示されます。データ複製サービス（DRS）という内部コンポーネントが、セッションの複製だけでなく、動的キャッシュ、およびステートフル・セッションBeanのデータをアプリケーション・サーバー間で転送しています。
3. 「サーバー」 → 「サーバー・タイプ」 → 「WebSphere Application Server」を選択し、サーバー名をクリックします。
4. 「セッション管理」をクリックします。
5. 「分散環境設定」をクリックします。
6. 「メモリー間の複製」をクリックします。1.で作成した複製ドメイン名と「クライアントとサーバーの両方」を選択します。
7. 「OK」をクリックして「保存」します。

■ HTTP セッション使用のベスト・プラクティス

セッションは、シンプルなのでよく利用されていますが、考慮点を意識しないで使われていることもあります。次に考慮点をまとめます。

- 終了時には `javax.servlet.http.HttpSession.invalidate()` で `HttpSession` オブジェクトを解放します。
- `HttpSession` オブジェクトを各サーブレットまたはJSPファイルの外に保管したり再利用しないようにします。
- HTTPセッションに保管するオブジェクトは `java.io.Serializable` インターフェースを実装します。
- HTTPSession APIは、セッションのトランザクション動作に影響しません。セッションの複製やフェイルオーバーは、トランザクションの保全性を保障

するものではありません。
- セッションに追加する Java オブジェクトが正しいクラス・パスにあることを確認します。
- 大容量のオブジェクトを HttpSession オブジェクト内に保管しないようにします。
- セッション・アフィニティを使用して、より高い確率でキャッシュにヒットできるようにします。
- マルチ・フレーム・ページを使用する場合は、以下のガイドラインに従います。
  - JSP ファイルにアクセスする前にセッションを作成します。
  - JSP はデフォルトでセッションを作成します。<% @page session="false" %> で明示的に作成しないようにします。
- HTTP セッションを保護するためにセキュリティ統合を使用可能にします。
- セキュリティ統合を有効にしたセッションを使用するサーブレットまたは JSP ファイルにセキュリティを適用する場合は、全てのページ（一部だけでなく）を保護します。

デプロイメント・マネージャーとノード・エージェントの設定

第 1 章で紹介した WAS ND のクラスター構成では、デプロイメント・マネージャー（DM）とノード・エージェント（NA）を使用します。これらは、プロファイル管理ツールで作成します。WAS ND のクラスター構成の作成方法は、導入ガイドにステップバイステップで記載されています。本書では省略し、関連する設定を記載します。

■アプリケーション・サーバーの自動再始動を停止

WAS ND では、ノード・エージェントはアプリケーション・サーバーの稼働状況を監視していて、プロセス障害を発見すると自動的に再起動します。その設定は、次の操作で変更できます。

1. 「サーバー」 → 「サーバー・タイプ」 → 「WebSphere Application Server」を選択し、サーバー名をクリックします。
2. 「サーバー・インフラストラクチャー」の下の「Java およびプロセス管理」

を展開し、「モニター・ポリシー」を選択します。

3. 表4-20の項目を設定できます。「自動再始動」のチェックを外します。

▶表4-20 ノード・エージェントのアプリケーション・サーバー再始動の設定

項目	デフォルト値	説明
始動の最大試行回数	3	始動を試みる最大回数。始動できない時は、エラー・メッセージを出力する
Ping 間隔	60 秒	ノード・エージェント（NA）（親プロセス）とNAが作成したプロセス（アプリケーション・サーバー）とのpingの試行頻度
Ping タイムアウト	300 秒間	pingを発行しアプリケーション・サーバーがダウンしていると想定する待機時間
自動再始動	on	プロセスがダウンした時、自動的に再始動するか否かの指定
ノード再始動状態	STOPPED	NAが動いているOSをシャットダウンし、OSとNAを再始動した後のアプリケーション・サーバーの振る舞いの指定。 ・STOPPED：サーバーを始動しない ・RUNNING：常にサーバーを始動する ・PREVIOUS：NAが停止した時にサーバーが実行されていた場合、NAはサーバーを始動

■ファイル同期化サービスの調整

WAS NDのクラスター構成では複数のノードでアプリケーション・サーバーが動作します。このような複数のノードの構成を管理するためにデプロイメント・マネージャーのリポジトリーにマスター構成情報を持ち、ノード・エージェントが各ノードの構成情報にコピーします。このように構成情報の整合性をとることを同期と言います。

ファイル同期化サービスは、あるノード上のファイル・セットがデプロイメント・マネージャー・ノード上のファイル・セットと一致するように構成データを保持する機能です。WAS NDのセルでは、ファイルの同期を必要とするところがあります。例えば、セキュリティ・ランタイムの更新済み証明書の伝搬やLTPA鍵変更の際にも、ノード同期が必要です。そのため同期機能を頻繁に止めないようにしてください。デフォルトでは、同期間隔は1分です。本番で頻繁に同期を行う必要がない場合には間隔を長くします。

ファイル同期化サービス設定の確認手順は次の通りです。

1. 「システム管理」 → 「ノード・エージェント」を選択し、ノード・エージェントをクリックします。
2. 「ファイル同期化サービス」を選択します。表 4-21 の設定を行えます。

▶表 4-21　ノード・エージェントのファイル同期サービスの設定

項目	デフォルト値	説明
サーバー始動時にサービスを使用可能にする	on	始動した時から同期化サービスは利用可能だが、始動時に同期化されるわけではない
同期間隔	1分	同期化の間隔
自動同期	on	ノードの構成リポジトリーを DM のマスター・リポジトリーと自動的に同期化する
始動同期	off	NA がアプリケーション・サーバーを起動する前に同期化する。startServer コマンドでの起動は NA を利用しないので同期化しない
除外	なし	同期化から除外するファイルを指定する。ワイルド・カード（*）を利用できる

ファイル転送サービスは、デプロイメント・マネージャーから個々のリモート・ノードにファイルを転送するサービスです。デフォルトはノード・エージェント始動時から利用可能です。ファイル同期化サービスと一緒に利用可能にしておく必要があります。

■手動による同期

自動同期をオフにしている場合は、手動で同期をとることができます。各ノードでの syncNode コマンド実行、管理コンソールからの「同期化」または「完全な同期化」の実行、構成を変更した後の設定で「ノードと変更を同期化」の実行の３つの方法があります。証明書の更新に失敗した場合、ノードの構成ファイルが壊れた場合など、syncnode 以外は証明書による認証、syncnode は、ユーザー ID／パスワードによる認証、証明書が異なってしまった場合には、syncNode コマンドが有効です。

syncNode コマンドによる同期の手順は次の通りです。

1. デプロイメント・マネージャーを起動します。
2. 各ノードのアプリケーション・サーバーとノード・エージェントを停止します。

3. 各ノードで syncNode コマンドを実行します。

```
cd <WAS_HOME>/profiles/<カスタム・プロファイル名>/bin
syncNode.bat <DM_host_name>
```

4. アプリケーション・サーバーとノード・エージェントを起動します。

管理コンソールからの同期化の手順は次の通りです。

1. ノード・エージェントを起動しておきます。
2. 「システム管理」 → 「ノード」をクリックします。この画面では状況の欄によって同期されているかどうかが表示されます（図 4-31）。

図 4-31　ノードの管理

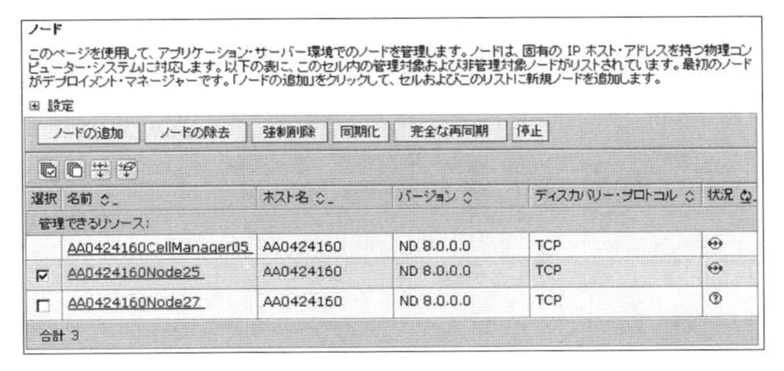

3. ノードを選択し、「同期化」または「完全な再同期」をクリックします。

構成変更時の保存のオプションで同期する手順は次の通りです。

1. 管理コンソールで「システム管理」 → 「変更をマスター・リポジトリーに保存」をクリックします。
2. 「ノードと変更を同期化」をチェックして、「保存」をクリックします（図 4-32）。

図 4-32　保存時のノードと変更を同期化

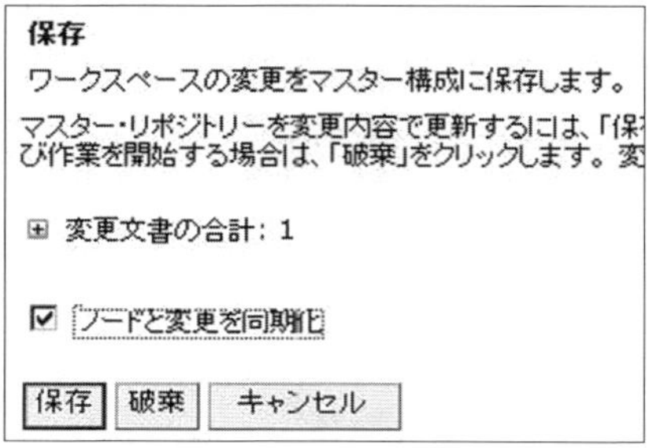

保存

ワークスペースの変更をマスター構成に保存します。

マスター・リポジトリーを変更内容で更新するには、「保
び作業を開始する場合は、「破棄」をクリックします。変

⊞ 変更文書の合計: 1

☑ ノードと変更を同期化

保存　破棄　キャンセル

■デプロイメント・マネージャーとノード・エージェントの開始と停止

デプロイメント・マネージャーとノード・エージェントの起動と停止は、コマンドで実行します。Windows 環境ではデプロイメント・マネージャーのプロファイルを作成した時にスタート･メニューにも登録されます。ノード･エージェントの停止や再起動は、管理コンソールからも可能です。

デプロイメント・マネージャーの起動と停止

```
cd <WAS_HOME>/profiles/<DMプロファイル名>/bin
startManager.bat
stopManager.bat   [ -username <ユーザー名> -password <パスワード> ]
```

ノード・エージェントの起動と停止

```
cd <WAS_HOME>/profiles/<カスタム・プロファイル名>/bin
startNode.bat
stopNode.bat  [ -username <ユーザー名> -password <パスワード> ]
```

4-4 インテリジェント・マネジメント機能

WAS ND V8.5 は、オンデマンド・ルーター（ODR）機能として、サービス・ポリシーとサーバー負荷状況に応じた流量制御とルーティング、保守モードの設定やアプリケーションのエディション管理を行うインテリジェントなプロキシー・サーバーを提供しました。オンデマンド・ルーター（ODR）機能は、アプリケーション・サーバー・プロセスで動いていたのでサーバーとしのて配置と管理コンソールで構成が必要でした。このオンデマンド・ルーターは現在では安定化機能となっています。

WAS ND V8.5.5.x 以降と V9.0 では、オンデマンド・ルーター機能を Web サーバー向けインテリジェントマネジメント機能としてプラグインに移植し、流量制御などを除いた機能を提供しています。つまり、導入するサーバーのコンポーネントは従来と変わらず、ヘルス・ポリシーの設定にもとづいたサーバーの動的な追加や保守モードによる動的なサーバーの切り離しができます。また、アプリの追加や削除のたびに行っていたプラグイン構成ファイル（`plugin-cfg.xml`）の生成と伝搬を毎回行う必要がなくなります。

▶図 4-33　Web サーバー・インテリジェント・マネジメント機能概要

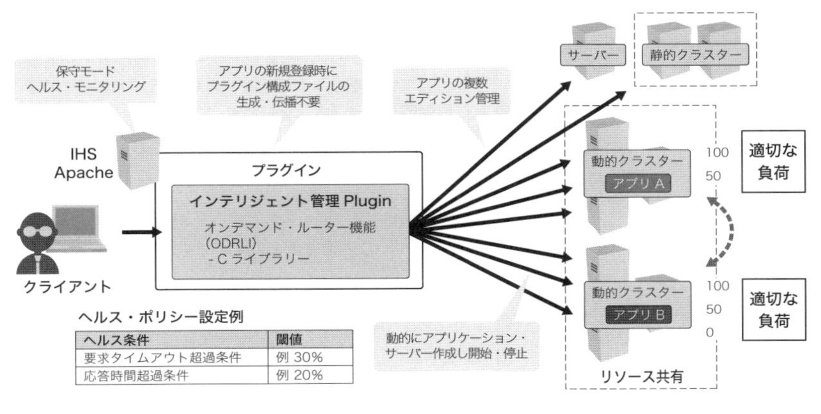

ヘルス条件	閾値
要求タイムアウト超過条件	例 30%
応答時間超過条件	例 20%

Web サーバー・インテリジェント・マネジマント機能の詳細は、次の表のとおりです。

表 4-22　Web サーバー・インテイジェント・マネジメント機能

インテリジェント・ルーティング	
自動ルーティング	プラグインは、アプリケーション・サーバーの作成、削除、開始や停止、アプリの開始、停止、更新、セッション・アフィニティ構成の変更などを自動的に認識し、ルーティングを行います。プラグイン構成ファイルをアプリの追加や削除のたびに作成し伝搬させる必要がなくなります。
ルーティング情報と統計	ルーティング情報とアプリケーション別およびサーバー別の統計を取得します。Apache mod_status モジュールが使用可能になっている場合、取得した情報が、http://your_host/server-status に追加されます。
マルチセル・ルーティング	複数セルにルーティング可能です。
アプリケーション・エディション管理	
ルーティング・ルール	自動的に適切なアプリケーション・エディションへルーティングします。また、ロールアウト中の連続可用性を維持します。
エディション認識キャッシュ	プラグインの Edge Side Include（ESI）キャッシュは、要求の対象であるエディションを認識します。エディションは、キャッシュ項目の格納および取得の両方の時点で鍵を形成するために使用されます。
パフォーマンス管理	
WLOR ロード・バランシング	重み付き最小の未処理要求（WLOR）ロード・バランシング・アルゴリズムは、アプリケーション・サーバーの処理速度低下または停止に迅速に対応します。
動的に変化するサーバーの重みへの自動適応	プラグインは、動的に変化するサーバーの重みを認識し、ロード・バランシングでこれらの重みを自動的に使用します。
ヘルス管理	
保守モードにおけるルーティング	ノードまたはアプリケーション・サーバーの保守モードが設定されている場合、プラグインは保守モードに基づく要求を自動的にルーティングします。
ヘルス・ポリシー	プラグインは、「要求タイムアウト超過」ヘルス・ポリシーおよび「応答時間超過」ヘルス・ポリシーを、構成されたしきい値を超えた場合にヘルス・コントローラーに警告することによってサポートします。「メモリー使用量超過」や「カスタム・ヘルス条件」など、オンデマンド・ルーター（ODR）が関係しないヘルス・ポリシーはプラグインで使用可能です。
要求別条件トレース	プラグインを使用して、特定の要求のトレースを使用可能にします。

Webサーバー・インテリジェント・マネジメントの動作

この機能のルーティング情報は、プラグイン構成ファイル（plugin-cfg.xml）には定義されません。プラグインは、RESTサービスに接続し、1つ以上のセルのルーティング情報を動的に収集します。管理対象ノードと非管理対象ノードのApacheサーバーとIHSの場合に利用可です。図4-34に動作を示します。

インテリジェント・マネジメント・デーモン・プロセスは、単一の高可用性プロセスで、使用可能な場合には自動的に開始します。それぞれの子ワーカー・プロセスは、ルーティング情報を取得するためにインテリジェント・マネジメント・デーモンに接続します。インテリジェント・マネジメント・デーモンは、デプロイメント・マネジャーと各ノード・エージェントのXD_AGENTポートを介して、インテリジェント・マネジメントRESTサービスに接続します。この接続しているプロセスが停止または失敗すると、インテリジェント・マネジメント・デーモンは、RESTサービスをホストする別のプロセスに接続します。インテリジェント・マネジメント・デーモンは、RESTサービスに接続し、セルの初期ルーティング情報を取得した直後に、ルーティングに影響する変更が発生するまで、ブロックする別の要求を発行します。これにより、プラグインに対し、ルーティングにおいて重要な構成または状態の変更が直ちに通知されます。構成的には、http/httpsプロトコルでアクセスするポートが追加されるだけです。

▶図4-34 Webサーバー・インテリジェント・マネジメント機能の動作

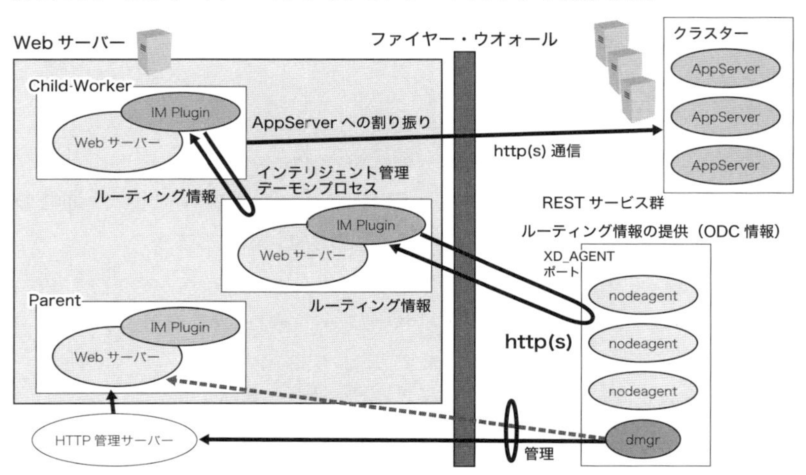

Web サーバー・インテリジェント・マネジメントの設定

第２章と同様に、Web サーバー（例：IHS）およびプラグインが導入構成されているとします。WAS は、WAS ND が複数の WAS アプリケーション・サーバーがクラスター構成で導入されていることを前提にしています。導入の手順は、以下の developerWorks WebSphere「WebSphere Application Server traditional V9 導入ガイド」「WAS traditional V9 ND のインストールガイド」を参照してください。

https://www.ibm.com/developerworks/jp/websphere/library/was/twas9_install/

■インテリジェント・マネジメントの有効化

1. 管理コンソール左側メニューの「サーバー」 → 「サーバー・タイプ」 → 「Web サーバー」を選択します。
2. 右側に Web サーバーの一覧が表示されます。設定する Web サーバーの <webserver 名> をクリックします。
3. Web サーバーの設定が表示されます。追加プロパティーの下の「Intelligent Management」をクリックします。
4. 一般プロパティーの「使用可能にする」を選択し、「OK」をクリックします。
5. メッセージが表示されるので、「保存」をクリックします。

■プラグインの生成と伝搬

プラグイン構成ファイルに <IntelligentManagement> のデプロイメント・マネジャーやノード・エージェントのホスト名、XDAGENT_PORT や https 通信の証明書、リトライインターバルなど設定を追加して、伝搬します。

1. 管理コンソール左側メニューの「サーバー」 → 「サーバー・タイプ」 → 「Web サーバー」を選択します。
2. Web サーバーを選択し、「プラグインの生成」を行います。
3. Web サーバーを選択し、「プラグインの伝搬」を行います。

この設定で、アプリケーション・サーバー側には、インテリジェント・マネジメントの構成情報が、**intellmgmt.xml** に定義されます。

```
<Profile_Root>/config/cells/<Cell_name>/nodes/<Node_name>/servers/
<WebServer_name>/intellmgmt.xml
```

プラグイン構成ファイル（**plugin-cfg.xml**）には、インテリジェント管理情報とルーティング情報の入手先情報が追加されます。

▶ リスト 4-8　インテリジェント・マネジメントが有効化されるた時の追加例

```
<IntelligentManagement enableRoutingToAdminConsole="false" maxRetries="-1"
retryInterval="60">
  <Property name="webserverName" value="host ～ webserver"/>
  <Property name="RoutingRulesConnectorClusterName" value="hostCell01"/>
  <ConnectorCluster enableRoutingToAdminConsole="false" enabled="true"
maxRetries="2" name="hostCell01" retryInterval="60">
    <Connector host="host" port="7060" protocol="https">
      <Property name="keyring" value="<Webサーバー Plugins>¥config¥webserver¥
plugin-key.kdb"/>
    </Connector>
    <Connector host="host" port="7061" protocol="https">
      <Property name="keyring" value="<Webサーバー Plugins>¥config¥webserver¥
plugin-key.kdb"/>
    </Connector>
  </ConnectorCluster>
</IntelligentManagement>
```

■ IHS の起動とインテリジェント・マネジメント実行の確認

1. IHS を起動します。
2. IHS のログ error.log を確認します。ODR enabled と表示されています。

```
[pid 8284:tid 572] WebSphere Plugins loaded.
[pid 8284:tid 572] Bld version: 9.0.0
[pid 8284:tid 572] Bld date: May 25 2016, 18:24:15
[pid 8284:tid 572] Webserver: IBM_HTTP_Server/9.0.0.0-PI56034 (Win32)
[pid 8284:tid 572] ----------------------------------------------------
[pid 8284:tid 572] as_post_config: ODR enabled
[pid 8284:tid 572] Using config file <Webサーバー>/conf/httpd.conf
```

3. プラグインのログ（http_plugin.log）を確認します。

```
PLUGIN: Intelligent Management library version ODRLIBX.ODRLIB_a1608.01 loaded.
PLUGIN: Plugins loaded.
PLUGIN: ODR Library Version ODRLIBX.ODRLIB_a1608.01
```

4. 「WebSphere Application Server traditional V9 導入ガイド」にある DefaultApplication.ear（<WAS_HOME>/installableApps 下）の snoop サーブレットで実行を確認してみます。
   http://<url>/snoop を実行すると、プラグイン構成ファイルの従来のルーティング情報がなくても、WAS アプリケーション・サーバーが呼び出されていることを確認できます。

動的クラスター

動的クラスターは、自動または監視モードで実行中に、オンデマンド・ルーター機能によって、クラスター・メンバーであるアプリケーション・サーバーのプロセスを開始および停止できます。これに対して、普通のクラスター（第1章【構成3】Network Deployment（WAS ND）構成）を静的クラスターと呼ぶ場合があります。

静的クラスターでも保守モードやエディション管理、ヘルス管理など利用できます。違いは、次の表にまとめています。

▶表 4-23　動的クラスターと静的クラスターの比較

機能	動的クラスター	静的クラスター
クラスター・メンバーの追加	ルールによる自動か手動で定義	クラスター・メンバー（アプリケーション・サーバー）を手動で定義
クラスター管理	動作ポリシーによって自動的に始動・停止が可能。監視モードを指定し、ランタイム・タスクに操作の指示を上げることや、手動での始動・停止も可能。	始動・停止は手動で実施
クラスター・テンプレート	動的クラスター・テンプレートを使用して、クラスター・メンバーのプロパティーを編集できます。その変更は、全てのアプリケーション・サーバー・インスタンスに反映されます。	アプリケーション・サーバー・インスタンスを配置する時にテンプレートを指定できます。しかし、インスタンス作成後にテンプレートを変更してもインスタンスは変更されません。

機能	動的クラスター	静的クラスター
重みづけ	動的ワークロード管理がデフォルトで有効	デフォルトでは静的な重みづけ。動的ワークロード管理を後から定義可能。
適用環境	インテリジェント・マネジメント利用時のみ使用可能	インテリジェント・マネジメントまたはWAS ND環境どちらも利用可能
保守モード	可能	可能
エディション管理	可能	可能
ヘルス管理	可能	可能（ただし、クラスター管理や自動メンバー追加は利用できない）

動的クラスターを作成する手順を示します。

1. 管理コンソール左側メニューの「サーバー」→「クラスター」→「動的クラスター」を選択します。
2. 右側の「新規作成」ボタンをクリックします。
3. 「新規動的クラスターの作成」「動的クラスター・サーバー・タイプの選択」画面が表示されます。サーバー・タイプ「WebSphere Application Server」を選択し、「次へ」をクリックします。
4. 「メンバーシップ・メソッドの選択」画面で、「ルールによるクラスター・メンバーの自動定義」を選択し、動的クラスター名を入力します。「次へ」をクリックします。
5. 「動的クラスター・メンバーの定義」「ルールの編集」画面が表示されますが、デフォルトのまま「次へ」をクリックします。
6. 「動的クラスター・テンプレートの選択」画面が表示され、「サーバー・テンプレートを使用して、クラスター・メンバーを作成します。」を選択し、「次へ」をクリックします。
7. 「動的クラスター特定のプロパティの指定」で「常に1つのインスタンスを開始済みにしておく」「開始できるインスタンス数を制限する」（インスタンス数：2)、テストや評価の場合、「同一ノードで複数のノードを開始することを許可する」(インスタンス数:2)を選択します。「次へ」をクリックします。
8. オプションと値が表示されます。確認して、「終了」をクリックします。

表 4-24　新規動的クラスターの作成（要約例）

名前	DCL2
サーバー・タイプ	WebSphere Application Server
サーバー・テンプレート	default
コア・グループ	DefaultCoreGroup
クラスター・インスタンスの最小数	常に 1 つのインスタンスを開始済みにしておく
クラスター・インスタンスの最大数	開始できるインスタンス数を制限する (2)
ノード上のインスタンスの 垂直スタッキング	同一ノードで複数のノードを開始することを許可する (2)
分離グループ名	なし
厳密な分離	false
ノード	Node02

9. 動的クラスターを表示するには、作成した <動的クラスター名> をクリックします。
10. 動的クラスターの定義情報が表示されます。右側の追加プロパティーの「動的クラスター・メンバー」をクリックすると動的クラスターに属するアプリケーション・サーバー名が表示され、重みづけの設定変更や稼働状況を確認できます。

保守モード

保守モードとは、ノードまたはアプリケーション・サーバー単位にインテリジェント・マネジメントからのルーティングを停止する機能です。保守モードにしたサーバーは停止するわけでなく、アプリケーション・サーバー・プロセスは動いたままなので、問題が発生した場合の問題判別、保守作業などにも利用できます。つまり、サーバー停止前に、保守モードを設定し、仕掛中の処理の完了を待って停止する設定もできます。アプリケーション・エディション管理はこの機能が前提となっています。また、ヘルス管理のアクションとして保守モードを設定できます。

表 4-25 サーバー保守モード設定

モード	内容
保守モード	サーバー上にセッションのある要求は、そのセッションが終了するか、タイムアウトになるまでこのサーバーにルーティングされます。すべての要求が完了すると、サーバーは保守モードに移ります。新規要求は、保守モードにないサーバーにルーティングされます。
保守モード - アフィニティー中断	選択されたサーバーを保守モードに移し、サーバーへの HTTP および SIP 要求 アフィニティーを中断します。
保守モード - 即時停止	サーバー上の残りの要求をサービスせずに、ただちにサーバーを保守モードに移します。
標準	選択されたサーバーに対して保守モードを使用不可に設定します。

保守モードは、次の手順で設定します。

1. 管理コンソールで、「サーバー」 → 「すべてのサーバー」をクリックします。ノードに対して設定する時は、「システム管理」 → 「ミドルウェア・ノード」をクリックします。
2. サーバーを選択し、モードを選び、「モードの設定」ボタンをクリックします。
3. 保守モードが設定されると「保守モード」欄に工具とサーバーのアイコンが表示されます。

図 4-35 保守モードの設定

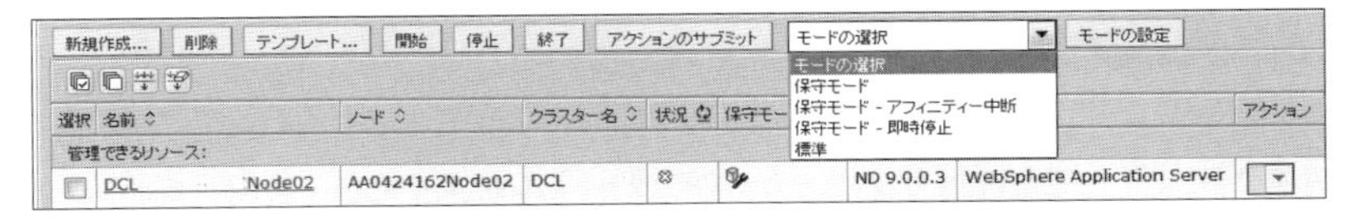

アプリケーション・エディション管理

WAS ND V8.5 以前のバージョンでは、同じ名前のエンタープライズ・アプリケーション（EAR）は、1 つしかデプロイできませんでした。WAS ND V8.5 以降は、複数のバージョンの導入を管理することができるようになりました。すでに同じ EAR が登録されているクラスターにアプリケーションを登録してみます。

1. 管理コンソールで、「アプリケーション」 → 「アプリケーション・タイプ」 → 「WebSphere エンタープライズ・アプリケーション」を選択し、「エンタープライズ・アプリケーション」画面で「インストール」をクリックします。
2. 新規アプリケーションへのパスの指定で、同じ名前の EAR を指定します。(例：`<WAS_HOME>/AppServer/installableApps/DefaultApplication.ear`)
3. 「ファスト・パス」を選択し、「次へ」をクリックします。
4. 新規アプリケーションのインストール・オプションの選択画面で、「アプリケーション・エディション」を指定し（例：2.0)、「次へ」をクリックします。

▶図 4-36　アプリケーション・エディションの指定

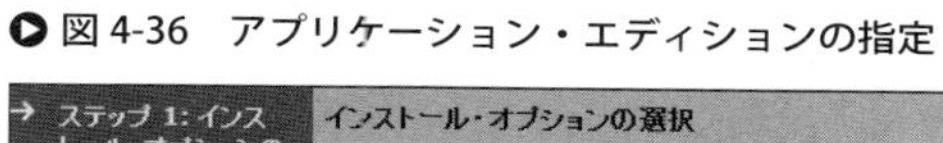

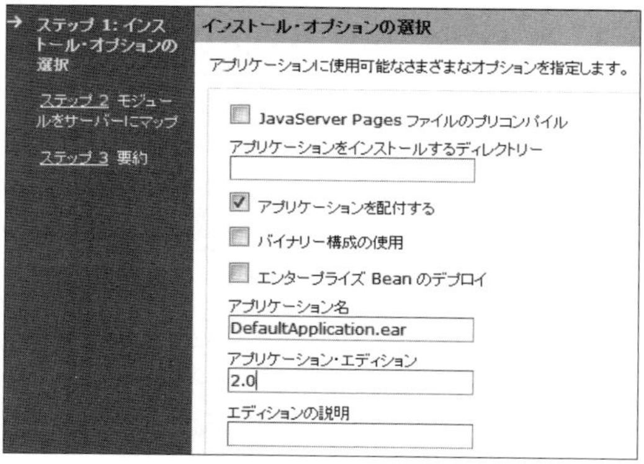

5. クラスターと Web サーバーと各モジュールを選択し、「適用」をクリックします。モジュールに各サーバーが設定されたら、「次へ」をクリックします。
6. インストール・オプションを確認し、「終了」をクリックします。
7. マスター構成に変更を保存します。
8. エンタープライズ・アプリケーションに「DefaultApplication.ear--edition2.0」と表示されたアプリケーションが登録されたことが確認できます。

図 4-37　同名 ear のエディション別の表示

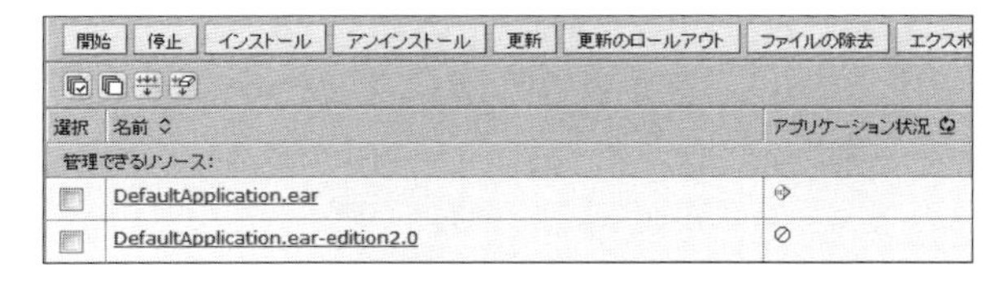

9. 「アプリケーション」 → 「エディション・コントロール・センター」を選択し、<アプリケーション>（例：DefaultApplication.ear）をクリックします。

図 4-38　アプリケーション・エディション管理画面

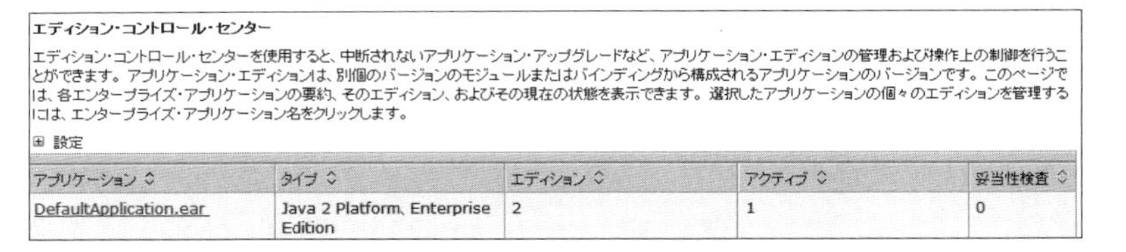

10. この EAR は、2 つあると表示され、元のアプリがアクティブで、新規に登録したエディションは非アクティブと表示されます。

図 4-39　プリケーション・エディションの状態を表示

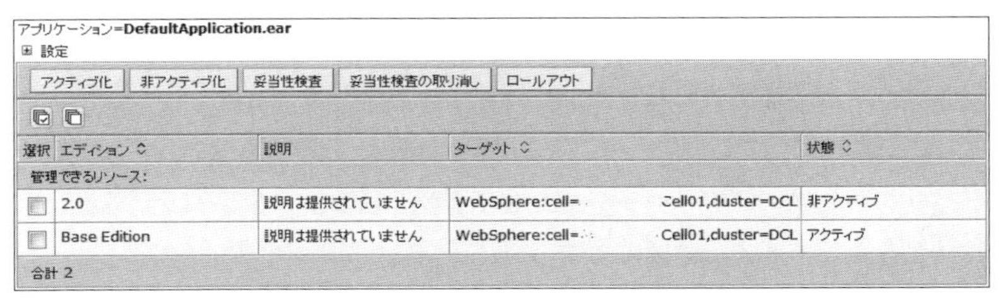

11. 妥当性検査は、動的クラスター機能を利用して、<クラスター>-Validation が作成されます。この環境で、エディション 2.0 の妥当性を本番環境で、リリースする前に確認することができます。「2.0」を選択し、「妥当性検査」をクリックします。

12.「サーバー」 → 「すべてのサーバー」を選択し、-Validation と名前に追加された妥当性検査用のサーバーを「開始」します。

図 4-40　妥当性検査用サーバーの開始

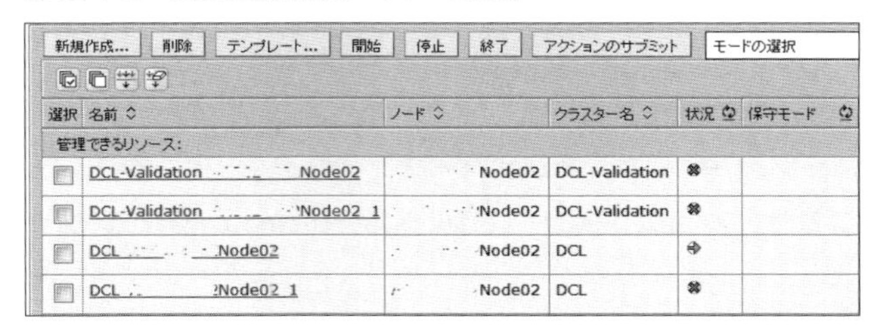

13. <サーバー名>をクリックし、通信の（wc_defaulthost）ポート番号を調べます。

14. ブラウザで、確認したポートを指定してアプリケーションを呼び出して動作を確認できます。

15.「アプリケーション」 → 「エディション・コントロールセンター」を選択し、<アプリケーション名>（例：`DefaultApplication.ear`）をクリックします。

16. 妥当性検査の状態になっている「2.0」のエディションを選択し、「ロールアウト」をクリックします。ロールアウトは、妥当性検査状態のサーバーをアクティブにし、Base edision を非アクティブにします。この時、アトミックは、クラスター半分がロールアウトします。グループ化は、指定したサーバー数で行われます。リセット計画は、アプリケーションの再始動の方法で、ソフト・リセットは EAR の再起動、ハード・リセットは、サーバーの再始動でアプリケーションをリセットします。ドレーン間隔は、再始動を実行するまでの間隔です。

図 4-41　ロールアウト方法の指定

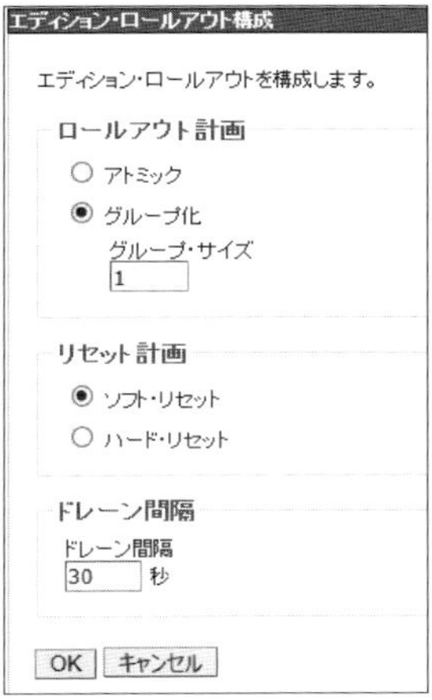

エディション・ロールアウト構成

エディション・ロールアウトを構成します。

ロールアウト計画

○ アトミック

◉ グループ化

グループ・サイズ

1

リセット計画

◉ ソフト・リセット

○ ハード・リセット

ドレーン間隔

ドレーン間隔

30 秒

OK　キャンセル

17. ロールアウトが実行されると「2.0」エディションがアクティブになり、Base edtion が非アクティブになります。

ヘルス管理

ヘルス管理は、動的クラスターでも静的クラスターでも利用できます。ヘルス・ポリシーとして要求タイムアウト超過および応答時間超過、メモリー使用量超過やカスタムヘルス条件などのヘルス条件を閾値として監視することで利用できます。

1. 管理コンソールから「動作ポリシー」 → 「ヘルス・ポリシー」を選択します。
2. 「新規作成」をクリックします。
3. 名前を指定し、ヘルス条件を選択します（例:応答時間超過条件)。「次へ」をクリックします。応答時間超過条件は、サーバーからのすべての要求の平均応答時間（オンデマンド・ルーターで測定）が、構成済みの閾値を超える時期を検出します。

▶ 図 4-42　ヘルス・ポリシーの指定

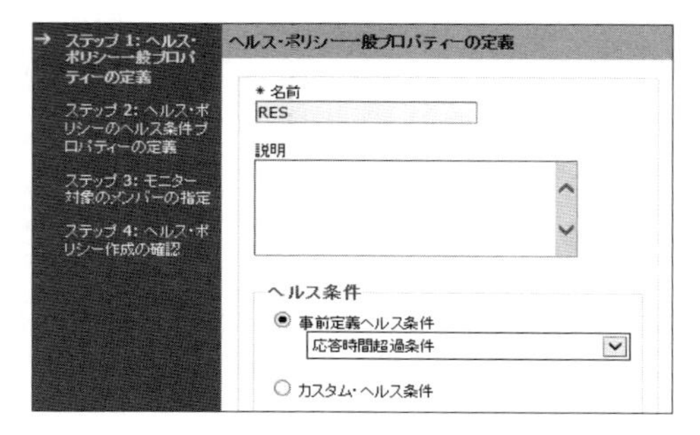

4. 応答時間、リアクション（監視か自動）そしてヘルス条件に違反した場合に実行するアクションを追加します。「次へ」をクリックします。

▶ 図 4-43　アクションの指定

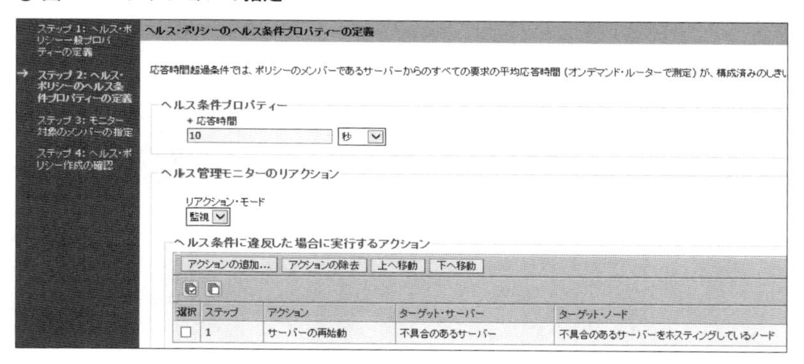

事前定義のアクションは、次のようなものが用意されています。複数実行させることもできます。

- サーバーの再始動
- スレッド・ダンプの取得
- JVM ヒープ・ダンプの取得
- SNMP トラップの生成
- サーバーを保守モードに設定する
- サーバーを保守モード - アフィニティー中断に設定する

- サーバーを保守モードから外す

5. ヘルス管理の対象とするノード、サーバー、クラスターを指定します。指定したら「次へ」をクリックします。

▶ 図 4-44　メンバーの指定

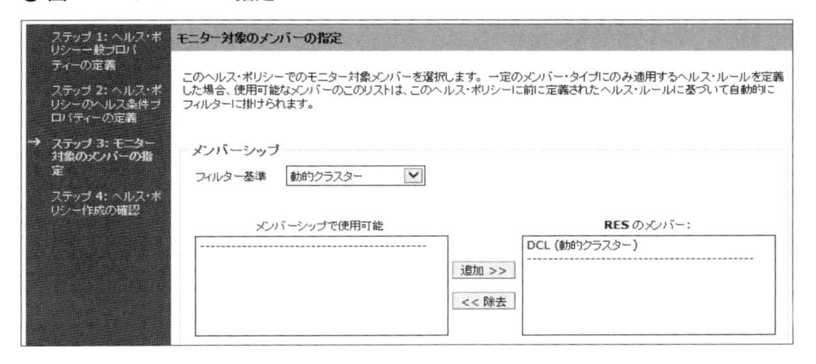

6. ヘルス・ポリシーの内容を確認し、「終了」をクリックします。

Column

移行支援ツール

Java SE 6 や 7 のサポート終了にともなって、WAS traditional のバージョンアップが必要になります。アプリケーションやサーバー構成の移行が必要な場合がありますが、支援するツールやマイグレーション・ガイドを紹介します。

- WebSphere Application Server V9.0 へのマイグレーションガイド - WAS traditional 編 -
https://www.ibm.com/developerworks/jp/websphere/library/was/was9_twas_migration/index.html

- WAS Configuration Comparison Tool（CCT）
アプリケーション・サーバーごとの JVM 構成、データ・ソースや JDBC ドライバーなどの構成比較を HTML レポートとして作成します。

https://www.ibm.com/support/docview.wss?uid=swg22010928

- IBM WebSphere Application Server Migration Toolkit V9.0
Java SEレベルの互換性問題のチェックも可能となっているため、Java 6からJava 7やJava 8への移行を行う際のアプリケーション分析に活用できます。

- Source scanner
Eclipseのプラグインとして提供されます。ソースコードがあることが前提です。動きは以下の動画を参照ください。
https://www.youtube.com/watch?v=9JZmbsQDt2I

- Binary scanner
スタンドアロンのJavaプログラムです。最新版は17.0.0.2/9.0です。ソースコードが手元に無くてもJARファイルをスキャンして分析可能です。
https://developer.ibm.com/wasdev/downloads/#asset/tools-Migration_Toolkit_for_Application_Binaries

第5章

WASを安定稼働させる

どのようなシステムも安定稼働することが求められますが、安定稼働の指標の1つとして可用性（Availability）が挙げられます。可用性とは「定められた瞬間または定められた期間にわたって、要求された機能を実行するITサービスまたはコンポーネントの能力」と定義できます。一般的には、99.9%以上の可用性を高可用性（High Availability）と呼びます。

▶表5-1　可用性と年間停止時間

可用性	年間停止時間
99.999%	5分
99.99%	53分
99.9%	8.8時間
99.5%	43.8時間

もしサービスが中断したら、サービスの再開までの時間経過とともに、障害対応の直接的･間接的な問題処理にかかる費用が増加します（図5-1）。従って、ITシステムを安定稼働させることは、重要性が高いシステムほど大切な要件になります。

▶図5-1　サービス中断によって生じる費用

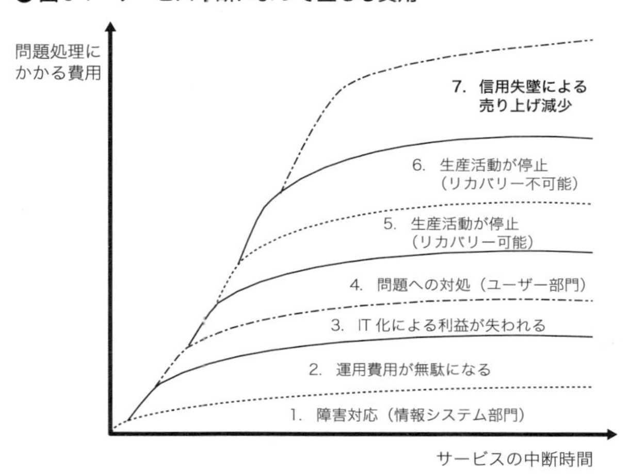

WASはRAS（Reliability, Availability, and Serviceability）、すなわち信頼性、可用性、保守性を重視した設計となっています。ところが実際のシステムで安

定稼働を実現するには、様々な考慮が必要となります。例えば「WAS が提供する障害検知の仕組みを活用する」「万が一に備え、トラブルの歯止めの仕組みを活用する」「負荷分散や対障害を念頭にトポロジーの考慮をする」などです。
　そこでこの章では、WAS を安定稼働させるために考慮しておくべき点について説明していきます。

5-1 JVMのヒープ状況は安定稼働の大きな要素

WASは、JVMで稼働するアプリケーション・サーバーです。つまり、アプリケーションだけでなく、WAS本体も同じJVM上で動いています。したがって、JVMの稼働状況は、WASの安定稼働を左右するとても大きな要素であることが分かります。しかしながらJVMの状況はアプリケーションの実装やその配置、流入するトランザクション・ミックスとその負荷、各チューニング・パラメーターなどといったシステム固有の条件によって大きく変わります。

JVMの稼働状況についてまず着目すべきポイントは、Javaヒープが健全な状態であるかどうかです。そこでこの節ではJavaヒープについて説明します。

JVMのJavaヒープ・サイズの注意点

JVMはJavaヒープと呼ばれるメモリー領域を独自に管理しています。JVMは起動時にあらかじめOSから予約・取得したメモリー領域内で、Javaのオブジェクトの割り当てや不要になったオブジェクトの回収といった管理を継続して行います。不要となったオブジェクトの回収はガーベッジ・コレクションという仕組みで自動的に行われます。ガーベッジ・コレクションには様々な方式のものが利用できます。このJavaヒープのサイズやガーベッジ・コレクション方式は、JVM起動時に引数で指定されるあらかじめ構成されたパラメーターによって決まっており、1度JVMが起動してしまうと、次に起動するまで変更できません。したがって、長時間稼働が前提のシステムではこの点に十分注意を払う必要があります。

適切なJavaヒープ・サイズを指定しないと、次のような事象が発生する可能性があります。

1. OutOfMemoryErrorの発生
2. 過剰なガーベッジ・コレクション（GC）の発生

それぞれの事象は、次のような問題につながります。

1 2 3 4 5 6 7 8 9 10 11 12 13

- 処理エラー、動作異常（内部処理のエラーにより）
- パフォーマンスの低下、サーバー無応答（CPU使用率100%またはハング）

特に1.については、OutOfMemoryErrorはErrorなので、通常のアプリケーションでの例外ハンドリングではキャッチされず、Error発生時点から後ろのアプリケーションのロジックは全て無視されてしまいます。仮にThrowableでErrorを含めてキャッチしても、キャッチブロックに記述した処理が再びOutOfMemoryErrorになる可能性が高いです。多くのアプリケーションでは、OutOfMemoryErrorが発生すると、処理が中途半端になり、サーブレットやJSPから真っ白な出力生成されたり、画面の一部が欠落することになります。

この問題はアプリだけに限定されるものではありません。慢性的なJavaヒープ不足では、OutOfMemoryErrorが繰り返し発生することになります。WASランタイムの内部処理もアプリケーションも同じJVMのヒープを使うため、OutOfMemoryErrorが発生してしまうとWASのランタイムの動作にも影響してしまいます。例えばPMI（パフォーマンス・モニタリング・インフラストラクチャ）で提供するカウンターの更新がOutOfMemoryErrorで失敗してしまうため、PMIの値に不整合が発生したこともあります。PMIのカウンターはサーバー統計情報として起動中は保持され続けるので、OutOfMemoryErrorの影響はWAS再起動まで残ることになります。

IBM JVMでは、OutOfMemoryErrorが発生すると、問題判別のためにヒープ・ダンプファイル、Javaダンプ（javacore）ファイルを自動生成します。このファイルの書き出し中はアプリケーションの動作を全てサスペンド（一時停止）します。そのため、OutOfMemoryErrorの発生は、次に挙げるような様々な障害につながります。

- アプリケーション、およびクラス・ライブラリ、WASランタイムの不正な処理
  → 真っ白な画面、サーバー応答なし、その他統計情報不整合など
- ヒープ・ダンプ、Javaダンプ書き出しによるJVM上のアプリケーション一時停止
  → 応答遅延、ヒープ・ダンプ繰り返し書き出しによるファイル・システムの圧迫

このように、サーバーとしては致命的な事象につながるため、OutOfMemoryErrorの発生に至らないように、Javaヒープ・サイズは適切に監視して調整する必要があります。

Column

Javaヒープ・サイズが健全であることのクライテリア

実際にはGC方式によって詳細は変わりますが、健全であると判断するクライテリアの一例として次のような点を挙げられます。

- OutOfMemoryErrorが全く発生していないこと
- GCの単位時間あたりの実行時間が13%以下であること
- GC後のJavaヒープの使用量が６～７割に収まっていること
- GCの間隔が長すぎないこと（数分以上は長い）
- GCの実行時間が長すぎないこと（数秒は長い）

GC方式に応じた分析とチューニング項目の指摘は、後出の「GCMVによる可視化」で紹介するGCMVツールで自動的に行うことが可能です。GCログを取得し、GCMVで調査して問題がなければ健全であると判断できます。

Column

OutOfMemoryErrorの危険性

OutOfMemoryErrorによるWASシステムの障害は、IBMに報告されるWAS/Javaに関連したものの中では最も大きな割合を占めています（年度によって前後しますが、25%に達することもあります）。つまり、OutOfMemoryErrorを未然に防止することは、システムの障害を未然に防止することにつながります。実は、この問題が発生しても、状況に気がつく場合と気がつかない場合があります。運が良ければそのまま何事もなかったかのように動き続けることがあるからです（実際には何らかの影響が出ているはずですが）。例えばアプリケーションやWASの動作が想定外になってしまい、よく調べるとOutOfMemoryErrorが発生していたということもあります。

サーバーとして実行結果の信頼性に影響を与える場合もあるので、OutOfMemoryErrorの発生の有無、あるいはその予兆を確実に把握し、対応を行っていくことが重要です。

JVMのJavaヒープ・モニター手段

Javaヒープの状況は安定稼働達成の阻害要因でもあるため、トランザクションの増減、アプリケーションの頻繁なリリース・アップデートが繰り返されるアプリケーション・サーバーでは特に、Javaヒープのサイズのモニターは大切です。モニターの手段にはいくつかの方法があります。

表5-2　Javaヒープ・モニター手段一覧

方法	概要	特徴
GCログ（冗長ガーベッジ・コレクション）	ログ・ファイルに書き出し、ログを他のツールで分析する	Javaヒープ・サイズ以外にGCの詳細情報を確認できる。GC発生ごとに生成されるデータで、分析ツールが豊富である。ログの書き出しは、再起動せずに任意のタイミングでOn/Off可能
IBM HealthCenter	IBM HealthCenterクライアントをJVMに接続してリアルタイムモニタリングする	リアルタイムでGCログ同等の詳細情報を取得でき、ログの記録と再生も可能。また、IBM HealthCenterクライアントでリアルタイム分析も可能。さらに、JVMでパフォーマンスに関連する各種データもチェックできる
PMI（WAS traditional）	WASのPMIサービスが保持するMBeanのデータにJMX経由でアクセスする。TPV（Tivoli Performance Viewer）やパフォーマンスサーブレット、wsadmin、その他IBM Tivoli Composite Application Manager for WebSphere（ITCAM for WAS）やIBM Application Performance Monigoring（APM）などのJMXクライアントを使う	MBeanのデータ取得時のJavaヒープ・サイズとなるが、実際に使用中（GC実施後も残るオブジェクト）のヒープ・サイズはわからない。GCログに記載されるような詳細情報は得られない。あらかじめWASプロセスごとにPMIを使用可能にし、モニター対象の統計セットを基本レベル以上に構成しておく必要がある（要再起動）
Attach API	例えばJconsoleなどのように稼働中のJVMにJVMTIなどを用いたAgentを送り込み、各種データを取得する	WAS用IBM JavaのAttach APIのサポート状況およびセキュリティ上の考慮点は `http://www.ibm.com/support/docview.wss?uid=swg21407964` を参照
`java.lang.Runtime`	`Runtime`クラスで提供される`freeMemory()`、`totalMemory()`、`maxMemory()`の各メソッドをアプリケーションで呼び出す	メソッド実行時のデータを取得できる。ただし、GCログはIBM HealthCenterで取得できるようなGC詳細情報は得られない
`javax.management.j2ee.statistics`	JSR 77で定義される`statistics`インターフェースで提供される`getHeapSize()`を呼び出す	メソッド時刻時のデータを取得できる。ある時点でのヒープ・サイズのみ取得可能

Attach APIやJava/Java EEのAPIを用いる方法は、あらかじめアプリケーション開発の段階から考慮されていなかったり、追加アプリケーションのデプロイのチャンスが少ない場合、なかなか使う機会がないでしょう。

そこで一般的にお勧めするのは、負荷がほとんど発生せずにJavaヒープのサイズのデータに加えてGCの詳細データが得られ、世界中で長年の実績があるGCログの取得です。この方法には次のような利点があります。

- **メモリー管理の動作状況の詳細が把握できる**
- **ガーベッジ・コレクションにボトルネックがないか判断できる**
- **設定に問題がないのか判断できる**

パフォーマンス・チューニングに有用なPMI、先進機能であるHealth Centerは、第7章で説明します。

GCログの取得

GCログの取得には、あらかじめ設定しておく方法と、動的にOn/Offする方法があります。動的な設定はIBM Javaランタイムで提供されるJVM RAS Interface（JVMRI）のDynamicVerbovegcというAPIで制御します。WAS traditionalの場合は管理コンソールから設定可能です。常時GCログの書き出しを行っておくことが望ましいですが、急に設定が必要になった場合は動的な設定を行います。

WAS traditionalのGCログの構成方法は次の通りです。

1. 管理コンソールで「サーバー」→「サーバー・タイプ」→「WebSphere Application Server」をクリックします。
2. サーバー名一覧から該当のアプリケーション・サーバー名をクリックします。
3. 構成タブで、サーバー・インフラストラクチャーの下に表示されている「Javaおよびプロセス管理」→「プロセス定義」の順にクリックします。
4. 追加プロパティーの下のJava仮想マシンをクリックします。
5. 「冗長ガーベッジ・コレクション」チェック・ボックスをオンにします。

6. 「適用」ボタンをクリックします。
7. ページの上部に表示された「ローカル構成が変更されました。『保存』をクリックして、変更をマスター構成に適用します。」の「保存」をクリックし、構成を保管します。
8. アプリケーション・サーバーを停止し、再起動します。

GCログの出力先は、IBM Javaの場合`native_stderr.log`になります。
一方、動的なGCログの設定は次の通りです（再起動は必要ありません）。

1. 管理コンソールで「サーバー」→「サーバー・タイプ」→「WebSphere Application Server」をクリックします。
2. サーバー名一覧から該当のアプリケーション・サーバー名をクリックします。
3. 構成タブで、サーバー・インフラストラクチャーの下に表示されている「Javaおよびプロセス管理」→「プロセス定義」の順にクリックします。
4. 追加プロパティーの下のJava仮想マシンをクリックします。
5. ランタイム・タブの「冗長ガーベッジ・コレクション」チェック・ボックスをオンにします（ランタイム・タブは起動中のサーバーに対してのみ表示されます）。

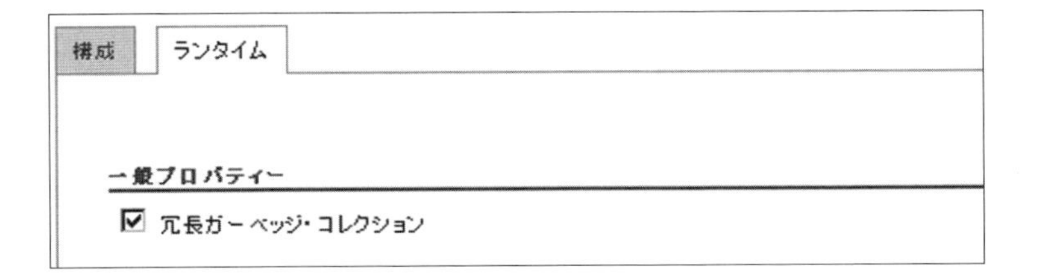

6. 「適用」ボタンをクリックします。

なお、「ランタイム」タブの設定変更は、再起動の際に無効化されます。再起動後もGCログの出力が必要な場合は、「構成」タブへの設定も必要なことに注意してください。

GCログ出力先の指定と世代管理

JVMのGCログ出力先は標準エラー出力で、WAS traditional環境ではプロセス・ログのSTDERRファイル名に指定されたファイル（デフォルトでは**native_stderr.txt**）に、WAS Libertyではコンソールログに書き出されます。標準の書き出し先では、いくつかの課題があります。

- **標準エラー出力には、GCログ以外のメッセージも記録されるため、ログ解析が困難**
- **ログの世代管理に非対応**

Column

長時間稼働をしているシステムで、GCログの出力先となる**native_stderr.txt**のファイルが200Mバイト以上と非常に大きなサイズに肥大化したままで稼働させているケースがありました。

恐らくシステム構築時にプロセス・ログの世代管理を考慮しておらず、サービス開始後から新たにGCログの書き出しの設定を行ったのでしょう。もちろん半年以上の長時間稼働を行っており、ログの切り替えのタイミングがないなどといった事情があるのかもしれません。

とはいえ、ファイル・システムやOSのファイル・キャッシュの圧迫といったシステムへの影響があるだけでなく、障害発生時におけるログ調査分析が迅速に行えないなどといった問題もあるので、GCログの出力先を明示的に変更し、他のログと同様に世代管理をすることが望ましいと言えます。

IBM Javaでは、次のJava引数を指定すると、JVMの機能でGCログの出力先変更と世代管理を行えます。

```
-Xverbosegclog:<path to file><filename>[X, Y]
```

上記の指定方法では、GCログは指定されたファイルに書き出されます。しかし、ファイルが既に存在していると、上書きされます。それ以外の場合で、既存ファイルを開けないか、新しいファイルを作成できない場合は、出力は標準エラー出力（**native_stderr.txt**）にリダイレクトされます。引数Xおよび

Y(両方とも整数) を指定すると、GCログはX個のファイルに順にリダイレクトされ、それぞれのファイルにはY回のGCサイクル分のGC出力が含まれます。これらのファイルは、**filename1**、**filename2**、……という形式になります。

10,000回分のGC記録を行う10個のファイルに循環書き出しさせる設定例を、次に示します。

```
-verbose:gc -Xverbosegclog:C:¥gclog%Y%m%d%H%M%S-pid-%seq.txt,5,10000
```

▶リスト5-1　出力ファイル

```
gclog20170511071014-8512-001.txt
gclog20170518082940-8512-002.txt
gclog20170525084043-8512-003.txt
gclog20170531125523-8512-004.txt
gclog20170606090421-8512-005.txt
```

ファイル名に**%pid**や**%Y%m%d%H%M%S**などのトークンを付与すると、WASを再起動した際、それまで使用していたファイルが不用意に上書きされてしまうことを防止できます。**%seq**はJVM起動後から作成されたファイルの番号です。**%seq**トークンを一切使用しない場合は、指定したファイル名の最後に3桁の連番が自動的に付与されます。（例：**gclog20170511071014-8512.txt001**）

-Xverbosegclogの引数の指定は、ファイルサイズではなく、GCの回数です。GCポリシーやGCの稼働状況で変動しますが、世代別GCの場合、10,000回のGCログ書き出しでおよそ10～20Mバイト程度のファイルサイズになります。

Column

WAS traditional V9.0.0.3からデフォルトで世代管理付きのGCログが有効化

WAS traditional V9.0のFix Pack 3から、GCログの設定を一切行っていない場合はデフォルトでGCログが有効化されるようになりました。IBM Javaの場合以下の引数が各JVMに設定されることになります。

```
-verbose:gc
-Xverbosegclog:${SERVER_LOG_ROOT}¥verbosegc.%seq.log,10,7000
```

この結果、7000回のGCサイクルが記録されるファイルが10個生成され、合計サイズはおよそ200MB前後になります。数多くのアプリケーション・サーバーが存在するシステムで、GCログの設定をしていない場合は、フィックス・パック適用後の新たなログの生成に注意が必要です。

GCログの可視化・分析ツール

IBM JavaのGCログを可視化・分析するにはいくつか無償で利用できるツールがあります。ここでは、代表的なツールとして、Garbage Collection and Memory Visualizer（GCMV）を取り上げます。

GCMVには次のような特徴があります。

- ISAアドオン版とEclipseアドオン版の提供
- Java 8.0をはじめとして様々なバージョンのGCログに対応
- 最新GCポリシー（バランスGC）も含む様々なGCポリシーのGCログに対応
- Nativeヒープの可視化に対応
- APIの提供
- 各種グラフの作成と、PNGやBMPフォーマットによるグラフの保存
- テーブル表示とCSVフォーマットによるエクスポート
- 診断とコメントの生成およびHTMLによるエクスポート

GCMVはIBM Javaを含むIBMソフトウェア製品の一部として提供され、IBM Javaランタイムの進化に伴い、新機能が盛り込まれていきます。例えば、GCMV v2.8以降ではマイクロサービス・アーキテクチャーでも注目されるIBM Node.jsランタイムから生成されたメモリー情報のログにも対応しています。Eclipseマーケットプレースで無償プラグインとして公開されているので、以下のページからEclipseにインストールしておくことをお勧めします。

- Eclipase マーケットプレース
https://bit.ly/2ucwAWi

GCMVによる可視化

ここではGCMVによるGCログの可視化について説明します。GCMVは、IBM Support Assistant（ISA）版と前出のEclipseプラグイン版があります。ISAについては第6章を参照してください。

■ GCMVの調整（時刻フォーマット）

GCMVのデフォルトでは日付・時刻の表記が米国日付時刻形式（HH:mm:ss M dd yyyy）となっているため、タイムスタンプのフォーマットを調整します。

Eclipseの場合、メニュー・バーの「ウィンドウ」➔「設定」を開き、フィルター入力ボックスに「ユニット」と記入して、「ユニット・フォーマット」の項目を検索します。

図5-2　GCMVの時刻フォーマット設定（ユニット・フォーマット）

ユニット・フォーマットの設定画面で、次のように「カスタム日付形式（絶対日付タイム・スタンプ）を有効にする」にチェックを入れ、「カスタム日付形式（絶対日付タイム・スタンプ）」のボックスに好みのフォーマットを指定します。

図5-3　カスタム日付形式の指定画面

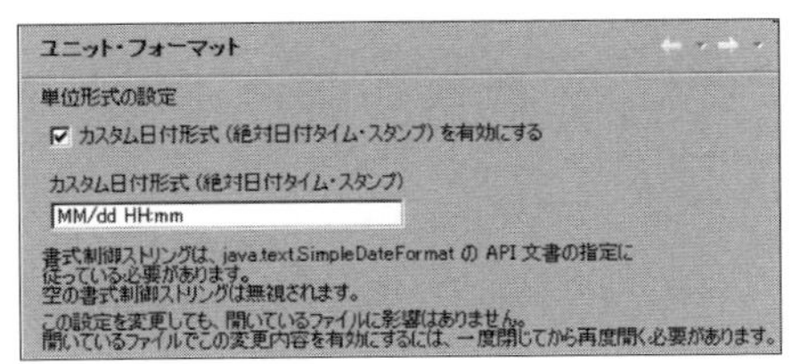

書式の指定については、以下のURLを参考にしてください。

- JavaSE API
https://docs.oracle.com/javase/jp/8/docs/api/java/text/SimpleDateFormat.html

■ GCログの可視化

起動したGCMVの画面で、ファイルメニューから開きたいGCログの出力が記録されたファイルを選択して開きます。ログの解析が終わり次第、グラフが表示されます。違う画面が表示されている場合は、「折れ線グラフ」タブを選択してください。

グラフのX軸がログ開始時点からの相対時刻となっているため、一般的に使用される絶対時刻に変更します。X軸を通常の日付時刻に変更するには、GCMV画面右側にある「軸（Axes)」ビューのX軸の項目からプルダウンメニューの「日付」を指定します。

▶図5-5　GCMVの軸ビューの指定

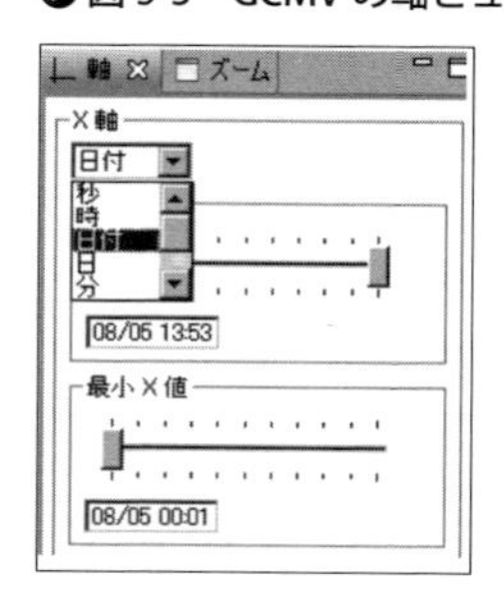

これで、X軸があらかじめ指定した時刻フォーマットを用いた日付時刻表記になります。

図5-6　GCMVの折れ線グラフ例

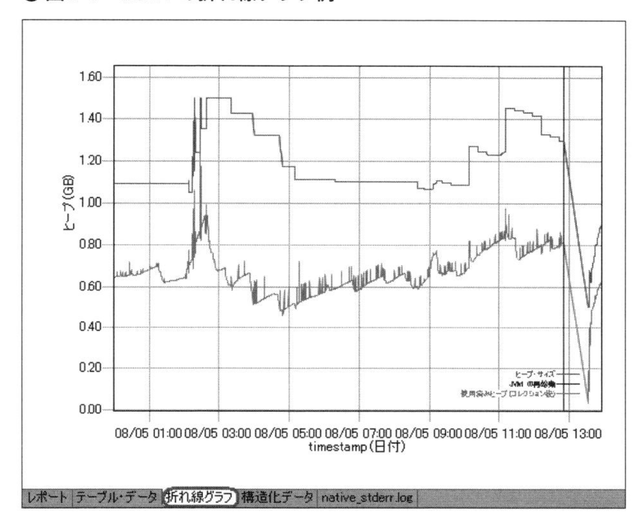

■テンプレートによる可視化と画像保存

GCMVでは、あらかじめ調査の目的に応じた代表的なグラフ項目の組み合わせをテンプレートとして提供しています。画面左側にあるテンプレート・ビューから確認したいテンプレートをダブルクリックして、目的のグラフを再描画します。例えば、Javaヒープがメモリーリークしていないかどうか確認するには、テンプレートから「メモリー」をクリックします。

図5-7　GCMVで用意されているテンプレート

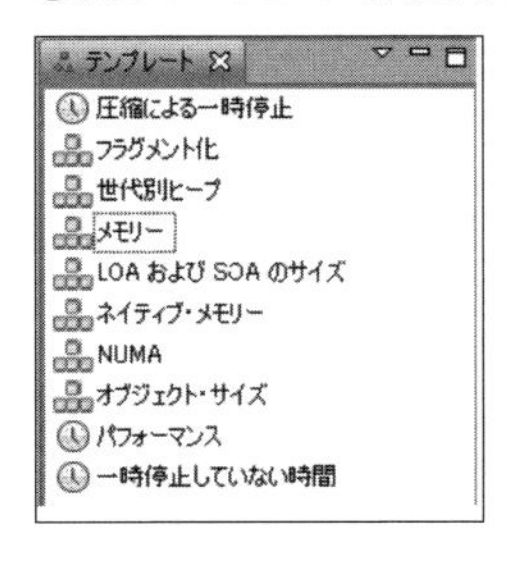

また、グラフの上で右クリックして「保存」を選択すると、保存先を指定して画像を保存できます。GCMV V2.7から、画像保存形式として新たにPNG

とJPEGに対応しました。保存形式の変更は、Eclipseの場合、メニュー・バーの「ウィンドウ」⇒「設定」を開き、フィルター入力ボックスに「イメージ」と入力し、「イメージの保存形式」の項目を検索して変更します。

■グラフのズームとズームのリセット

グラフ中で気になる部分を、ドラッグで選択すると、選択された領域が自動的にズームされます。

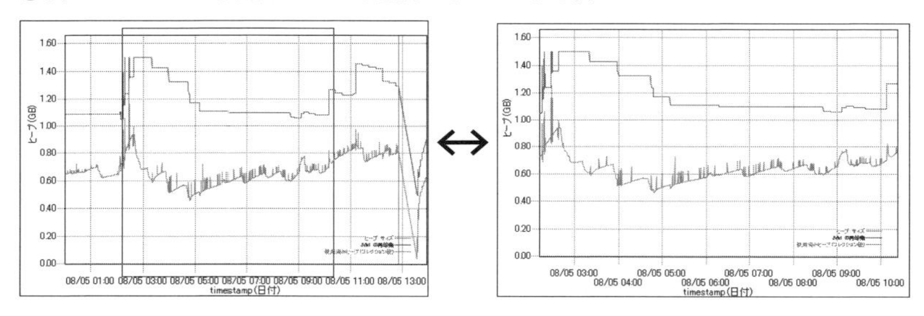

▶図5-8　グラフの領域をマウスで選択してズームする例

ズームをリセットするには、グラフ上でマウスをダブルクリックします。図5-8の例ではJavaヒープ・サイズは最大1.5GB、使用済みヒープ・サイズは1.2GB程度までであることが直感的にわかります。

■テーブル・データの表示とCSV形式エクスポート

「テーブル・データ」のタブを選択すると、表形式でデータが表示されます。対象データの選択はグラフの場合と同じで、テンプレートからの選択が可能です。

表の中でコピーしたデータは、CSV形式としてそのままクリップボードに保管されるため、他のテキストエディターやMicrosoft Excelなどのワークシートへの取り込みに便利です。

また、テーブルデータの画面で右クリックして「保存」を選ぶことでデータ全体をCSVファイルとして保存することも可能です。CSV形式のファイルがあれば、他の様々なソフトウェアでのデータ加工処理やグラフ描画など、分析手法の幅が広がります。

▶図 5-9　CSV 形式エクスポート

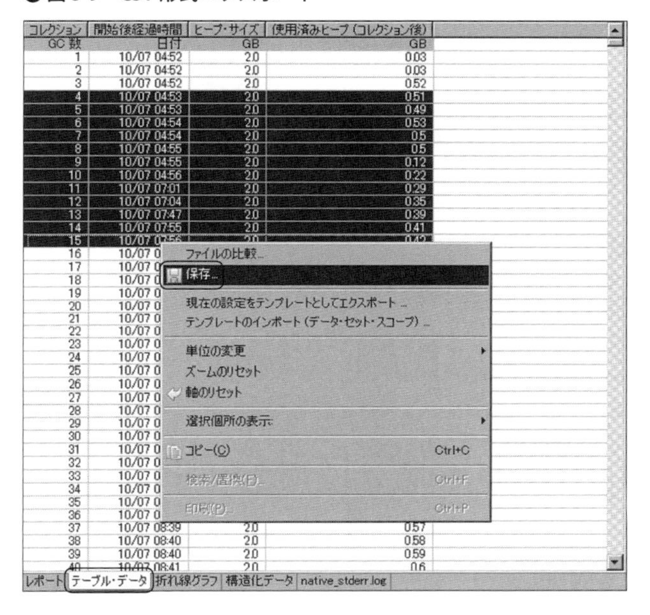

■構造化データ

構造化データの項目では、GC ログ全体の統計情報を簡潔に要約した情報を確認できます。次のような項目を簡単に把握することが可能です。

- GC のポリシー（モード）が何であるか？
- GC 中の時間割合が多いのか？
- GC の平均実行時間が長いのか？
- GC によって回収される Java ヒープはどの程度か？
- フラグメントの影響はどの程度か？
- 最大メモリー要求はどの程度か？

▶図 5-10　構造化データの画面

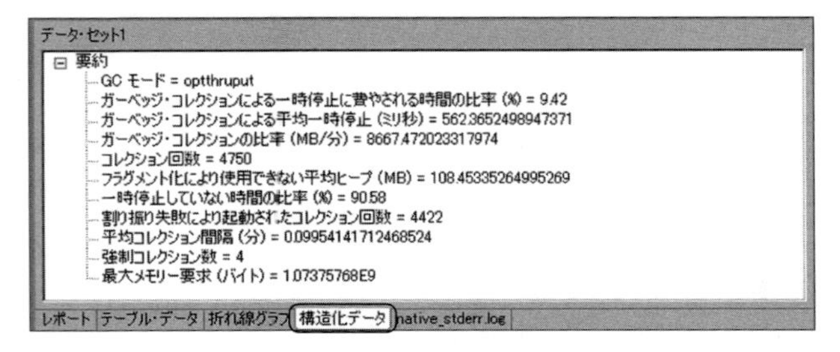

■レポート

レポート画面では、GCログの解析結果から問題点を自動的に洗い出し、チューニングの推奨項目が提示されます。必要に応じてJavaヒープのサイズ変更を行います。また、要約とグラフを交えたレポート形式となっており、HTMLでの保存も可能です。

▶図 5-11　GCMVのレポート画面

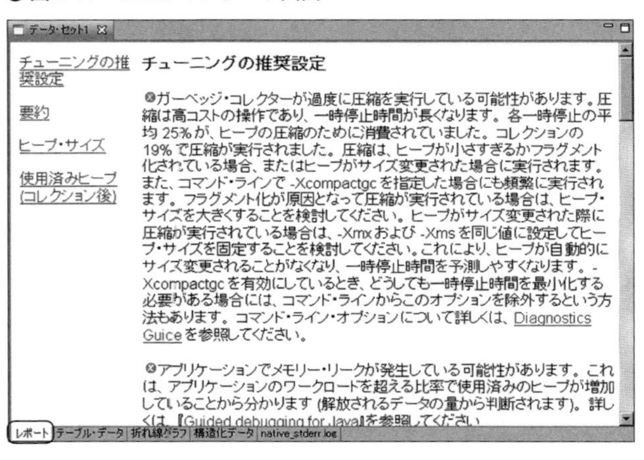

HTMLの保存は、レポート表示画面で右クリックし、「保存」を選択して保存したいフォルダーを指定します。

大きなオブジェクトによる巨大メモリー要求問題とその調査・対応方法

しばしばファイルの断片化、すなわち「フラグメント」によるパフォーマンス劣化が話題にのぼりますが、これはコンピューターのディスク上に大きなファイルを保存する際、ファイル全体が収まる空間が存在しなくても自動的に複数の細かい領域に分割して保存してくれる動作に起因します。

JVMのJavaヒープにも同様に断片化の問題があります。ファイル断片化との大きな違いとしては、1つのオブジェクトは連続した領域に割り当てる必要があることです。Javaアプリケーションがオブジェクトをインスタンス化する際、JVMはJavaヒープ上にオブジェクトを割り当てます。例えば5Mバイトのオブジェクトを生成すれば、Javaヒープ内に5Mバイトの未使用の連続領域が必要となります。Javaヒープを1Gバイトとした場合、5Mバイトというと0.5%にもなり、大変な大きさになります。したがって、大きなオブジェクトを割り当てる場合、Javaヒープに空き領域を確保することは困難となり、GCが発生、場合によってはJavaヒープの拡張が発生します。

例えば空きJavaヒープの合計が500Mバイトの余裕があったとしても、(Javaヒープ内に適当な領域が見つからないために)5Mバイト程度のメモリー割り当てに失敗し、必要以上にGCが発生することはよくあります。さらにJavaヒープの拡張ができない状態では、OutOfMemoryErrorが発生することがあります。

まとめると、巨大メモリー要求は、GC頻発によるJVMのパフォーマンスダウン、およびOutOfMemoryError発生というリスクがあります。連続稼働を安定的に行うことが求められるシステムでは、巨大メモリー割り当てが発生していないかどうかを調査し、発生が確認された場合は問題の部分を特定して対応することが求められます。

■大きなオブジェクト割り当ての有無を確認

GCログをGCMVで開き、テンプレート・ビューから「オブジェクト・サイズ」を選んでダブルクリックします。

描画されたグラフより、「割り振り失敗を引き起こした要求オブジェクト・サイズ」を確認します。この例では0.5Mバイトから2.5Mバイト、最大5.5Mバイトものオブジェクトが割り当てされようとしていたことが分かります。

図5-12　オブジェクト・サイズの折れ線グラフの例

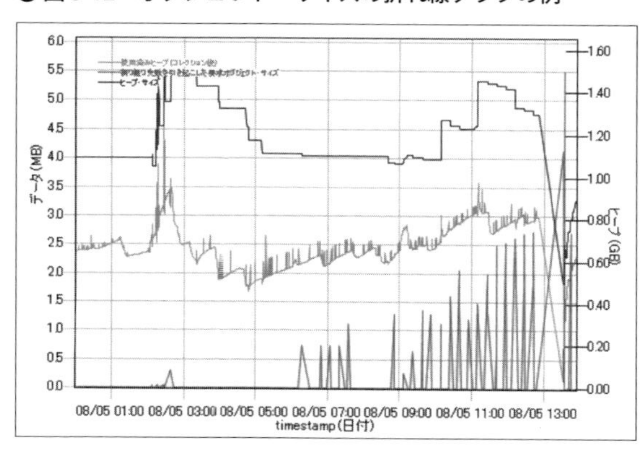

このように巨大オブジェクトのサイズそのものが少しずつ大きくなっているといった傾向を見ることで、アプリケーションで保持しているキャッシュが拡張し続けているのではないか、などといった推測を立てられます。

■巨大オブジェクトを生成しているソースコードの確認方法

IBM Javaでは､あらかじめ指定したサイズ以上のメモリー要求が（オブジェクト割り当て）発生すると、自動的にJVMのダンプ機能を起動させることができます。起動できるダンプの種類としてJavaダンプ、またはstack書き出しが有用です。これにより、該当の大きなオブジェクトの生成処理を行っているコードとソースコード上の行番号を特定できます。設定はDump Agentの機能に対して行い、**-Xdump**引数で制御します。

具体的な設定方法は次の通りです。JVM起動時の引数に次の指定を行います。

```
-Xdump:java:events=allocation,filter=#XXX
```

指定したXXXバイト以上のメモリー要求が発生すると、javaダンプ生成イベントが発生します。

例えば400Kバイト以上のメモリー割り当てが発生したらjavaのスタック・トレース（stack）を標準エラー出力に記載するには、次のように指定します。

```
-Xdump:stack:events=allocation,filter=#400k
```

この実行結果は次のようになります（例はJava単体プログラムのサンプルですが、WAS環境ではスタックトレースは**native_stderr.txt**に書き出されます）。

```
#/java -Xdump:stack:events=allocation,filter=#500k BigAlloc 1000000
JVMDUMP006I Processing dump event "allocation", detail "4000016 bytes,
type int[]" - please wait.
Thread=main (300105A8) Status=Running
        at BigAlloc.main([Ljava/lang/String;)V (BigAlloc.java:5)
JVMDUMP013I Processed dump event "allocation", detail "4000016 bytes,
type int[]".
Finished normally
```

500Kバイト以上のメモリー割り当てが発生したらJavaダンプを生成させるには、次のように指定します。

```
-Xdump:java:events=allocation,filter=#500k
```

実行結果は次の通りです。

```
#/java -Xdump:java:events=allocation,filter=#500k BigAlloc 1000000
JVMDUMP006I Processing dump event "allocation", detail "4000016 bytes,
type int[]I" - please wait.
JVMDUMP032I JVM requested Java dump using '/tmp/Javadump.20110821.175530.868722.
0001.txt' in response to an event
JVMDUMP010I Java dump written to /tmp/Javadump.20110821.175530.868722.0001.txt
JVMDUMP013I Processed dump event "allocation", detail "4000016 bytes, class [I".
Finished normally
```

生成されたJavaダンプファイルのカレント・スレッドのスタックを確認してみましょう。

```
1XMCURTHDINFO  Current Thread Details
NULL           ----------------------
3XMTHREADINFO      "main" (TID:0x30619300, sys_thread_t:0x300105A8, state:R,
native ID:0x009B61CB) prio=5
4XESTACKTRACE          at BigAlloc.main(BigAlloc.java:5)
```

上述の例では、BigAlloc.javaの5行目で大きなメモリー要求をしていることが分かります。したがって、BigAlloc.javaの5行目を中心に大きなメモリー要求の原因を調べることになります。

実際のシステムでは、このようにして確認できたコードの動作が、業務要件を満たすために必須なのか、あるいはオブジェクトを分割して保管するなどの対応が可能なのかを確認・検討し、必要に応じて対策を行います。

様々な箇所から大きなメモリー要求が発生する場合は、-Xdump :javaよりも-Xdump :stackのほうが生成されるデータ量が抑えられるため、便利です。

■-Xdumpの条件の制限方法

次のような設定だと、条件に合致しすぎて大量に情報が出てしまうことがあります。

```
-Xdump:stack:events=allocation,filter=#400k
```

これは、-Xdump引数のrangeオプションで制限できます。range=A..Bで指定します。指定された条件に合致するイベント発生のA回目からB回目の場合にダンプ出力が実行されます。

例えばWAS起動時などに大量に情報が出てしまうのでフィルターしたいという場合に、JVM起動後、条件の合致が500回目から505回目までだけstackを書き出したいときには、次のように指定します。

```
-Xdump:stack:events=allocation,filter=#400k,range=500..505
```

これにより限定した範囲のデータを得ることができ、その他の処理ではパフォーマンス上の影響を受けないようにすることが可能です。

メモリー・リークの判断と対応

GCMVによるGCログの可視化を行い、「メモリー」テンプレートのグラフで「使用済みヒープ（コレクション後)」のグラフを確認します。右肩上がりで最大Javaの場合は、メモリー・リークを疑います。

▶図 5-13

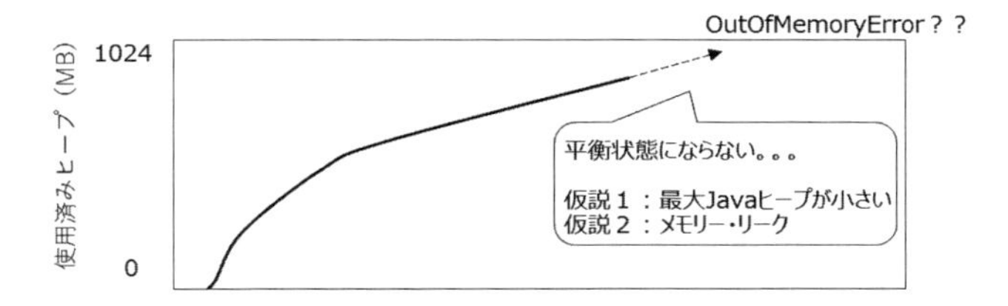

最初の段階では仮説に過ぎません。アプリケーションのメモリー要件を満たした Java ヒープ・サイズを用意できていない可能性があります。まずは最大 Java ヒープ・サイズ（-Xmx）を大きくして再度様子を見てください。その後次の図のように平衡状態になった場合は仮説 1 であったと検証できたといえます。

▶図 5-14

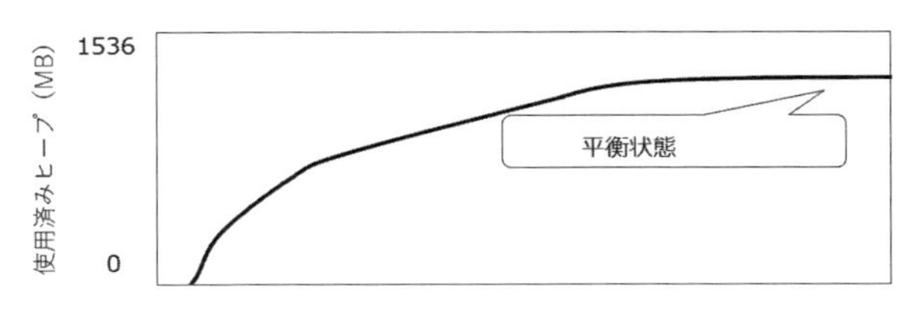

最大 Java ヒープ・サイズ（-Xmx）を大きくしても使用量が増え続ける場合は、ヒープ・ダンプを取得してメモリー・リークの調査と対応を行います。

5-2 JVMのNativeヒープにも注意する

5-1で説明したJavaヒープは、OSから見ると、JVMが占有するメモリー領域の一部でしかありません。

JVMが稼働する際には、プログラムのメモリー領域は大きく分けて３つに分けられます。

① OSが管理するJVMが使用するメモリー領域
② JVMが管理しているJavaヒープ
③ ①から②を除いた全メモリー領域

図5-15　プログラムのメモリー領域

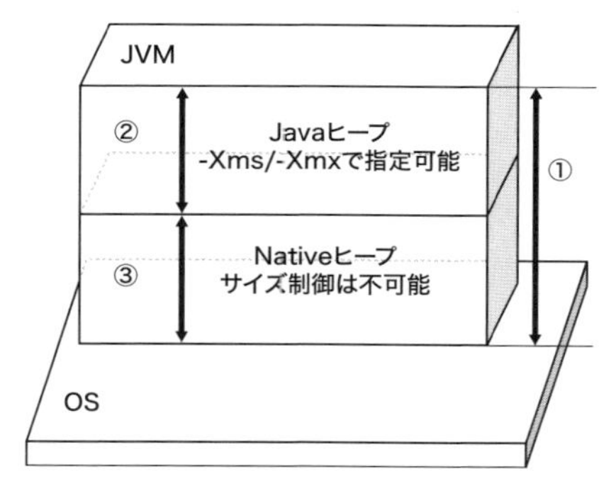

厳密な定義はありませんが、Javaヒープ以外のあらゆるものを総称してNativeヒープと呼びます。実はJVMではJavaヒープだけでなく、Nativeヒープについても注意が必要です。この節ではJVMのNativeヒープの注意点を挙げていきます。

Native ヒープに含まれるもの

それでは、具体的に Native ヒープ領域にはどのようなものが含まれてくるのでしょうか。全てを列挙することは JVM の実装を説明するのに等しくなってしまうため、JVM の Native ヒープに含まれる代表的なものを次に列挙します。

- OS 上のスレッド・スタック
- JIT コンパイラの作業領域
- JIT コンパイラがコンパイルしたコード
- クラスおよびクラス・ローダー
- zip（jar）ファイル展開の領域
- JVM が名前解決したホスト /IP アドレスのキャッシュ
- プログラムが JNI 経由で取得したメモリー
- DB2 CLI、Oracle OCI などを用いた Type2 JDBC ドライバーが獲得したメモリー
- `java.nio.ByteBuffer` の DirectByteBuffer で使用するメモリー
- `java.io.File.deleteOnExit()` で記憶するファイル名
- JVM 本体が動作するために OS から `malloc()` などで獲得するメモリー
- その他（Java ヒープに含まれない全て）

一般的に、長期にわたり大量のトランザクション処理を安定稼働することが求められるシステムでは、メモリー使用の観点で、次のことに注意が必要です（Java ヒープも共通といえる汎用的なものです）。

- メモリーリークがないこと
- メモリー使用量が安定化するまでにリソース枯渇が発生しないこと
- メモリー使用量が安定化するまでに何らかの制約に抵触しないこと

実際、前記の Native ヒープに含まれる何かが増大し続け、最終的に障害が発生してしまうという事例も数多く発生しています。

32bit JVMと64bit JVM

Javaのバイトコードは JVMが32ビット版でも64ビット版でも変わりません。したがって、100% Pure Javaとして書かれたアプリケーションであれば、JVMを32ビット版から64ビット版に切り替えるのに、アプリの修正や再コンパイルは不要です。

ただし、JNIを使っている場合は注意が必要です。どのようなOSでも、1つのプログラムの実行で、64ビットと32ビットのライブラリーを混在させることはできません。例えば、JVMで高速PDF生成させるため、あるベンダーから`createpdf.so`（Windows版`createpdf.dll`）といった名称のファイルが提供されていて、JVM上のプログラムからJNI経由でこのOS別に用意されたNativeライブラリー（`createpdf.so`）の関数を呼び出し、高速にPDF生成を実現しているケースです。この場合、JVMとNativeライブラリーのビット数が異なると、JVMはNativeライブラリーのロードに失敗してしまいます。

表5-3 JVMとNativeライブラリーのビット数の対応

JVM（ビット）	JVMにロードさせるNativeライブラリー（ビット）	動作
32	32	○
64	64	○
32	64	×
64	32	×

このように既存のNativeライブラリー資産が32ビット版モジュールしか準備されていない場合、64ビット版JVMで使用するためには、64ビットモジュールとして再コンパイルが必要となります。WAS traditional V9.0からは、64ビット版のIBM Java 8のみ提供されているため、該当する場合はご注意ください。

大規模のJavaヒープ、あるいはNativeヒープが必要な場合は、64ビット版のJVMを利用することが有用ですが、64ビット版のJVMは32ビット版JVMよりメモリーの使用量が多くパフォーマンスの面でデメリットがあります。この問題に対して、64ビット版のJVMは圧縮参照の機能で32ビット版JVM同等のメモリー使用量とパフォーマンスを実現しているため、64ビット版への移行に通常は懸念点はありません。

JVMメモリー使用量のモニター

OSから見たJVMのメモリー使用量は、JVM自身の機能で取得することは不可能ではありませんが、オーバーヘッドや正確性の観点でお勧めできません。基本的にはOSで提供されているメモリー使用量の管理ツールで得られた情報を用います。

ここでは、後述のNativeヒープの可視化に用いるGCMVツールがサポートしている方法で取得します。OSごとの機能は次のとおりです。

■ Windows

Windowsでは、perfmonツールを使用します。perfmonツールを開始するには、「スタート」メニューから「ファイル名を指定して実行 ...」をクリックして「ファイル名を指定して実行」ダイアログ・ウィンドウを開き、「名前」フィールドに「perfmon」と入力して「OK」をクリックします。これで、perfmonツールが開始します。

カウンター・ログを作成するには、次のような手順になります。

1. 「パフォーマンス ログと警告」を展開して「カウンタ ログ」をクリックします。「System Overview」ログの下のスペースを右クリックして、「新しいログの設定 ...」をクリックします。これで、「新しいログの設定」ウィンドウが開きます。
2. ログ・ファイルの名前（例えばJava Memory Usage）を入力して「OK」をクリックします。ダイアログ・ウィンドウが開きます（このウィンドウのタイトルには、指定した名前が使われます）。
3. 「現在のログ ファイル名」フィールドの値をメモして、作成したログ・ファイルの検索場所を把握しておきます。
4. 「カウンターの追加 ...」をクリックします。「カウンターの追加」ダイアログ・ウィンドウが開きます。
5. 「パフォーマンスオブジェクト」リストで「Process」を選択します。
6. 「一覧からカウンターを選ぶ」をクリックし、その下のリストから「Virtual Bytes」を選択します。

7. 「一覧からインスタンスを選ぶ」をクリックし、その下のリストからプロセス名javaまたはjavawを選択します。このリストにはプロセス名のみが表示されるため、他のJavaプロセスが実行されていないほうが、モニター対象のプロセスを識別しやすいでしょう。
8. 「追加」をクリックし、「閉じる」をクリックします。 先ほどのダイアログ・ウィンドウで、カウンターが表示されるようになりました。
9. 「ログファイル」タブをクリックして、「ログ ファイルの種類」リストから「テキストファイル（カンマ区切り）」を選択します。
10. 「スケジュール」タブをクリックしてから、「ログの開始」セクションで「手動（ショートカットメニューを使用）」を選び、「OK」をクリックします。PerfLogsフォルダーを作成するかどうか尋ねるダイアログ・ボックスが表示されることがあります。指示されたフォルダーを作成する場合には、「はい」をクリックします。それ以外の場合には「いいえ」をクリックしてから「全般」タブで別のフォルダーを指定してください。

これで、カウンター・ログがperfmonツールのメイン・ペインに表示されるようになりました。

ログの開始と停止の手順は次の通りです。

1. ログを右クリックしてから「開始」をクリックすると、ログが開始されます。アイコンが緑に変化し、ログが生成されていることを示します。
   - ログを実行させたままデータを収集します。診断対象となっている問題の性質によっては、判定を下すために十分なデータが収集されるまで、長期間にわたってログを実行させ続けなければならないことがあります。
2. 十分なデータを得られたら、ログを右クリックしてから「停止」をクリックして、ログを停止します。

■ AIX、Linux

これらのOSでは、psコマンドあるいはsvmonコマンドを使います。次のようなシェルで生成されるデータが、GCMVでサポートされます。環境や要件に合わせてカスタマイズします。

▶リスト 5-2　AIX 版の例

```
#!/bin/sh
# モニター対象のプロセスID（シェルの第1引数）
PID=$1
# コマンド実行間隔（秒）
INTERVAL=3
#モニター開始時刻の書き出し
echo timestamp = `date +%s`
#インターバル時刻の書き出し
echo "svmon interval = $INTERVAL"
# 指定した間隔でコマンドの実行
while ([ -d /proc/$PID ]) do
        svmon -r -m -P $PID
        sleep $INTERVAL
done
```

▶リスト 5-3　Linux 版の例

```
#!/bin/sh
# モニター対象のプロセスID（シェルの第1引数）
PID=$1
# コマンド実行間隔（秒）
INTERVAL=3
#モニター開始時刻の書き出し
echo timestamp = `date +%s`
#インターバル時刻の書き出し
echo "svmon interval = $INTERVAL"
# 指定した間隔でコマンドの実行
while ([ -d /proc/$PID ]) do
        ps -p $PID -o pid,vsz,rss
        sleep $INTERVAL
done
```

■ WAS のプロセス ID の見つけ方

OS の機能で資料を取得するので、対象のプロセスのプロセス ID の指定が必要です。対象の WAS のプロセス ID は **ps** コマンドや、WAS 起動時のログの記録などでも確認できます。WAS のプロセスは全て「java」となっており、さらに引数が非常に長いこと、同一 OS 上でプロファイルを作成して同じ名前のプロセスが複数起動している場合など様々な状況があるため、**ps** コマンドで判別するのは工夫が必要です。

プラットフォームに関わらず確認したい場合は、次のファイルを参照するとよいでしょう。

```
<PROFILE_ROOT>/logs/サーバー名/サーバー名.pid
```

このファイルはWASのプロイメント・マネージャーやノード・エージェント、アプリケーション・サーバーが起動する際に自動的に生成され、プロセスが終了する際に自動的に消えます。

ファイルの中身にはプロセスIDが入っています。Nativeヒープの監視以外でも、運用シェルなどで当該ファイルをチェックして利用すると便利です。

JVMのNativeヒープ使用量の可視化

Nativeヒープの可視化は、GCMVで簡単に行えます。これはGCMVに含まれるNative Memoryパーサーによって解析され、ツールに取り込まれます。グラフに表示するためには、テンプレート・ビューで「ネイティブ・メモリー」を選択します。

▶図5-16 「ネイティブ・メモリー」の選択

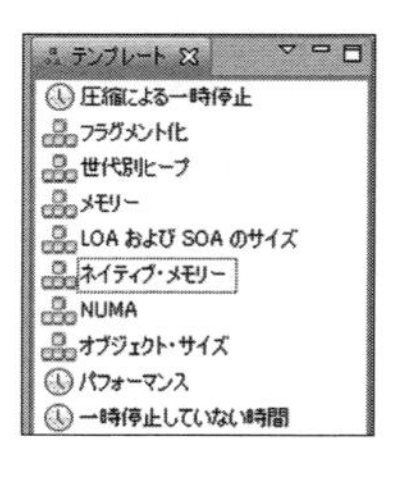

この結果、OSで取得したメモリー使用量の推移が可視化されました。

▶図 5-17　AIX の Native ヒープ可視化の例

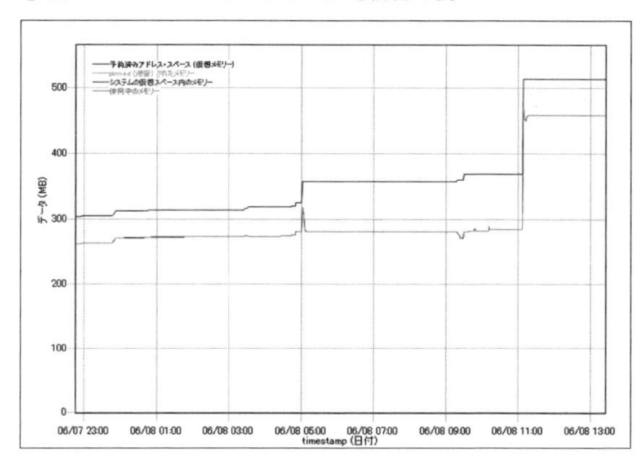

AIX で表示可能なデータは次の通りです。

- システムの仮想スペース内のメモリー
- 使用中のメモリー
- ページング・スペース
- pinned（メモリ上に固定された）メモリー
- 予約済みアドレス・スペース（仮想メモリー）

Linux では次の通りです。

- 仮想セット・サイズ（vsz）。プロセスが仮想メモリーで占有している合計サイズ
- 常駐セット・サイズ（rss）。プロセスが物理メモリー内で占有しているスペースの実際の量

　以上の結果を GC ログのグラフと比較します。Java ヒープのサイズが変動していないにも関わらず、OS 上で見たメモリーの使用量が増え続けていれば、Native ヒープがリークしている可能性が疑われます。また、OS で用意される仮想メモリー空間に収まらなくなる可能性があるかどうかのトレンドを確認することもできます。

deleteOnExit対策

Nativeヒープのメモリーリークに確実につながるJava APIがあるので注意が必要です。`java.io.File.deleteOnExit()`は、Javaアプリケーションが一時的に作成したファイルをJVMが終了するまで残しておくものです。

この動作を実現するためにJVMは、Javaアプリケーションから`deleteOnExit()`が呼ばれると、JVM終了のタイミングまでどのファイルを最後に消す必要があるか記憶しておく必要があります。

例えば`java.io.File.deleteOnExit("n.txt")`のような処理をn＝1から1,000,000回繰り返すと、JVMのNativeヒープ領域に100万個の`n.txt`（n＝1..1000000）のファイルの情報を絶対パスで保持します。

つまり、NativeヒープにJVM終了まで開放されることのない細かい領域が蓄積されていきます。これを開放することができるのは、唯一JVMの終了しかありません。長時間連続稼働が求められるシステムでこのAPIがアプリケーション内部で繰り返し実行されていると、確実にメモリーリークが発生します。

図5-18　deleteOnExit()のファイル情報保持

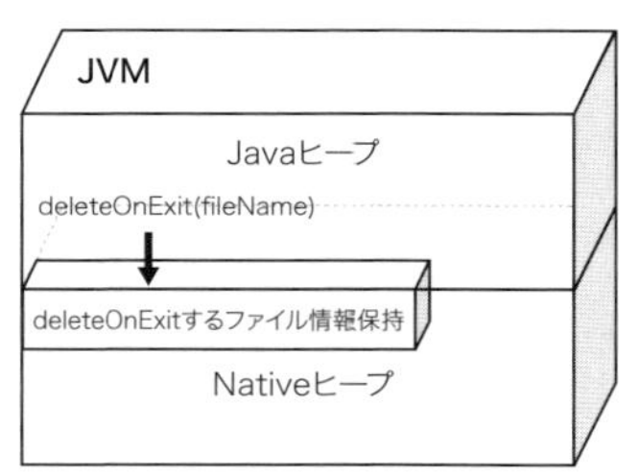

このように、`deleteOnExit()`を繰り返し呼び出すとNativeヒープのリークになり、長時間稼働の阻害要因になります。この対策としては、`deleteOnExit()`を使用しているプログラムを特定し、可能ならば`deleteOnExit()`以外のものに置換します。

■特定方法

`deleteOnExit()`の使用を特定するには、Java実行引数に`-Xtrace:trigger={method{*.deleteOnExit,,javadump}}`を指定し、WASを実行します。`delete`

OnExit() が呼ばれるたびに Java ダンプが生成されます。そして、生成された Java ダンプのスタック・トレースを確認します。

Column

Javadump 生成の回数を抑えたい場合は、次のように指定すると 21 回目から 25 回目の deleteOnExit 呼び出しの合計 5 回、Javadump が書き出されます。

```
-Xtrace:trigger={method{*.deleteOnExit,,javadump,21,25}}
```

リスト 5-4 Javadump から特定した deleteOnExit() 呼び出しコード

```
Current Thread Details
----------------------
    "Thread-11" (TID:0x104406C8, sys_thread_t:0x70D0CE8, state:R, native ID:0x568) prio=5
      at java.io.File.deleteOnExit(File.java:904)
      at com.ibm.etools.commonarchive.impl.CommonarchiveFactoryImpl.createTempZipFileStrategyIfPossible(CommonarchiveFactoryImpl.java:313)
      at com.ibm.etools.commonarchive.impl.CommonarchiveFactoryImpl.createNestedLoadStrategy(CommonarchiveFactoryImpl.java:291)
      at com.ibm.etools.commonarchive.impl.CommonarchiveFactoryImpl.createChildLoadStrategy(CommonarchiveFactoryImpl.java:235)
      at com.ibm.etools.commonarchive.impl.ArchiveImpl.createLoadStrategyForReopen(ArchiveImpl.java:447)
      at com.ibm.etools.commonarchive.impl.ArchiveImpl.reopen(ArchiveImpl.java:1015)
      at com.ibm.etools.commonarchive.impl.ArchiveImpl.reopen(ArchiveImpl.java:1034)
      at com.ibm.etools.commonarchive.impl.ArchiveImpl.reopen(ArchiveImpl.java:1007)
      at com.ibm.etools.commonarchive.impl.ArchiveImpl.saveAs(ArchiveImpl.java:1117)
      at com.ibm.ws.management.application.task.BackupAppTask.performTask(BackupAppTask.java:79)
      at com.ibm.ws.management.application.SchedulerImpl.run(SchedulerImpl.java:233)
```

この例では、CommonarchiveFactoryImpl.java の 313 行目、createTempZipFileStrategyIfPossible メソッド内で deleteOnExit() を呼び出していることが分かります。

このように特定されたコードをレビューし、JVM 停止までファイルを残すことに必要性がないなら、deleteOnExit() を使わずに明示的に削除するように変更することをお勧めします。

Column

deleteOnExit()は、Apache Strutsでも使われるApacheのcommonsライブラリー内部でも使用されていました。POSTメソッドでデータを送信するとそのたびに内部で呼ばれていたため、あるシステムではWASを起動してから数十万回処理を行うと必ずNativeヒープが枯渇し、OutOfMemory Errorが発生するという障害がありました。

このように、アプリケーション内部で明示的に使っていない場合でも、各種フレームワークやクラス・ライブラリーの中で使われている可能性があります。したがって、手元にあるソースコードの検索では確認できないこともあるわけです。

このような問題に対して、IBM Javaのトレース機能やダンプ機能をうまく使うと問題を特定できます。実際、この方法を使用して、古いWASの管理コンソールでJava EEアプリケーション・アーカイブのハンドリングのためにEARデプロイの内部処理でdeleteOnExit()が使われていたことが判明し、deleteOnExit()を使わないように改善されたこともあります（デプロイはそれほど繰り返すことはありませんが）。

DirectByteBufferの対策

Javaでは、アプリケーション上から直接NativeヒープにByteBufferを割り当てるAPIが用意されています。具体的には、java.nio.ByteBufferクラスのallocateDirectメソッドを実行すると、Nativeヒープにバッファーが割り当てられます。これをDirectByteBufferと呼びます。

allocateDirect()以外のメソッドの場合は、Javaヒープ上にByte配列が用意されるため、非DirectByteBufferと呼ばれます。

図5-19　DirectByteBufferと、非DirectByteBufferのメモリー割り当ての違い

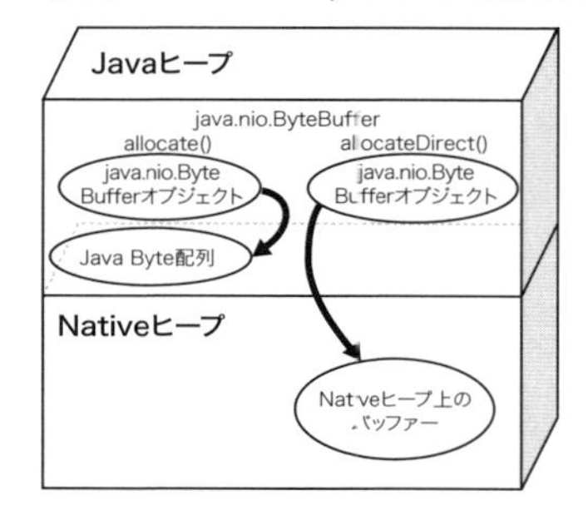

■ DirectByteBufferは氷山オブジェクト

DirectByteBufferは、Javaヒープ上に非常に小さなオブジェクトが作成され、このオブジェクトはNativeヒープ上のバッファーへの参照のみが保持されます。つまり、Javaヒープの領域には大きなメモリーを必要としないで、大きなバッファーを確保できるのが最大の特徴です。このようにJavaヒープにわずかなサイズのオブジェクトがあり、関連してNativeヒープ上に大きなデータが関連付けられるものを氷山オブジェクト（Iceberg Object）と呼ぶことがあります。文字通り、Javaヒープ上に見えているのが氷山の一角であるという特徴をよく表しています。

■ Javaヒープ上のオブジェクトと、紐付けられたNativeヒープ上のバッファーが開放されるタイミング

不要となったNativeヒープ上のバッファーは、次の2.のタイミングで開放されます。

1. アプリケーションがByteBufferオブジェクトへの参照を削除する
2. その後、Javaヒープ上でGCが実行される

つまり、Javaヒープ上のGCの実行間隔が長いと、既に不要となっているNativeヒープ上のバッファーがなかなか開放されない状態が続き、見かけ上のNativeヒープの使用量が増えてしまうことになります。

もともとJavaヒープ上のByteBufferオブジェクトが小さい特性もありますが、Javaヒープのサイズを必要以上に大きくしてしまうと、GCの実行間隔が伸びるため、この問題が表面化する可能性があります。特に32bit JVMではDirectByteBufferを多用すると、あっという間にNativeヒープが枯渇して、OutOfMemoryErrorの発生につながる恐れがあります。

このような背景より、今日使用されているJavaでは、Nativeヒープ上のDirectByteBufferが使用できるメモリー領域の上限値がデフォルトで64Mバイトに設定されるようになっています。

■ DirectByteBufferの対策

次のJVMの引数で、DirectByteBufferで使用するメモリー領域の最大サ

イズを指定します。

```
-XX:MaxDirectMemorySize=<size>
```

DirectByteBufferが64Mバイトに制限された状態で、Javaヒープ上でなかなかGCが発生しないと、Nativeヒープ内のDirectByteBufferの最大サイズの制限に達することがあります。この場合、Javaヒープ上のByteBufferオブジェクトが開放される可能性があるので、自動的にGCが実行されます。このGCにより、DirectByteBufferで使用する領域内から不要なバッファーが開放されます。

しかし、このような形のGCが頻発するとパフォーマンスへの悪影響が考えられます。DirectByteBufferの領域が64Mバイトに収まらないと判断される場合は、サイズを増やすなど調整する必要があります。実際、WASのSIPコンテナのチューニングでは、**-XX:MaxDirectMemorySize=256000000**を指定することがマニュアルに記載されています。長時間にわたり確保されるバッファーでは、Javaヒープ上にデータを保持するよりもNativeヒープに配置することで、GCへの影響を抑えることが可能なのは間違いありません。いずれにしても、JavaヒープのサイズおよびDirectByteBuffer専用領域のサイズを調整する場合は、氷山オブジェクトの特性（①GCが発生しないと開放されないため見かけの使用量が増える。②専用領域が不足するとGCが発生する）を理解して考慮することをお勧めします。

■ DirectByteBufferの使用箇所の特定方法

DirectByteBufferを使用しているコードを特定するには、次のJava引数を付与すると**allocateDirect()**を呼び出すタイミングでJavaダンプが生成されるので、そのスタック・トレースから確認します。

```
-Xtrace:trigger={method{*.allocateDirect,,javadump}}
```

またアクションとして、**javadump**の代わりに**jstacktrace**を指定することができます。**jstacktrace**を指定すると、Javaダンプを生成せずに、標準エラー出力にスタック・トレースを出力します。スタック出力の深さは**stackdepth=<**

深さ > の指定で調整可能です。次の URL も参照してください。

- IBM Java8：trigger オプション
https://www.ibm.com/support/knowledgecenter/ja/SSYKE2_8.0.0/com.ibm.java.win.80.doc/diag/tools/trace_options_trigger.html

DirectByteBuffer の使用サイズを調べる方法

モニタリングする場合は IBM HealthCenter の GUI で「ネイティブ・メモリー明細テーブル」から状況が確認できます。また、jconsole が使える環境では java.nio.BufferPool.direct の項目で確認できます。Java コアにも DirectByteBuffer の使用サイズが記録されているため、Java コア取得時点での情報を確認できます。

次のリストに示すように sun.misc.Unsafe の 1 項目として DirectByteBuffer によるメモリ使用量と割り当て個数が確認できます。

```
4MEMUSER       |  |  +--sun.misc.Unsafe: 128,720 bytes / 16 allocations
4MEMUSER       |  |  |  |
5MEMUSER       |  |  |  +--Direct Byte Buffers: 11,584 bytes / 11 allocations
4MEMUSER       |  |  |  |
```

Java システムダンプでも IBM Memory Analyzer Tool を使用すると同様に、DirectByteBuffer の状況が確認可能です。

リフレクション対策

Java API では、リフレクションを利用することで、前もって対象となるクラスをハードコーディングすることなしに、実行時に決定する任意のクラスオブジェクトの作成や操作が可能です。このメリットにより、フレームワークに比較的多く利用されるようになってきました。

ところがリフレクションは、前もって対象となるクラスをソースコードに埋め込んで呼び出す通常の場合に比べて、パフォーマンス上のデメリットがあります。そのため、処理の高速化のためにインフレーションという機能が用意されています。

具体的には、クラスからあるクラス・メソッドへのリフレクション経由でのアクセスは、JVM内部では`NativeMethodAccessorImpl`経由で行われます。この`NativeMethodAccessorImpl`は様々な処理で使い回され、それほど大きな速度を出すことができません。そこで、IBM JVMでは15回同じパスで呼び出しが発生すると、高速化のために特定のパス専用クラス（`GeneratedMethodAccessorXXX`）と、そのロードのための専用クラス・ローダー（`DelegationClassLoader`）がプログラム実行中に自動的に作成されます。

実はこのインフレーションが大量に行われると、JVMのNativeヒープ領域のメモリー使用量の肥大化につながります。そのため、長時間稼働や安定稼働が重要なサーバーでは、JVMの設定による対策を実施しておくことをお勧めします。

▶図5-20　リフレクションによるクラス・メソッドへのアクセス時の内部動作

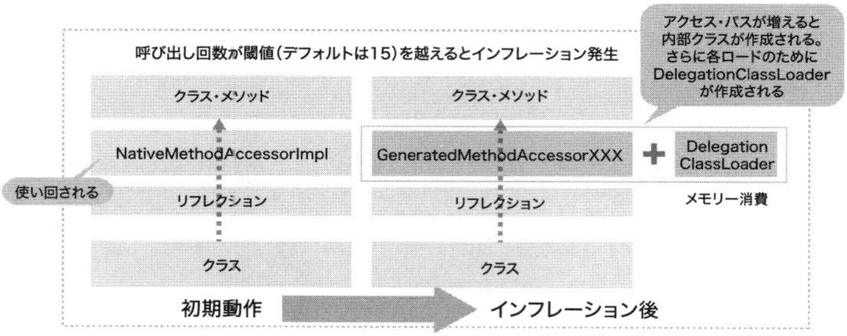

実際のシステム事例として、OutOfMemoryErrorが発生したためにシステム・ダンプを調査すると、リフレクションによって動的に生成されたクラスとクラス・ローダーが5万個以上作成されていることが判明したというケースがあります。最近は特に32bit版のJVMでこのような問題でメモリー枯渇になるケースが増えています。JVMのバージョンとリリースによって変動しますが、例えば次のようなサイズのメモリー消費が行われるとすると、5万近くのリフレクションによりNativeヒープが900Mバイト近くも使用されてしまいます。

- クラス・ローダー1つあたり12Kバイト
- クラス1つあたり1～2Kバイト

64bit版のJVMの場合、扱える論理アドレスが広いため、数Gバイトのメモリーを管理可能ですが、物理メモリーのサイズが十分でないとページングによる影響が懸念されます。32bit版のJVMの場合はこの動作によりOutOfMemoryErrorにつながる恐れが大きくなるため、次のJava引数で、リフレクション処理によって内部でインフレーションが多発することを防止できます。

```
-Dsun.reflect.inflationThreshold=0
```

逆に、Nativeヒープに余裕がある場合は、閾値を15より下げることで、なるべく早くインフレーションさせることでパフォーマンス上のメリットを享受することも可能です。ただし、インフレーション処理そのものもある程度のコストがかかるので、インフレーションしてもすぐに使い捨ててしまう場合は逆効果になる可能性もあります。システムによっては1時間に4万個ものクラス・ローダーを破棄してしまうようなものもあります。

JVMは不要になったクラスおよびクラス・ローダーを実際にメモリーから削除する処理はGCのタイミングで行われます。通常のGCでは発生しないせず､Javaヒープが逼迫した場合などに､不要となっているクラスおよびクラス･ローダーの開放処理をまとめて実施することがあります。このような形で大量に破棄する処理がGC内で発生するとGC実行時間が長くなることがあるので注意が必要です。

過剰な数のクラスとクラス・ローダー

リフレクション対策で書いたように、クラスとクラス･ローダーの数が多いと、Nativeヒープ領域のメモリー消費につながります。64bit JVMの場合は数が多くても論理アドレスの枯渇にはつながりませんが、数十万個のクラスが1つのJVMにロードされてくると、1つのアプリケーション・サーバーに大規模なアプリケーションを大量にデプロイしていることが疑われます。

これには次のようなデメリットがあるので､必要に応じてアプリケーション･サーバーを分割することをお勧めします。

- 品質の悪いアプリケーションがあると、スレッド・プールや接続プールなどの共有リソースを使い果たしてしまうなどで、問題のないアプリケーションまで影響を受けます。
- トランザクション・タイムアウトなどアプリケーション・サーバー全体で共通の設定しかできないパラメーターがあるため、アプリケーションの特性に合わせた最適化に限度が生じます。
- JVMの内部で管理上のオーバーヘッドが発生してパフォーマンス上のデメリットが発生する可能性があります。
- 特定アプリケーションのリリースに伴う再起動処理が、関係のないアプリケーションにも影響するなど、運用上の制約が発生します。

過剰なスレッドの作成

Javaアプリケーションが Java APIでスレッドを作成すると、JVMはOS上のネイティブのスレッドを作成します。このとき、OS上ではスレッドの作成に応じて次のような領域でメモリーが消費されます。

▶図5-21　JVMでのスレッドが使用するメモリー量

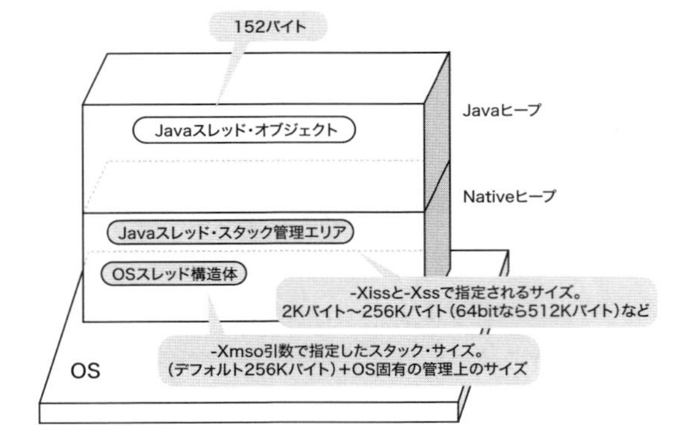

表5-4　IBM JVMスタック関連パラメーター

Java引数	項目	デフォルト値（32bit JVM）	デフォルト値（64bit JVM）
-Xiss	Javaスレッドの初期スタック・サイズ	2Kバイト	2Kバイト
-Xss	Javaスレッドの最大スタック・サイズ	256Kバイト	512Kバイト
-Xmso	OSスレッドのスタック・サイズ	256Kバイト（Windows版のみ32Kバイト）	256Kバイト

Java引数のデフォルト値は次のURLで確認できます。

- IBM Java8：JVMのデフォルト設定
https://www.ibm.com/support/knowledgecenter/ja/SSYKE2_8.0.0/com.ibm.java.win.80.doc/diag/appendixes/defaults.html

先の図のOSスレッド構造体の詳細は割愛しますが、AIXの場合、JVMの1スレッドあたりのNativeヒープのメモリー使用量は、次のような経験的な式で大まかに算出できます。

1スレッドごとのOSスレッドによるメモリー使用量＝
　スタック・サイズ（-Xmsoの設定）
　＋保護ページなど（ページ・サイズ）×3
　＋10Kバイト（pthread内部）

デフォルト（-Xmso=256KB、ページ・サイズ64Kバイト）の場合は、1スレッドごとのNativeヒープの使用量は大体458Kバイト程度となります。

これにJavaスレッド・スタック管理領域なども合わせると、1スレッド生成あたりNativeヒープ領域には460Kバイトから最大972Kバイト（64bitの場合）のメモリーが消費されることになります。特に32bit版JVMで4桁台となる1,000スレッド程度までスレッドが増える可能性があるシステムは、Nativeヒープを500Mバイト程度使用するため、枯渇を引き起こす可能性があります。

また、OSの観点からも、スレッド数が多いとコンテキスト・スイッチやロック制御のオーバーヘッドが高くなるため、パフォーマンス上の問題を引き起こす可能性が高まります。1 JVMあたりのスレッド数は3桁以内に収めるように設計、構成するのが安全です。

Column

スレッドはWebコンテナ・スレッドプール以外でも生成されることに注意

WASのコンテナーのスレッド・プールの設定だけでは、スレッド数をうまく制御できないこともあります。例えば、アプリケーションでユーザーがスレッドを作成している場合は注意が必要です。また、接続プールなどのリソース管理のためにスレッドを作成するものもあります。WASの場合、WebSphere MQプロバイダーを使ってJMSを使用すると、JMS接続プールとセッション・プールのそれぞれでスレッドが作成されます。

ある事例では、接続プールとセッション・プールがそれぞれ500まで増える設定となっており、実際にJMS接続プールとセッション・プールのオブジェクトが1,800程度となる状況がありましたが、これに対応するスレッドが1,800個もJVM内に作成されており、Nativeヒープが枯渇してOutOfMemoryErrorが発生してしまいました。このように、製品やフレームワークの実装によっては想定外にスレッドが作成される可能性もあるので、JVMのスレッド数の推移はOSの機能を用い、テスト時などに十分確認することをお勧めします。

■JVMのスレッド数推移の確認

スレッド数の確認は、Javaダンプやシステム・ダンプ※1を取得して調査分析が可能ですが、これはある一時点のスナップ・ショットのようなデータにすぎません。時系列にどのように推移しているかは、定期的にOSの機能で取得して情報を得ることが必要です。

AIXでのスレッド数は、次のコマンドで確認できます。

※1　JVMの世界でのSystem dumpは、OSから見るとプロセス・ダンプに相当します。LinuxやUNIXのCOREファイルやWindowsのuser dumpです。

```
ps -mp <対象JVMのPID> -o THREAD|wc -l
```

前記の結果数値から2（ヘッダーとプログラム自身の2行分）減じたものを定期的に記録します。

▶リスト5-5　AIXの実行例

```
root[/]>ps -mp 1331690 -o THREAD |wc -l
      63（→61スレッド）
```

Linuxでのスレッド数は、次のコマンドで確認できます。

```
ps -efL|grep <対象JVMのPID>|grep -v grep |wc -l
```

前記の結果から2減じたものを定期的に記録します。

▶リスト5-6　Linuxの実行例

```
[root]# ps -efL|grep -e server1 -e PID |grep -v grep |wc -l
      82（→80スレッド）
```

なお、Windowsでは、Perfmonでプロセスのスレッド数を表示・記録します。

■JVMの個々のスレッドの確認方法

Tivoli Performance Viewer（TPV）で確認できるものは、あくまでもWASが管理しているスレッド・プールです。WASの管理下にあるスレッド・プールの数が問題になっている場合はいいのですが、それ以外のスレッドの数が多い場合にはTPVでは確認できません。

このようなときには、Javaダンプかシステム・ダンプを取得し、その中身から実際にどのようなスレッドが占有しているのかスレッド名やスレッド・スタックを確認します。Javaダンプ取得方法とその確認方法は第6章で説明します。

1 2 3 4 5 6 7 8 9 10 11 12 13

5-3 JVMのその他注意事項

JVMに関するその他の注意事項と、推奨する構成について説明します。

Attach APIの停止

Attach APIはJVMの拡張機能で、システム上のJVMをリストアップし、その中から選択したJVMにアタッチする環境を提供し、アタッチしたJVMに対して次のようなことができます。

- 環境変数・システムプロパティーの取得。
- Instrumentation APIを使用するエージェントのロード。
- Java Virtual Machine Tool Interface（JVMTI）を使用するエージェントのロード。

この技術は、Jconsoleツールでも使われています。IBM JavaではAIX、Linux、Windowsではデフォルトで有効化、z/OSでは無効化されています。

同一システム上で同一ユーザーで起動したJconsoleなどのAttach APIを使用したプログラムからしか要求を受け付けない仕組みにはなっていますが、ユーザー管理が確実に行われていない場合は想定外に接続される可能性があります。また、Attach APIの要求を処理するため、Attach APIスレッドが常駐します。不具合によりAttach APIスレッドがJVM起動時のCPU使用率を高くするといった事象も報告されています。

セキュリティの観点およびリソースの観点より、Attach APIが必要ない場合は、次のJava引数を付けて明示的にAttach APIを使用しない設定にすることをお勧めします。

```
-Dcom.ibm.tools.attach.enable=no
```

1
2
3
4
5
6
7
8
9
10
11
12
13

IPv4/IPv6固定とローカル・ホストのキャッシュ

IBM JVM1.4以降では、デフォルトでIPv6のソケットを作成します。Javaアプリケーションが意図しなくても、JVMの設定に依存して動作します。

IPアドレスの枯渇問題を考えるとIPv6への移行はネットワーク・インフラの1つの課題ではありますが、既存のサーバーシステムではIPv4を使用しているケースがほとんどです。

JavaがIPv6のソケットを作成したとき、OSの名前解決の仕組みに問題があると、タイムアウトが発生してからIPv4のソケットを作成し直すため、名前解決の時間がとても長くなることがあります。IPv4のみを使用したシステムの場合は、Java引数に次のように明示的にJVMがIPv4のソケットの作成を優先するように指定することをお勧めします。

```
-Djava.net.preferIPv4Stack=true
```

現在ではモバイル環境などで頻繁にJVM自身のIPアドレスが変更することに対応するため、ローカル・ホストの名前解決の結果のキャッシュをJVM自身で行われなくなりました。毎回OSに問い合わせを行う挙動になっているため、パフォーマンスへのインパクトや、DNSサーバーの安定性の影響を強く受けることが想定されます。

稼働中にIPアドレスが変わらないサーバー環境では、明示的にローカル・アドレスをJVMにキャッシュすることは有用です。次のJava引数を追加するとよいでしょう。

```
-Dcom.ibm.cacheLocalHost=true
```

JVMのダンプ生成イベントをOS管理ログに記録させる

安定稼働のためにはシステムが正常に稼働しているかどうかを検出・判断できることが重要です。多くのシステムでは監視のための仕組みが用意されており、問題があれば自動的に発報する仕組みとなっているでしょう。

WASは、z/OS版を除いてsyslogへの出力をサポートしていません。そのため、WASの監視のためには、外部からのHTTPを使用したヘルスチェック、

WASの書き出すログを個別にシステム管理用のソフトウェアで管理する、あるいはJMXアプリケーションでアプリケーション・サーバーの通知を受け取るようにするといった手法が挙げられます。WASのログの詳細は第6章で説明します。ここではJVMが問題を発生した際のダンプ書き出しイベントをいかに検出するかについて記すことにします。

IBM Javaは、Javaダンプ、ヒープ・ダンプ、JVMシステム・ダンプ、Snapダンプといったダンプのイベントが発生したときにOSで管理するログに通知する機能を持ちます。OS管理のログにJVMのダンプが発生したことを記録させることで、システム管理者は速やかに問題が発生したことを認識できるため、安定稼働に必要なアクションを即座にとることができます。ところがこの機能はWindowsとz/OS以外のプラットフォームでは明示的に構成しないと利用できません。プラットフォーム別のJVMのダンプ生成イベントのロギング機能を表5-4に示します。

表5-4　プラットフォーム別、IBM JVMのダンプ・イベントのロギング機構

プラットフォーム	ロギングの仕組み
AIX	方法1：syslog AIX標準環境ではsyslogデーモン（syslogd）は停止しているので、事前に起動しておく必要がある。
	方法2：errpt syslogdからメッセージをAIXのエラー・デーモンに転送し、errptで参照できる。
Linux	syslog
Windows	イベント・ログ
z/OS	wto（operator log）
IBM i	方法1：syslog
	方法2：joblogまたはシステム・メッセージ・キュー syslogdが起動していない場合はメッセージの優先度に応じてjoblogまたはメッセージ・キューに転送されるためそちらでで確認できる。

AIXとLinuxで用意されるロギングの仕組みを構成する方法は次の通りです。

■ AIXで利用するには

ダンプ・イベントが発生した際、syslogだけではなく、次のような流れで、AIX独自のログ管理機能となるerrptにイベントを記録することも可能です。

▶図5-22 AIXのerrptへの記録の流れ

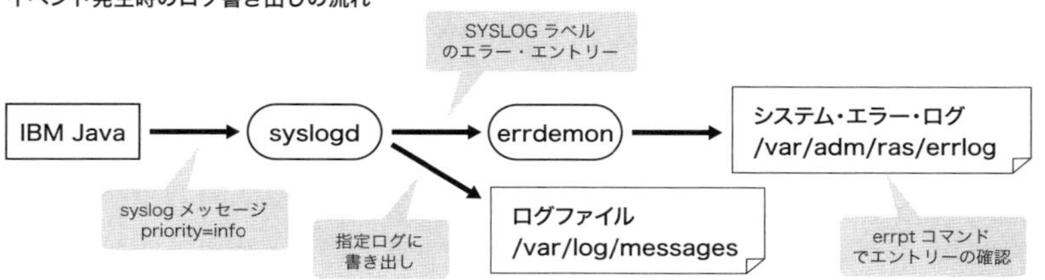

1. syslogデーモン(syslogd)が起動していない場合は起動します(PowerHA構成以外では通常は起動していません)。

   確認方法:lssrc -s syslogd

   起動方法:startsrc -s syslogd

   実行例:

```
root[/]>lssrc -s syslogd
Subsystem         Group            PID          Status
 syslogd          ras                           操作不可
root[/]>startsrc -s syslogd
0513-059 syslogd サブシステムは始動しました。サブシステム PID は 229618 です。
root[/]>lssrc -s syslogd
Subsystem         Group            PID          Status
 syslogd          ras              139646       活動状態
```

2. AIX上でIBM Javaにダンプ生成イベントが発生すると、facilityとpriorityのsyslogメッセージがIBM Javaから生成されます。以下のような記述を/etc/syslog.confに追記してsyslogファイルに記録します。

```
user.info /var/log/messages
```

   また、AIXerrordaemonにメッセージを転送してerrptで確認できるようにするには以下のようにerrlogに転送するように指定します。複数の行を追記して両方に出力することも可能です。

```
user.info errlog
```

3. 既にsyslogdが起動済みの場合は、syslogdに新しい構成を再読み込みさせます。
構成ファイル再読み込み方法：　refresh -s syslogd
なお、refreshをしない場合は、次回syslogdを起動するまで変更内容は反映されません。
syslogdからerrordaemonへのリダイレクトの設定を行わなかった場合は、syslogの指定ログに記録されます。また、syslogdを起動しない場合は、メッセージはどこにも記録されません。

リスト 5-7　Syslogの出力例

```
Sep 24 19:38:00 aixtest1 user:info IBM Java[4718670]: JVMDUMP039I ダンプ・イベント "user"、詳細 ""（場所: 2017/09/24 19:38:00）を処理しています - お待ちください。
Sep 24 19:38:00 aixtest1 user:info IBM Java[4718670]: JVMDUMP032I JVM は、イベントの応答として Java ダンプ（'/opt/IBM/WebSphere/AppServer/profiles/ AppSrv01/javacore.20170924.193800.4718670.0001.txt' を使用する）を要求しました。
```

リスト 5-8　errptの出力例

```
ラベル:          SYSLOG
ID:              C6ACA566

日付/時刻:        Sun Sep 24 19:38:00 JST 2017
順序番号:         242
マシン ID:        00F606184C00
ノード ID:        aixtest1
クラス:           S
タイプ:           UNKN
WPAR:            Global
リソース名:        syslog

説明
syslog からメッセージがリダイレクト

ユーザー側の原因
オペレーターが SYSLOG メッセージをエラー・ログへリダイレクトしました

        推奨される処置
        詳細データを検討してください
```

```
詳細データ
SYSLOG メッセージ
<14>Sep 24 19:38:00 IBM Java[4718670]: JVMDUMP032I JVM は、イベントの応答として
Java ダンプ ('/opt/IBM/WebSphere/AppServer/profiles/ AppSrv01/javacore.20170924.
193800.4718670.0001.txt' を使用する) を要求しました。
```

■ Linuxで利用するには

RHEL7、SLES12、Ubuntu15.04以降では、OSの起動処理全体を取り扱うシステムが、従来のinitからsystemdに変更されました。起動処理が大幅に高速化されましたが、システム管理の仕組みが大幅に変更されているため注意が必要です。systemd環境のLinuxでは、syslogメッセージは1度jurnaldにより送付され、**/run/system/journal/syslog**にバイナリで記録されるとともに、rsyslogdによりバイナリファイルを読み取られて、従来の**/var/log/messages**に書き込まれます。

図5-23　Linuxにおけるsyslogの流れ

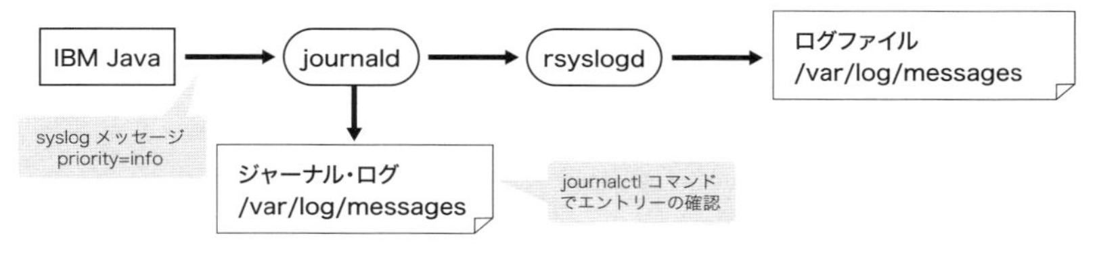

1.　rsyslog.confの確認

Linux環境では、user.infoのfacilityとpriorityのログがIBM Javaから生成されます。**/etc/rsyslog.conf**にuser.infoレベル以上のメッセージが**/var/log/messages**などに書き込まれる設定になっているかどうかを確認します。標準構成で問題ないはずですが、もしuser.infoレベル以上が書き出されない設定の場合は明示的に構成します。

```
# Log anything (except mail) of level info or higher.
# Don't log private authentication messages!
*.info;mail.none;authpriv.none;cron.none        /var/log/messages
```

2. rsyslogd の再起動

1. で設定変更を行った場合は、次のコマンドで rsyslogd を再起動します

```
# systemctl restart rsyslog
```

▶リスト 5-9　rsyslog の出力例

```
Sep 24 17:04:33 plinuxtest1 journal: IBM Java[30214]: JVMDUMP039I ダンプ・イベント "user"、詳細 "" (場所: 2017/09/24 17:04:33) を処理しています - お待ちください。
Sep 24 17:04:33 plinuxtest1 journal: IBM Java[30214]: JVMDUMP032I JVM は、イベントの応答として Java ダンプ ('/opt/IBM/AppServer/profiles/AppSrv01/javacore.20170924.170433.30214.0001.txt' を使用する) を要求しました。
```

systemd 環境では rsyslog.conf の設定で user.info が構成されていない場合でも、次のように、journalctl コマンドで /run/system/journal/syslog のバイナリファイルに記録されている内容を表示可能です。ただし、このファイルは運用上消える可能性があるため、rsyslog で /var/log/messages 等の永続ファイルに書き込まれる構成をお勧めします。

```
# sudo journalctl -f /opt/IBM/WebSphere/AppServer/java/8.0/bin/java
-- Logs begin at 水 2017-01-25 10:27:41 JST. --
 9月 24 18:02:23 plinuxtest1 java[30214]: IBM Java[30214]: JVMDUMP039I ダンプ・イベント "user"、詳細 "" (場所: 2017/09/24 18:02:23) を処理しています - お待ちください。
 9月 24 18:02:23 plinuxtest1 java[30214]: IBM Java[30214]: JVMDUMP032I JVM は、イベントの応答として Java ダンプ('/opt/IBM/WebSphere/AppServer/profiles/AppSrv01/javacore.20170924.180223.30214.0002.txt' を使用する) を要求しました。
```

IBM i で syslog を使う場合も同様に user.info を用いて JVM のダンプ・イベントの記録を制御します。

OutOfMemoryError 発生時に JVM を即座に終了させる

5-1、5-2 でお伝えしているように、OutOfMemoryError が発生する状況では、アプリケーションだけではなくアプリケーション実行基盤の動作がエラーになる可能性があります。分散環境では例えばプロセス間の情報を共有す

る仕組みに悪影響が発生する可能性もあるため、OutOfMemoryErrorが発生したら即座にJVMを停止し、影響範囲を広げないようにする構成をお勧めします。

まず、WASのJavaプロセスに次のJava引数を設定します。

```
-Xdump:tool:events=systhrow,filter=java/lang/OutOfMemoryError,exec="kill -9
%pid"
```

上記の設定を行うと、OutOfMemoryError発生時は、以下の順番で各種ダンプを順に書き出した後に、JVMが強制終了されます。なお、カッコ内はデフォルトのpriority値で変更可能です。priority値の大きなものから順次処理されます。

1. COREダンプ（priority 999）
2. ヒープ・ダンプ（priority 500）
3. javacore（priority 400）
4. Snapダンプ（priority 300）
5. JITダンプ（priority 200）　※IBM Java8以降のみ

アプリケーション・サーバーのJVMが強制終了された場合、WAS traditionalのND版では、各アプリケーション・サーバーに構成されたモニター・ポリシー（デフォルトは自動再起動有り）に従い、ノード・エージェントが自動的に起動します。

またここでご紹介したOutOfMemoryError発生時以外でもJVMが異常終了する可能性があるため、ND版のデプロイメント・マネージャー、ノード・エージェントおよびND版以外のアプリケーション・サーバーのJVMは次の方法で自動的に再起動する構成を行っておくことをお勧めします。

- Windows：Windowsサービスに登録
- Linux：WSServiceコマンドの利用または、rc.wasサンプルスクリプトの使用
- AIX、その他のUNIX：rc.wasサンプルスクリプトの使用

以下のURLも参考にしてください。

- dW：WAS 小ワザ集　第31回：OutOfMemoryError発生時に自動でJVMを停止する方法
https://www.ibm.com/developerworks/jp/websphere/library/was/was_tips/31.html
- WAS V9.0：サーバー・プロセスの自動再始動
https://www.ibm.com/support/knowledgecenter/ja/SSAW57_9.0.0/com.ibm.websphere.nd.multiplatform.doc/ae/trun_processrestart.html

5-4 WAS の安定稼働に関連する機能

WAS 自身が持っている安定稼働に関係する機能、特にシステムが健全であることを確認する機能を紹介します。

HA マネージャー

HA マネージャーは、単一障害点（Single Point of Failure）の障害が全体の障害にならないようにする WAS traditional ND の機能です。単一障害点となるシングルトン・サービスには、クラスター・メンバー向けのトランザクション・マネージャーや WAS デフォルトのメッセージング・プロバイダーがあります。HA マネージャーの機能は、セル内の全てのアプリケーション・サーバー、プロキシー・サーバー、ノード・エージェントおよびデプロイメント・マネージャーで実行されています。

HA マネージャーは、専用のトランスポート・チャネルを使用し、ハートビートにより、他のメンバーが開始、停止または失敗したことを検出します。ハートビートし合うサーバーが増えすぎるとオーバーヘッドが増えるので、セルをコア・グループと呼ぶ複数の高可用性ドメインに分割することが必要です。各コア・グループに所属するプロセスが 50 以上にならないように分割してください。

コーディネーターには、コア・グループ・プロセスの開始、停止または失敗が通知され、所定の時刻にどのプロセスが使用可能であるかを認識します。また、EJB WLM ルーティング情報などを更新し配布します。障害を検知すると、適切なアプリケーション・サーバーの HA マネージャーにシングルトン・サービスのフェイルオーバーを指示します。また、この情報はプラグインにも通常の HTTP 要求・応答のやりとりを通じて伝播されます。これによってプラグインが WAS に HTTP 要求を転送する際に動的なフェイルオーバーが行われます。HA グループは、コア・グループ内で動的に生成されて高可用性コンポーネントのフェイルオーバーが可能な論理的なグループです。

図5-24　HAマネージャーとコア・グループ

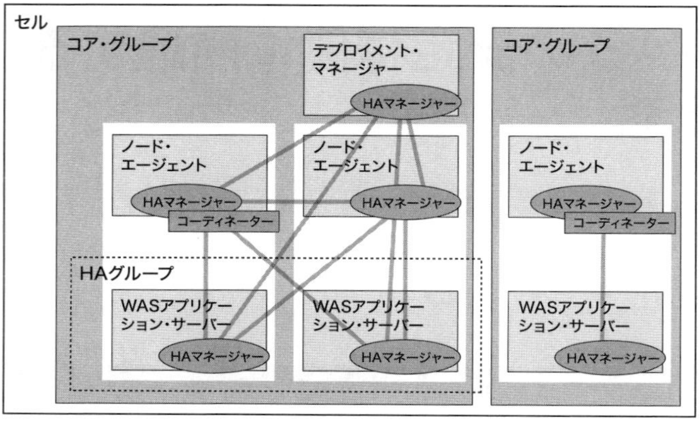

ハング・スレッド検出機能

WAS traditionalが管理するスレッド・プールには、ハング・スレッドの検出機能が実装されています（ハング検出オプション）。実際にはスレッド・プール内の各スレッドそれぞれについて活動状態の持続時間を監視し、あらかじめ指定した時間以上にわたり空プールに戻されずに活動状態を持続したスレッドは、ハングしていると判断されます。この機能は、ハング検出ポリシーのパラメーターで構成されます。

表5-5　ハング検出ポリシーのパラメーター

名前	値	デフォルト値
com.ibm.websphere.threadmonitor.interval	選択されているアプリケーション・サーバーの管理対象スレッドに対して、問い合わせが行われる頻度（秒数）	180秒（3分）
com.ibm.websphere.threadmonitor.threshold	スレッドがハングしたと検出されるまでの、アクティブでいられる時間（秒数）。この時間より長くアクティブとして検出されたスレッドは、ハングとして報告される	600秒（10分）
com.ibm.websphere.threadmonitor.false.alarm.threshold	閾値が自動的に引き上げられるまでに発生するアラーム（誤報）の回数（T）。ハングとして報告されたスレッドが最終的に完了した場合、結果的に誤報となる。このようなイベントが多発するということは、閾値が小さすぎることを示している。ハング検出機能は、このような状況に自動的に対応できる。アラームが閾値Tに達するたび、閾値Tを自動的に1.5倍に増加する。自動調整機能を使用しない場合は、閾値を0以下に設定する	100

名前	値	デフォルト値
com.ibm.websphere.threadmonitor.dump.java	true に指定すると、ハング・スレッドが検出され、WSVR0605W のメッセージが書き出されると Java ダンプファイルが自動生成される。Java ダンプファイルのスレッドセクションは、ハング・スレッドと他の関連するスレッドが何の処理をしていたのかの調査に用いることができる。	false
com.ibm.websphere.threadmonitor.dump.java.track	com.ibm.websphere.threadmonitor.dump.java を true に指定した場合で、ハング・スレッドの検出が継続した場合、com.ibm.websphere.threadmonitor.interval の間隔で javacore を生成し続ける。この場合、最大何個まで連続して javacore を書き出すかを指定する。	0※

※古い Fix Pack の場合、デフォルト値 0 では無制限と解釈されます。APAR PI65836 を含む WAS traditional v8.5.5.12、9.0.0.3 以降提供の製品では 1 回と解釈されます。

ハング・スレッド検出機能では、WAS 出荷時の構成で 10 分以上活動状態を継続したスレッドがようやくハングとして検出されます。活動状態を継続しているということは処理結果を返していないと判断できます。

実際のシステムでは、数十秒から数分の処理結果の遅延でもシステムの安定稼働の基準要件から外れるケースもあります。そのような場合は、ハング・スレッド検出機能の閾値を下げることで、早めにハング・スレッドを検出し、必要となる調査・対応を行うことで、安定稼働に結び付けられます。

リスト 5-11 検出時の SystemOut.log のメッセージの例

```
[11/08/10 15:55:33:746 JST] 680e8c75 ThreadMonitor W WSVR0605W: スレッド
"Servlet.Engine.Transports : 1293" (2ca38c77) が 612,791 ミリ秒間アクティブで、
ハングしている可能性があります。サーバー内には、ハングの可能性のあるスレッド
が合計 1 本あります
```

設定の変更方法は次の通りです。

1. 管理コンソールで、「サーバー」→「アプリケーション・サーバー」→「server_name」を選びます。
2. 「サーバー・インフラストラクチャー」の下の「管理」→「カスタム・プロパティー」をクリックします。
3. 「新規」をクリックします。

4. 次のプロパティーを追加します。値には任意の数値を定義します（ハング検出オプションを使用不可にするには、com.ibm.websphere.threadmonitor.interval プロパティーを0以下に設定します）。
   名前：com.ibm.websphere.threadmonitor.interval
   名前：com.ibm.websphere.threadmonitor.threshold
   名前：com.ibm.websphere.threadmonitor.false.alarm.threshold
   名前：com.ibm.websphere.threadmonitor.dump.java
5. 「適用」をクリックします。
6. 「OK」をクリックします。
7. 変更を保存します。サーバーを再始動する前に、ファイルの同期が実行されていることを確認してください。
8. アプリケーション・サーバーを再始動して、変更を有効にします。

詳細は次のURLを参照してください。

- WAS V9.0：ハング検出ポリシーの構成
https://www.ibm.com/support/knowledgecenter/ja/SSAW57_9.0.0/com.ibm.websphere.nd.multiplatform.doc/ae/ttrb_confighangdet.html

ハング検出時は、検出イベントをトリガーとして、WASハング時の調査に必要となるnetstatやJavaダンプの取得を行い、原因調査と対策を行います。

また、以下のいずれかの方法でイベントを検出して、WASハング時の調査に必要な資料取得を自動化することも有用なので検討してください。

1. JMXイベント通知が発生するのでそれを利用する

発生するJMX通知イベントは以下です。

```
com.ibm.websphere.management.NotificationConstants
のTYPE_THREAD_MONITOR_THREAD_HUNG
```

これを利用したJMXベースの管理クライアント・プログラムや、各アプリケーション・サーバーのカスタム・サービスとして登録可能なプログラムによるハングスレッド検知のサンプルは以下のページで紹介されています。

https://www.ibm.com/developerworks/websphere/library/techarticles/0412_kochuba/0412_kochuba.html

2. モニタリング系の製品で JMX イベント通知やログを監視し、必要に応じて Action を実施する
3. シェルで定期的にログの WSVR0605W メッセージを監視して Action を実施する
4. その他汎用ツールで検知する

Java ダンプを書き出す設定を行わなくても、ハング・スレッドが検出された際、JVM ログにハング・スレッドのスタック・トレースが書き出されます。処理の遅いスレッドの特定にその情報を活用することも可能です。WAS Liberty にも同様の機能があります。詳細は、第 9 章を参照してください。

CPU 欠乏のサイン

WAS traditonal の HA マネージャーには、JVM のスレッド・スケジューリングに遅延がないかどうかを自己診断する機能が実装されています。常駐スレッドを 30 秒 sleep させ、sleep 開始から完了までの時間が正確に 30 秒であるかどうか JVM から取得した時刻をもとに判断し、sleep からの復帰の遅延が閾値（5 秒）より大きいと、次のような警告メッセージ（HMGR0152W）を JVM ログに書き出します。

```
11/08/26 15:11:56:042 JST] 0000001f CoordinatorCo W HMGR0152W: CPU 欠乏が検出されました。 現行スレッドのスケジューリング遅延は 18 秒です。
```

このメッセージは、CPU リソースが十分にあり、かつサービスを問題なく提供しているように見えても、CPU リソースがタイムリーに割り当てられない問題があることを示しています。具体的には、次のような理由で発生することがあります。

- 物理メモリーを超えたメモリー使用量によりページングが発生した。
- JVMのJavaヒープ・サイズが小さいため、GCの多発や、GC実行時間が長くなり、他のスレッドの実行をブロックした。
- システム上に多数のスレッドを用意したため、負荷が上がった。この場合はCPU使用率の上昇が確認される。

アプリケーションの実行スレッドにも、CPUリソースが適切に割り当てられないことにより間欠的な処理遅延が発生している可能性があるため、この警告メッセージが確認されたら調査することをお勧めします。なお、20秒以下の遅延が非常にまれに発生する程度なら、問題がない場合もあります。

■解消方法

OSのリソースやJVMのGCの状況から原因の調査を行い、必要に応じて次のような対策を実施します。

- 物理メモリーを追加する。
- Javaヒープ・サイズの調整を行い、GCを最適化する。
- システムの負荷を下げる（システムレベルでの調整やトポロジーによる対応）。

■調整について

sleepの時間と、警告メッセージを出す遅延時間の閾値は、次の2つのカスタム・プロパティーで調整可能です。

- IBM_CS_THREAD_SCHED_DETECT_PERIOD
  遅延検知のスレッドの実行間隔を指定します。デフォルト値は30(秒)です。
- IBM_CS_THREAD_SCHED_DETECT_ERROR
  遅延検知機能が警告メッセージを出す遅延時間の閾値です。デフォルト値は5（秒）です。

プロパティーは、コア・グループのスコープで次のように追加できます。

1. 管理コンソールから、「サーバー」→「コア・グループ」→「コア・グループ設定」と進み、対象のコア・グループを選択します。
2. 「追加プロパティー」の下にある「カスタム・プロパティー」→「新規追加」をクリックします。
3. プロパティー名と必要な値を追加します。
4. 変更内容をマスター構成に保存します。
5. 変更を反映するためにサーバーを再起動します。

図 5-25　スレッド・スケジューリング遅延検知閾値の設定

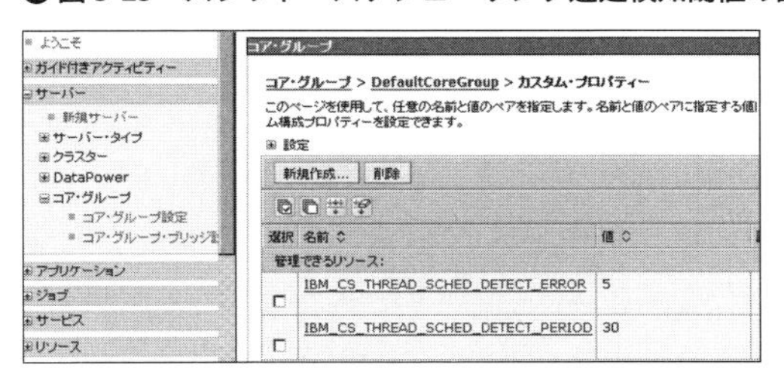

警告メッセージを減らすために閾値を延ばす調整を行うよりも、原因を特定して対処するようにしてください。

CPU 欠乏チェック用のスレッドは、Java ダンプを取得して確認すると次のようなスタックとしてその存在を確認できます。

```
at java/lang/Thread.sleep(Native Method)
at java/lang/Thread.sleep(Thread.java:851(Compiled Code))
at com/ibm/ws/hamanager/runtime/CoordinatorComponentImpl$ThreadSchedulerDelayDet
ector.run(CoordinatorComponentImpl.java:1175)
at java/lang/Thread.run(Thread.java:736)
```

ヘルス管理による監視と自動対応

WAS traditional ND では V8.5 からヘルス管理と呼ばれる機能が利用できます。

ヘルス管理では、事前定義ヘルス条件として以下のようなものが使えます（一部抜粋）。

- メモリー条件：メモリー使用量超過
- メモリー条件：メモリー・リーク
- ガーベージ・コレクション・パーセンテージ

条件に合致する状況を検出時した際に自動実行する内容として、以下のような事前定義ヘルス・ポリシー・アクションが用意されています（一部抜粋）。

- サーバー再起動
- スレッド・ダンプの取得
- JVMヒープ・ダンプの取得
- SNMPトラップの発生

これらを適切に組み合わせたヘルス・ポリシーを定義しておくことで、対象のアプリケーション・サーバーにメモリー・リークや過剰なGCの発生が確認されると、資料を取得し、リカバリー処理と通知を行うといった一連の処理を自動的に行うことができます。

その他、ヘルス条件にはPMIやMBeanで取得できる各データを条件式に組み込むことができます。アクションには、保守モードにして割り振り先からはずすといったことも可能です。よりインテリジェントな運用のためにヘルス管理を活用してみることをお勧めします。以下のURLも参照してください。

- dW：「Webサーバー・プラグインのインテリジェント管理機能の構成と、基本シナリオ」
https://www.ibm.ccm/developerworks/jp/websphere/library/was/was855_im_health/1.html

パフォーマンスおよび診断アドバイザー

WAS traditionalでは、Tivoli Performance Viewerとは別に、各アプリケーション・サーバーに対して使用可能な、パフォーマンスおよび診断アドバイザーが利用可能です。Tivoli Performance Viwerはパフォーマンスのアドバイスに特化しています。一方、パフォーマンスおよび診断アドバイザーでは、パフォーマンスに関するアドバイス以外に、メモリー・リークの検出や、データ・ソース、スレッドの診断を行えます。システムのパフォーマンスへ与える影響は最小なので、パフォーマンスの考慮点や診断項目に課題があるかをテスト機や実稼働環境で確認したい場合に有用です。

WAS V9.0では管理対象のリソースが26種類設定可能で、用途に応じて個別に開始できます。10種類のリソースはパフォーマンスへのインパクトが大きいとされてますが、メモリー・リークの検出などはインパクトが低いので本番環境でも適用可能です。

メモリー・リークの検出のみ設定する場合は次の手順で行います。

1. 「サーバー」→「アプリケーション・サーバー」をクリックします。
2. 「server_name 」→「パフォーマンスおよび診断アドバイザー構成」をクリックします。
3. 「ランタイム」タブをクリックします。
4. パフォーマンスおよび診断アドバイザーフレームワークを使用可能にし、「OK」をクリックします。
5. パフォーマンスおよび診断アドバイザーフレームワークの「ランタイム」タブまたは「構成」タブから、「パフォーマンスおよび診断通知構成」をクリックします。
6. メモリー・リーク検出通知を開始して、その他の無用の通知を停止します。

▶図5-26

1 2 3 4 5 6 7 8 9 10 11 12 13

SystemOut.logファイルまたは管理コンソールからランタイム・メッセージに次のようなログが記録されます。これによりメモリー・リークの発生の有無が確認できます。

詳細は以下のURLを参照してください。

- WAS V9.0：パフォーマンスおよび診断アドバイザー
https://www.ibm.com/support/knowledgecenter/ja/SSAW57_9.0.0/com.ibm.websphere.nd.multiplatform.doc/ae/cprf_rpa.html

5-5 障害範囲の局所化

もしシステムの一部に障害が発生しても、その障害がシステム全体に波及しなければ、サービス停止には直結せず大きな問題にはなりません。そのためにも障害範囲を局所化する対応が必要となります。

WAS 障害の局所化

プラグインは、アプリケーション・サーバーへの割り振りを行うことで、負荷分散とフェイルオーバーの仕組みを提供しています。アプリケーション・サーバーをクラスター構成にする場合、WAS ND では次のようなタスキがけの割り振りの構成になります。

▶図 5-27　IHS と WAS 間の 1:N 構成

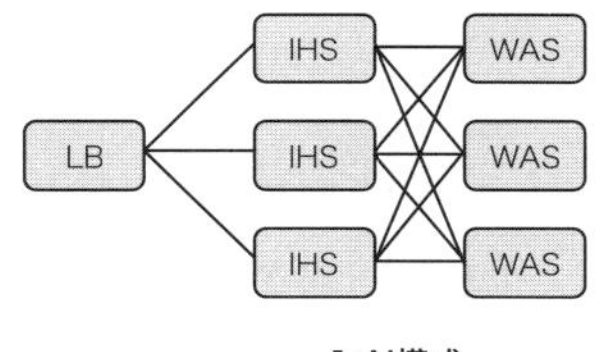

また、WAS ND では JVM レベルの WAS 障害情報がプラグインに伝播することで、動的な割り振りが可能となります。しかし、その一方で障害の局所化の考慮をしていないと、単体のアプリケーション・サーバーのハングやスローダウンがクラスター全体の障害に波及する可能性があります。

▶図5-28　1:N構成で障害範囲が局所化できていない場合

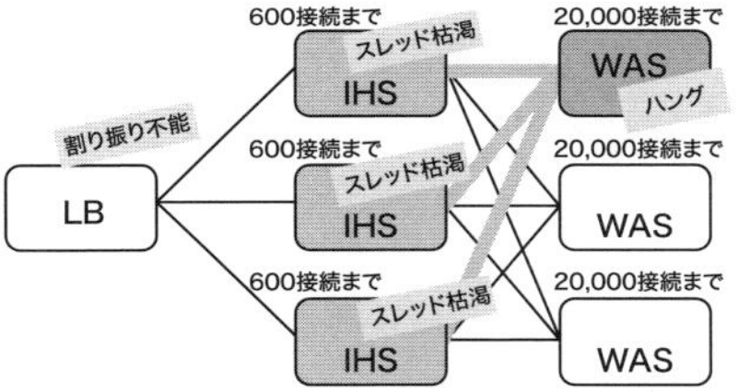

これは、ハングやスローダウンをしたアプリケーション・サーバーはデフォルトで20000接続まで接続を保留できるため起こる問題です。IHSのデフォルトの最大接続数が600（IHS V9.0では1200）では、IHSの全てのスレッドが、ハングしたアプリケーション・サーバーへ割り振り、その応答待ち状態で占有されてしまうことに起因します。例えば、秒300件程度のHTTP要求が3台のIHS/WASクラスターに入る環境では、アプリケーション・サーバーの1つがハングすると、僅か6秒程度（IHS V9.0のデフォルトパラメータの場合は12秒）で各IHSのスレッドが枯渇する状態になり、クラスター全体のサービスに影響が出てしまいます。

対応策としては次のような設定があげられます。

■割り振り上限の設定（MaxConnections）

プラグインから特定のアプリケーション・サーバーへの割り振り数の上限を設定します（デフォルトは無制限）。**httpd.conf** ファイルで指定されているプラグイン構成ファイル（**plugin-cfg.xml**）の **MaxConnections** の部分を、アプリケーション・サーバー単位に編集します。

```
<ServerCluster CloneSeparatorChange="false" GetDWLMTable="false"
IgnoreAffinityRequests="true" LoadBalance="Round Robin" Name="クラスター名"
PostBufferSize="64" PostSizeLimit="-1" RemoveSpecialHeaders="true"
RetryInterval="60"
  <Server ConnectTimeout="0" ExtendedHandshake="false" MaxConnections="-1"
Name="サーバー名" ServerIOTimeout="0" WaitForContinue="false"/>
```

MaxConnections ＝割り振り最大数÷ IHS プロセス数

で MaxConnections を求められます。例えば、特定のアプリケーション・サーバーへの割り振り最大数を 50 にしたい場合には、次のようにします。

- IHS が 5 プロセスの場合：50 接続 ÷ 5 プロセス = 10 を設定します。
- IHS が 1 プロセスの場合：50 接続 ÷ 1 プロセス = 50 を設定します。

IHS のプロセス数は、`httpd.conf` 中の `MaxClient` と `ThreadperChild` を用いて次の式で求められます。

IHS プロセス数 = MaxClient ÷ ThreadperChild

■接続タイムアウトの設定（ServerConnectTimeout）

アプリケーション・サーバーとの TCP 接続が確立されるまでの時間を指定します。プラグイン構成ファイルの `ServerConnectTimeout` で指定します。0 以外の値を明示的に指定しない場合は OS の TCP 設定に従います。例えば AIX の場合は 75 秒もかかるため、5 秒程度にすることをお勧めします。短い値を設定することで、割り振り先のアプリケーション・サーバーの OS が停止あるいはネットワークが疎通できない状態を速やかに検出できます。

■ ServerIOTimeout の設定

アプリケーション・サーバーに HTTP 要求を送付後、何秒間応答を待つかを指定します。プラグイン構成ファイルの `ServerIOTimeout` で指定します。デフォルトは 60 秒なので、60 秒以内に応答が得られない場合は、HTTP 要求を送付済みのアプリケーション・サーバーからの応答を待ち続けることをあきらめ、クライアントにエラー 500 を返します。プラグインの詳細動作は、指定する数値によって次のように挙動が変わるので注意してください。

- `ServerIOTimeout` が 0 より大きい場合
  `ServerIOTimeout` 経過後、サーバーをマークダウンせず、エラー 500 を応答します。

1 2 3 4 5 6 7 8 9 10 11 12 13

- ServerIOTimeout が 0 の場合

  ServerIOTimeout は無効なので、タイムアウトが発生しません。サーバーをマークダウンしません。

- ServerIOTimeout が 0 より小さい場合

  ServerIOTimeout 経過後、サーバーをマークダウンします。プラグインの割り振り先が複数ある場合は、GET 要求や POST 要求（PostBufferSize が 0 以外の場合）を再送します。

Column

マークダウンとは、プラグインがメモリー上に管理している割り振り先のアプリケーション・サーバーに関する生死情報にサーバーが利用不能であるというフラグを立てることです。プラグインはヘルスチェックの仕組みを持っていないので、実際に HTTP 要求をアプリケーション・サーバーに割り振りした結果に基づいてサーバーの生死情報を更新・管理します。つまり、タイムアウトが発生し、あるいは接続エラーが発生すると、そのアプリケーション・サーバーはマークダウンとなります。マークダウンとされてから RetryInterval の値で指定した時間が経過すると、マークダウンがクリアされて、割り振りが再開されます。

ServerIOTimeout は既に HTTP 要求を送付した後に対するタイムアウトのため、アプリケーション・サーバーとしては正常にアプリケーションを呼び出して動作していても、アプリケーションのデータベース処理やその他のロジック実行の遅延だけでも 60 秒を経過する可能性があります。ServerIOTimeout を経過してしまった場合、1：1 構成の場合はエラー 500 になりますが、1：N 構成の場合は他のアプリケーション・サーバーにプラグインが自動的に再送します。したがって、1：N の構成では、データベース更新系の処理を呼び出す HTTP 要求の場合は二重にデータベース更新が行われる可能性があります。アプリケーションで二重更新の防止ロジックが実装されていない場合は、次のいずれかの対応を検討してください。

- ServerIOTimeout を 0 秒に変更する
- PostBufferSize を 0 に変更する（POST 要求に対してのみ有効）

また、ServerIOTimeout に対応したプラグインの推奨パラメーターは、次の通りです。

表 5-6　ServerIOTimeout と RetryInterval の推奨値

構成	推奨パラメーター
単体サーバー	1. ServerIOTimeout > 0 2. RetryInterval > 0
クラスター構成（1：N） アプリケーション・サーバー 2 台の場合	1. ServerIOTimeout < 0（= S） 2. RetryInterval < [|S|-1]
クラスター構成（1：N） アプリケーション・サーバー 3 台以上の場合	1. ServerIOTimeout < 0（= S） 2. [(N-2)*|S|+1] < Retry Interval < [(N-1)*|S|-1]

詳細については次の URL を参照してください。

- WAS V7.0.0.3 以降：ServerIOTimeout に負の値を設定する際の考慮点（WAS-11-007）
https://www.ibm.com/support/docview.wss?rs=0&uid=jpn1J1000347

リソース障害（データベース無応答、処理遅延）の影響の局所化

WAS traditional の Web システムでは動的コンテンツを生成するため、データベースにアクセスするアプリケーションが一般的です。通常のオンライン・アプリケーションの場合、データベースサーバーの一時的な応答遅延や間接的なハングは、Web サイト全体がアクセス不能になるほどのリソース枯渇を WAS 上で引き起こす可能性があります。例えば秒あたり数十～数百件の HTTP 要求が発生する環境で、対策を行っていない場合、「データベース接続プールの枯渇」➔「接続プール獲得待ちのアプリケーション実行スレッドの滞留によるスレッド枯渇」➔「ソケットのリッスン・バックログのフル」といった具合に事態が進むと、データベースにアクセスしないアプリケーションも含めて全く処理ができない状態になります。また、データベース障害は、たとえ WAS をクラスター構成にして十分なアプリケーション・サーバーを配置していても、全てのアプリケーション・サーバーで同じ状況に陥る可能性が高いものです。このため、データベースのハング・遅延といった障害の影響を局

所化する対策を施すことは、非常に大切です。

アプリケーションの要件にもよりますが、データベースハング・遅延の影響を減らすには、いくつかの方法があります。

■ JDBCアプリケーション

SQLステートメントの実行の際、`setQueryTimeout()`を用いてタイムアウトを発生させることができます。JDBCドライバーの実装によってはresultsetにも反映できます。このタイムアウトが発生した際にデータベースがどのように振る舞うかは各データベースの構成で変更可能です。

- JavaSE API
https://docs.oracle.com/javase/jp/8/docs/api/java/sql/Statement.html#setQueryTimeout-int-

■ JDBCドライバー

JDBC提供元によって各種プロパティーや設定項目が用意されています。例えばDb2のJDBCドライバー（Type4）の場合、次のプロパティーが使用できます。

- `blockingReadConnectionTimeout`
  接続ソケットの読み取りがタイムアウトになるまでの秒単位の時間を指定します。接続が正常に確立した後でデータ・ソースに送信される全ての要求に影響を与えます。デフォルトは0でタイムアウトしないことを意味します。

その他、Db2では次のようなレジストリー・環境変数を利用可能です。

- DB2TCP_CLIENT_CONTIMEOUT
  TCP接続がESTABLISHEDになるまでの時間に対して閾値を設定します。
- DB2TCP_CLIENT_RCVTIMEOUT
  ESTABLISHEDだけれどもサーバーから応答がない場合の待ち時間を設定します。

詳細は次のURLを参照してください。

- [Technote]TCP/IP keepalive settings and related Db2 registry variables
http://www.ibm.com/support/docview.wss?rs=71&uid=swg21231084

■拡張接続プール・プロパティー

WAS traditional では、接続プールの拡張機能として、プールの滞留状態の検出とその影響拡大の局所化を行うことができるようになりました。プールが滞留していると判断したら、滞留モードになります。滞留モードではこれ以上プール滞留の影響がシステム全体に広がらないように、新規のプール獲得要求に対して例外を発生させ、滞留したプール獲得の待ち行列に入ることを防止できます。デフォルトではこの機能は使用しない構成になっています。表 5-7 に示す項目で調整します。

▶表 5-7　拡張接続プール・プロパティー、滞留モード関連の項目

項目	内容
滞留タイマー時間	接続プールが滞留接続のチェックする間隔。滞留時間の値の 1/4 から 1/6 程度にすることを推奨。デフォルト値は 0 秒
滞留時間	接続プールが個別の接続に対して滞留接続であると判断する時間。接続プールに応答したり戻されたりすることのないアクティブな状態の時間に対する閾値。デフォルト値は 0 秒
滞留閾値	滞留時間を越えた接続、すなわち滞留接続がこの値に達すると、プールが滞留モードになる。滞留モードでは新規の接続要求にリソース例外が出される。滞留接続が滞留閾値を下回り滞留モードが解除されると、プールは再び新規要求を処理できるようになる。デフォルト値は 0 接続

設定例を次に示します。

- 滞留タイマー時間：3 秒
- 滞留時間：20 秒
- 滞留閾値：20 接続

この設定例の場合、3 秒間隔で 20 秒以上接続プールに戻されない滞留接続があるかどうかをチェックし、滞留接続が 20 接続を越えると、この接続プールは滞留モードとなります。滞留モードになると、21 接続目の要求に対して

`javax.resource.ResourceException`が発生します。アプリケーションは、このResource例外をハンドリングして、「一時的にデータ・ベースが利用できない状態です。あらためてやり直してください」などといった画面をユーザーに提供させることが可能です。これでユーザーにWebアプリケーションの応答時間の品質を確保できます。

また、データベースへの処理で必要となる接続プール獲得待ちの状態のスレッドが滞留してアプリケーション・サーバー全体のリソースが枯渇することを防止できます。これは、従来のデータ・ソースの接続プールに用意されている接続タイムアウトの仕組みに比べ、速やかに処理要求を開放できるので、大きな効果があります。設定の目安は次の通りです。

- 滞留タイマー時間：滞留時間 /4 ≦ 滞留タイマー時間 ≦ 滞留時間 /6
- 滞留時間：0 秒 ＜ 滞留時間 ＜ 接続タイムアウト
- 滞留閾値：滞留閾値 ≦ データ・ソース最大値（≦ Web コンテナー最大値）

設定は、管理コンソール上の接続プールに表示される拡張プール・プロパティーの画面で行います。

図5-29　拡張接続プール・プロパティー設定画面

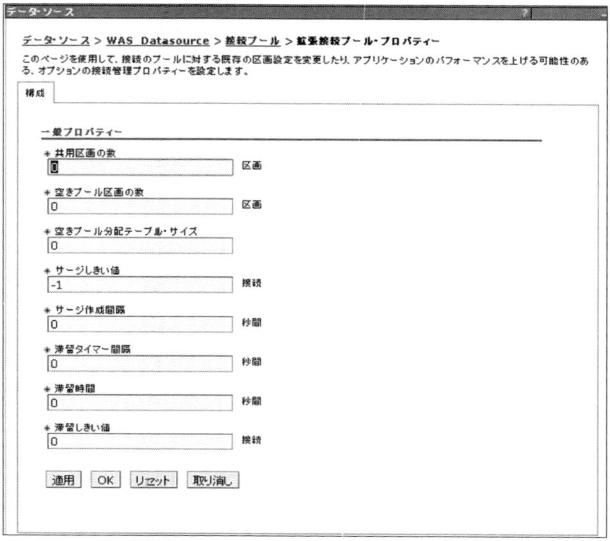

データ・ソース
データ・ソース > WAS Datasource > 接続プール > 拡張接続プール・プロパティー
このページを使用して、接続のプールに対する既存の区画設定を変更したり、アプリケーションのパフォーマンスを上げる可能性のある、オプションの接続管理プロパティーを設定します。
構成
一般プロパティー
* 共用区画の数　0　区画
* 空きプール区画の数　0　区画
* 空きプール分配テーブル・サイズ　0
* サージしきい値　-1　接続
* サージ作成間隔　0　秒間
* 滞留タイマー間隔　0　秒間
* 滞留時間　0　秒間
* 滞留しきい値　0　接続
適用　OK　リセット　取り消し

リソース障害（データベースの切り替わり）の影響の局所化

データベースのハング・遅延以外に考慮しておくべきものは、データベースの切り替わりです。今日ではデータベースを冗長構成するため、様々な仕組みを利用可能です。このような技術を用いれば、データベースに万が一の障害が発生してもサービスとしては継続的に提供できるので安心です。

ところが、WAS の接続プールの機能を使っていると、期待通りにデータベースサービスを使用し続けられないケースがあります。主な原因は、データベースの切り替わりが発生する際に、障害が発生していたデータベースサーバーから明示的に TCP 接続の切断が行われないことにあります。既存の TCP 接続が明示的に切断されずにネットワーク的に応答しないと、クライアントとしてはこの状況を検出するまでに時間がかかってしまいます。そのため、WAS の接続プールが障害の発生したデータベースに張られたままになります。また、WAS の接続プールとしてはアプリケーションが使用中（アクティブ接続ステータス）の接続に割り込んで中断させることはできません。データベースの切り替わりが発生したときのプール中の各接続はステータス別に次に示す状況になります。

▶表 5-8　データベース切り替わり時における接続プールステータス別の状況

ステータス	状況
新規接続	新規の物理接続を作成する場合は、データベースの冗長化の仕組みが正しく働いていれば問題なく健全なサーバーに接続して動作する
既存接続（フリー）	既にプール中にある接続は、障害のあるサーバーに接続したままである
アクティブ接続	queryTimeout や JDBC ドライバーで設定する応答時間の上限の設定を行わないと、存在しないデータベースサーバーの応答を待ち続ける

■ JDBC4.0 による妥当性検査

新規接続と既存接続は WAS の接続検証プロパティーで、実際に接続要求が発生した際にデータベース障害の有無を検出し、問題のある接続を破棄（パージ）して新規の接続を作成できます。設定方法は第 4 章を参照してください。

■ OS の TCP/IP のチューニング

ステータス別に有効な OS のチューニング項目は表 5-14 の通りです。詳細は第 7 章のチューニング項目で説明しますが、いずれも OS 全体に対して適用されるパラメーターです。

▶表5-9　データベース切り替わり時における接続プールステータス別の対応

ステータス	有効な対応
新規接続	ハンドシェイク確立までの時間を指定するTCP接続タイムアウトを調整する
既存接続（フリー）	既存接続上でパケットを送信するので、再送タイムアウトを調整する。また、自動で検出させるにはTCP KeepAliveタイムアウトを調整する
アクティブ接続	TCP KeepAliveタイムアウトを調整する

WASとデータベースサーバーは同一セグメントに配置されることが多いので、WASがクライアントとなって接続する先が限られている場合は、各種タイムアウト値を短く調整することが可能です。また、JDBCドライバーで独自調整可能なパラメーターがあればそれも活用できます。なお、最近のDb2のJDBCドライバーには、TCP KeepAliveタイムアウトが独自に実装されているため、OSレベルでの設定の影響は受けずに適切な調整ができます。詳しくは以下のURLを参照してください。

http://www.ibm.com/support/docview.wss?uid=jpn1J1010585

Column

実際のシステムで、データベース障害が発生してしまい、冗長構成となっているデータベースサーバーが切り替わったけれどもWASが応答できなくなってしまったという事例がありました。サーバーとしてはアクティブ・スタンバイ構成となっていたのですが、せっかくの冗長構成にあと少しの調整が足りなかったためにシステムの全面障害につながってしまうというのは、もったいないことです。

クライアントの遅延リクエストの影響の局所化

HTTPリクエスト完了までに時間をかけるリクエストがあると、IHSのリソースを長時間占有し、IHS全体のリソースが枯渇する危険性があります。これを悪用するSlowlorisというツールが知られています。
対応策としてIHS V8.5から標準提供されている`mod_reqtimeout.so`モジュールをロードし、以下のような`httpd.conf`の設定を行うことをお勧めいたします。

```
LoadModule reqtimeout_module modules/mod_reqtimeout.so
<ifModule mod_reqtimeout.c>
RequestReadTimeout header=20-40,MinRate=500 body=20,MinRate=500
</ifModule>
```

また、図5-30はIE11からsnoopサーブレット単体アクセスを1度だけ行った際に、IHSのスレッドがどのように消費されていたかをmod_mpmstatsで確認したものです。

図5-30　IE11からのアクセスで消費するIHSのスレッド

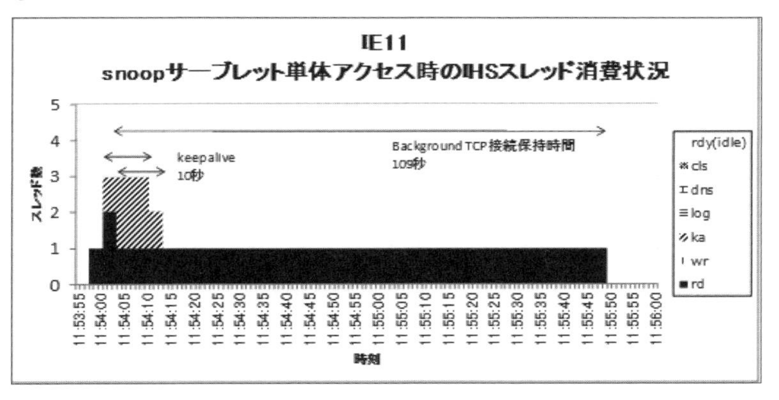

このように、IEでは処理の高速化のため、実際のHTTPリクエストが存在しない状況でも数分間にわたってWebサーバーとTCP接続を保持する機能があるため、IHSのスレッドリソースを長時間占有することが知られています。

対応策として`mod_reqtimeout.so`の構成をしておくことで、rdステータス（HTTPリクエスト読み込み状態）のスレッドを開放できます。このようにDoS攻撃だけではなく、IEからの接続を効率的に除去可能です。IHSのような非同期IOに対応していないサーバーではこの対応でリソース保護を行い、想定外のリソース枯渇に起因した障害を未然に防止する策を講じるようにしておく必要があります。

5-6 トポロジーの考慮

システムの安定稼働は個々の設定項目だけではなく、複数サーバーで構成されるクラスターで各サーバーをどのように配置するかというトポロジーを検討しておくことが大切です。

トポロジーに余裕を持たせる

アプリケーションの配置やサーバーのトポロジーは、万が一を考えて余裕を持たせることが大切です。それぞれについて考慮すべき点を次に示します。

■アプリケーションのデプロイ先を分散する

１つのアプリケーション・サーバーに多数のアプリケーションをデプロイすると、アプリケーション・サーバー全体での共有リソース枯渇によるリスクが発生します。「アプリケーション障害の局所化」と「メンテナンス性」の観点から、アプリケーションの特性に応じて複数のアプリケーション・サーバーに分散配置することをお勧めします。

■アプリケーション・サーバーの数に１つ加える

Webシステムは、常にネットワーク経由でアクセスできることが特徴の１つです。冗長性と負荷分散のためにクラスター構成にすることは一般的です。しかし、そのクラスター構成に余裕を持たせることが重要です。

最小限のクラスター構成では２つのアプリケーション・サーバーでクラスターを形成しますが、片方のアプリケーション・サーバーが何らかのトラブル、あるいはメンテナンスによって停止した場合に、残りのアプリケーション・サーバーで問題なく処理できることを確実に保証する必要があります。つまり、万が一に備えるなら、問題なく処理ができる数のアプリケーション・サーバーに１つアプリケーション・サーバーを加えることをお勧めします。例えば２つのアプリケーション・サーバーで問題なく処理できるシステムでも、3つのアプリケーション・サーバーでクラスター構成にしておけば、そのうち1つのアプリケーション・サーバーに問題があっても残りのアプリケーション・サーバーで安定して処理が可能です。サービスへの影響を抑えるだけではなく、障害回復処理や調査分析のための余裕もできます。このような考え方は、航空機が万が一離陸時にエンジンが1つ故障しても無事に離陸するための設計思想にも通じます。

■水平クラスターを活用する（OS障害、ハードウェア障害への耐性）

1つのOSのみで垂直クラスターを構成することは、OSあるいはハードウェア・レベルの安定性に依存してしまいます。実際に連続稼働が求められるサービスでは、こうした部分のメンテナンスなどでもサービスの停止を伴わずに済むよう、水平クラスターにすることをお勧めします。特に最近はハードウェアの能力が向上し、ハイエンドのサーバーでは1つの物理マシン上で数十・数百のOSを稼働させることができるものもあります。そのような場合でも、クラスターのメンバーに追加するアプリケーション・サーバーはOSをまたぐだけではなく、複数の物理マシンに分散させておくと、万が一のハードウェア障害でもサービス停止を未然に防げます。

■コア・グループを分割する

HAマネージャーはコア・グループ内のJVMの生死確認をお互いに実施する仕組みです。セル内のデプロイメント・マネージャー、ノード・エージェント、アプリケーション・サーバーが増えてくると、コア・グループ内の通信が増大してオーバーヘッドが無視できなくなります。コア・グループ内のJVM数をNとすると、通信リンク数はN^2-Nの式で表され、N=50→2450、N=100→9900となり、CPU使用率増大につながります。コア・グループを複数作成してブリッジ構成とすることで、オーバーヘッドを低減できます。通信リンク数が3～4桁になる場合は、コア・グループの分割を検討してください。

▶図5-31　メッシュ上に確立されるコア・グループ内のメッセージ・リンク

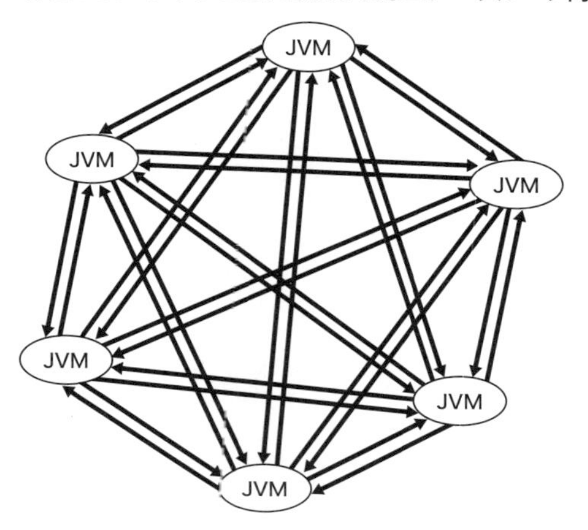

▶図5-32　コアグループ内のJVM数とメッセージ・リンク数の関係

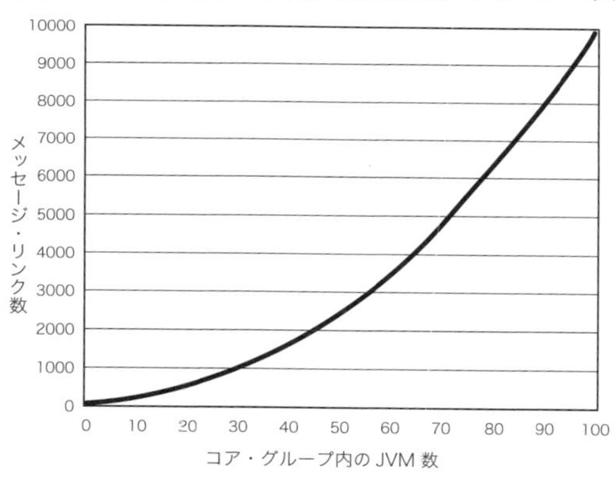

■プロファイルを活用する

1つのプロファイルにたくさんのサーバーを作成することは不可能ではありませんが、あまり多くのサーバーを1プロファイルに定義すると、プロファイルのバックアップが肥大化し、回復処理にも影響が発生するので注意してください。特にND版ではプロファイルの一元管理をデプロイメント・マネージャーが行いますが、BASE版では一元管理をする機能がありません。したがって、リポジトリーに対して複数の更新が同時に入ることによる危険性があるため、BASE版の場合はサーバーごとにプロファイルを用意することをお勧めします。

再起動の間隔を考慮する

アプリケーション・サーバーの定期的な再起動を考慮しなくてよい、というシステムはほとんどありません。

長時間稼働を阻害する要因はメモリーリークなどのリソース枯渇だけではなく、アプリケーションのリリース、チューニングの設定反映、メンテナンス、脆弱性対応、緊急メンテナンスなど様々です。様々な状況に柔軟に対応するために、あらかじめ、システムの設計時にサーバーの再起動を運用上取り込んでおくことが必要です。システムのログ保管期限を越えてしまうと、起動開始までさかのぼって調査ができなくなるため、最低でもログ保管期限より短い間隔で再起動をすることを念頭においてください。

また、十分な負荷パフォーマンステスト（ロングランテスト）の時間が割けない、といった状況にあるならば、毎日再起動してもよいでしょう。その上で再起動の間隔を広げたいなら、リソース監視などから安全性が確認でき次第、実績に基づいて徐々に延ばすという方法をお勧めします。

一方で、アプリケーション・サーバーの再起動では全てのリソースが初期化されるため、初回アクセスの応答やシステムの負荷が増大するので、次の点に注意が必要です。

- 起動時のシステム負荷
  - → 負荷の少ない時間に実施（またはサービスから外してから実施）するなどの運用
- 初回アクセス時に発生するアプリケーション初期化処理
  - → アプリケーション始動時にサーブレットやJSPを自動的に初期化させる設定
- 接続プールやスレッド・プールがプールされていない状態でのアクセス
  - → 必要に応じてアプリケーションの初期化処理で接続プールの獲得を行う、あるいはアプリケーション・サーバー起動後に素振りのアクセスを機械的に発生させるなどの運用

■頻繁なアプリケーションの更新

アプリケーション・サーバーの再起動を行わないままアプリケーションの更新、あるいは停止・開始処理を行うと、クラス・ローダーのリークが発生する

可能性が高いため、本番運用ではなるべく避けてください。開発環境、あるいは何らかの理由で再起動が困難な場合、次の３つのプロパティーをJVMカスタム・プロパティーに設定することをお勧めします。

```
com.ibm.ws.runtime.component.MemoryLeakConfig.detectAppCLLeaks=true
com.ibm.ws.runtime.component.MemoryLeakConfig.clearAppCLLeaks=true
com.ibm.ws.runtime.component.MemoryLeakConfig.generateHeapDumps=false
```

詳細は以下のURLを参照してください。

- WAS V9.0：メモリー・リーク・ポリシーの構成
https://www.ibm.com/support/knowledgecenter/ja/SSAW57_9.0.0/com.ibm.websphere.nd.multiplatform.doc/ae/ttrb_configmemleak.html

十分な障害テストを行う

障害を考慮してクラスター構成を採用するなどのシステム設計を行っていても、実際のシステムでは設計時に考慮がされていない部分に依存して、想定外の挙動を示す可能性があります。結果として、一部のコンポーネントに発生した障害がシステム全体に波及してしまうわけです。

このようなことを防ぐには、実際のシステムで十分な障害テストを行うことに尽きます。例えばアプリケーション・サーバーを擬似的にハング、異常終了させる、データベースサーバーを停止する、データベースサーバーを擬似的にハングさせる、ネットワーク障害を発生させてみる、OSレベルでハングさせてみる、データベースサーバーをフェイルオーバーさせてみる、などといったように実際に考えられるシナリオをひと通り検証してみます。これらが全て想定内としてハンドリングされ、Webシステムとして全体に障害が発生してしまわないことを確認しましょう。もし問題があれば、ネットワークのパラメーター調整やWASパラメーターの再調整を必要に応じて行います。また、障害発生時に生成されるダンプがシステム・リソースを枯渇させてしまい、さらなる障害を引き起こすことがないということを確認するといった意味もあります。

例えば表5-10のようなテストを事前に行っていると、安定稼働につながるでしょう。

▶表 5-10 障害テストのシナリオ例

シナリオ	確認例
アプリケーション・サーバーのハング	ハング検出機能が期待通り動いていること。調査・分析資料を取得してから回復処理まで滞りなくできること
アプリケーション・サーバーの異常終了	異常終了を検出する仕組み、自動回復の仕組みが動いていること。調査・分析用の資料が問題なく生成されていること
アプリケーション・サーバーの応答遅延・特定アプリケーションの遅延	事象を検出する仕組みが動いており、事象の確認方法・回復手順（アプリケーションの再起動など）が明確であること
アプリケーション・サーバーの OS 停止 / ネットワーク不通	事象を検出する仕組みが動いており、事象の確認方法・回復手順が明確であること
アプリケーション・サーバーのサービス引継ぎ	上記 4 つのいずれが発生しても（必要に応じて）HTTP セッションが引き継がれ、サービスを滞りなく提供できること
アプリケーション・サーバーのダンプ繰り返し生成（OutOfMemoryError）	ダンプの生成先が期待通りであること、また指定個数生成されてもディスクが圧迫されないこと
データベースサーバーのハング	リソース障害（ハング）の対策が期待通り動いていること。調査・分析資料を取得してから回復処理まで滞りなくできること
データベースサーバーの異常終了	異常終了を検出する仕組み、自動回復の仕組みが動いていること。調査・分析用の資料が問題なく生成されていること
データベースサーバーの応答遅延	リソース遅延の事象を検出する仕組みが動いており、事象の確認方法・回復手順が明確であること
データベースサーバーの OS 停止 / ネットワーク不通	事象を検出する仕組みが動いており、事象の確認方法・回復手順（サービス引継ぎ等）が明確であること
データベースサーバーのサービス引継ぎ	サービスの引き継ぎ時間に問題がないこと、引き継ぎ中のアクセスでアプリケーション・サーバーのスレッドが枯渇せず滞りなくサービスを提供できること

1 つのアプリケーション・サーバーの障害が他のサーバーに波及しないことだけではなく、その状態でもシステム全体のスループットや応答時間に大きなインパクトを与えないでサービスを継続できることも確認しておくと、より耐障害性の高い堅牢なシステムとなります。

データベース接続プールを絞るリスクを知っておく

Web のシステムでは、トポロジーレベルの設計で、キューイング・ネットワークという考え方があります。リクエストを処理する複数のコンポーネントを「キュー」とみなすもので、漏斗モデル（funnel model）がよく知られています。図5-33に示すようにHTTPサーバー→アプリケーション・サーバー→データベースサーバーと処理を行うコンポーネントで、同時に処理できる量を徐々に絞り、数多くのクライアントからの要求を安定して効率良く処理させる考え方です。

図5-33　キューイングの例

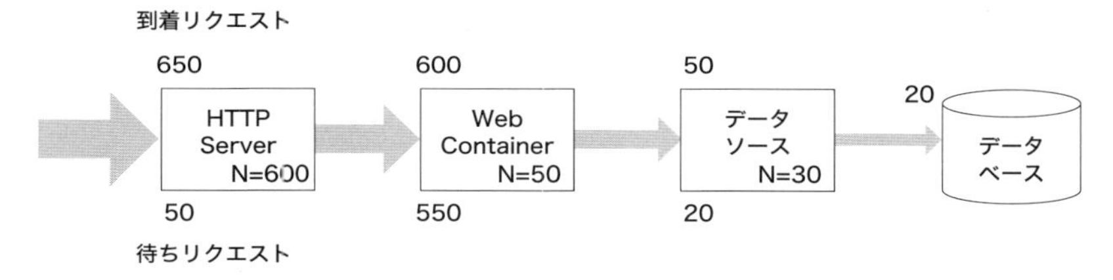

これは、1つのリクエストが次のコンポーネントに対して1つの処理が発生するのが前提であれば想定どおりに動きます。しかし現実のアプリケーションでは、1つのリクエストの処理で複数のリソース要求が発生することがあります。

■複数の接続プールを同時に使用するケース

図5-34のような`include()`や`forward()`で複数サーブレットが連携するようなアプリケーションで、個別のサーブレットでデータベースアクセスをしていると、アプリケーションとしては即座に取得した接続プールを返却しているので接続プールは1本しか消費しないと考えると思います。しかしWASの標準設定では以下のケースだと、1つのHTTPリクエストの処理で最大である瞬間に4つの接続プールを消費してしまいます。

図5-34　1つのHTTPリクエストで複数の接続プールを消費する例

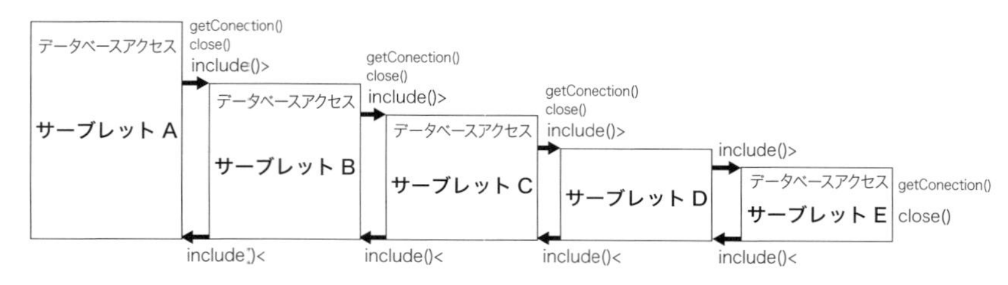

これは、リソース参照の定義で、共有可能（res-sharingscope=sharable）と指定されたデータ・ソースの場合には、サーブレットやJSP内で取得したデータベース接続プールは、共有可能と指定されたLTC（LocalTransation Containment）という範囲／処理単位（Unit of Work）境界が終了したタイミング（サーブレットやJSPのサービスメソッド終了時）で、初めて接続プールに返却されるという動きになるためです。

一方、リソース参照の定義で、共有不可の設定（res-sharingscope=Unshareable）が行われているデータ・ソースの場合は、`getConnection()`で取得したデータベース接続プールが`close()`したタイミングで接続プールに返却されるため、すぐに他のスレッドが利用可能になります。もしもリソース参照の定義が行われてない場合は、その接続は共有可能の動きになります。共有可能の場合はサーブレットのサービス・メソッド内で`getConnection()`、`close()`を何回繰り返しても、サービス・メソッドが終了するまで実際にはプールに戻らず同じLTC内からの`getConnection`で同じものが使われるため、オーバーヘッドが少ないというパフォーマンス上のメリットがあります。しかし、LTC境界内で接続が占有され続けるという点と、図5-34のようなサーブレット連携時に複数同時消費することになるという点に注意してください。

また、フレームワークによっては自動的に更新用と参照用のために複数の接続プールを機械的に取得する動きになっているケースがあるため、アプリケーションの振る舞いと要件にあわせて、リソース参照の定義とデータ・ソースのサイズを調整することをお勧めします。

■アプリケーションが複数の接続プールを消費すると発生する障害（ハング・スローダウン）

1つのHTTPリクエストを処理するのに、2つ以上の接続を同じデータ・ソースから獲得する動きが発生すると、マルチスレッド環境では、リソースの取り合いによるハングが発生します。負荷が低い場合にたまたま問題がなかったシステムでもトランザクション量の増大や多重度の高まり、データベースパフォーマンスの劣化などの諸条件で、アプリケーションのハングやスローダウンといった事象が表面化します。リソース枯渇によるハングは、図5-35に示すように1つのスレッドが同時に複数の接続プールを獲得しようとする場合に発生します。ここではスレッド・プールと接続プールの数を合わせた状態でも、各スレッドは接続プールの獲得待ちでハングしてしまいます。

図5-35　接続プールとスレッドの数が同設定で、接続プールの枯渇でハングする例

接続プール（最大10）

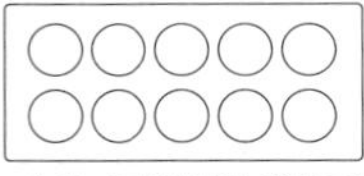

スレッド・プール上の各スレッドが実行している
アプリケーションが同時に3接続を必要とする場合
同時に処理が流れると接続プールが枯渇してハングする

↑すべて払い出し済みで空

↓スレッド1～10の全てが追加の接続の獲得待ちで止まってしまう　　スレッド・プール（最大10）

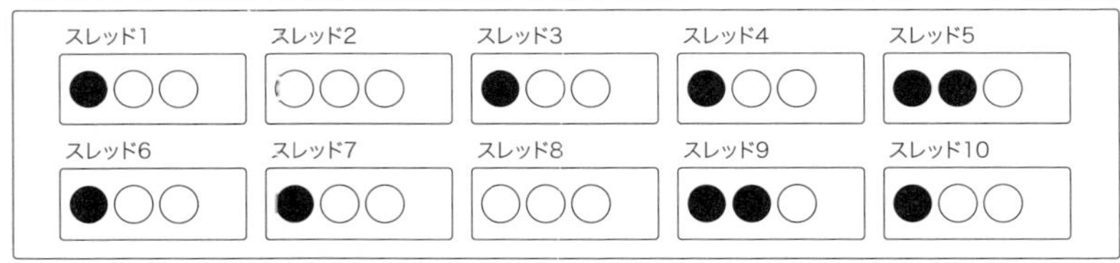

●＝獲得済み接続プール

この障害の対応策の例は以下のとおりです。

- 共用可能接続を共用不可能接続に設定する
- 接続プールの最大値が、スレッド・プールの最大値のn倍になるように設定する
- アプリケーション / フレームワークで不要な getConnection()（実際に使用されていないもの）を排除する

まずはアプリケーションの挙動を、接続プールの消費の観点からも把握し、その上で適切な対応を実施することをお勧めします。

5-7 万が一に備えておく

そのシステムはいつまで使いますか。5年でしょうか、8年でしょうか。システムのライフサイクルを考えるときに何も問題が起きないことを前提とするのは無理があります。安定稼働させるには、想定外をできる限り減らしておくことが近道です。あらかじめ考えられるものについては確認と対策の実施を行っておくことが大切です。

有効期限があるセキュリティ証明書やIDの状況を確認しておく

セキュリティ上の安全性のため、証明書には必ず有効期限が設定されています。したがって、長い間使う場合、WASやIHSで使うSSL証明書の有効期限が切れて失効することがあります。

WAS上でプロファイルを作成するタイミングで自動的に作成される自己署名証明書は、自動で再作成・更新を行う機能があるので、その機能を活用するとよいでしょう。

しかし、セキュリティ上の安全性を高めるために、CA局に署名してもらう証明書を用いるのが一般的です。この場合は、有効期限が切れる前に手動で更新を行う必要があります。実際にインターネット経由でSSL通信を受ける部分にはベリサインなどのCA局に署名された証明書をインストールしますが、この期限が切れると実サービスに影響を及ぼしてしまうケースも実際にあるのでご注意ください。

データベースサーバーやMQサーバーなどのアクセスに用いるユーザーIDやパスワードも定期的に変更される可能性があるため、あらかじめポリシーを確認して、WAS上の構成に反映が必要なのかどうかを判断しておくとよいでしょう。トランザクション・ログにパスワード変更前のリソース・マネージャーに対する情報が残っていると不整合が起きる場合もあるので、WASが停止している状態で作業するなどといった注意が必要です。

WASを導入したOSのパスワードを更新する場合、特にWindowsではサービスに登録して自動起動する構成がエラーになることがあるので、サービスのプロパティーのユーザー情報も更新することを忘れないようにしましょう。

期限が切れるものが全く存在しないという判断に至っても、想定外の部分で有効期限が切れて使えなくなる機能が存在する可能性はあります。あらかじめ想定しているシステム・ライフサイクルの最後の日まで時計を進めてみて、動作に問題ないことを確認しておくと安心でしょう。

脆弱性に対応する

Webシステムは常に危険にさらされており、ソフトウェア（アプリケーションおよび製品いずれも）不具合や設定ミスがあると、リモートの攻撃者によって次のようなセキュリティ問題が発生する可能性があります。

- 保護された情報に不正にアクセスされてしまう（認証／認可の回避、アクセス権の獲得、暗号の復号など）
- 他のコンピューターへの攻撃の媒体にされてしまう（XSSなど）
- サーバー・リソースが枯渇させられてしまう（DoS攻撃など）

大切な顧客の情報漏洩あるいは第三者への損害といった、セキュリティ上のインシデントが発生してしまった場合、1度失った信頼の回復は難しく、企業の経営問題に発展することさえもあります。

また、システムの稼働を続けていると当初知られていなかったセキュリティ上の脆弱性が見つかることが多く、ネットワーク上での連続稼働が求められるWebシステムではこの部分について考慮が必要です。

一般的に、Webシステムでの脆弱性には次の複数の箇所で発生する可能性があります。

1. Webサーバー
2. アプリケーション・サーバー
3. Webアプリケーション

■調査と対応

Web サーバーとアプリケーション・サーバーの脆弱性のほとんどは、製品に対して最新の Fix を適用すれば解決できます。重要セキュリティ情報などを確認し、該当するものがあれば解決策となる Fix を適用します。何らかの理由で Fix 適用が難しい場合は回避策の有無を確認し、必要に応じて適切な対策を講じる必要があります。

WAS および IHS の重要セキュリティ情報の一覧は以下のページで確認できます。

- WebSphere Application Server および IBM HTTP Server セキュリティ情報リスト
https://www.ibm.com/support/docview.wss?uid=swg21984533

また、重要セキュリティ情報をメールで受信したい場合は、次の IBM My notification の登録ページに IBM ID（作成無料）でログインし、利用中の製品情報を購読するとメールで脆弱性情報も受信できます。

- IBM My notification 登録先
https://www.ibm.com/software/support/einfo.html

IBM 製品の開発プロセスには、IBM セキュリティ脆弱性管理として、PSIRT (IBM Product Security Incident Response Team) という特化チームにより、新たなセキュリティ問題のレポートが行われたときから問題の調査特定、そして情報発信までの一連の対応を行う仕組みがあります。PSIRT による IBM 製品の一連の情報は、次の公式ブログに随時更新されます。幅広い IBM 製品の脆弱性情報を随時確認する場合に便利です。

- IBM PSIRT Blog
https://www.ibm.com/blogs/psirt/

Web アプリケーションについては、実装上の問題となるため、アプリケーション実装の調査が必要です。開発時には知られていなかった問題が出てくることもあります。外部の業者に調査依頼を出すという選択肢もあるでしょうが、継続的かつ効率的に調査・対応を行う場合は、ツールを活用するとよいでしょう。例えば、IBM Security AppScanと呼ばれるWebアプリケーションの脆弱性検証ソフトウェアを用いると、随時更新されるセキュリティ・ルールを元に検証し、レポート作成と対応策の提示を行ってくれます。

- IBM Security AppScan
https://www.ibm.com/software/products/ja/appscan

IBM Security AppScanでは実際にHTTP要求を送付して検査するため、アプリケーションだけではなく、Webサーバーやアプリケーション・サーバー自身の脆弱性の検出を行ってくれます。最新の定義ファイルを用いながらAppScanで定期的に検査すると、万全の対応が行えます。

■セキュリティ製品による担保

重要セキュリティ情報を確認し、回避策や修正プログラムなどの手段が提供されていても、何らかの理由で対策を実施できない場合も考えられます。また、アプリケーションに脆弱性が発見されてもその対策が完了するまで時間がかかる場合もあります。とは言え、このような状態を長時間放置することは望ましくありません。

このようなときには、一般的なファイアー・ウォールだけではなく、シグネチャの追加などで既知の脆弱性を用いた不正なアクセスを検知できるIDS(Intrusion Detection System)、あるいは自動的に不正アクセスを遮断できるIDP（Intrusion Detection and Prevention）を導入しておくと安心です。シグネチャの運用にはそれなりのノウハウが必要ですが、その運用まで委託できるサービスもあるので、状況に応じた方式を導入するとよいでしょう。

安全な暗号通信を常に見直す

Webの世界では、世界中の主要なブラウザベンダーと電子認証事業者が、CA/Browser Forumを通じてさまざまな議論と業界ガイドラインを策定しています。SSL/TLSの実装や証明書の扱い方は時代とともに変化しています。またコンピューターの処理能力の向上や暗号解読理論・技術の発展に伴い従来主に使われていたSSL/TLSの方式は安全ではないと言われています。

表5-11 SSL/TLSのバージョンと概要

バージョン	概要
SSL2.0	ダウングレード攻撃など複数の脆弱性が発見されている
SSL3.0	危険性があるとされる（POODLE攻撃　2014年）
TLS1.0	安全性が高いとはいえない
TLS1.1	安全性が高いとはいえない
TLS1.2	現在唯一安全とされるプロトコル（今日のWebサーバーの基本）。

※ TLS1.3は現在開発が進められていて、OpenSSL・Chrome/FireFoxではすでに実装済み

こうした状況より、IBM Cloudでは2018年3月からTLS1.1以前のプロトコルは使わないようにしています。現在、主なブラウザベンダー中心にTLS1.3の開発が進められており、より安全な通信環境が望まれています。

一方で、SSL/TLSプロトコル自身のみならず、ハンドシェーク時に選択されて、その後のバルク暗号化／暗号化解除の処理で使用される暗号スイートに含まれるアルゴリズムなどに、ここ数年で以下の表5-12のように数多くの脆弱性が見つかっており、安全といえるものは少なくなってきました。

表5-12 近年増大するSSL/TLS周りの脆弱性の例

年	通称	CVE番号	概要
2011	BEAST	CVE-2011-3389	SSL,TLSのCBCモードの処理の初期化ベクトル決定に関する問題で生ずる脆弱性
2012	CRIME	CVE-2012-4929	TLS圧縮機能に存在する脆弱性
2013	Lucky Thirteen	CVE-2013-0169	SSL,TLS,DTLSのCBCモードの処理に存在する脆弱性
2014	Heartbleed	CVE-2014-0160	OpenSSLのHeatbeat実装の問題
	POODLE	CVE-2014-3566	SSL3.0のCBCモードの脆弱性
	POODLE bites TLS	CVE-2014-8730	POODLE同様の攻撃がTLS1.0でも利用できる
2015	FREAK	CVE-2015-0204 (OpenSSL) CVE-2015-0138 (IBM)	過去の暗号輸出規制時のグレードが使われる問題
	Bar Mitzvah Attack	CVE-2015-2808	RC4自身の脆弱性
	Logjam	CVE-2015-4000	DH鍵公開に関する脆弱性

年	通称	CVE番号	概要
2016	SLOTH	CVE-2015-7575 (Java) CVE-2016-0201 (IHS)	TLS,MD5のHash衝突の脆弱性
	DROWN	CVE-2016-0800	SSL v2でRSAベースの証明書を使っていると、同一証明書用いたTLS通信が解読される問題
	Sweet32 Birthday attack	CVE-2016-2183	DES/3DESアルゴリズムの脆弱性

Facebook、Twitter、Googleといった多くのユーザーに使われているサービスでは、プライバシー保護やセキュリティが求められています。これらSNSサービスでは、2011年頃から安全性の高いSSL通信の仕組みや構成をいち早く取り入れています。IBM HTTP Serverも最新のFix Packでのデフォルト暗号スイートはその時点で安全とされるものに更新されています。

Webサーバーの SSL構成の安全性については、以下のようなアクションを定期的に実施することをお勧めします。

- SSL接続終端となるIBM HTTP Serverに最新のFix Packを適応
- SSL/TLS暗号設定ガイドの確認と対応
  - IPA「SSL/TLS暗号設定ガイドライン」
    `https://www.ipa.go.jp/security/vuln/ssl_crypt_config.html`
- ツールなどで構成を確認（ツールの活用）

IBM HTTP Serverでは`apachectl -t -DDUMP_SSL_CONFIG`コマンドで構成を確認できます。実際の動作状況は、証明書に署名するCA局や、セキュリティベンダーが提供するサービス、あるいはオープン・ソースで提供しているtestssl.shで確認できます。

WASの構成バックアップを取得しておく

どのように最新の注意を払ってシステムを設計・構築・運用していても、物理的な障害を防ぐことはできません。例えば、磨耗する軸が存在する稼働部、回転部があるハード・ディスクドライブもいつかは寿命が来ます。今日では、このような状況に対応するために、最新のストレージ・システムの場合は独自技術を駆使するなど、ディスク障害から比較的容易に復旧できるものもあります。しかしながら、実際のバックアップ・イメージを取っておくこと以上に確実なことはありません。最悪の場合でもバックアップ・イメージを戻せば何とかなるからです。

バックアップには次のようなポイントが挙げられます。

■バックアップのタイミング

- システム構築完了時
- メンテナンス完了時（Fix Pack や iFix を適用した後）
- トポロジー変更時
- 設定変更時
- アプリケーションの変更・追加時

■バックアップの内容

たくさんの数のバックアップを持っていることが重要ではなく、なるべく最新に近く、リストアの実績がある仕組みによるバックアップを必ず保持しておくことが大切です。

■最低限お勧めする内容

一般的にバックアップの範囲が大きいほど、リストア時に必要となる細かい調整の手間が減ります。WAS のインフラ観点としては、最低でも以下の部分はバックアップすることをお勧めします。

- アプリケーション（EAR/WAR 等）
- WAS 構成ファイル
- Web サーバー構成ファイル
- プラグイン構成ファイル

■バックアップの種類

バックアップの種類としては、OS で提供するものや、バックアップ専門ソフトウェアで提供するものなど複数の手段がありますが、WAS では表 5-13

に示す方法が用意されています。

表5-13　WASが提供するバックアップができるコマンドサービス

バックアップの種類	内容
backupConfig コマンド	config ディレクトリーの下をバックアップします。restoreConfig コマンドで戻せます。
manageProfile コマンド	プロファイル単位でバックアップやリストアが可能です。
拡張リポジトリー・サービス	V8.5から利用できる管理コンソール上で操作するサービス。構成変更時に自動的にリポジトリーのチェックポイントを取得できます。バックアップ対象のconfigディレクトリーに対し、フル・チェックポイントや差分バックアップを取得します。後で構成をリストアすることができます。

■ WAS バックアップの考慮点

backupConfig や拡張リポジトリー・サービスはバックアップ対象のファイルが config ディレクトリーに限定されているため、各ノード上の installedApps ディレクトリーに展開済みのアプリケーションはバックアップ対象外です。そのため、WAS の構成変更のみの作業を行った際に取得する構成戻し用バックアップに限定したほうがよいでしょう。

backupConfig で処理する場合は、デプロイ済みのアプリケーションは別途保管しておき、リストア処理では必要に応じてアプリケーションの再デプロイを行います。

manageProfile の場合は、プロファイル・ディレクトリー全体のバックアップとなるため、リストア作業はシンプルになります。

しかし、実際の WAS のインフラ構成は、起動ユーザーの変更のためにファイル・パーミッションの変更を行ったり、設計や構築によりいろいろな条件が想定されます。このような場合にも対応するためには、プロファイル・ディレクトリー全体をコピーする形でバックアップすることをお勧めします。万が一の際にもプロファイル・ディレクトリーを戻すというシンプルな処理となり、アプリケーションを含めた素早い復帰が可能です。全体コピーによるバックアップ後に行われていた細かな変更は、バックアップ差し戻し後に backupConfig で取得したものなどを利用しながら回復処理をすることを検討します。

世界に1つしかないシステムを将来にわたり確実に稼働させるためにも、適切なタイミングで適切なバックアップを取得しておくことはとても重要です。まだ考慮していない場合は今すぐ検討してください。また、万が一の際にどのようにバックアップから戻すのか実際に検証しておくと確実です。

より詳細な情報は、以下のページを参照してください。

- WAS V9.0：拡張リポジトリー・サービス設定
https://www.ibm.com/support/knowledgecenter/ja/SSAW57_9.0.0/com.ibm.websphere.nd.multiplatform.doc/ae/uwve_extrepserv.html
- WAS V9.0：backupConfig コマンド
https://www.ibm.com/support/knowledgecenter/ja/SSAW57_9.0.0/com.ibm.websphere.migration.nd.doc/ae/rxml_backupconfig.html
- WAS V9.0：manageprofiles コマンド
https://www.ibm.com/support/knowledgecenter/ja/SSAW57_9.0.0/com.ibm.websphere.installation.nd.doc/ae/rxml_manageprofiles.html

Column

ディスク障害ではバックアップが本当に重要

不幸にしてディスク上のデータが消えてしまう、あるいはアクセスできなくなるということは現実に起きることです。筆者は、不幸にもディスクのファームウェアの更新時にデータにアクセスできなくなってしまったケースに遭遇したことがあります。コントローラーに問題が発生してしまったので、論理的にはハードディスクの円盤を取り出して問題のない同一機種のディスク装置に移植すれば動いたのかもしれませんが、そのような対応はどのメーカーも提供していませんし、サポートもありません。しかも、そのシステムの WAS には残念ながら 2 年前のバックアップしか残っていませんでした。

幸いデータベースのデータは他のディスクに残っていましたが、2 年前の WAS の状態から手探りで先日まで動いていたという状態までアプリケーションのデプロイや構成を行う作業は、当然ながら難航しました。なんとか断片的な情報を元に戻せたものの、元通りにアプリケーションが動き出すまでには問題が起きてから 2 日以上もの時間がかかってしまいました。さらに、そのシステムではクラスター構成も行っていなかったので、手動での復旧作業中、システムは全く利用できない状態でした。日頃からの備えをしっかり行っておけば数時間で回復できたはずなのに、とあらためて思い知らされた一件です。

Column

OSGiキャッシュに注意

バックアップしていたWASの構成ファイルをFix Pack適用後にリストアしたところ、アプリケーション・サーバーの起動時に様々なエラーが発生するようになったことがありました。エラーは何度再起動しても直らず、リストアを何種類か試しても解消しませんでした。バックアップを取得した際は間違いなく動いていたシステムであったにも関わらずです。原因は何だったのでしょうか。

実は、この問題はOSGiキャッシュの不整合によって発生したものでした。WASはOSGiキャッシュを`<WAS_HOME>/profiles/<プロファイル名>/configuration`ディレクトリーに保持しています。

通常、Fix Pack適用やアプリケーション更新後はOSGiキャッシュも必要に応じて自動的に更新されている必要がありますが、バックアップを戻す際にパーミッションの問題があり、OSGiキャッシュが更新できなくなっていました。非rootユーザーで起動するように変更している場合は、この問題に遭遇する可能性が特に高いので注意が必要です。

OSGiのキャッシュ不整合が起きた場合は、次の手順で回復します。

1. WAS導入先の全ディレクトリーがWAS起動ユーザーによってアクセス可能（書き込みも可能）になっている状態にします。
2. `osgiCfgInit.sh`を実行します。
   例：`<WAS_HOME>/profiles/<プロファイル名>/bin/osgiCfgInit.sh`
3. アプリケーション・サーバーを再起動します。

第6章

問題判別

6-1 問題判別の基本

問題判別の第一歩は、発生している問題を理解することです。そのために、どのようにしてそれを問題と捉えたかを考えます。「問題と考える根拠は何だろう」、「どうやって問題に気づいただろう」という問いが役立ちます。そして、特に運用中に発生した問題に対してそれらの問いに答えるためには、普段からシステムの状況を監視し、必要な情報を記録しておくことが重要になる場合が多々あります。つまり、問題を正しく認識し理解するには、次の 2 点が重要になります。

- 監視・記録すること
- 考えること

問題を理解したら、最終的に実現したいこと（要件）を考え、明確なゴールを設定することです。問題判別の過程ではそのゴールを見失いがちです。特に関係者、サポートなど複数で問題判別に当たる場合には、その要件を共有し、ゴールを見失わないことが問題の早期解決につながります。

複数の問題が同時に発生することもあります。そのため、それぞれの問題に対して重要度を考える必要があります。重要度はその問題が解決しないことによるビジネス的損失（お金）やスケジュール（時間）などリソースに影響する事柄から考え、整理します。

問題判別の実施とその解決のためには、個人の技術的知識だけではなく、他の技術者・専門家との連携やサポート・センターとのやり取りなどが必要になる場合もあります。このため、問題を解決するまで主体的に行動することも重要なポイントであり、大きなシステムになると問題管理を適切に行うことが求められます。

ここからは、WAS の問題判別を行う上での考え方を各節で説明します（図 6-1）。

▶図 6-1 問題判別を行う上での考え方

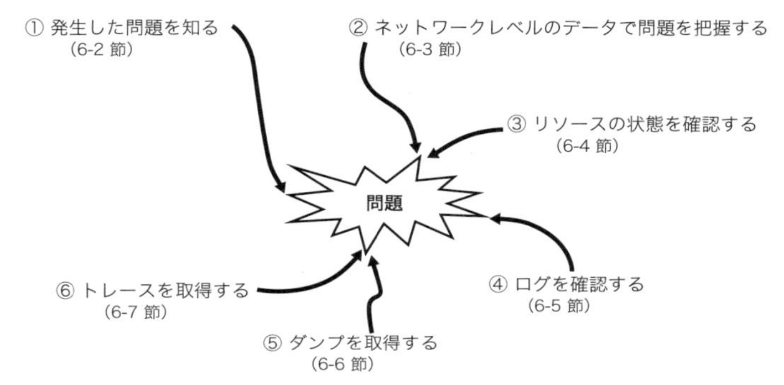

6-2 発生した問題を知る

問題のトリガーを考える

運用中に発生した問題に対して、何かトリガーとなるものがなかったかを考えます。「新しいアプリケーションをリリースした」、「普段よりアクセス数が多かった」、「修正モジュールを適用した」など様々な要因があります。

問題の種類を特定する

問題の種類を特定します。アプリケーションへアクセスしたが応答がない(無応答問題)、アプリケーション・サーバーがダウンしている（異常終了)、ステータス・コードが404などのエラー画面が表示される（エラー画面)、期待した出力結果が得られない（異常動作）など、どのような問題が発生しているか種類を特定します。また、例えば無応答問題の場合は、その間アプリケーション・サーバー・プロセスのCPU使用率が異常に上がっているかなどの状況も把握する必要があります。

問題のコンポーネントを特定する

WASを利用したシステムでは、あるリクエストを処理するのに複数のコンポーネント（図6-2）が関わります。

例えば、IHSなどのWebサーバーがリクエストを受け、Webサーバー・プラグイン（以降、プラグイン）を経由して、アプリケーション・サーバーにリクエストを転送します。アプリケーション・サーバーはデータベースと連携をしている場合がありますし、Webサーバーの前には負荷分散装置やプロキシーが存在するかもしれません。

アプリケーション・サーバーとその周辺コンポーネントのうち、どのコンポーネントで問題が発生しているかを特定するには、そのうちあるコンポーネントを抜かした切り分けテストを行うことが有効です。例えばWebサーバーかアプリケーション・サーバーかのどちらで問題が発生しているのかを特定するために、Webサーバーを経由せずにアプリケーション・サーバー（組み込みHTTPサーバー）へ直接アクセスする切り分けテストが有効になります。Webブラウザからアプリケーション・サーバーのホスト名またはIPアドレスとHTTPトランスポートで指定しているポート番号（9080番など）を指定してアクセスします。

◆図6-2 WAS traditionalを構成する代表的なコンポーネント

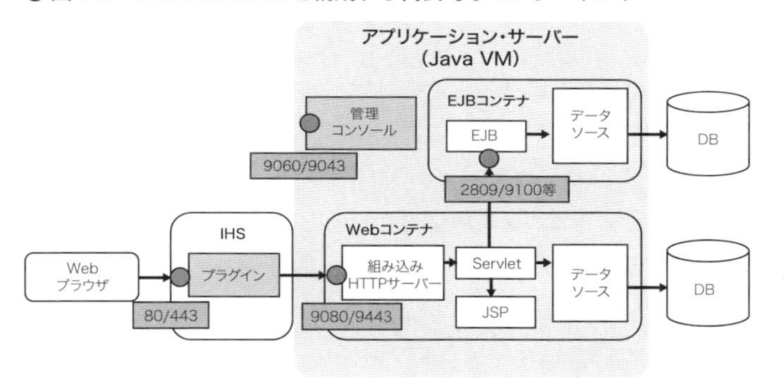

Webブラウザを使用せずに任意のリクエスト・ヘッダーを使用してリクエストの送信をテストする方法もあります。まずは、例えばFirefox標準の開発者ツール（F12キー、もしくは「Tools」→「Web Developer」→「Performance」）などを利用し、送信するリクエストのヘッダーなどを確認します。確認したもののうち任意のヘッダーを使用し、cURLツール（`http://curl.haxx.se/`）や`telnet`コマンドを利用してリクエストを送信します。

`telnet`コマンドで実行する例を次に示します。

1. テキスト・エディタなどに送信したいリクエストを入力し、コピーしておきます。例えば以下のようなものです。

```
GET /snoop HTTP/1.1
Host: 192.168.130.10
```

2. コマンド・プロンプトで「telnet ホスト名 ポート番号」と入力し、エンターキーを押した後、事前にコピーしておいたリクエストを貼り付けます。Windows では telnet コマンドは、「コントロールパネル」 → 「プログラム」 → 「Windows の機能の有効化または無効化」の Telnet クライアントを有効にすることで利用可能です。
3. GET リクエストの場合はエンターキーを 2 度入力することでリクエストが該当のサーバーへ送出されます。サーバーからのレスポンスが表示され、KeepAlive が効いている場合はそのタイムアウト経過後に TCP セッションが切断されます。

アプリケーション・サーバー自身も複数のコンポーネントから成り立っています。Web モジュールを実行する Web コンテナ、EJB を実行する EJB コンテナ、データソースや JMS といったリソース・プロバイダー、セキュリティ・サービス、ネーミング・サービスなど様々です。

アプリケーション・サーバー内のコンポーネントのうちどこで問題が発生しているかを調べるには、問題の発生しているアプリケーションの特徴を考え、類似のアプリケーション、異なった特徴を持つアプリケーションを複数実行し、それらの問題発生の有無から絞り込むことが有効でしょう。

例えば、データソースを使用するアプリケーションのみ何らかの問題が発生している場合は、データソースを調査する必要がありますし、複数の JSP のみ発生している場合は Web コンテナを調査する必要が出てきます。

これらのコンポーネントのうち、どこで問題が発生しているかを、問題発生の状況や切り分けテストを通して絞り込みます。

6-3 ネットワークレベルのデータで問題を把握する

アプリケーションへアクセスしたのに応答がない、応答の遅延が発生している、といった問題を判別する際、アプリケーション・サーバーへリクエストが渡るまでにどこで止まっているのか、どこで遅延しているのかということを調べます。その際に、ネットワークレベルのデータを取得し、解析を行うことで切り分けが可能な場合があります。

ソケットの状態

ネットワークレベルのデータとして有用なもののひとつに**netstat**コマンド[※1]があります（図6-3）。**netstat**コマンドは通信に使用するソケットの状態を表示できます。

▶図6-3　netstatコマンドの出力例

```
root@wvesrv01:~
ファイル(F) 編集(E) 表示(V) 端末(T) タブ(B) ヘルプ(H)
[root@wvesrv01 ~]# netstat -n
Active Internet connections (w/o servers)
Proto Recv-Q Send-Q Local Address               Foreign Address             Stat
e
tcp        0    320 192.168.242.10:56903        192.168.242.11:9080         ESTA
BLISHED
tcp        0     44 192.168.242.10:56908        192.168.242.11:9080         ESTA
BLISHED
tcp        0    554 192.168.242.10:56905        192.168.242.11:9080         ESTA
BLISHED
tcp        0      0 192.168.242.10:56904        192.168.242.11:9080         ESTA
BLISHED
tcp        0     36 192.168.242.10:56907        192.168.242.11:9080         ESTA
BLISHED
tcp        0      0 192.168.242.10:56906        192.168.242.11:9080         ESTA
BLISHED
Active UNIX domain sockets (w/o servers)
Proto RefCnt Flags       Type       State         I-Node Path
unix  18     [ ]         DGRAM                    9503   /dev/log
unix  2      [ ]         DGRAM                    1588   @/org/kernel/udev/udevd
unix  2      [ ]         DGRAM                    10086  @/org/freedesktop/hal/u
dev_event
unix  3      [ ]         STREAM     CONNECTED     46877  /tmp/scim-bridge-0.3.0.
socket-0@localhost:0.0
```

※1　Linux環境においては、net-toolsパッケージが非推奨となった影響により、ssコマンドやipコマンドで代用します。

netstat コマンドは、接続の状態や統計情報を表示します。Recv-Q の値が高い場合は受信キューに多くのデータがたまっていることを意味し、netstat コマンドを取得したサーバー上のプロセスで遅延している可能性があります。Send-Q の値が高い場合は送信キューに多くのデータがたまっていることを意味し、接続先のプロセスが遅延している可能性があります。

つまり、Web サーバー上で取得した netstat の結果でアプリケーション・サーバーとのコネクションに関する Send-Q の値が高い場合（図 6-3）は、アプリケーション・サーバーで遅延が発生している可能性があります。

Web アクセスでのパケットと TCP 状態遷移の関係を表すと、図 6-4 の通りです。HTTP プロトコルを利用した Web アクセスは、TCP/IP プロトコルの上に成り立っているため、TCP の 3-way ハンドシェイクにより TCP セッションを確立した後（図 6-4 中①～③パケットのやり取り）、HTTP リクエスト／レスポンスが実施されます。TCP セッションが確立している間、クライアント、サーバーともに接続は ESTABLISHED の状態となります。HTTP/1.1 の場合は、通常 TCP セッションは Web サーバーの KeepAliveTimeout が経過するまで維持されます。KeepAliveTimeout が経過すると Web サーバーは接続を切断（ソケットをクローズ）し、FIN パケットがクライアント側へ送信されます（図 6-4 中④）。その後、クライアント側からの FIN,ACK を受信し（図 6-4 中⑤）、ACK を送信することにより（図 6-4 中⑥）、サーバー側の接続は TIME_WAIT の状態となります。これらの接続の状態は netstat コマンドで確認できます。最大セグメント生存期間（MSL）の 2 倍の時間が経過すると、TIME_WAIT の状態から CLOSED となり、netstat コマンドの出力から該当の接続は消えます。

図 6-4 Web アクセスと TCP 状態遷移の関係

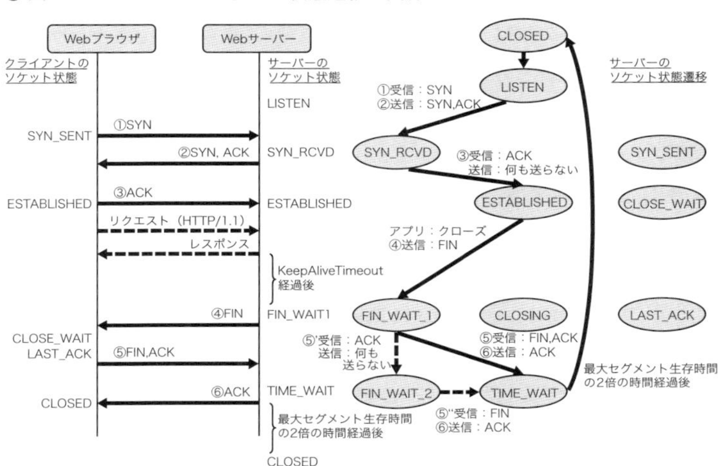

例えば **netstat** コマンドをクライアント側で実行すると SYN_SENT 状態の接続がたくさん見られる場合は、サーバー側（TCP 3-way ハンドシェイク時の相手側）からの SYN,ACK パケットが届かない状況であることが分かり、サーバー側の筐体やネットワークでの調査を行う必要があります。サーバー側で FIN_WAIT_2 状態の接続が見られる場合は、クライアント側からの FIN パケットが届いていない状態であり、クライアント側の筐体やネットワークでの調査を行う必要があることが分かります。ここで、サーバー側の **netstat** の結果で TIME_WAIT 状態の接続がたくさん確認できるかもしれませんが、時間が経てば消えるものなので異常な状態ではありません。しかし、Web システムでは通常、多くの TCP 接続を使用するため、TIME_WAIT で待機する状態を OS の設定により短くし、早くリソースを解放することを推奨しています。詳しくは、第 7 章の「OS とネットワークのチューニング」を参照してください。

ネットワーク・トレース

ネットワーク・トレースによりパケットを捕らえ調査を行うことで、2 点間の通信のうちどちら側をさらに調査する必要があるかが分かります。

例えば、遅延が発生している状況で、リクエストが Web サーバーで遅延しているのかアプリケーション・サーバーで遅延しているのか、切り分けを行いたい場合があります。その際は、ネットワーク・トレースを少なくともWebサーバー上で取得すると、Webサーバーへ来たリクエスト、プラグインがアプリケーション・サーバーへ転送したリクエストを捕らえることができます。これをWiresharkツールで調査します。

遅延の発生したリクエストURIが「/samples/snoop」である場合、「編集」→「パケットの検索」を選択すると現れるエリアで、「パケットバイト列（図6-5中の①）」および「文字列（図6-5中の②）」を選択して検索（図6-5中の③および④）することで、該当のリクエストを発見します（図6-5）。

検索にヒットしたパケットが、Webサーバーのポート宛て（80番など）、あるいはアプリケーション・サーバーのHTTPチャネルで設定したポート宛て（9080番など）であるかを確認することで、クライアント／Webサーバー間、プラグイン／アプリケーション・サーバー間のどちらのリクエストであるかが分かります。

Webサーバー、アプリケーション・サーバーがリクエストを受け付けるポート番号は全てのリクエストに共通ですが、リクエスト送信元のポート番号は動的に割り当てられます。そのため、クライアントの送信元ポート番号と、プラグインの送信元ポート番号をOR条件でフィルタリングすれば、2つのTCPセッションを取り出すことができます。

例えば、動的に割り当てられた51128番ポートおよび46685番ポートをOR条件でフィルタリングするには、表示フィルタ（図6-5中の⑤）に「`tcp.port == 51128 || tcp.port == 46685`」と入力して、Enterキーを押します。

▶図 6-5 Wireshark でのフィルター使用例

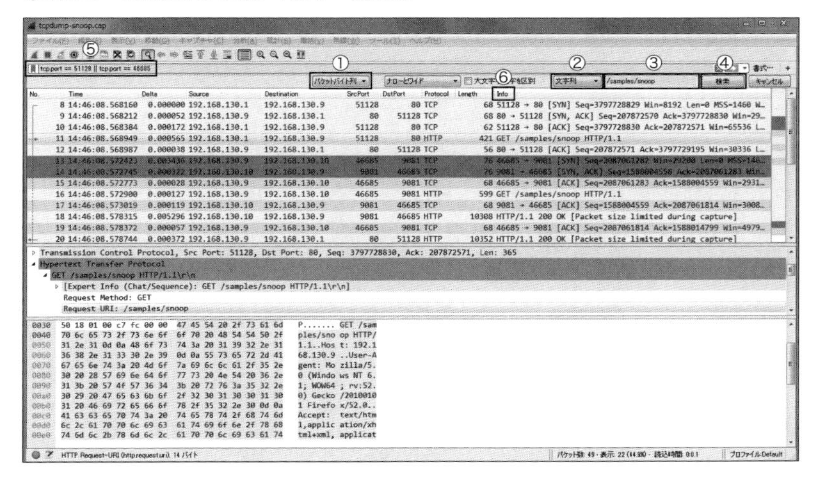

これにより、クライアントとWebサーバー間、プラグインとアプリケーション・サーバー間の一連の流れを 1 度に把握することができます。ここでさらに、「統計」 ➔ 「フローグラフ」を実行すると、一連の流れをフロー・グラフとして把握しやすくできます（図 6-6）。

▶図 6-6 Wireshark でのフロー・グラフ使用例

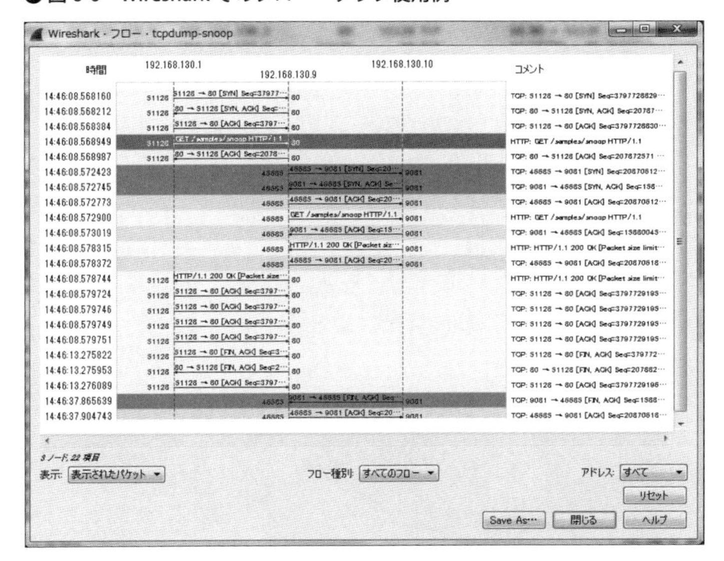

Wireshark での調査の際に設定しておくと有用なカラムが、「Delta time displayed」です。「編集」 → 「設定」で現れるウィンドウの「外観」 → 「列」でそのカラムを追加できます。これにより、あるTCPセッションに注目した際に、前後のパケットの差（Delta）を表示します。

また、プラグインとアプリケーション・サーバー間のパケットのうちいずれか 1 つを選択した状態で「分析」 → 「…としてデコード」を実行し、アプリケーション・サーバーの HTTP チャネルで設定したポート（9080 番など）を「HTTP」としてデコードすると、Info にリクエストや、レスポンスの概要が表示され（図 6-5 中の⑥）、それぞれの始まりのパケットを把握するのに便利です。

6-4 リソースの状態を確認する

遅延などが発生している場合には、Web サーバー、アプリケーション・サーバー、データベース・サーバーなどのバックエンドのサーバー、それぞれの筐体でのリソース状態を監視および確認することが大切です。特定のあるアプリケーション・サーバーでのみ問題が発生している場合は、特にそのアプリケーション・サーバーと稼働しているサーバーのリソースの状態を確認します。次のようなポイントに注目するとよいでしょう。

- アプリケーション・サーバーでガーベッジ・コレクションが頻発してないか。
- OS から見たとき CPU を過度に使用しているプロセスがないか。それはアプリケーション・サーバーのプロセスであるかどうか。
- 物理メモリーの枯渇によりスラッシングが発生していないか。
- I/O の状態はどうなっているか。

Linux 環境においてサーバーのリソース状態を確認するコマンド例を次に示します。サポート担当者とともに問題判別に当たる際も、次の資料は問題を客観的に捉える上で有効です。

- `top -bc -d 60 -n 5 > top.out &`
  システム全体から見たリソース状態（top コマンド）を 60 秒ごとに 5 回記録する。
- `top -bH -d 5 -n 48 -p [PID] > topdashH.out &`
  あるプロセスに注目してスレッドごとの状態も含め 5 秒ごとに 48 回記録する。

- ps -eLf > ps.out
  全てのプロセスに対するスナップショットをスレッド数、スレッドIDを含めて記録する。
- vmstat 5 12 > vmstat.out
  仮想メモリーの統計を5秒ごとに12回記録する。

リソース状態を確認するコマンドは、「パフォーマンス、ハング、高CPU問題についてのMustGatherドキュメント」内に、まとめて実行することのできるシェル・スクリプト（バッチ・ファイル）として添付しています。それぞれのプラットフォームごとに次の文書を参照してください。

- MustGather: Performance, hang, or high CPU issues with WebSphere Application Server on Linux
http://www.ibm.com/support/docview.wss?uid=swg21115785

- MustGather: Performance, hang, or high CPU issues with WebSphere Application Server on AIX
http://www.ibm.com/support/docview.wss?uid=swg21052641

- MustGather: Performance, hang, or high CPU issues on Windows
http://www.ibm.com/support/docview.wss?uid=swg21111364

- MustGather: Performance, hang, or high CPU issues on Solaris
http://www.ibm.com/support/docview.wss?uid=swg21115625

- MustGather: Performance, Hang, or High CPU Issues on HP-UX
http://www.ibm.com/support/docview.wss?uid=swg21127574

6-5 ログを確認する

何らかの問題が発生した際、その痕跡がそれぞれコンポーネントのログに記録されている場合があります。出力されたログの内容を調べることにより、即座に原因を発見できることもありますし、発生した問題の状況を客観的に把握することにつながることもあります。ここでは、IHS、プラグイン、アプリケーション・サーバーのそれぞれのログの出力先、種類について説明します。

IBM HTTP Server

Web サーバー構成ファイルは、次の場所に存在します。特別に Web サーバー構成ファイルを読み込ませず起動した場合は、このファイルが使用されます。

```
<IHS_HOME>/conf/httpd.conf
```

ログ・ファイルは、デフォルトで次のディレクトリーに出力されます。

```
<IHS_HOME>/logs
```

■アクセスログ

アクセスログ（デフォルト：**access_log**（Unix/Linux）、**access.log**（Windows））は、**httpd.conf** の構成によって、内容を自由にカスタマイズ可能です。例えばログフォーマットを common から標準で定義されている combined に変更するには、CustomLog ディレクティブの「commons」を指定している箇所を「combined」に変更します（リスト 6-1）。

▶リスト 6-1　CustomLog 変更例

```
LogFormat "%h %l %u %t ¥"%r¥" %>s %b ¥"%{Referer}i¥" ¥"%{User-Agent}i¥""
combined
LogFormat "%h %l %u %t ¥"%r¥" %>s %b" common
```

```
#CustomLog logs/access_log common
CustomLog logs/access_log combined
```

デフォルトでは「レスポンス・タイム」の出力が含まれていないので、追加しておくことがお勧めです。レスポンス・タイムをマイクロ秒で記録するには%Dを使用します（リスト6-2）。

▶リスト6-2 マイクロ秒単位のレスポンスの記録例

```
LogFormat "%h %l %u %t ¥"%r¥" %>s %b %D" common
↓ 出力例
127.0.0.1 - - [23/Feb/2011:16:00:25 +0900] "GET / ～ HTTP/1.1" 200 63 109375
```

リスト6-2の出力例では200と記録されLogFormat中で"%>s"の引数で表されるものは、サーバーがクライアントに送り返すステータス・コードで、HTTP規格で決められています（表6-1）。

▶表6-1 主なステータス・コード
(http://www.w3.org/Protocols/rfc2616/rfc2616-sec10.html)

コード	内容
200番台　成功	
200	OK
300番台　リダイレクション	
300	Multiple Choices
301	Moved Permanently
302	Found
303	See Other
304	Not Modified
305	Use Proxy
400番台　リクエスト・エラー	
401	Unauthorized（ユーザー認証が必要）
403	Forbidden（禁止）
404	Not Found
405	Method Not Allowed
406	Not Acceptable
407	Proxy Authentication Required

コード	内容
408	Request Timeout
500 番台　サーバー・エラー	
500	Internal Server Error
501	Not Implemented
502	Bad Gateway
503	Service Unavailable
504	Gateway Timeout
505	HTTP Version Not Supported

アクセスしてきたクライアントの種類（ユーザー・エージェント）を記録するには `%{User-Agent}i` を使用します（リスト 6-3）。

▶リスト 6-3　ユーザー・エージェント（クライアントの種類）の記録例

```
LogFormat "%h %l %u %t ¥"%r¥" %>s %b %D ¥"%{User-Agent}i¥"" common
    ↓
   出力例
…… "Mozilla/5.0 (Windows NT 6.1; WOW64; rv:52.0) Gecko/20100101 Firefox/52.0"
```

NAT 転送を行う機器を利用している場合は、通常の構成では実クライアント IP アドレスが記録できません。そのため、機器でサポートしている実クライアント IP を製品固有の HTTP ヘッダーに追加する機能を利用する必要があります（リスト 6-4、6-5）。

▶リスト 6-4　F5 BIG-IP 使用時の例

```
LogFormat "%{X-Forwarded-For}i %l %u %t ¥"%r¥" %>s %b" common
```

▶リスト 6-5　Edge Components Caching Proxy 使用時の例

```
LogFormat %{Client-IP}i %l %u %t ¥"%r¥" %>s %b" common
```

これら以外の機器の場合は、機器のマニュアルを確認し、ヘッダー情報をログに書き出す設定を行います。

この他、問題判別に有効な LogFormat としてよく使われるものとして、次のようなものがあります。

- JSESSIONIDを記録する

JSESSIONIDという名前のクッキーの中身を記録します。リスト6-6の出力例では、キャッシュID 0000、セッションID Fm1ilscYbdvPGdfF1lwCU6W、クローンID 146kogur3を持つ、JSESSIONIDクッキーの中身が記録されています。

▶リスト6-6　JSESSIONIDの記録例

```
%{JSESSIONID}C
↓ 出力例
0000Fm1ilscYbdvPGdfF1lwCU6W:146kogur3
```

- SSLネゴシエーションに使用された暗号仕様を記録する

クライアントーIHS間のSSLネゴシエーションに使用された暗号仕様を記録します。リスト6-7の出力例では、HTTPSプロトコルでのアクセスに「TLS_ECDHE_RSA_WITH_AES_256_GCM_SHA384」の暗号仕様が利用されたことを意味します。

▶リスト6-7　SSLネゴシエーションに使用された暗号仕様の記録例

```
%{HTTPS_CIPHER}e
↓ 出力例
TLS_ECDHE_RSA_WITH_AES_256_GCM_SHA384
```

- コンテンツ圧縮率を記録する

コンテンツ圧縮率を記録します。リスト6-8の出力例では、クライアントが受け付け可能なエンコード方式 "gzip, deflate"、1089バイトのレスポンス・ボディー、圧縮前3183バイトであったコンテンツを33%のサイズである1071バイトまで圧縮ができたことを示しています。

▶リスト6-8　コンテンツ圧縮率の記録例

```
¥"%{Accept-Encoding}i¥" %B %{outstream}n/%{instream}n (%{ratio}n%%)
↓ 出力例
"gzip, deflate" 1089 1071/3183 (33%)
```

- %{Accept-Encoding}i：リクエスト中の Accept-Encoding ヘッダー（クライアントが受け入れ可能なレスポンス・ボディーのエンコード方式）の中身を記録します。
- %B：レスポンス・ボディーのバイト数を記録します。
- %{outstream}n：圧縮後のバイト数を記録します。
- %{instream}n：圧縮前のバイト数を記録します。
- %{ratio}n：圧縮率（出力÷入力× 100）を記録します。

なお、%{outstream}n、%{instream}n、%{ratio}n は、同じ設定ファイル内にリスト 6-9 のような設定が必要です。

リスト 6-9　コンテンツ圧縮率記録のために必要な追加設定

```
DeflateFilterNote Input instream
DeflateFilterNote Output outstream
DeflateFilterNote Ratio ratio
```

- プラグインがリクエストを割り振ったアプリケーション・サーバーを記録する

  プラグインがリクエストを割り振ったアプリケーション・サーバーのホスト名（IP アドレス）とポート番号を記録します。リスト 6-10 の出力例は、ホスト名 appserver.example.com のポート 9080 で稼働しているアプリケーション・サーバーへ割り振りを行ったことを示します。

リスト 6-10　プラグインがリクエストを割り振ったアプリケーション・サーバーの記録例

```
%{was}e
↓ 出力例
appserver.example.com:9080
```

■エラーログ

エラーログ（デフォルト：error_log（Unix/Linux）、error.log（Windows））は、何らかのエラーが発生した場合のメッセージや IHS からの情報が記録されます。mod_mpmstats などを使って IHS の状態を記録する場合も、このログに書き込まれます。

Webサーバー・プラグイン

プラグイン構成ファイルは、例えば次のようなファイルです。具体的な場所は **httpd.conf** で指定します。

```
<PLUGIN_HOME>/config/<webserver>/plugin-cfg.xml
```

ログ・ディレクトリーは、例えば次のようなディレクトリーです。具体的な場所は **plugin-cfg.xml** で指定します。

```
<PLUGIN_HOME>/logs/
```

プラグイン・ログ（デフォルト：**http_plugin.log**）のログレベルは、管理コンソールで指定可能です（表6-2）。管理コンソールからログレベルを変更した場合、プラグインの再生成、伝播を行います。その後、Webサーバーを再始動するか、「RefreshInterval」（構成リフレッシュ間隔）を設定している場合、その時間を経過後にリクエストを受け取った時点でプラグイン構成ファイルが再読み込みされ、新たなログレベルが有効になります。

また、手動でプラグイン構成ファイルを編集して、ログレベルを変更することが可能です。変更後は、同様にプラグイン構成ファイルを再読み込みする必要があります。手動でログレベルを変更した場合は、プラグインの自動生成と自動伝播の機能によりプラグイン構成ファイルが上書きされないよう注意が必要です。

表6-2　プラグインのログレベル

ログレベル	内容
Trace	トレース
Stats	状態
Warn	警告
Error	エラー（デフォルト）
Debug	デバッグ
Detail	詳細

ログレベルをTraceにすると、リクエストを受け取った際のプラグインの全ての動作を記録します。

WAS traditional

ユーザーの構成情報・ログはプロファイルごとに保存されます。WAS traditional のログ・ディレクトリーは次の場所です。

`<WAS_HOME>/profiles/<プロファイル名>/logs/`

プロセスごとに次のようなサブディレクトリーが作られます。

- デプロイメント・マネージャー：「dmgr」
- ノード・エージェント：「nodeagent」
- アプリケーション・サーバー：指定したサーバー名

ログの出力先は、管理コンソールで変更可能です。出力先の指定には、WebSphere 変数が利用できます。例えば「LOG_ROOT」には上記のログ・ディレクトリー（`<WAS_HOME>/profiles/<プロファイル名>/logs/`）が設定されており、これを変更するとログ・ディレクトリーを一括で変換できます。

■ JVM ログ

アプリケーション・サーバーなどのプロセスの情報の大部分が記録され、問題判別には最も重要なログです（図 6-7）。アプリケーション・サーバー上で稼働しているアプリケーションからの `System.out`、`System.err` への出力も記録することができますが、アプリケーション・サーバーからの重要なメッセージを見逃さないためにもアプリケーションのログは別途用意することをお勧めします。デフォルトは `SystemOut.log`、`SystemErr.log` です。

図6-7　管理コンソールのJVMログ画面

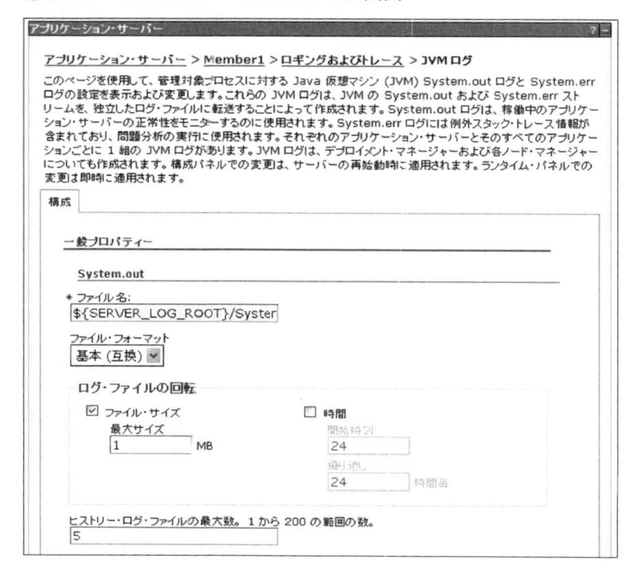

ファイル・フォーマットの指定が「基本（互換）」の場合、JVMログの出力フォーマットはリスト6-11のようになります。

リスト6-11　JVMログの出力フォーマット

```
[09/04/08 15:26:43:678 JST]¹ 00000000² WsServerImpl³ A⁴ WSVR0001I⁵: e-business
のためにサーバー server1 が開かれました⁶
```

1. タイムスタンプ。
2. メッセージを出力したスレッドのID。
3. メッセージを出力したコンポーネントの短縮名。
4. メッセージの種類。
    - F：致命的メッセージ。
    - E：エラー・メッセージ。
    - W：警告メッセージ。
    - A：監査メッセージ。
    - I：通知メッセージ。

  - C：構成メッセージ。
  - D：詳細メッセージ。
  - O：ユーザー・アプリケーションまたは内部コンポーネントにより、`System.out` に直接書き込まれたメッセージ。
  - R：ユーザー・アプリケーションまたは内部コンポーネントにより、`System.err` に直接書き込まれたメッセージ。
  - Z：その他。
5. メッセージ ID。
6. メッセージ。問題判別をする際には、まずメッセージ ID に注目します。
  - I で終わるもの：情報
  - W で終わるもの：警告
  - E で終わるもの：エラー（これが重要！）

メッセージ ID を Knowledge Center（オンライン・マニュアル）や Web で検索すると、原因や問題判別のヒント、あるいは必要な対応策が分かります。

■プロセス・ログ

JVM 自身の出力が書き込む情報です（図 6-8）。ネイティブ・コードからの出力も記録することができますが、アプリケーションのログは別途用意することをお勧めします。デフォルトは **native_stdout.log**（標準出力）および **native_stderr.log**（標準エラー出力）です。

図 6-8 管理コンソールのプロセス・ログ画面

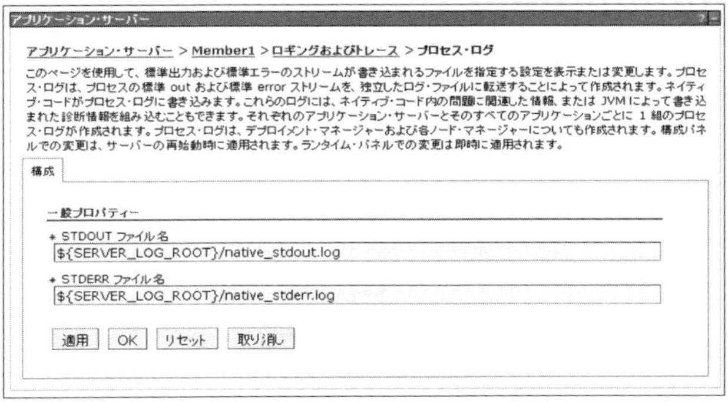

アプリケーション・サーバー

アプリケーション・サーバー > Member1 > ロギングおよびトレース > プロセス・ログ

このページを使用して、標準出力および標準エラーのストリームが書き込まれるファイルを指定する設定を表示または変更します。プロセス・ログは、プロセスの標準 out および標準 error ストリームを、独立したログ・ファイルに転送することによって作成されます。ネイティブ・コードがプロセス・ログに書き込みます。これらのログには、ネイティブ・コード内の問題に関連した情報、または JVM によって書き込まれた診断情報を組み込むこともできます。それぞれのアプリケーション・サーバーとそのすべてのアプリケーションごとに 1 組のプロセス・ログが作成されます。プロセス・ログは、デプロイメント・マネージャーおよび各ノード・マネージャーについても作成されます。構成パネルでの変更は、サーバーの再始動時に適用されます。ランタイム・パネルでの変更は即時に適用されます。

構成

一般プロパティー

* STDOUT ファイル名
${SERVER_LOG_ROOT}/native_stdout.log

* STDERR ファイル名
${SERVER_LOG_ROOT}/native_stderr.log

適用 OK リセット 取り消し

V9.0.0.2以前ではVerbose GC（冗長ガーベッジ・コレクション）を有効にすると、native_stderr.logに記録されます。V9.0.0.3以降ではVerbose GCはデフォルトで有効となり、ファイル名が"verbosegc."から始まる別ファイルに記録されます。

■ FFDCログ（<process_name>_<timestamp>.txt）

WAS内部のエラー情報が発生時に自動で記録されます。サポートセンターが障害対応時に調査対象とするログです。

■ HTTPトランスポートログ（http_access.log ／ http_error.log）

WebコンテナのHTTPトランスポート（組み込みHTTPサーバー）に対するアクセスを記録するログです。Webサーバーを介さないアクセスに対してもアクセスログ、エラーログを記録することができます。デフォルトでは記録されません。

■ IBM保守ログ（activity.log）

JVMの詳細な情報を記録したログです。バイナリー形式で記録され、showlogコマンドを使用することで中身を参照することができます。

6-6 ダンプを取得する

WAS traditionalの使用しているJVMでは様々なダンプを取得することができます。ログがWASの稼働中に発生した事象を時系列に沿って記録したものであるのに対して、ダンプは取得した瞬間のプロセスの各種情報を記録したものです。JVMで取得できるダンプは、IBM JVMを使用しているプラットフォーム（AIX、Linux、Windows）とその他のプラットフォーム（Solaris、HP-UX）とで異なります。ここでは、IBM JVMで取得できるダンプを解説します。

JVMのダンプの種類

表6-3に示す4種類のダンプがあります。

表6-3　JVMのダンプの種類

ダンプの種類	内容
Javaダンプ	JVMの内部の情報をテキスト形式で書き出したもの。稼働しているOSの各種情報や、JVMの起動パラメーター、内部の各スレッドのスタック・トレース、ロックに使用されるモニター、ロードされているクラスに関する情報などが出力される。出力されるファイル名からJavacoreと呼ばれることもある。 JVMの異常終了（SIGSEGV、SIGILL等）、致命的なNativeメモリーエラーの発生（SIGABORT等）、OutOfMemoryErrorの発生（Javaヒープ、Nativeメモリ枯渇）または、あらかじめ指定したトリガー（Dump/Traceオプション）によって自動的に出力される。問題判別のため、JVMのハングやスローダウンなどが発生している際に手動で取得できる。IBM JVMの独自の機能で、問題判別にとても有用である。 ファイル名：`javacoreYYYYMMDD.HHMMSS.<PID>.<SEQ>.txt`
ヒープ・ダンプ	JVMのJavaヒープ上に保持されているオブジェクトの種類やサイズ、参照関係などの情報をファイルに出力したもの。OutOfMemoryErrorやメモリー・リークの問題が発生した際の調査に利用される。 ファイル名：`heapdump.YYYYMMDD.HHMMSS.<PID>.<SEQ>.txt`

ダンプの種類	内容
JVMシステム・ダンプ(コア・ダンプ/クラッシュ・ダンプ)	JVMのプロセスの情報全体を、OSのダンプ出力機能を利用してファイルに出力したもの。プロセスのメモリー・イメージや実行時のレジスタ・スタック、ロードしている実行ファイル・ライブラリーなどの情報が全て含まれている。収集したダンプは、jextractコマンドで事前処理して、ISAのツールで解析する。 ファイル名：core.YYYYMMDD.HHMMSS.<PID>.<SEQ>.dmp
Snapダンプ	JVMはフライト・レコーダーのような機能を実装している。これはJVMのトレースをメモリー上に書き続け、トラブルが発生した際にその内容をSnapダンプファイルに書き出す仕組みである。標準構成ではGCの情報がメモリー内に書き込まれている。 ファイル名：Snap.YYYYMMDD.HHMMSS.<PID>.<SEQ>.trc
JITダンプ	JITコンパイラが異常終了時に生成する診断データの小さいバイナリー・ダンプ。 ファイル名：jitdump.YYYYMMDD.HHMMSS.<PID>.<SEQ>.dmp

JVMのダンプの出力先は次の通りです。

- デフォルト：<WAS_HOME>/profiles/<プロファイル名>/bin
- 環境変数：IBM_JAVACOREDIRの指定先

環境変数IBM_JAVACOREDIRの指定先ディレクトリーの書き込みパーミッションがなく、書き込めない場合は、デフォルトへ書き込まれます。デフォルトも同じ理由で書き込めない場合、環境変数TMPDIRの指定先へ書き込まれます。ここもパーミッションがなく書き込めない場合は、/tmpに書かれます。

ダンプを取得する方法

ダンプを取得するには、次の3種類があります。

- 自動で取得（-Xdumpによる方法）
- 自動で取得（-Xtraceによる方法）
- 手動で取得

3種類の取得方法について、それぞれ解説します。

ダンプを自動で取得する構成（-Xdump の調整）

Dump Agent を使用すると，ヒープ・ダンプや JVM システム・ダンプ、Java ダンプなどの出力条件や出力先を自由に設定できます。Dump Agent は、JVM 引数に「-Xdump」を指定することで構成できます。基本的な書式を次に示します（複数指定可能です）。

例外の発生や指定値を超えたオブジェクトのアロケーションでダンプを出力するには次のようにします。

-Xdump:<出力エージェント>:event=<出力トリガー>,フィルター条件,フィルター条件……

■出力エージェント

出力エージェントとしては表 6-4 のようなものがあり、制御対象が変わります。

表 6-4　指定できる出力エージェントの一覧

エージェント	説明
stack	カレントスレッドのスタック情報を標準エラー出力に印字
console	各スレッドのスタック・トレースを標準エラー出力に印字
system	JVM システム・ダンプ（コア・ダンプ／クラッシュ・ダンプ）を生成
tool	任意のコマンドを実行
java	Java ダンプを出力
heap	HeapDump を出力
snap	蓄積されたトレース情報の Snap を出力
jit	JIT 診断データを出力

■出力トリガー

出力エージェントを呼び出すトリガーとして、表 6-5 のようなものを指定可能です。出力トリガーは必ず 1 つ指定する必要があります。複数の出力トリガーを指定する場合はプラス（+）で区切ります。複数のフィルター条件を指定する場合はカンマ（,）で区切ります。

▶表 6-5　トリガーの例

イベント	説明	使用可能なフィルター条件
gpf	一般保護違反（クラッシュ）	
user	ユーザー生成シグナル（SIGQUIT または Ctrl + Break）	
vmstop	`System.exit()` の呼び出しを含む、VM シャットダウン	終了コード
load	クラスのロード	クラス名
unload	クラスのアンロード	クラス名
throw	スローされた例外	例外クラス名
catch	キャッチされた例外	例外クラス名
systhrow	JVM による Java 例外のスロー	例外クラス名
allocation	Java オブジェクトの割り当て（Java6 SR5 ～／ Java5.0SR10 ～のみ）	割り当てられるオブジェクトのサイズ

例えば ConnectException が catch されたときに OS のシステム・ダンプを出力するには、次のようにします。

```
-Xdump:system:events=catch,filter=java/net/ConnectException
```

5M バイトを超えるオブジェクトが割り当てられた場合に Java ダンプを生成するには、次のようにします。

```
-Xdump:java:events=allocate,filter=#5m
```

これは、GC の分析により、巨大なオブジェクトの割り当てが発生したことによる GC 頻発に伴うパフォーマンスダウンが確認された場合に、Java ダンプを出力してオブジェクトや実行状況を特定するのに役立ちます。

Column

Dump Agent のデフォルト設定を見てみる

コマンド・ラインから `java -Xdump:what` と入れると、ダンプ・エージェントの設定を確認できます。次の例では filter を使って、OutOfMemoryError が発生したら Java ダンプとヒープ・ダンプが最大 4 個まで生成するように設定されていることが分かります。

サービス・リリースレベルやバージョン、あるいは環境変数でデフォルトの設定が意図せずに変わることがあるので、実際に確認することをお勧めします。

リスト 6-12 -Xdump:what の実行

```
java -Xdump:what
Registered dump agents
----------------------
-Xdump:system:
    events=gpf+abort+traceassert+corruptcache,
    label=D:¥WASv8ND¥java¥jre¥bin¥core.%Y%m%d.%H%M%S.%pid.%seq.dmp,
    range=1..0,
    priority=999,
    request=serial
----------------------
-Xdump:heap:
    events=systhrow,
    filter=java/lang/OutOfMemoryError,
  label=D:¥WASv8ND¥java¥jre¥bin¥heapdump.%Y%m%d.%H%M%S.%pid.%seq.phd,
    range=1..4,
    priority=500,
    request=exclusive+compact+prepwalk,
    opts=PHD
----------------------
-Xdump:java:
    events=gpf+user+abort+traceassert+corruptcache,
    label=D:¥WASv8ND¥java¥jre¥bin¥javacore.%Y%m%d.%H%M%S.%pid.%seq.txt,
    range=1..0,
    priority=400,
    request=exclusive+preempt
----------------------
-Xdump:java:
    events=systhrow,
    filter=java/lang/OutOfMemoryError,
    label=D:¥WASv8ND¥java¥jre¥bin¥javacore.%Y%m%d.%H%M%S.%pid.%seq.txt,
    range=1..4,
    priority=400,
    request=exclusive+preempt
----------------------
-Xdump:snap:
    events=gpf+abort+traceassert+corruptcache,
    label=D:¥WASv8ND¥java¥jre¥bin¥Snap.%Y%m%d.%H%M%S.%pid.%seq.trc,
```

```
    range=1..0,
    priority=300,
    request=serial
----------------------
-Xdump:snap:
    events=systhrow,
    filter=java/lang/OutOfMemoryError,
    label=D:¥WASv8ND¥java¥jre¥bin¥Snap.%Y%m%d.%H%M%S.%pid.%seq.trc,
    range=1..4,
    priority=300,
    request=serial
```

■ダンプ生成個数を制御する

同一の条件が発生した際、最大何個のダンプを発生させるか回数を条件としてrange値に指定することができます。**range=1..3**と指定すると，1回目から3回目に発生したイベントでのみダンプが出力されます。例えば1回目から3回目に発生したOutOfMemoryエラーでヒープ・ダンプを出力するには次のようにします。

```
-Xdump:heap:events=systhrow,filter=java/lang/OutOfMemoryError,range=1..3
```

■ダンプファイルの名前を制御する

JVMシステム・ダンプの書き出し先とファイル名を変更するには、次のようにlabel値を指定します。

```
-Xdump:system:label=/mysdk/sdk/jre/bin/core.%Y%m%d.%H%M%S.%pid.dmp
```

label値にはトークンとテキストの組み合わせが利用でき、トークンには次のようなものが指定可能です。

- 日時：%Y、%y、%m、%d、%H、%M、%S
- 高精度時間：%tick（ミリ秒)、%seq（ダンプ・カウンター)
- プロセス情報：%pid、%uid（z/OSのみ%jobも利用可能)
- JRE 情報：%home、%last（最後に取得されたダンプ)

■同一イベントで生成するダンプ書き出し順序の制御

同一のイベントで複数のダンプを出力することができますが、そのときの順序を priority（0 ～ 999）で制御することが可能です。priority が高い（999）ほうが先に出力されます。コラムのリスト 6-12 では、OutOfMemoryError でヒープ・ダンプ（500）、Java ダンプ（400）、Snap ダンプ（300）の 3 つがこの順に出力されます（カッコの中の数値は priority）。

例：`-Xdump:heap:events=vmstop,priority=123`

なお、WASV7.0 用の Java 6（6.0.0 IBM J9 2.4）では SR9、WAS V8.0 用の Java 6（6.0.1 IBM J9 2.6）では SR1、WAS V8.5 以降の Java 7、Java 7.1、Java 8 では GA から priority や生成ダンプの内容が変更されているので注意してください（表 6-6）。

▶表 6-6　生成するダンプの順序

Java のバージョン	生成するダンプの順序（カッコ内は合計生成数）
Java 8 Java 7.1 Java 7 GA Java 6.0.1 SR1 以降	①システム・ダンプ（1） ②ヒープ・ダンプ（3） ③ Java ダンプ（3） ④ Snap ダンプ（3）
Java 6.0.1 GA ～ FP2 Java 6.0.0 SR9 以降	①ヒープ・ダンプ（4） ② Java ダンプ（4） ③ Snap ダンプ（4）
Java 6.0.0 SR8 以前 Java 5 全て	① Snap ダンプ ②ヒープ・ダンプ ③ Java ダンプ

■ダンプのフォーマットの変更

ダンプのフォーマットを変更することも可能です。ヒープ・ダンプの場合は、次の 3 通りから選ぶことができます。PHD は圧縮された形式で、CLASSIC はテキスト形式です。両方の形式を 1 度に書き出したい場合は PHD+CLASSIC を選択します。

- `-Xdump:heap:opts=PHD`（デフォルト）
- `-Xdump:heap:opts=CLASSIC`
- `-Xdump:heap:opts=PHD+CLASSIC`

■デフォルトのダンプ設定の変更方法（環境変数 IBM_JAVA_OPTIONS）

多数のアプリケーション・サーバーがある場合、-Xdump 引数をそれぞれに指定して変更するのは煩雑です。このような場合はコマンドライン引数の代わりに、環境変数 IBM_JAVA_OPTIONS でダンプを設定すると便利です。

設定例は次の通りです。

- UNIX/Linux の場合

```
export IBM_JAVA_OPTIONS=-Xdump:system:events=systhrow,filter=java/lang/OutOfMemoryError,range=1..3
```

- Windows の場合（コマンドラインの場合）

```
set IBM_JAVA_OPTIONS=-Xdump:system:events=systhrow,filter=java/lang/OutOfMemoryError,range=1..3
```

実はこの環境変数には -verbose:gc や -X 関連、-D 関連の引数をセットさせることも可能です。JVM のラウンチャーの実装などで Java 引数をうまく引き継げない場合は、この仕組みを活用するとよいでしょう。

■ Tool エージェント（-Xdump で外部コマンドを実行する）

-Xdump:tool を使うと、指定した条件で外部のコマンドを呼び出すことが可能です。これは JVM 自身が自律的に動作することで、オートノミック・コンピューティングの基盤として用いられることを想定した機能です。例えば OutOfMemoryError が発生したら /special_command ディレクトリーに保管されている OOMAlert.sh を自動的に実行する、といったことが可能です。OOMAlert.sh にはシステム管理者にメールを送信する機能を入れておくといった使い方が考えられます。この方法は、-Xdump で指定できるイベントに対して有効です。指定例は次の通りです。

```
-Xdmp:tool:events=systhrow,filter=java/lang/OutOfMemoryError,range=1..1,priority=900, exec="/special_command/OOMAlert.sh"
```

応用的な他の使い方としては、WAS のトレース機能をオンにし、詳細情報をメモリーバッファーに書き出しておいて、もしも JVM に対して 900MB 以上の異常なメモリー要求が発生したら自動的にメモリーバッファーの中身をファイルに書き出すwsadminスクリプトを自動実行させる、といった仕掛けがあります（リスト6-13、6-14）。

▶リスト6-13 スクリプトの例（test.jacl）

```
set ts [$AdminControl completeObjectName type=TraceService,process=server1,*]
$AdminControl invoke $ts dumpRingBuffer [lindex $argv 0]
```

▶リスト6-14 引数の例

```
-Xdump:tool:events=allocation,filter=#900m,range=1..1,exec="/opt/IBM/
WebSphere70/AppServer/profiles/AppSrv01/bin/wsadmin.sh -port 8883 -f /tmp/test.
jacl /tmp/WASTRACEDUMP.%Y%m%d.%H%M%S.%pid.txt 2>&1 >/tmp/result.txt &"
```

■ OutOfMemoryErrorの問題に最適化したダンプ・エージェントの設定

OutOfMemoryErrorは、第5章で紹介したように、Javaヒープの枯渇で発生する場合とNativeヒープで発生する場合があります。Nativeヒープの枯渇で発生したOutOfMemoryErrorの調査は、ヒープ・ダンプでは行えません。しかし、システム・ダンプの場合はプロセス・イメージ全体が含まれるので、Javaヒープ、Nativeヒープの双方をMemory AnalyzerやDump Analyzerを用いて調査分析することが可能です。したがって、OutOfMemoryError発生時にはシステム・ダンプを書き出す設定にすることが、あらゆるケースに対応した設定となります。

また、priorityについても注意が必要です。もしもOutOfMemoryErrorが短時間に連続発生すると、ヒープ・ダンプ書き出しの前にSnapダンプ処理が複数流れたときにJavaヒープの状況が変化してしまい、ヒープ・ダンプの内容が変質する恐れがあります。さらに、ダンプの個数の上限も抑制する必要があります。Java 7以降では既に最適化されていますが、Java 6以前でも**-Xdump**をリスト6-15のように指定することをお勧めします。

▶リスト6-15 OutOfMemoryError発生時に、システム・ダンプを書き出すための設定

```
-Xdump:system:events=systhrow,filter=java/lang/OutOfMemoryError,range=1..1,
priority=999
-Xdump:heap:events=systhrow,filter=java/lang/OutOfMemoryError,range=1..3,
priority=500
-Xdump:java:events=systhrow,filter=java/lang/OutOfMemoryError,range=1..3,
```

```
priority=400
-Xdump:snap:events=systhrow,filter=java/lang/OutOfMemoryError,range=1..3,
priority=300
```

ダンプを自動で取得する構成（-Xtrace の調整）

IBM JVM では、JVM 内部、アプリケーション、そして Java メソッドまたはその組み合わせで、特定のメソッド実行でダンプを出力するように設定することも可能です。Java 実行引数に次の指定を行います。

```
-Xtrace:trigger=<clause>[,<clause>][,<clause>]...
```

Xtrace の trigger オプションは、メソッドの実行などをトリガーに表 6-7 のようなアクションを実行できます。

表 6-7　トリガー発生時の主なアクション

パラメーター	アクションの内容
abort	JVM 停止
coredump	JVM システム・ダンプの出力
javadump	JVM ダンプの出力
jstacktrace	Java 6 SR5 から利用可能で、JVM ダンプほど全ての情報はいらないときにスタック・トレースを出力
resume	全てのトレースの再開
suspend	全てのトレースの一時停止
snap	Snap ダンプの出力

method パラメーターでは、次のフォーマットを使用します。

```
method{<methodspec>[,<entryAction>[,<exitAction>[,<delayCount>[,<matchco
unt>]]]]}
```

`<methodspec>` は、クラスとメソッド名を指定します。パッケージ名やクラス名にワイルドカード文字「*」が利用できます。この指定にマッチすると、`<entryAction>` で指定したアクションが実行されます。`<exitAction>` は、このメソッドを終わるときに、ここで指定したアクションが実行されます。`<entryAction>` と `<exitAction>` で指定できるものは、アクションの内容で指定したものです。`<delayCount>` は、複数回マッチする場合に、何回目にマッチしたら実行するかを指定します。最初は0です。<matchCount> は、出力回数です。

この方法は、呼ばれると問題が発生する Java メソッドの呼び出しパスを確認するために、Javadump のアクションや jstacktrace のアクションと組み合わせて使用されます。

例えば java.io.File.deleteOnExit() を呼び出したときに、JVM ダンプを出力するには、次のようにします。

```
-Xtrace:trigger={method{*.deleteOnExit,,javadump,4,1}}
```

JVM 起動後、5回目の deleteOnExit() の呼び出しが発生した際（前記の例では4と設定していますが、4度実行を遅らせるという意味で5回目に実行されます）、1回だけ <exitAction> で指定した Javadump アクションに従って JVM ダンプを出力します。

java.lang.String のメソッドに入ったところでトレースを開始し、終わったら終了するには次のようにします。

```
-Xtrace:resumecount=1
-Xtrace:trigger=method{java/lang/String.*,resumethis,suspendthis}
```

JVM の各種ダンプを手動で取得する方法

問題判別のため、JVM の各種ダンプを任意のタイミングで、かつプロセスを終了させることなく取得する必要が発生する場合があります。このようなときには、次の4つの方法を利用可能です。あらかじめ指定した条件での取得方法は、第5章で紹介しています。WAS Liberty での取得方法については、第12章を参照してください。

■ API を使用する場合

IBM Java では次の API を利用可能です。それぞれのメソッドが呼ばれると、対応するダンプが生成されます。

- com.ibm.jvm.Dump.SystemDump()：システム・ダンプを生成
- com.ibm.jvm.Dump.HeapDump()：ヒープ・ダンプを生成

- com.ibm.jvm.Dump.JavaDump()：Java ダンプを生成
- com.ibm.jvm.Dump.SnapDump()：Snap ダンプを生成

■ wsadmin を使用する場合

WAS V7 から JVM の Mbean にシステム・ダンプを生成する generateSystemDump メソッドが実装されました。次の流れで wsadmin による取得が可能です。

1. wsadmin を起動します。

```
>wsadmin -lang jython
```

2. システム・ダンプを取得します。

```
wsadmin>jvm =
AdminControl.queryNames('node=warpmanNode01,process=server1,type
=JVM,*')
    wsadmin>dump = AdminControl.invoke(jvm, 'generateSystemDump')
```

dump 変数に出力されたコア・ダンプのフルパスが格納されます。

```
wsadmin>print dump
/tmp/core.20111006.140615.3756.0001.dmp
```

なお、generateSystemDump の代わりに generateHeapDump を用いるとヒープ・ダンプ、dumpThreads を指定すると Java ダンプをそれぞれ取得できます。

3. jextract を実行します。同じ wsadmin のセッションから jextract を実行できます。

```
wsadmin>import os
wsadmin>jextract = '""%s" "%s""' % (os.path.abspath(os.getenv("WAS_HOME")
+ "/java/jre/bin/jextract"), dump)
    wsadmin>os.system(jextract)
```

■管理コンソールを使用する場合（WAS V8 以降）

WAS traditional では、管理コンソールから各種ダンプの生成の指示を出せます。

1. 管理コンソールへアクセスします。「トラブル・シューティング」の「Java ダンプおよびコア」を選択します（図 6-9）。

▶図 6-9　Java ダンプおよびコア

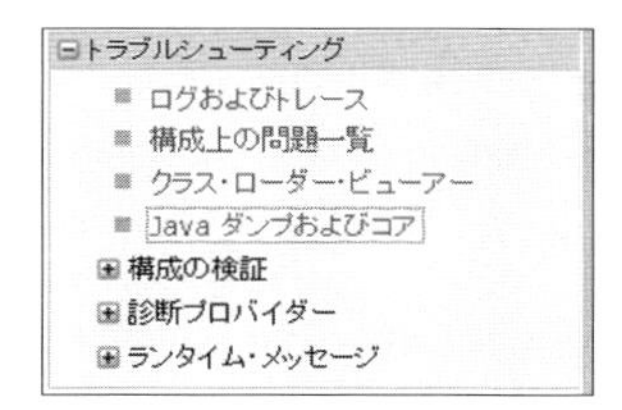

2. JVM の各種ダンプを生成します。サーバーを選択して必要となるダンプ生成のボタンをクリックします（図 6-10）。Java ダンプは Java コアと同義です。

▶図 6-10　管理コンソールより Java コアを取得

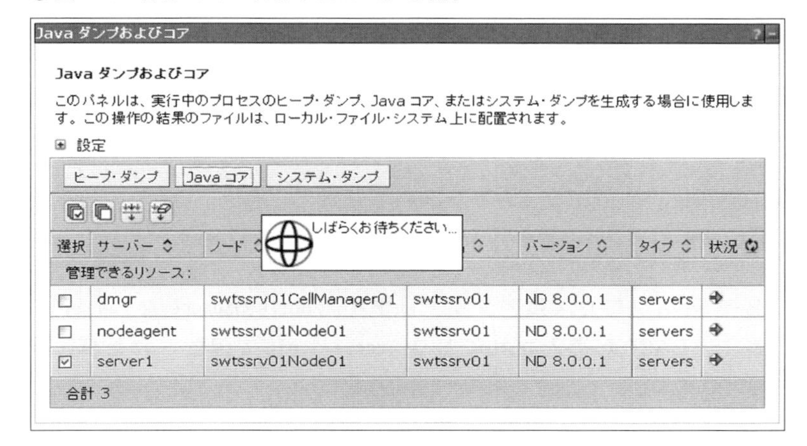

■ OS コマンドでシステム・ダンプを取得する

JVM システム・ダンプは、OS から見ると 1 つのプロセスのダンプです。つまり、OS の機能を用いることで、JVM のシステム・ダンプを取得することが可能です。得られたシステム・ダンプは各種ツールで調査分析を行うだけではなく、ヒープ・ダンプに後から変換させることも可能です。何らかの障害が発生した際、JVM 強制終了などのリカバリー処理を行う前にシステム・ダンプを取得しておくと、後の解析に役に立つ可能性が高くなります。

AIX の場合は次の通りです。

gencore コマンドを使用することで、プロセスダンプを生成します。

使用方法：gencore <pid> <filename>

▶リスト 6-16　gencore コマンドの実行例

```
root@hogehoge[/tmp] gencore 434390 /tmp/test.core
```

AIX の gencore コマンドは、bos.rte.control ファイルセットで提供されています。導入されていない場合はあらかじめファイルセットを追加ください（リスト 6-17）。

▶リスト 6-17　bos.rte.control ファイルセット

```
# lslpp -w /usr/bin/gencore
  File                                      Fileset           Type
  ----------------------------------------------------------------------
  /usr/bin/gencore                          bos.rte.control   File
```

Linux の場合、2 通りの方法があります。

1 つは、gdb コマンドの generate-core-file 命令を利用します。

1. gdb を Java プロセスにアタッチします（/opt/WebSphere/AppServer に WAS の BASE が導入されており、server1.pid で確認された PID が 10000 の場合）

   ```
   # gdb /opt/WebSphere/AppServer/java/bin/java 10000
   ```

2. (gdb) プロンプトで generate-core-file コマンドを実行します。core.10000 という名前の CORE が生成されます。

```
(gdb) generate-core-file
```

3. CORE ファイル生成後（多少時間がかかります）、プロセスから切り離します。

```
(gdb) detach
```

4. gdb を終了します。

```
(gdb) quit
```

detach しないで Ctrl + C を押すと gdb がアタッチしている対象のプロセスが強制終了してしまうので、注意してください。

もう 1 つの方法は次の通りです。

gcore コマンドを使用します。

使用方法：gcore <pid>

リスト 6-18　gcore コマンドの実行例

```
# gcore  9653
# ls -al core.9653
-rw-r--r--    1 root     root      7674444 Mar 29 14:10 core.9653
```

Windows の場合は次の通りです。

userdump.exe ツールを利用します。Windows 標準ツールではないので、マイクロソフト社のページから別途入手します。

ツールの入手先：https://www.microsoft.com/en-us/download/details.aspx?id=4060

使用方法：userdump.exe <pid>

リスト 6-19　userdump.exe コマンドの実行例

```
C:¥work>userdump.exe  1496
User Mode Process Dumper (Version 3.0)
Copyright (c) 1999 Microsoft Corp. All rights reserved.

Dumping process 1496 (java.exe) to
C:¥work¥java.dmp...
The process was dumped successfully.

C:¥work>
```

■OSコマンドでJavaダンプを出力する

Javaダンプは**-Xdump:java:events=user**で登録されています。userシグナルをJVMに送付すると、JVMはシグナルに従ってJavaダンプを出力します。

AIX/Linuxの場合は、**kill**コマンドで対象のJVMにSIGQUIT（シグナル番号3）を送付します。

使用方法：**kill -3 <PID>**または**kill -QUIT <PID>**

プロンプトがリターンしないJavaプログラムの場合は、コンソールでCtrl＋¥を入力することでもJavaダンプを生成できます。

■システム・ダンプからヒープ・ダンプへ変換する

システム・ダンプにはJVMのプロセス・イメージ全てが含まれています。Memory AnalyzerやDump Analyzerを使うとそのまま解析が可能ですが、場合によってはヒープ・ダンプ解析ツールで調査する必要もあります。この場合は、取得済みのシステム・ダンプをツールで変換してヒープ・ダンプを生成することが可能です。

1. jextractでシステム・ダンプをパッケージします。
   使用方法：<JAVA_HOME>/bin/jextract -o core.dmp［システム・ダンプファイル］
2. jdumpviewでheapdumpを生成します。
   使用方法：<JAVA_HOME>/bin/jdmpview core.dump
3. 開いた後、heapdumpコマンドを実行します（リスト6-20）。

▶リスト6-20　heapdumpコマンドの実行例

```
root@bell[/usr/IBM/WebSphereV7/AppServer/java/bin]./jdmpview -zip
/work/test.sdff.zip
DTFJView version 1.0.30, using DTFJ API version 1.3
Loading image from DTFJ...

For a list of commands, type "help"; for how to use "help", type "help help"
> heapdump
Writing PHD format heapdump into /work/test.sdff.zip.phd
Successfully wrote 190051 objects and 778 classes
>
```

■ Java の引数をコンパクトにする方法（-Xoptionsfile）

もしアプリケーション・サーバーが 2 桁あり、それぞれのサーバーの Java 引数の設定変更が必要となったらどうしたらよいでしょうか。Java の設定はプロセス定義となっており、クラスター単位ではなく、個別のサーバーに 1 つ 1 つ設定する必要があります。管理コンソールで全サーバーの設定を変更するにはクリックの数が膨大になりますし、設定漏れが発生する可能性も残ってしまいます。

ここでは Java の機能として **-Xoptionsfile** オプションを紹介します。使用方法は、あらかじめ Java 引数を列挙したテキストファイル（引数と引数の間に改行を含めても問題はありません）を用意し、そのファイルを **-Xoptions** 引数で指定するだけです。

- 指定方法：**-Xoptions=[Java 引数を列挙したファイル]**
- 使用例：Java の引数：**-Xoptions=/jvmarg/version1.txt**

▶リスト 6-21　/jvmarg/version1.txt の中身の例

```
-verbose:gc
-Xdump:system:events=systhrow,filter=java/lang/OutOfMemoryError,range=1..1,
priority=999
-Djavax.net.ssl.trustStore=/security/cacerts
-Djavax.net.ssl.trustStoreType=JKS
```

この方法を使うと、Java 引数の設定変更はファイルの差し替えを行えばよいため、次の点で有用です。

- WAS 構成変更が不要のため多数のサーバーの変更が容易
- テストなどで繰り返し設定変更を行う際の処理の簡略化
- 同一ファイルを配布、あるいは NFS で参照させることで設定ミス防止

大規模システムやテストの際には活用可能ですが、WAS のコレクターツールで回収されないため、技術サポートに Java 引数に関連する問い合わせをする場合は、引数を列挙したファイルを併せて送付することをお勧めします。

コレクター・ツールおよび IBM Support Assistant（ISA）

問題判別を実施するにあたり、原因特定のための何らかの手がかりが見つかったとしても、その意味を探し出せないと対応できません。また、特に他の技術者・専門家やサポート・センターと共に問題解決に当たる場合、調査のために必要な資料収集を漏れなく取得したいと考えるでしょう。さらに、必要な資料を取得できたとしても、解析にはノウハウや経験が必要なこともあり、原因が特定できないかもしれません。

これらの課題を克服するために、調査のための Web サイト情報、コレクター・ツール、IBM Support Assistant（ISA）を紹介します。

まず、調査のための Web サイト情報について、製品のマニュアルである Knowledge Center の探し方、情報の検索方法です。下記の IBM Support ページにアクセスします。

- IBM Support ページ
http://www.ibm.com/support

「How can we help you?」の文字と共に検索窓が表示されるので、そこに調査をしたいエラー・メッセージなどを入力することもできます。しかし、全ての IBM 製品が検索対象となっているため、必ずしも必要な情報にたどり着けるとは限りません。そこで、下記のように Knowledge Center のページへ移動します。

1. 「Find」の下にある「Product documentation」をクリックします
2. 「Find your product documentation」内の「Select a product」をクリックし、「WebSphere Application Server」と製品名を入力します。すると、例えば「WebSphere Application Server Network Deployment」などのマニュアルが現れます
3. 「WebSphere Application Server Network Deployment traditional 9.0.0.x」など該当バージョンを選択します

ページの左にある「Table of contents」をクリックすると目次が現れ、ページ右下の「English」を「Japanese/ 日本語」に変更すると日本語のページが現れます。また、右上の「Search in this project...」の検索窓でマニュアル内の検索を行うことができます。

■コレクター・ツール

コレクター・ツールを実行することで、調査に必要な構成情報、ログなどを収集します。例えば、ある問題を再現させトレースで捉える場合には、問題を再現させた後にコレクター・ツールを実行することで、トレースの出力結果もまとめて収集することができます。

コレクター・ツールは、各プロファイルごとに存在します。例えば、あるアプリケーション・サーバーで問題が発生した場合には、そのアプリケーション・サーバーが存在するプロファイル以下のコレクター・ツールを実行します。

1. コレクター・ツールの実行結果となる jar ファイルを保存するディレクトリーに移動します。

```
# cd /work
```

2. コレクター・ツールをフルパスで実行します。

```
# <WAS_HOME>/profiles/<PROFILE>/bin/collector.sh
```

3. 実行が終了すると、コンソール上に「出力 JAR 名」として jar ファイルの名前が出力されます。

詳しくは、IBM Support ページの検索窓でキーワード "ttrb_runct" を検索し、Knowledge Center を参照してください。

■ IBM Support Assistant（ISA）

調査に必要な資料を収集したら、その資料をもとに問題を調査・分析します。ISA の Team Server を利用することで、そこへ問題の調査を行うための様々なアドオン・ツールを追加することができます。アドオン・ツールのうち、ここではIBM Monitoring and Diagnostic Tools for Javaの4つのツールについて簡単に紹介します。ISA Team Serverは、下記ISAページより無料でダウンロードすることができます。

- ISAページ
http://www.ibm.com/software/support/isa

ISA Team Serverのインストール方法等について、詳しくはIBM Supportページの検索窓でキーワード"J1012133"を検索し、「IBM Support Assistant V5.0 利用ガイド」を参照してください。

- IBM Support Assistant V5.0 利用ガイド
http://www.ibm.com/support/docview.wss?uid=jpn1J1012133

ここでは、圧縮ファイル（Libertyプロファイルベースの組み込みWASとISA Team Server）を利用したダウンロード、インストールおよび起動方法を例示します。

1. ISAページへアクセスし、「Team Server」をクリックします。
2. 「Download」ボタンをクリックします。
3. ご利用条件内「同意します」のチェックを入れ、「承認します」ボタンをクリックします。
4. 「ダウンロード・ディレクターを使用してダウンロード」、「httpを使用してダウンロード」のいずれのタグを選択します。
5. Windows 64-bitの場合は、"IBM Support Assistant 5.X.X.X (Windows 64-bit) compressed zip"を選択し、「今すぐダウンロード」をクリックします。
6. ダウンロードしたzipファイルを任意のフォルダーに展開します。
7. 展開したフォルダーを<Install_Dir>とすると、下記の`start_isa.bat`を実行することで、Team Serverが起動します。停止には同一フォルダー内の`stop_isa.bat`を利用します。

```
<Install_Dir>/ISA5/start_isa.bat
```

8. Team Server を起動後、コマンドプロンプトに記載されるようにブラウザで下記 URL へアクセスすることで Team Server が利用可能です。「ツール」タグをクリックすると導入済みのアドオン・ツールが表示されます。(図 6-11)
   `http://localhost:10911/isa5`

1 2 3 4 5 6 7 8 9 10 11 12 13

▶図 6-11　ISA Team Server アドオン・ツール

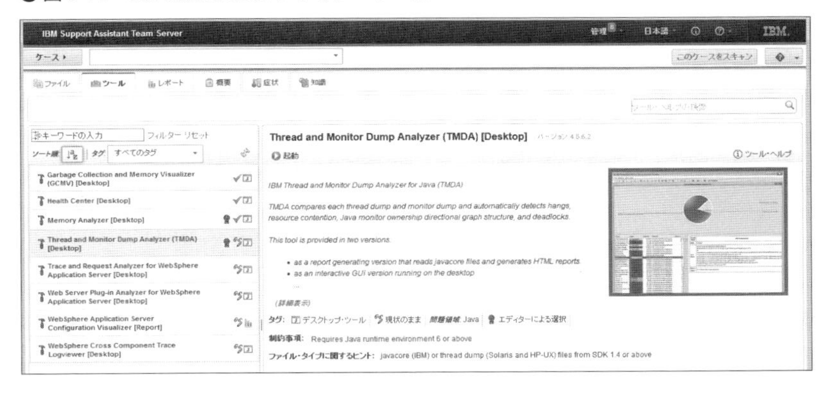

Dump Analyzer（ダンプ・アナライザー）は、アプリケーション・サーバーが異常終了した原因を調査するのに使用します。異常終了した際、Java ダンプと同様に、アプリケーション・サーバーのプロセス・イメージをバイナリー形式でそのまま出力した JVM システム・ダンプが出力される場合があります。ダンプ・アナライザーを起動する前に、jextract コマンドを実行してダンプを前処理し、その出力（.dmp.zip 拡張子のファイル）に対して処理を行います。解析することで、OutOfMemoryError、デッドロック、クラッシュの原因を特定できる可能性があります。詳しくは、以下の文書を参照してください。

- Java の診断を IBM スタイルで、第 1 回：IBM Monitoring and Diagnostic Tools for Java - Dump Analyzer の紹介
`http://www.ibm.com/developerworks/jp/java/library/j-ibmtools1/`
(「developerWorks Japan」内で、キーワード「IBM スタイル」で検索)

Garbage Collection and Memory Visualizer（GCMV）は、冗長ガーベッジ・コレクション（冗長 GC）の詳細ログを可視化します。冗長 GC ログ、`-Xtgc` 出力、ネイティブ・メモリー・ログ（ps、svmon、および perfmon からの出力）などを含む各種のログ・タイプを解析してグラフ化し、次の情報を提供します。

- 広範囲にわたる冗長 GC データ値のグラフィカル表示
- チューニングの推奨設定とメモリー・リークなどの問題の検出
- 各種ビュー（レポート、生のログ、表形式のデータ、およびグラフ）
- データの保存（HTML レポート、jpeg イメージ、.csv ファイル（スプレッドシートへのエクスポート用））
- 複数のログの表示および比較
- optthruput、optavgpause、および gencon の各 GC モードの分析

詳しくは、developerWorks 内の以下の文書を参照してください。

- Java の診断を IBM スタイルで、第２回：IBM Monitoring and Diagnostic Tools for Java - Garbage Collection and Memory Visualizer を使用したガーベッジ・コレクション

`http://www.ibm.com/developerworks/jp/java/library/j-ibmtools2/`
（「developerWorks Japan」内で、キーワード「IBM スタイル」で検索）

Health Center（ヘルス・センター）は、実行中の IBM Java アプリケーションをモニターするためのツールです。ヘルス・センターでは、ファイル I/O、ガーベッジ・コレクションのアクティビティー、クラスのロード状況、ネイティブ・メモリーの使用状況、メソッドのプロファイル、共用リソースのロック取得状況、そして環境・構成情報をチェックするだけでなく、ヘルス・センター内部のエキスパート・システムが問題の分析を行い、懸念される問題領域について警告し、推奨される解決方法を提示します。例えば、アプリケーションのパフォーマンスが出ない場合、メソッドのプロファイルからアプリケーションがどのコードの実行に時間を費やしているのかが分かり、ロックが頻発しているオブジェクトよりもロックの待機が原因となっていることが分かることがあり

ます。詳しくは、developerWorks内のHealth Center利用ガイドを参照してください。

- Health Center利用ガイド
http://www.ibm.com/developerworks/jp/websphere/library/was/hc_guide/
(「developerWorks Japan」内で、キーワード「Health Center」で検索)

Memory Analyzer（メモリーアナライザー）は、Javaヒープ分析プログラムであり、メモリー・リークの発見や、メモリー消費の削減に役立ちます。このツールはIBM Portable Heap Dump（.phd）ファイル、IBM JVMで生成されてjextractで処理されたJVM システム・ダンプ、およびSun hprofバイナリー・ヒープ・ダンプ・ファイルを読み取ります。
詳しくは、developerWorks内の「ダンプからデバッグする」を参照してください。

- ダンプからデバッグする
http://www.ibm.com/developerworks/jp/java/library/j-memoryanalyzer/
(「developerWorks Japan」内で、キーワード「ダンプからデバッグする」で検索)

ダンプの調査方法：JVM システム・ダンプ

システム・ダンプ（コア・ダンプ／クラッシュ・ダンプ）の調査には次の3種類のツールを利用できます。

- Memory Analyzer（ISAまたはEclipseのアドオン）
- Dump Analyzer（ISAのアドオン）
- jdmpview（DTF-J使用JDK標準ツール）

いずれのツールも `jextract` でパッケージ済みのシステム・ダンプが対象となっていることを念頭に置いてください。

ダンプの調査方法：ヒープ・ダンプ

ヒープ・ダンプの調査には、ISAのアドオン・ツールである「IBM Monitoring and Diagnostic Tools for Java - Memory Analyzer」を利用します。

このツールにヒープ・ダンプを読み込ませることで、メモリー・リークの原因を特定できます（図6-12）。

図6-12　メモリー・アナライザーにヒープ・ダンプを読み込ませた画面

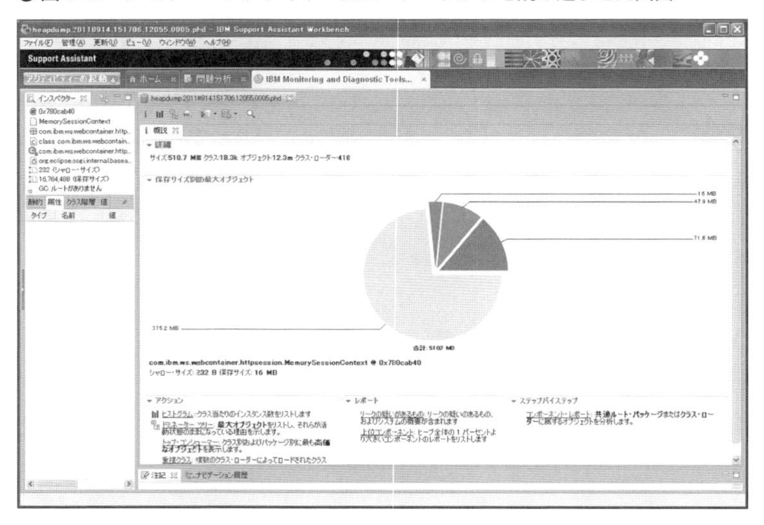

レポート内の「リークの疑いがあるもの」をクリックすると、メモリー・アナライザーが解析を実施した後、円グラフが表示されます（図6-13）。この例では、510.7Mバイト中、「(a) 問題のあるサスペクト1」が71.6Mバイト、「(b) 問題のあるサスペクト2」が260MバイトのJavaヒープを占有していることが分かります。

同じ画面の下部には、問題のあるサスペクトについての具体的なインスタンス名が表示されます。この例では、「(a) 問題のあるサスペクト1」は`org.apache.commons.httpclient.MultiThreadedHttpConnectionManager`というインスタンスが1つでおよそ75Mバイト占めていることが分かり（図6-14）、「(b) 問題のあるサスペクト2」は`org.apache.commons.httpclient.protocol.Protocol`というインスタンスが144,834個存在し、全部でおよそ294Mバイトもの容量を占めていることが分かります（図6-15）。

　また、それらの問題のあるサスペクトは、互いに関連している可能性があることをヒントとして表示しています（図6-16）。

▶図6-13　メモリー・アナライザー：リークの疑いがあるもの

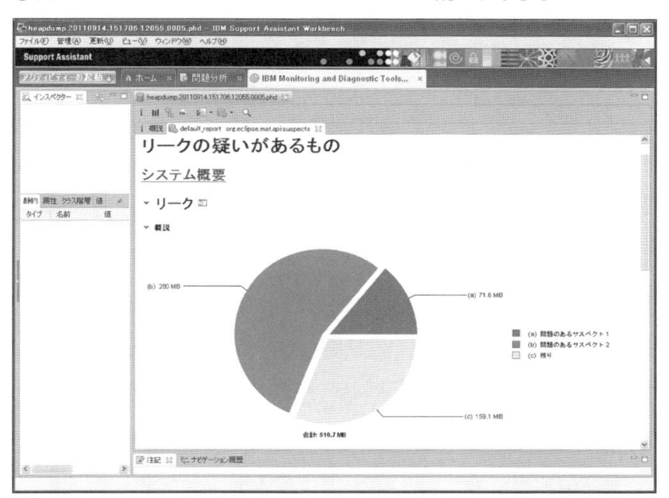

▶図6-14　メモリー・アナライザー：問題のあるサスペクト1

▾ ⊗ 問題のあるサスペクト **1**

"com.ibm.ws.classloader.CompoundClassLoader @ 0x79f781c8" によってロードされる **"org.apache.commons.httpclient.MultiThreadedHttpConnectionManager"** の 1 つのインスタンスは、**75,068,464 (14.02%)** バイトを占有しています。**"com.ibm.oti.vm.BootstrapClassLoader @ 0x77c6d928"** によってロードされる **"java.util.HashMap$Entry[]"** の 1 つのインスタンスでメモリーが累算されました。

キーワード
com.ibm.oti.vm.BootstrapClassLoader @ 0x77c6d928
org.apache.commons.httpclient.MultiThreadedHttpConnectionManager
com.ibm.ws.classloader.CompoundClassLoader @ 0x79f781c8
java.util.HashMap$Entry[]

詳細 »

図6-15　メモリー・アナライザー：問題のあるサスペクト2

問題のあるサスペクト 2

"com.ibm.ws.classloader.CompoundClassLoader @ 0x79f781c8" によってロードされる **"org.apache.commons.httpclient.protocol.Protocol"** の 144,834 個のインスタンスは、**293,595,328 (54.83%)** バイトを占有しています。これらのインスタンスは **"com.ibm.oti.vm.BootstrapClassLoader @ 0x77c6d928"** によってロードされる **"java.util.HashMap$Entry[]"** の 1 つのインスタンスから参照されています

キーワード
com.ibm.oti.vm.BootstrapClassLoader @ 0x77c6d928
com.ibm.ws.classloader.CompoundClassLoader @ 0x79f781c8
java.util.HashMap$Entry[]
org.apache.commons.httpclient.protocol.Protocol

詳細 »

図6-16　メモリー・アナライザー：ヒント1

ヒント 1

問題のあるサスペクト 1 および 2 は関連している可能性があります。双方に対する参照チェーンの先頭が共通しています。

詳細 »

図6-17　メモリー・アナライザー：集積点への共通パス

集積点への共通パス

クラス名	参照オブジェクト	シャロー・ヒープ	参照シャロー・ヒープ	保存ヒープ
org.apache.commons.httpclient.cookie.MalformedCookieException @ 0x96424fe8 不明	10,000	40	320,000	696
└ <class> class org.apache.commons.httpclient.cookie.MalformedCookieException @ 0x70fc4250	10,000	28	320,000	28
└ <classloader> com.ibm.ws.classloader.CompoundClassLoader @ 0x79f781c8	10,000	128	320,000	580,504
└ org.apache.commons.httpclient.HttpClient @ 0x799c82b0	9,033	32	289,056	480
└ org.apache.commons.httpclient.MultiThreadedHttpConnectionManager @ 0x799a1a40	9,033	24	289,056	50,264,712
└ org.apache.commons.httpclient.MultiThreadedHttpConnectionManager$ConnectionPool @ 0x799bca20	9,033	40	289,056	50,264,232
└ java.util.HashMap @ 0x799bcaa8	9,033	48	289,056	50,234,976
└ **java.util.HashMap$Entry[262144] @ 0x8c987438**	**9,033**	**1,048,592**	**289,056**	**50,234,928**
├ [113] java.util.HashMap$Entry @ 0x93675650 »	5	32	160	6,248
├ [14751] java.util.HashMap$Entry @ 0x944179f0 »	5	32	160	8,448
├ [14838] java.util.HashMap$Entry @ 0x94015780 »	5	32	160	4,576
├ [895] java.util.HashMap$Entry @ 0x939732f0 »	5	32	160	5,808
├ [11478] java.util.HashMap$Entry @ 0x92082ee8 »	5	32	160	2,816

さらに、それぞれの詳細をクリックすると、具体的にどのクラスと参照関係にあるインスタンスであるかということがツリー構造で表示されます（図6-17）。この例では、`org.apache.commons.httpclient.MultiThreadedHttpConnectionManager` クラス内の `ConnectionPool` という内部クラスが `HashMap` を持っていて、そのエントリー数が膨れ上がっていることが分かります。省略した部分に `HttpClient` と参照関係にあるインスタンスが記載されており、そこから `HttpClient` を使用しているアプリケーションを特定することが可能です。

ダンプの調査方法：Java ダンプ

Java ダンプは、テキストなので直接解析することもできますが、調査には次の ISA に含まれるツール「IBM Thread and Monitor Dump Analyzer for Java（TMDA）」が便利です（図 6-18）。

図 6-18　TMDA で 3 つの Java ダンプを比較した画面

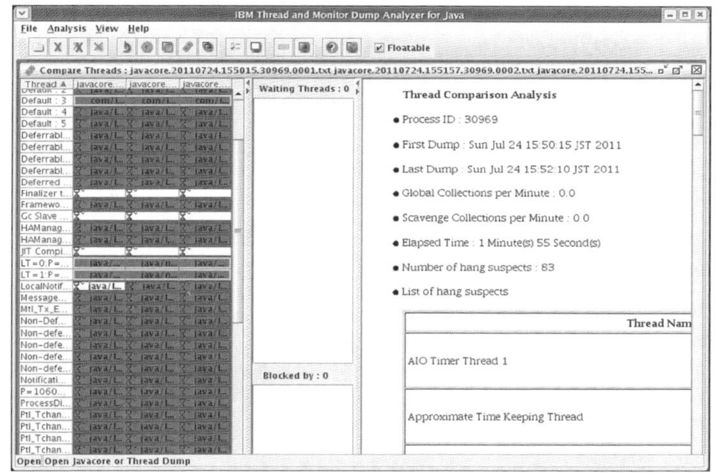

一定間隔で 3 回 Java ダンプを取得して、多数のスレッドから違いを見つけ出すのは、人間の目では大変です。このツールは、重要な情報をサマリーで表示し、変化があったスレッドを色分けして表示します。

Java ダンプには、次の情報が含まれています。

- OS 関連情報（CPU 数、OS のバージョン）
- プロセス情報（JVM）
  - Java のレベル、コマンド引数、環境変数、ulimit
  - Memory map
  - GC のヒストリー
- ロック、モニター
- スレッド情報

- Java stack、Native stack
- Class、ClassLoader

Java ダンプは左側に 0SECTION や 4XESTACKTRACE などのタグが並び、各タグの右側にそれぞれ概要や詳細情報がテキストで記録されています。

タグの 1 文字目の数字は階層構造の深さを表しており、昇順（0, 1, 2, …）に深くなります。最上位レベルは 0SECTION のタグでセクションを意味します。ここから、セクションごとにそれぞれ記録されている内容を解説します。

■ TITLE セクション

TITLE セクションは、Java ダンプの概要を表しています（リスト 6-22）。

▶リスト 6-22　TITLE セクションの例

```
0SECTION       TITLE subcomponent dump routine
NULL           ===============================
1TICHARSET     UTF-8
1TISIGINFO     Dump Requested By User (00100000) Through com.ibm.jvm.Dump.
JavaDump ──────────────────────────────────────────────────────① 
1TIDATETIME    Date: 2017/07/25 at 17:40:29:558 ──────────────────②
1TINANOTIME    System nanotime: 6190101620949
1TIFILENAME    Javacore filename:    /opt/IBM/WebSphere/AppServer/profiles/
Custom01/javacore.20170725.174029.13125.0001.txt ─────────────────③
```

リスト 6-22 の①では、左側にタグ 1TISIGINFO が記録されています。1 文字目の数字が「1」であるため上位から 2 番目の深さを示します。

タグの 2 ～ 3 文字目（リスト 6-22 の①の例では「TI」）は、コンポーネントを表します。「TI」は Java ダンプのタイトルということを示しています。その他、次のようなコンポーネントがあります。

- CI（Core Interface）：JVM の初期化（JNI_CreateJavaVM）。JVM 内の機能を encapsulate（隠蔽）
- DC（Data Conversion）：Unicode から／への様々なコード変換
- CL（Class）：ClassClass、MethodBlock、FieldBlock、ConstantPool
- DG（Diagnosis）：トレース機能を提供

- XM（Execution Management）：Thread の管理、例外処理
- LK（Lock）：Lock 機能を提供
- XE（Execution Engine）：バイトコードの実行
- ST（Storage）：JVM Heap 域の管理、ガーベッジ・コレクション機能

1 2 3 4 5 6 7 8 9 10 11 12 13

タグの 4 文字目以降（リスト 6-22 の①の例では SIGINFO）は、その行に記録されている情報の概要を表します。SIGINFO は、Java ダンプが出力された原因の SIGNAL 情報が記録されていることを示します。リスト 6-22 の①の例では、Java ダンプが com.ibm.jvm.Dump.JavaDump を使用し、ユーザーにより生成されたことが分かります（図 6-10）。

OutOfMemoryError のときは、ここに「OutOfMemoryError」や「OUTOF MEMORY」の文字列が確認できます。

リスト 6-22 の②では Java ダンプの出力された日時、リスト 6-22 の③ではファイル名とファイルの出力された場所が分かります。

■ GPINFO セクション

GPINFO セクションは、OS 関連の情報が記録されます（リスト 6-23）。

▶リスト 6-23　GPINFO セクションの例

```
0SECTION       GPINFO subcomponent dump routine
NULL           ================================
2XHOSLEVEL     OS Level         : Linux 3.10.0-327.el7.x86_64 ──────────①
2XHCPUS        Processors -
3XHCPUARCH       Architecture   : amd64 ─────────────────────────────────②
3XHNUMCPUS       How Many       : 2 ─────────────────────────────────────②
3XHNUMASUP       NUMA is either not supported or has been disabled by user
NULL
1XHERROR2      Register dump section only produced for SIGSEGV, SIGILL or
SIGFPE. ─────────────────────────────────────────────────────────────────③
```

リスト 6-23 の①（2XHOSLEVEL タグ）は、OS のレベルです。

リスト 6-23 の②（3XHCPUARCH タグおよび 3XHNUMCPUS タグ）は、CPU のアーキテクチャーと個数です。

リスト 6-23 の③（1XHERROR2 タグ）には、SIGSEGV、SIGILL もしくは

SIGFRE のシグナルを受けて Java ダンプが生成されたときに情報が記録される旨が記載されています。Java ダンプの原因が「一般保護違反」(GPF) にある場合はその情報 (例外を起こしたモジュールの名前やレジスターなど) が出力されます (リスト 6-24)。

▶リスト 6-24 一般保護違反時の出力例

```
1XHEXCPCODE J9Generic_Signal_Number: 00000004
1XHEXCPCODE ExceptionCode: C0000005
1XHEXCPCODE ExceptionAddress: 42501043
1XHEXCPCODE ContextFlags: 0001003F
1XHEXCPCODE Handler1: 7EEEAE90
1XHEXCPCODE Handler2: 7EFFE880
1XHEXCPCODE InaccessibleAddress: 00000000
1XHEXCPMODULE Module: C:¥test¥RAS¥crash¥crash.dll
1XHEXCPMODULE Module_base_address: 42500000
1XHEXCPMODULE Offset_in_DLL: 00001043
```

■ENVINFO セクション

ENVINFO セクションは、JRE のレベルに関する情報、その JVM プロセスを起動したコマンド行の詳細、および現行の JVM 環境の詳細を示します (リスト 6-25)。

▶リスト 6-25 ENVINFO セクションの例

```
0SECTION       ENVINFO subcomponent dump routine
NULL           =================================
1CIJAVAVERSION JRE 1.8.0 Linux amd64-64 build (pxa6480sr4fp7-20170627_02
(SR4 FP7) ) ──────────────────────────────────────────────────①
1CIVMVERSION   VM build R28_20170616_0201_B352529
1CIJITVERSION  tr.r14.java_20170616_352529 ──────────────────②
1CIGCVERSION   GC - R28_20170616_0201_B352529_CMPRSS
1CIJITMODES    JIT enabled, AOT enabled, FSD disabled, HCR disabled
1CIRUNNINGAS   Running as a standalone JVM
1CISTARTTIME   JVM start time: 2017/07/25 at 17:38:34:223
1CISTARTNANO   JVM start nanotime: 6074766629220
1CIPROCESSID   Process ID: 13125 (0x3345)
1CICMDLINE     /opt/IBM/WebSphere/AppServer/java/8.0/bin/java … 【中略】 ───③

1CIJAVAHOMEDIR Java Home Dir:   /opt/IBM/WebSphere/AppServer/java/8.0/jre
1CIJAVADLLDIR  Java DLL Dir:    /opt/IBM/WebSphere/AppServer/java/8.0/jre/bin
```

```
1CISYSCP        Sys Classpath:   /opt/IBM/WebSphere/AppServer/endorsed_apis/
javax.j2ee.annotation.jar;… 【中略】

1CIUSERARGS     UserArgs:
2CIUSERARG                 -Xoptionsfile=/opt/IBM/WebSphere/AppServer/java/8.0/
jre/lib/amd64/compressedrefs/options.default
       ...
2CIUSERARG                 -Xms50m
2CIUSERARG                 -Xmx944m
```

リスト 6-25 の①（1CIJAVAVERSION タグ）は、Java のバージョン、ビルドの情報を出力しています。

リスト 6-25 の②（1CIJITVERSION タグ）は、JIT および AOT が有効であるかどうか、そのバージョンを示しています。AOT は、同一ノードで複数の IBM JVM が実行する場合、クラス情報を共用して起動を早くする機能です。リアルタイム Java の ahead-of-time とは異なります。

リスト 6-25 の③（1CICMDLINE タグ）は、JVM 引数が表示されます。例えば、管理コンソールで最大（-Xmx）・最小（-Xms）ヒープサイズの指定がない場合、実際にどのサイズで動いているかは、ここで確認できます。

■ NATIVEMEMINFO セクション

NATIVEMEMINFO セクションは、JRE によって割り当てられたネイティブ・メモリーに関する次の情報が出力されます（リスト 6-26）。

- 割り振られているがまだ解放されていないバイトの総数
- 解放されていないネイティブ・メモリー割り振りの数

▶ リスト 6-26　NATIVEMEMINFO セクションの例

```
0SECTION        NATIVEMEMINFO subcomponent dump routine ──────────①
NULL            =================================
0MEMUSER
1MEMUSER        JRE: 1,657,794,390 bytes / 13524 allocations
1MEMUSER        |
2MEMUSER        +--VM: 1,370,058,174 bytes / 11186 allocations
2MEMUSER        |  |
3MEMUSER        |  +--Classes: 145,369,568 bytes / 4315 allocations
```

```
3MEMUSER       | | |
4MEMUSER       | | +--Shared Class Cache: 94,371,936 bytes / 2 allocations
3MEMUSER       | | |
4MEMUSER       | | +-- …
```

■ MEMINFO セクション

MEMINFO セクションには、メモリー・マネージャーに関する情報が示されます（リスト 6-27）。

▶ リスト 6-27　MEMINFO セクションの例

```
0SECTION       MEMINFO subcomponent dump routine
NULL           =================================
NULL
1STHEAPTYPE    Object Memory
NULL           id                 start              end                size
space/region ─────────────────────────────────────────────────────────────①
1STHEAPSPACE   0x00007F301C081960         --                 --
--         Generational
1STHEAPREGION  0x00007F301C081A40 0x00000000C5000000 0x00000000C7EE0000
0x0000000002EE0000 Generational/Tenured Region
1STHEAPREGION  0x00007F301C082190 0x00000000FDC40000 0x00000000FE610000
0x00000000009D0000 Generational/Nursery Region
1STHEAPREGION  0x00007F301C081E50 0x00000000FE610000 0x0000000100000000
0x00000000019F0000 Generational/Nursery Region
NULL
1STHEAPTOTAL   Total memory:                   86638592 (0x00000000052A0000)-②
1STHEAPINUSE   Total memory in use:            60553536 (0x00000000039BF940)
1STHEAPFREE    Total memory free:              26085056 (0x00000000018E06C0)
NULL
1STSEGTYPE     Internal Memory
NULL           segment            start              alloc              end
type       size ──────────────────────────────────────────────────────────③
1STSEGMENT     0x00007F2FF8547CD8 0x00007F2FF8557DD0 0x00007F2FF8597DD0
 0x00007F2FF8597DD0 0x00800040 0x0000000000040000
      ...
1STSEGTYPE     Class Memory
      ...
1STSEGTYPE     JIT Code Cache
      ...
1STSEGTYPE     JIT Data Cache
      ...
```

```
NULL
1STGCHTYPE     GC History ──────────────────────────────④
3STHSTTYPE     08:39:52:854795000 GMT j9mm.134 -   Allocation failure end:
newspace=18563400/37486592 oldspace=13315488/49152000 loa=0/0
3STHSTTYPE     08:39:52:854777000 GMT j9mm.470 -   Allocation failure cycle end:
newspace=18564608/37486592 oldspace=13315488/49152000 loa=0/0
3STHSTTYPE     08:39:52:846421000 GMT j9mm.560 -   LocalGC end:
rememberedsetoverflow=0 causedrememberedsetoverflow=0 scancacheoverflow=0
failedflipcount=0 failedflipbytes=0 failedtenurecount=0 failedtenurebytes=0
flipcount=165760 flipbytes=8577080 newspace=18564608/37486592 oldspace=
13315488/49152000 loa=0/0 tenureage=4
3STHSTTYPE     08:39:52:846198000 GMT j9mm.140 -   Tilt ratio: 70
3STHSTTYPE     08:39:52:830011000 GMT j9mm.64 -   LocalGC start: globalcount=4
scavengecount=25 weakrefs=0 soft=0 phantom=0 finalizers=0
```

リスト 6-27 の①には、GC ポリシーが gencon の場合は、Tenured、Nursery それぞれの大きさが示されます。

リスト 6-27 の②（1STHEAPTOTAL タグ）は、ヒープ利用状況の合計です。

リスト 6-27 の③は、セグメントごとの利用状況が示されます。

リスト 6-27 の④には、直近の GC 状況が出力されます。

■ LOCKS セクション

LOCKS セクションでは、ロック、モニターおよびデッドロックに関する情報を表示します (リスト 6-28)。

▶ リスト 6-28　LOCKS セクションの例

```
0SECTION       LOCKS subcomponent dump routine
NULL           ===============================
NULL
1LKPOOLINFO    Monitor pool info:
2LKPOOLTOTAL     Current total number of monitors: 129
NULL
1LKMONPOOLDUMP Monitor Pool Dump (flat & inflated object-monitors):
2LKMONINUSE      sys_mon_t:0x00007F301C0D4778 infl_mon_t: 0x00007F301C0D47F0:
3LKMONOBJECT       com/ibm/ws/dcs/vri/common/JobsProcessorThread$JobProcessor
Mutex@0x00000000C6ACD350: <unowned>
3LKNOTIFYQ            Waiting to be notified:
3LKWAITNOTIFY            "ThreadManager.JobsProcessorThread.InternalThread.0"
```

```
(J9VMThread:0x0000000002331700)
```

モニターとも呼ばれるロックでは、1つの共有リソースに複数のエンティティーがアクセスできないようにします。Javaの各オブジェクトには、**synchronized**ブロックまたはメソッドを使用して取得するロックがあります。JVMの場合、各スレッドがJVMの各種のリソース、およびJavaオブジェクトへのロックを取得しようとして競合することがあります。Javaダンプは、このようなデッドロックの検出に役立ちます（リスト6-29）。

リスト6-29　デッドロックの例

```
Monitor Pool Dump (flat & inflated object-monitors):
      sys_mon_t:0x00039B40 infl_mon_t: 0x00039B80:
       java/lang/Integer@004B22A0/004B22AC: Flat locked by "DeadLockThread 1"
                                                  (0x41DAB100), entry count 1
            Waiting to enter:
                "DeadLockThread 0" (0x41DAAD00)      sys_mon_t:0x00039B98
infl_mon_t: 0x00039BD8:
       java/lang/Integer@004B2290/004B229C: Flat locked by "DeadLockThread 0"
                                                              (0x41DAAD00), entry
count 1
            Waiting to enter:
                "DeadLockThread 1" (0x41DAB100)
JVM System Monitor Dump (registered monitors):
          Thread global lock (0x00034878): <unowned>
          NLS hash table lock (0x00034928): <unowned>
          portLibrary_j9sig_async_monitor lock (0x00034980): <unowned>
          Hook Interface lock (0x000349D8): <unowned>
        ...
Deadlock detected !!!
        ...
  Thread "DeadLockThread 1" (0x41DAB100) is waiting for:
      sys_mon_t:0x00039B98 infl_mon_t: 0x00039BD8:
      java/lang/Integer@004B2290/004B229C:
    which is owned by:
  Thread "DeadLockThread 0" (0x41DAAD00)
    which is waiting for:
      sys_mon_t:0x00039B40 infl_mon_t: 0x00039B80:
      java/lang/Integer@004B22A0/004B22AC:
    which is owned by:
  Thread "DeadLockThread 1" (0x41DAB100)
```

1 2 3 4 5 6 7 8 9 10 11 12 13

■ THREADS セクション

THREADS セクションは、Java スレッド、ネイティブ・スレッド、および スタック・トレースのリストが示されます（リスト 6-30）。

▶ リスト 6-30　THREADS セクションの例

```
0SECTION       THREADS subcomponent dump routine
NULL           =================================
NULL
1XMPOOLINFO    JVM Thread pool info:
2XMPOOLTOTAL       Current total number of pooled threads: 129
2XMPOOLLIVE        Current total number of live threads: 125
2XMPOOLDAEMON      Current total number of live daemon threads: 114
NULL
1XMCURTHDINFO  Current thread
3XMTHREADINFO      "WebContainer : 0" J9VMThread:0x0000000003259900, j9thread_t:
0x00007F2FC00AB8C0, java/lang/Thread:0x00000000FF5C3548, state:R, prio=5 ──①
3XMJAVALTHREAD            (java/lang/Thread getId:0xA4, isDaemon:true)
3XMTHREADINFO1            (native thread ID:0x349D, native priority:0x5, native
policy:UNKNOWN, vmstate:R, vm thread flags:0x00000020)
3XMTHREADINFO2            (native stack address range from:0x00007F300FC10000,
to:0x00007F300FC51000, size:0x41000)
3XMCPUTIME               CPU usage total: 0.232238925 secs, current
category="Application"
3XMHEAPALLOC             Heap bytes allocated since last GC cycle=4082688
(0x3E4C00)
3XMTHREADINFO3           Java callstack:
4XESTACKTRACE                at com/ibm/jvm/Dump.JavaDumpImpl(Native Method)
4XESTACKTRACE                at com/ibm/jvm/Dump.JavaDump(Dump.java:106)
        ...
```

リスト 6-30 の①（3XMTHREADINFO タグ）は、スレッド名、JVM スレッド構造および Java スレッド・オブジェクトのアドレス、スレッドの状態、それに Java のスレッド優先順位が示されます。「state:R」となっていることから、このスレッドが実行中で、JavaDump の出力を呼び出していることが分かります。

スレッドの状態は次のように表示されます。

- R：実行可能 (Runnable)。スレッドは実行可能です。

- CW：待機状態（Condition Wait）。スレッドは待機中です。次のような理由が考えられます。
  - sleep() 呼び出しが実行された
  - スレッドで入出力がブロックされている
  - モニターに通知があるまで待機する wait() メソッドが呼び出された
  - スレッドが join() 呼び出しによって他のスレッドと同期中である
- S：中断状態（Suspended）。スレッドは他のスレッドによって中断されています。
- Z：ゾンビ（Zombie）。スレッドは強制終了されました。
- P：保留状態（Parked）。スレッドは java.util.concurrent によって保留されています。
- B：ブロック状態（Blocked）。スレッドは現在他のものが所有しているロックの取得を待機しています。ロックしているリソースを探すには、3XMTHREADBLOCK を検索してください。

■ SHARED CLASSES セクション

SHARED CLASSES セクションには、共有データ・キャッシュに関する要約情報が出力されます（リスト 6-31）。

▶ リスト 6-31　SHARED CLASSES セクションの例

```
0SECTION       SHARED CLASSES subcomponent dump routine
NULL           ========================================
NULL
1SCLTEXTCRTW   Cache Created With
NULL           ------------------
NULL
2SCLTEXTXNL        -Xnolinenumbers       = false
2SCLTEXTBCI        BCI Enabled           = true
2SCLTEXTBCI        Restrict Classpaths   = false
NULL
1SCLTEXTCSUM   Cache Summary
NULL           ------------------
NULL
2SCLTEXTNLC        No line number content                    = false
2SCLTEXTLNC        Line number content                       = true
NULL
```

```
2SCLTEXTRCS        ROMClass start address                         =
0x00007F2FE2659000
       ...
```

■ CLASSES セクション

CLASSES セクションは、クラスローダー・サマリーとロードされたクラスの情報が表示されます（リスト 6-32）。

▶リスト 6-32　CLASSES セクションの例

```
0SECTION       CLASSES subcomponent dump routine
NULL           =================================
1CLTEXTCLLOS    Classloader summaries
1CLTEXTCLLSS     12345678: 1=primordial,2=extension,3=shareable,4=middleware,
5=system,6=trusted,7=application,8=delegating
2CLTEXTCLLOADER  -----t-- Loader sun/reflect/DelegatingClassLoader
(0x00000000FE7D5A10), Parent org/eclipse/osgi/internal/baseadaptor/
DefaultClassLoader(0x00000000C5E2A7D0)
3CLNMBRLOADEDLIB  Number of loaded libraries 0
3CLNMBRLOADEDCL   Number of loaded classes 1
```

Classloader summaries は、定義されているクラス・ローダーとそれらの間の関係です。 Classloader loaded classes は、各クラス・ローダーがロードしたクラスです。

Java ダンプの詳細に関しては、利用している JDK のレベルに合った Diagnosis documentation を参照してください。

- Diagnosis documentation
http://www.ibm.com/developerworks/java/jdk/diagnosis/

6-7 WASトレースを取得する

発生した問題を正しく認識・理解し、切り分けが実施できたとしても、全ての問題が事前に準備しておいたデータやログから解くことができるとは限りません。その場合には、サポート・センターと連携し、問題を再現させ、その際のアプリケーション・サーバーなどの各コンポーネントの動きを詳細に記録・解析することが必要となることがあります。WASでは、この動きを詳細に記録するため、「診断トレース」という機能を用意しています。

WASの全ての動きを記録すると、記録する情報量の多さからパフォーマンスに悪影響が出る場合があります。そのため、通常は問題の切り分けなどを通して問題の発生箇所となっているコンポーネントを絞ってから、診断トレースを取得します。

診断トレースで指定するトレース仕様は、WAS traditionalとLibertyで共通のものを使用します。WAS traditionalでは、管理コンソールやwsadminツールを利用して手動で取得することが可能です。手動で取得する場合には、それぞれの症状に応じた「MustGatherドキュメント」と呼ばれるオンラインの文書を参照し、必要なトレース仕様を設定して問題を再現させます。

- MustGather: Read first for WebSphere Application Server
`http://www.ibm.com/support/docview.wss?uid=swg21145599`

サポート・センターと連携することで、問題に応じた適切なトレース仕様を知ることができますが、前記のMustGatherドキュメントのトップ・ページから探し出すこともできます。例えば404エラーなどの予期しないレスポンスが発生している場合、トップ・ページの「Gathering component specific information」内の「Servlet Engine/Web Container」をクリックします。検索結果のうち、「MustGather: Web container and Servlet engine problems in WebSphere Application Server」をさらにクリックすることで、診断トレースに設定するトレース仕様を知ることができます。診断トレースは「Collecting data manually」内に記載されています。

診断トレースは、アプリケーション・サーバーの始動時から取得する方法、稼働中に有効にして取得を開始する方法の、2 つのパターンから選べます。ここでは WAS traditional での管理コンソールからトレースを取得する方法を次に記載します。WAS Liberty では、`server.xml` を編集し、traceSpecification の値へトレース仕様を記述します。詳しくは、第 12 章の「ログの構成」を参照してください。

1
2
3
4
5
6
7
8
9
10
11
12
13

始動時からトレースを取得する方法

1. 管理コンソールから次の値を設定します。
   管理コンソールのパス：「トラブルシューティング」 → 「ログおよびトレース」 → [SERVER_NAME] → 「診断トレース」 → 「構成タブ」
   -「トレース出力」に「ファイル」を選択
   -「最大ファイル・サイズ」に 20MB を指定
   -「ヒストリー・ファイルの最大数」に 20 を指定
   -「ファイル名」の確認（デフォルトは `${SERVER_LOG_ROOT}/trace.log`）
2. 「適用」ボタンを押します。
3. 続けて、管理コンソールから次のトレース仕様を指定します。
   管理コンソールのパス：「トラブルシューティング」 → 「ログおよびトレース」 → [SERVER_NAME] → 「ログ詳細レベルの変更」 → 「構成タブ」
   トレース仕様：*=info:XXXXX（XXXXX にはサポート・センターから指示された文字列を指定します）
4. 「適用」ボタンを押します。
5. 構成を保管し、アプリケーション・サーバーを再起動すると、トレースが有効になります。
6. トレース取得後は、トレース仕様を「*=info」に戻してください。

稼働中に有効にし、取得を開始する方法

1. 問題のサーバーが稼働している状態で、管理コンソールから次の値を設定します。
   管理コンソールのパス：「トラブルシューティング」 → 「ログおよびトレース」 → ［SERVER_NAME］ → 「診断トレース」 → 「ランタイムタブ」
   -「トレース出力」に「ファイル」を選択
   -「最大ファイル・サイズ」に20MBを指定
   -「ヒストリー・ファイルの最大数」に20を指定
   -「ファイル名」の確認（デフォルトは`${SERVER_LOG_ROOT}/trace.log`）
   なお、サーバー再起動後もトレースを有効にしたい場合は「ランタイム変更も構成に保管する」にチェックし、4.の実行後に保管を実行します。
2. 「適用」ボタンを押します。
3. 続けて、管理コンソールから次のトレース仕様を指定します。
   管理コンソールのパス：「トラブルシューティング」 → 「ログおよびトレース」 → ［SERVER_NAME］ → 「ログ詳細レベルの変更」 → 「ランタイムタブ」
   トレース仕様：*=info:XXXXX（XXXXXにはサポート・センターから指示された文字列を指定します）
4. 「適用」ボタンを押すと、トレースが有効になります。
5. トレース取得後は、トレース仕様を「*=info」に戻してください。

6-8 症状別に問題を判別する

無応答問題（CPU100%・デッドロック）

アプリケーションへアクセスしたが応答がない状況が発生したとします。まずは、複数回実行しても同じ状況か、同じアプリケーション・サーバー上で動作している他のアプリケーションを実行しても同じく応答がないかといった点を切り分けます。特定のアプリケーションで遅延が発生している場合はアプリケーションの問題の可能性があります。

次に、Web サーバーがアプリケーション・サーバーの前段に配置されている場合、Web サーバーを経由せずにアプリケーション・サーバーへ直接アクセスしてみるのも、重要な切り分けになります。アプリケーション・サーバーが複数存在する場合は、あるアプリケーション・サーバーだけの問題なのか、どのアプリケーション・サーバーでも発生しているのかも、ここで切り分けます。例えば、全てのアプリケーション・サーバーの特定のアプリケーションで遅延が発生している場合、データベースでの遅延も疑います。

具体的に、あるメソッドの実行から動いていない箇所がないか、あるリソースのロック取得待ちとなっていないか、といった状況を調べるには、アプリケーション・サーバーのダンプ（Java ダンプ）を複数回取得し、スタック・トレースやロック情報を調査することが有効です。1 度だけのプロセス・イメージの取得では、あるメソッドの実行で止まっているように見える箇所も取得した瞬間にたまたま実行されていたものであるかもしれません。そのため、数秒間おいて複数回取得する必要があります。

Java ダンプの調査には、ISA のアドオン・ツールである IBM Thread and Monitor Dump Analyzer for Java（TMDA）を利用できます。このツールに対して複数の Java ダンプを読み込ませることにより、ハングの原因を特定します（図 6-18）。

図6-19は、無応答問題が発生している最中に取得した複数のJavaダンプをITMDAへ読み込ませた例です。モニター（Monitor）にデッドロック（Deadlock）が表示されていることが分かります（図6-19の①）。モニターの詳細（Monitor Detail）ボタン（図6-19の②）を押すことで、詳細なロックの取得／待ち状況が分かります（図6-20）。この例では、WebContainer 1と2のスレッド間でデッドロックが発生していて（図6-20の①）、**`HitCount`**クラスの**`service`**メソッド（図6-20の②）が実行中であったことが分かります。

図6-19　複数のJavaダンプをITMDAへ読み込ませた画面

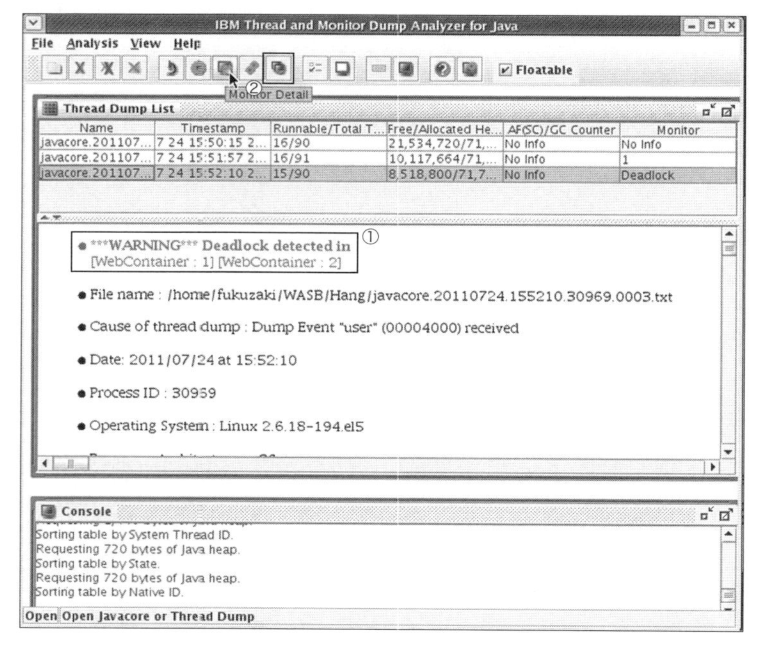

◯図 6-20　ITMDA でモニターの詳細（Monitor Detail）を押した画面

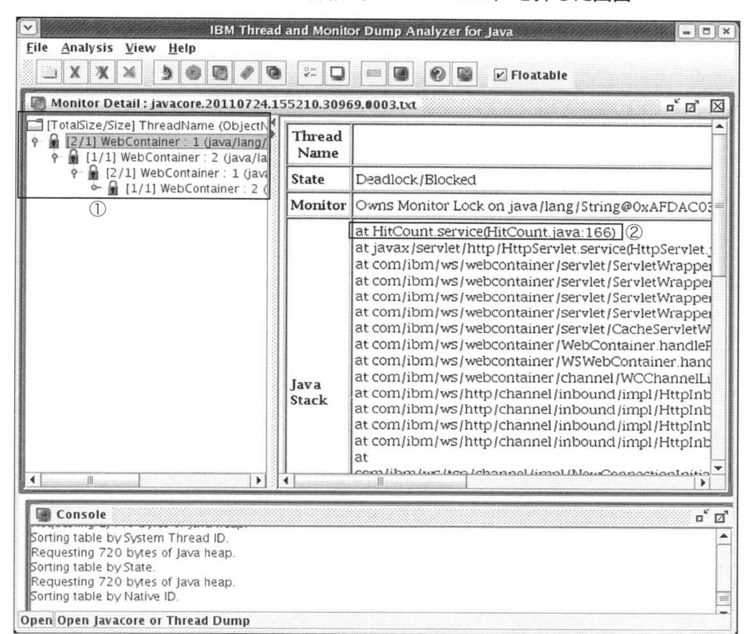

異常終了

アプリケーションへアクセスした際、応答がない状況や 500 Internal Server Error が返ってくる状況が発生したとします。そして、アプリケーション・サーバーのプロセスを確認すると、存在せず異常終了したことが分かったとします。異常終了の原因を切り分けるにあたり、まずは OS の前提条件を満たしているか、ファイルシステムの容量は十分か、何らかのエラーが OS のログに記録されていないかということを調べます。また、特にアプリケーションから JNI を利用し、何らかのネイティブ・コードを呼び出している場合、特定のアプリケーションにアクセスすることで必ず発生する問題なのか、どのくらいの頻度で異常終了が発生しているのかを把握します。

アプリケーション・サーバーは、JVM 上で動作する Java プログラムです。そのため、アプリケーション・サーバーが異常終了した場合、「ダンプを自動で取得する構成」で説明した Dump Agent の設定に従って、表 6-3 の４つのダンプが出力されます。Solaris、HP-UX プラットフォームでは **native_stdout.log** に記録されます。また、プロセス・イメージをファイルに書き出す JVM システム・ダンプが出力されます。

異常終了した原因を調査するには、これらの Java ダンプあるいは JVM システム・ダンプの調査が必要です。Dump Agent のデフォルト設定で、調査に必要な資料は自動的に生成されます。しかし、ファイル･システム容量不足、パーミッション、ulimit などの設定が原因で出力されないことがあります。そのため、事前に確認が必要です。プラットフォーム別の詳細は、MustGather ドキュメントを参照してください。

- MustGather: Crash on AIX
http://www.ibm.com/support/docview.wss?uid=swg21055387
- MustGather: Crash on Linux
http://www.ibm.com/support/docview.wss?uid=swg21104706
- MustGather: Crash on Windows
http://www.ibm.com/support/docview.wss?uid=swg21053924
- MustGather: Crash on Solaris
http://www.ibm.com/support/docview.wss?uid=swg21049530
- MustGather: Crash on HP
http://www.ibm.com/support/docview.wss?uid=swg21255218

得られたダンプより、異常終了した際にプロセスが受けたシグナル、シグナルを受け取った関数およびそのライブラリー、スレッドの状態やスタック・トレース、メモリー使用量などといった情報を調査し、原因を特定します。コア・ダンプは各環境に依存したバイナリー形式のファイルであるため、JVM システム・ダンプは OS 固有のプロセス・イメージをそのまま出力したファイルなので、ライブラリーやシステムの種類が異なる環境では解析を行うことができません。そのため、サポート・センターに解析を依頼するなどの別の環境で調査を行う場合には、JVM システムダンプに対して **jextract** コマンドを実行し、その出力ファイル（**.dmp.zip** ファイル）を利用する必要があります。出力ファイル中には、JVM システムダンプ自身のコピーと該当プロセスに対する実行ファイル(java)とライブラリーファイル、および Java の環境情報に関するデータが含まれます。

Java ダンプの調査には、ISA のアドオン・ツールである IBM Thread and Monitor Dump Analyzer for Java を利用できます。

エラー画面や予期せぬ結果

ステータス・コードとして 404 Not Found や 500 Internal Server Error などのエラー画面が表示されるといった問題が発生したとします。まずは、特定のアプリケーションに対するリクエストでのみ発生する問題なのか、何度アクセスしても必ず発生する問題なのかを切り分けます。特に、404 エラーに対しては、問題の発生するものが新たにインストールしたばかりのアプリケーションである場合、プラグイン構成ファイルの再生成および伝搬を行い、プラグインが新たなアプリケーションの情報が反映されたプラグイン構成ファイルを使用しているか、使用している仮想ホスト（アクセスするホスト名とポート番号の組み合わせ）が正しいものであるかどうかを確認します。Web サーバーを経由せずにアプリケーション・サーバーへ直接アクセスしてみるのも、重要な切り分けになります。

エラー画面や予期せぬ結果が出力した場合、アプリケーションのログを詳細に記録するなどしてアプリケーションでの動きを調査し、アプリケーションでの原因を明らかにする必要がある場合があります。また、アプリケーション・サーバー側に問題の原因があると想定される場合、アプリケーション・サーバーや Web サーバー、プラグインなど、各コンポーネントの詳細なログおよびトレースで問題を捉えて調査します。また、必要に応じて、ネットワーク・トレースでリクエスト・レスポンスの中身を調査します。

- Web サーバー
  LogFormat の変更と `LogLevel debug` で、Web サーバーが受け取ったヘッダーの一部やエラーを記録します。
- プラグイン
  プラグインのトレース（`LogLevel="Trace"`）を設定することにより、プラグインで受け取ったヘッダーの内容と割り振るアプリケーション・サーバー選択の記録、アプリケーション・サーバーより受け取ったレスポンスのステータス・コードやサイズを記録します。

- アプリケーション・サーバー

アプリケーション・サーバーでトレースを取得し、アプリケーション・サーバーの詳細な動きを記録します。特に、リクエストを受け取るチャネル・フレームワーク（HTTP トランスポート・チャネル、場合によって TCP トランスポート・チャネル、SSL インバウンド・チャネルなど）およびリクエストを処理する Web コンテナーに関するトレースを記録します。

JIT の問題を判別する

JVM は、プラットフォーム間の互換性のためにバイトコードをインタープリターで実行しますが、パフォーマンス向上の理由で必要に応じてプラットフォーム・アーキテクチャーに特化し、最適化した機械語を動的に生成して実行することができます。JVM のクラス・メソッドの呼び出し状況や CPU のアクティビティーなどの各種状況を見据えながら、バイトコードを機械語に変換します。JIT は高速に Java アプリケーションを実行するためには重要な機能です。しかし一方で、機械語の生成時に問題が発生することがあります。

JVM でアプリケーションのロジック通りに実行されないなど、おかしな動きが発生した場合は、JIT を疑う必要があります。まず、JIT を Off にして状況を確認します。JVM 引数で `-Xjit` を外し、`-Xint` もしくは `-Xnojit` 引数を入れることで JIT を Off にすることができます（`-Xjit` と `-Xint`、`-Xnojit` の引数は同時に指定しないでください）。JIT の Off で解消する場合は、JIT の問題である可能性が高くなりますが、さらなる調査には JIT トレースが必要となります。JIT トレースの詳細はケース・バイ・ケースの対応となるため、実際に問題が発生した場合は、IBM サポートチームと協業を行います。回避策として最小限のクラス・メソッドを JIT コンパイル対象外とする対応策を絞り込めたら、その適用を速やかに行います。そして必要に応じて恒久的対応策（Fix 化）が得られるまで問題の管理を行います。

第7章

パフォーマンス・チューニング

7-1 OS とネットワークのチューニング

一般に、パフォーマンス・チューニングは「測定」「分析」「調整」の３つのステップの繰り返しで行われます。サーバーの構成情報などだけから静的な解析でパフォーマンス・チューニングを実施することはできません。必ず、実際に稼働しているサーバーの情報を「測定」し、それをもとにチューニングを行うことが必要です。その情報を「分析」しパフォーマンス上のネックがどこにあるのか、どのような資源が不足しているのかを確定します。そして実際のサーバー上のパラメーターを「調整」します（図 7-1）。

▶図 7-1　パフォーマンス・チューニング

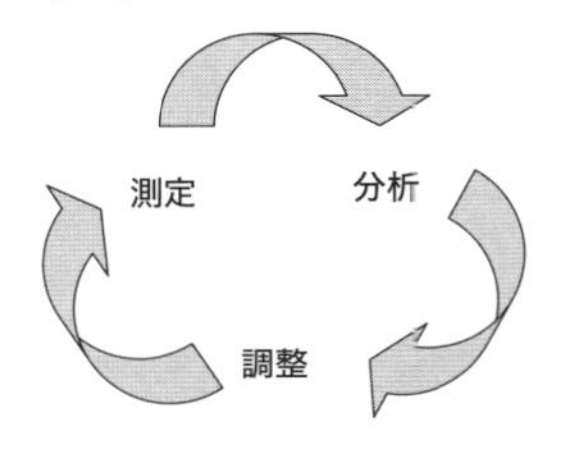

WAS には多種多様なアプリケーションを同時に安全かつ高速に実行するために様々な技術が実装されています。例えばマルチ･スレッド、リソースのプール、キャッシングなどが挙げられます。また、各種のパフォーマンス情報の収集機能が充実しているのも WAS の特徴の１つです。実際のシステムでは各種要素を理解し、アプリケーションの特性や、トランザクション・ミックス、システムの要件にあわせて最適化することが、パフォーマンス・チューニングへの近道となります。本章では、OS、IHS、WAS、JVM の４つに分けてチューニング・ポイントとなる要素と指針を紹介します。第５章や第６章で紹介した各種情報の測定方法と合わせて利用してください。

Web システムは、通常は時間がそれほどかからない処理を大量に扱うという性質を持っています。1 つ 1 つのリクエストに対して処理時間がかかってしまうと、Web ブラウザからアクセスしたユーザーはレスポンスの遅さに耐え切れず処理を中断してしまうかもしれません。そのため、OS とネットワークのチューニングは、処理が終了したらできる限り早くリソースを解放し、次のリクエストに対応できるようにするように実施します。

本節では、各プラットフォームのチューニングの対象になる項目について、Knowledge Center に記述されている内容を中心に紹介します。

Windows システムの調整

Windows のパフォーマンス向上に有効なパラメーターは、表 7-1 の通りです。値の変更はレジストリーエディター（`regedit` コマンド）で行います。表 7-1 の説明内にあるレジストリー・サブキーを開き、各パラメーターの値を変更します。パラメーターが存在しない場合は作成します。システムを再始動すると有効になります。

表 7-1 Windows システムの調整

パラメーター	デフォルト値	推奨値	説明
TcpTimedWaitDelay	0xF0（240 秒）	0x1E（30 秒）	TCP/IP が、クローズされた接続を解放し、そのリソースを再利用するまでの経過時間。 レジストリー・サブキー：HKEY_LOCAL_MACHINE¥SYSTEM¥CurrentControlSet¥Services¥TCPIP¥Parameters
MaxUserPort	なし	最小でも 10 進数の 32768	アプリケーション要求時に TCP/IP が割り当てることのできる最高のポート番号。 レジストリー・サブキー：HKEY_LOCAL_MACHINE¥SYSTEM¥CurrentControlSet¥Services¥TCPIP¥Parameters

パラメーター	デフォルト値	推奨値	説明
MaxConnect バックログ	なし	最小 20、最大 1000。10 ずつ増加	OS が保留できる接続のデフォルト値。レジストリー・サブキー：HKEY_LOCAL_MACHINE¥SYSTEM¥CurrentControlSet¥Services¥AFD¥Parameters "EnableDynamicBacklog"=dword:00000001 "MinimumDynamicBacklog"=dword:00000020 "MaximumDynamicBacklog"=dword:00001000 "DynamicBacklogGrowthDelta"=dword:00000010
TCP/IP ACK 応答頻度	なし	TcpAckFrequency=1	あらゆる状態で、着信 TCP セグメントを即時に確認する。レジストリー・サブキー：HKEY_LOCAL_MACHINE¥SYSTEM¥CurrentControlSet¥Services¥Tcpip¥Parameters¥Interfaces¥Interface_GUID

■ TcpTimedWaitDelay

netstat コマンドを実行したときに、TIME_WAIT 状態の接続が多すぎる（数千個以上ある）ときに調整します。クローズされた TCP/IP の接続は、この設定で指定された時間が経過するまで TIME_WAIT 状態で待機し、その後そのリソースが解放されて再利用されます。デフォルトの値は、通信パケットがネット上で存続する最大時間の 2 倍（2MSL）程度として設定されましたが、最近の環境では長すぎます。この項目の値を減らすと、TCP/IP はクローズされた接続を迅速に解放して、より多くのリソースを新しい接続に提供できます。

■ MaxUserPort

アプリケーションが使用可能なユーザー・ポートをシステムに要求したときに、TCP/IP が割り当てることのできる最高のポート番号を決定します。Windows 2008 以降では十分なポートが使用できるため、通常は変更の必要がありませんが、Windows 2003 など過去のバージョンでは、デフォルト値だと、1024 ～ 5000 の範囲のポートだけが使用されるため、負荷が高い環境ではユーザー・ポートが割り当てられなくなることがありました。

MaxConnect バックログ

Web サーバーに対する外部からの攻撃の 1 つに、多くの接続試行を同時に送信する手法があります。netstat コマンドを実行したときに大量の SYN_RCVD 状態のコネクションが存在している場合には、この種の攻撃を受けていることが推測されます。この攻撃に対応するためには、OS がサポートする保留中の接続のデフォルト数を増やします。

これらの値は、最小 20、最大 1000 の使用可能な接続を要求します。使用可能な接続数が、使用可能な最小接続数より少ない場合、毎回 10 ずつ増加します。システムを再始動すると有効になります。

TCP/IP ACK 応答頻度

TCP/IP の遅延応答が原因で、他のサーバーとの通信が非常に遅くなることがあります。遅延応答とは、通信相手からのデータパケットをある程度受信するまで ACK パケットの返信を遅延させる機能です。これにより ACK パケットの送信回数を少なくすることができるのですが、通信相手が ACK パケットを受け取るまで次のデータパケットを送信してこない場合、遅延の時間だけ無駄な時間が発生し、ネットワーク通信のパフォーマンスが劣化することがあります。この遅延をなくし、着信 TCP セグメントに即時に ACK 送信することによって、TCP パフォーマンスを向上させられる可能性があります。

Linux システムの調整

Linux のパフォーマンス向上に有効なパラメーターは、表 7-2 の通りです。

表 7-2 Linux システムの調査

パラメーター	デフォルト値	推奨値	説明
timeout_timewait	-	30	TCP/IP がクローズされた接続を解放し、そのリソースを再利用するまでの経過時間
ulimit	SLES 9 1024	8000	オープン・ファイルの数
接続バックログ	-	3000	着信接続要求を受け付ける最大数
TCP_KEEPALIVE_INTERVAL	75 秒	15 秒	isAlive 間隔プローブ間の待機時間
TCP_KEEPALIVE_PROBES	9	5	タイムアウト前のプローブ数

■ timeout_timewait パラメーター

Linux で TIME_WAIT 状態の接続が多すぎる場合には、timeout_timewait を設定します。次のコマンドを発行し、timeout_timewait パラメーターを 30 秒に設定します。サーバーを再起動すると無効になるので、再起動ごとに毎回実行されるようにします。

```
echo 30 > /proc/sys/net/ipv4/tcp_fin_timeout
```

■ファイル記述子（ulimit）

同時にオープンできるファイル記述子の数を指定します。ほとんどのアプリケーションについては、通常はデフォルト設定のままで十分です。このパラメーターに設定した値が足りないと、ファイル・オープン・エラー、メモリー割り振り失敗、または接続確立エラーが表示される場合があります。

設定方法は使用しているシェルによって異なるので、UNIX の **ulimit** コマンドの man ページを確認してください。KornShell シェル（ksh）で ulimit を 8000 に設定するには、**ulimit -n 8000** コマンドを実行します。システム・リソースの制限について全ての現行値を表示するには、**ulimit -a** コマンドを使用します。SUSE Linux Enterprise Server 9（SLES 9）では、デフォルト値は 1024 です。

■接続バックログ

Windows の「MaxConnect バックログ」に相当する設定項目です。着信接続要求率が高く、接続障害が発生する場合は、次のようにパラメーターを変更します。

```
echo 3000 > /proc/sys/net/core/netdev_max_backlog
echo 3000 > /proc/sys/net/core/somaxconn
```

■ TCP_KEEPALIVE_INTERVAL

isAlive 間隔プローブ間の待機時間を決定します。次のコマンドを実行して、値を設定します。

```
echo 15 > /proc/sys/net/ipv4/tcp_keepalive_intvl
```

■ TCP_KEEPALIVE_PROBES

タイムアウト前のプローブ数を決定します。次のコマンドを実行して、値を設定します。

```
echo 5 > /proc/sys/net/ipv4/tcp_keepalive_probes
```

接続バックログ、TCP_KEEPALIVE_INTERVAL、TCP_KEEPALIVE_PROBESは、サーバーを再起動するたびに初期値に戻るので、サーバーの起動時に毎回自動的に実行されるようにします。

AIXシステムの調整

■ TCP_TIMEWAIT

AIXでTIME_WAIT状態の接続が多すぎる場合には、このパラメーターを調整してください。rootユーザーで次の**no**コマンドを発行し、TCP_TIMEWAIT状態を15秒に設定します（tcp_timewaitは、設定した値の15倍の秒数になります）。

```
/usr/sbin/no -o tcp_timewait =1
```

■ファイル記述子（ulimit）

ユーザー・アカウントごとのリソースの使用に対する各種制限を指定します。`ulimit -a`コマンドは、全てのulimit制限を表示します。`ulimit -n`コマンドは、許可されるオープン・ファイルの数を表示します。ほとんどのアプリケーションについては、通常のプログラムはオープン・ファイルの数のデフォルト設定（2000）のままで十分ですが、WASのJVMでは値を広げる必要があります。このパラメーターに設定した値が低すぎると、ファイルを開いたとき、または接続を確立したときにエラーが発生する場合があります。

`/etc/security/limits`ファイルを編集して、オープン・ファイルの最大数を増やします。WASプロセスを実行するユーザー・アカウントに次の行を追加すると、オープン・ファイルの最大数を10,000ファイルに変更できます。

```
nofiles = 10000
nofiles_hard = 10000
```

変更を有効にするには、AIXシステムを再始動する必要があります。結果を確認するには、**ulimit -a**コマンドを実行します。

アプリケーションによっては、他の制限も増やす必要がある場合もあります。可能な限り、dataのulimitは「unlimited」に変更することをお勧めします。

■ TCP_KEEPINTVL／TCP_KEEPINIT

TCP接続における確認パケットの送信間隔とタイムアウト時間は、次の**no**コマンドで設定します。10×0.5秒＝5秒間隔でパケットを送信し、40×0.5秒＝20秒応答がないとコネクションを切断します。デフォルトはいずれも150（75秒）です。

```
no -o tcp_keepintvl=10
no -o tcp_keepinit=40
```

これらの変更は、次にマシンを再始動するまで有効です。値を永続的に変更する場合は、**no**コマンドを**/etc/rc.net**に追加します。

■ Java仮想マシン・ヒープにラージ・ページを割り振る

WASのJVMに2GBを超えるような大きなヒープを割り当てる場合、CPUとOSによって提供される「ラージ・ページ」サポートを使用することによってCPUのメモリー管理オーバーヘッドを削減できます。次のステップでは、16MB（16777216バイト）のラージ・ページで4GBのRAMを割り振ります。64KBのラージ・ページを使用する場合には、1.～4.のOSの設定は不要です。

1. rootユーザーとして次のコマンドを実行し、4GBのラージ・ページを予約します（4GB÷2MB＝256）。
   ```
   vmo -r -o lgpg_regions=256 -o lgpg_size=16777216
   bosboot -ad /dev/ipldevice
   ```
2. AIXをリブートします。

```
reboot -q
```

3. リブート後、次のコマンドを実行して、AIX OS でのラージ・ページのサポートを使用可能にします。

```
vmo -p -o v_pinshm=1
```

4. root ユーザーで次のコマンドを実行し、$USER ユーザー（WAS の起動ユーザー）に機能を追加します。

```
chuser capabilities=CAP_BYPASS_RAC_VMM,CAP_PROPAGATE $USER
```

5. Java コマンドに -Xlp オプションを追加します。管理コンソールで「サーバー」 → 「サーバー・タイプ」 → 「WebSphere Application Server」 → 「server_name」とクリックします。「サーバー・インフラストラクチャー」の下で、「Java およびプロセス管理」 → 「プロセス定義」 → 「Java 仮想マシン」とクリックします。そして、「汎用 JVM 引数」フィールドに「-Xlp」を追加します。

6. EXTSHM カスタム・プロパティーを追加し、OFF に設定します。同じく管理コンソールで「サーバー」 → 「サーバー・タイプ」 → 「WebSphere Application Server」 → 「server_name」とクリックします。「サーバー・インフラストラクチャー」の下で、「Java およびプロセス管理」 → 「プロセス定義」 → 「環境エントリー」 → 「新規」とクリックします。「名前」フィールドに「EXTSHM」と入力し、「値」フィールドに「OFF」と入力します。

7. WAS を起動し、次のコマンドによって、ラージ・ページのサポートが使用されていることを確認します。

```
vmstat -l 1
```

アプリケーションを動作させると、「alp」「flp」列にゼロ以外の数が現れます。

■その他の AIX 情報

AIX OS には、この他にもいくつかの設定値があります。例えば次のような設定を調整できます。

- アダプターの送信および受信キュー
- TCP/IP ソケット・バッファー

- IP プロトコル mbuf のプール・パフォーマンス
- ファイル記述子の更新
- スケジューラーの更新

これらの詳細については、次の学習用資料を参照してください。

- パフォーマンス：学習用リソース
https://ibm.co/2h2XisC

Column

大きな POST データの処理に時間がかかる

IHS などの Web サーバー・ソケットが使用する TCP 受信バッファーのサイズが小さいと、クライアントからサーバーに大きなサイズのデータを POST する際に時間がかかる問題が発生する可能性があります。これは、サーバーが ACK パケットを送る必要があるまでクライアントがどの程度データを送ることができるかを制限されているために、ネットワーク使用率が低下していることが原因です。

このようなデータ転送問題は、OS の TCP 受信バッファー・サイズを増やすことにより解決します。変更後、IHS は再起動する必要があります。

▼表 7-3　OS の TCP 受信バッファーの調整

プラットフォーム	パラメーター	確認・設定方法
AIX	tcp_recvspace	1. no -o tcp_recvspace で現状の値を確認 2. no -o tcp_recvspace=new_value でより大きな値を設定
Linux	rmem_default	1. cat /proc/sys/net/core/rmem_default で現状の値を確認 2. echo new_value > /proc/sys/net/core/rmem_default でより大きな値を設定

IHS のみの TCP 受信バッファー・サイズを変更するには ReceiveBuffer Size ディレクティブを使用できます。httpd.conf 内に次の記述を追加します（グローバル設定として記述してください）。

```
ReceiveBufferSize バイト数
```

　最適な値は環境やアプリケーションによって異なるので、次のような手順で最適な値を確定しましょう。

1. OSで設定されている現状の設定を確認します。
2. 131072バイトか現状の2倍の値を設定してみます（リスト7-1）。

▶リスト7-1　ReceiveBufferSizeを使用した設定例

```
ReceiveBufferSize 131072
```

3. Webサーバーを再始動し、同じテストを繰り返します。
4. 期待したパフォーマンスが出ない場合、さらに2倍に設定値を増やし、同じテストを繰り返します。

Column

AIX上のIHSにおいてWindowsマシンからの大きなPOSTリクエストを処理する際、パフォーマンスが出ない

　ネットワーク・トレースを確認して、サーバーがクライアントにACKパケットを返す前に毎回およそ200ミリ秒以下の遅延が発生している場合、delay ackの問題が発生している可能性があります。AIXのネットワーク・チューニング・オプションtcp_nodelayackを変更することで解決する可能性があります。

　設定には次のコマンドを実行します。

```
no -o tcp_nodelayack=1
```

　デフォルトはtcp_nodelayackが無効（値0）で、AIXはACKパケットの送信を最大で200ミリ秒まで遅らせます。その間に複数のパケットを受け取った場合は、ACK応答をまとめて送ることでシステムのオーバーヘッドを減らせる可能性があります。しかし、これが遅延につながる場合もあるので、tcp_nodelayackを有効(値1)にすることで即時ACKパケットを送るようにします。

　Webサーバー・プラグインからアプリケーション・サーバーへの接続でも、同様な理由により200ミリ以下の遅延が発生する場合があります。これが遅延ACKによって生じているなら、Webサーバー・プラグインのプロパティーを変更することで解決します。プロパティー「アプリケーション・サーバー

への接続にNagleアルゴリズムを使用可能にする」（図7-2）のチェックを外し、変更を保存後、Webサーバー・プラグインの再生成と伝搬を実施します。

このプロパティーは、管理コンソールの次の場所で変更できます。

サーバー → Webサーバー → Webサーバー名 → 追加プロパティー → プラグイン・プロパティー → 追加プロパティー → 要求および応答

設定が正しく反映された場合、再生成したWebサーバー・プラグインの構成ファイル`plugin-cfg.xml`内に`ASDisableNagle="true"`の設定が追加されます。

図7-2　Webサーバー・プラグインのプロパティー「アプリケーション・サーバーへの接続にNagleアルゴリズムを使用可能にする」

Webサーバー

Webサーバー > webserver1 > プラグイン・プロパティー > 要求および応答

このページを使用して、Web server plug-in の要求および応答最適化プロパティーを構成します。

構成

要求および応答

＊ HTTP 応答本体を読み取るときに使用する最大チャンク・サイズ

64 KB

☐ アプリケーション・サーバーへの接続に Nagle アルゴリズムを使用可能にする

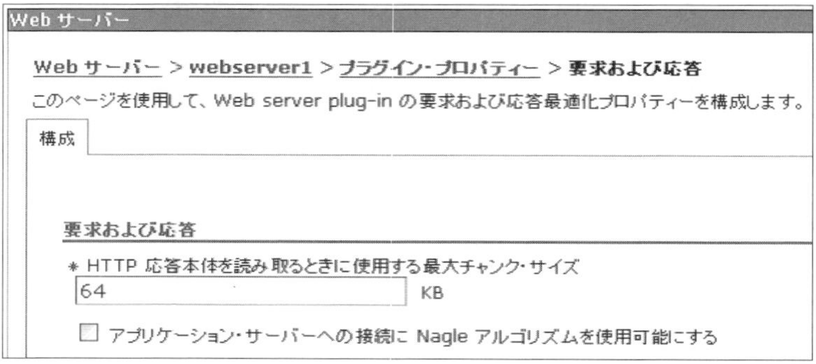

一方、これとは逆に、サーバーが「200 OK」のレスポンスの最初の部分を送ったまま、クライアントからのACKを150ミリ秒ほど待っている状況がネットワーク・トレースで確認されるときには、AIXのネットワーク・チューニング・オプションrfc2414を変更することにより解決する可能性があります。

```
no -o rfc2414=1
```

7-2 IBM HTTP Server のチューニング

この節では、IHS を利用する場合の監視とチューニングについて解説します。監視には IHS 提供の機能を利用しますが、考え方は他の Web サーバーを利用する場合も同様です。

最大同時接続数を決定する

まず Web サイトに対し、どの程度同時にアクセスが来る可能性があるかを考えなくてはなりません。パフォーマンス・チューニングのためのその他の設定は、この値に依存してきます。

例えば、ある Web サイトでは平日のビジネス開始・終了時間に最もアクセスが集中し、他のあるサイトでは昼の時間帯に集中する傾向があるかもしれません。

最大同時接続数は、1 日のうちで最も忙しい（アクセスが多い）時間に基づくものでなくてはなりません。最大でどれだけのユーザーが同時にアクセスする可能性があるかを想定します。そして、ある 1 人のユーザーは複数の TCP 接続を確立する可能性があります。

IHS は mod_mpmstats と呼ばれるモジュールを同梱しており、この mod_mpmstats の出力を確認するとどの程度のアクセスがあるかを監視できます（リスト 7-2）。IHS V7.0 〜 V8.5.5 では、デフォルトで 600 秒、IHS V9.0 では 300 秒の間隔で監視しています。パフォーマンス・チューニングのためには、間隔を 60 秒に短くすることをお勧めします。**httpd.conf** の <IfModule mod_mpmstats.c> の ReportInterval 600 を 60 に変更します。

▶ リスト 7-2　mod_mpmstats の出力例

```
[Thu Jun 16 14:01:00 2011] [notice] mpmstats: rdy 712 bsy 312 rd 121 wr 173 ka 0
log 0 dns 0 cls 18
[Thu Jun 16 14:02:30 2011] [notice] mpmstats: rdy 809 bsy 215 rd 131 wr 44 ka 0
```

```
log 0 dns 0 cls 40
```

十分な最大同時接続数を確保できていない場合、リスト7-3のようなメッセージがエラーログに記録され、クライアントではアクセス遅延が生じます。

▶リスト7-3　エラーの表示例

```
[Thu Jun 16 15:06:02 2011] [error] server reached MaxClients setting,
consider raising the MaxClients setting
```

mpm_mpmstatsおよびリスト7-3のようなエラーメッセージの監視により、同時にアクセスしてくる最大の値を知ることができたら、その値に25%ほどの余裕を加えたものを最大同時接続数として設定することをお勧めします。

KeepAliveTimeoutの設定もまた、同時に処理できるリクエスト数に影響を与えます。KeepAliveTimeoutの値を小さくすると、新規リクエストに対して処理するスレッド数を増やせます。それにより、余ったスレッドを利用し、より多くのリクエストを処理できることにつながります。ただ、KeepAlive Timeoutの値を小さくしすぎると、TCP接続の確立に余計な負荷がかかります。KeepAliveTimeoutは5～10秒程度に設定することをお勧めします。

KeepAliveTimeoutの値の決定にも、mod_mpmstatsの出力結果が役立ちます。リスト7-4では600個の全てのスレッドがbusy状態となっていますが、そのうち484のスレッドが他のキープアライブ・リクエストを待っていて、まだサーバー側からのTCPセッションの終了が行われていないことを示しています。このような場合は、KeepAliveTimeoutをより小さな値にすることにより、Webサーバーはより早くTCPセッションを終了し、スレッドは次のリクエスト処理を行えるようになります。

▶リスト7-4　ka 484で溜まっている出力例

```
[Thu Jun 16 14:12:17 2011] [notice] mpmstats: rdy 0 bsy 600 rd 1 wr 70 ka 484
log 0 dns 0 cls 45
```

■ Webサーバーの状態をTCP接続の状態から把握する

`netstat -an`コマンドで、クライアントとWebサーバー間のTCP接続の状態を表示できます。Web サーバーの使用しているポートへの接続状態によって、Web サーバーのスレッドが使用されているかどうかが異なります。表 7-4 は Web サーバー上から見た（Web サーバー上で実行した `netstat -an` で表示される）TCP 接続の状態と、スレッドの使用状況との関係です。

▶表 7-4　TCP 接続状態とスレッド使用状況

TCP 状態	意味	Web サーバーのスレッドは使用中か
LISTEN	接続していない	いいえ
SYN_RCVD	まだ準備が完了していない段階	いいえ
ESTABLISHED	Web サーバーはリクエストを受け付ける準備が完了している状態	はい。ただし、MaxClient を超えたリクエストを受け付けた場合など、スレッドが使用可能となるまで、接続は待たされる場合がある
FIN_WAIT1	Web サーバーはソケットをクローズした状態	Web サーバーのスレッドは FIN パケットを受信しなくても最長 2 秒間経過すると、スレッドを解放し、次のリクエストで使用可能となる
CLOSE_WAIT	クライアントはソケットをクローズしたが、Web サーバーはまだそれを認識していない状態	はい
LAST_ACK	クライアントはソケットをクローズし、サーバーもソケットをクローズした状態	いいえ
FIN_WAIT2	Web サーバーはソケットをクローズし、クライアントからの ACK を受け取った状態。そして、クライアントからの FIN パケットもしくは OS で設定されているタイムアウト値が経過するのを待っている状態	Web サーバーのスレッドは FIN パケットを受信しなくても最長 2 秒間経過すると、スレッドを解放し、次のリクエストで使用可能となる
TIME_WAIT	最大セグメント生存時間（MSL）の 2 倍の間、ソケットが利用できるまで待っている状態	いいえ
CLOSING	Web サーバー、クライアント同時にソケットをクローズしている状態	いいえ

■ Windows 版の最大同時接続数を決定する

Windows 版の IHS は、1 つの親プロセス、1 つのマルチ・スレッドの子プロセスからなります。

1 プロセス当たり利用できるスレッド数は、Windows 64 ビット OS の場合は約 2,000 に制限されています。これは、ThreadsPerChild の値の上限になりますが、それらの数値は実際の限界値ではありません。実際の限界値は、それぞれのスレッドが開始時に必要とするメモリー量、稼働中に必要とするスレッドごとのメモリー使用量の合計となります。ThreadsPerChild の設定値をあまり大きくすると、プロセスが使用できるアドレス空間を超えることにより、子プロセスが異常終了する危険性が増します。

- ThreadsPerChild

  httpd.conf の ThreadsPerChild ディレクティブにより、サーバーが処理することのできる同時接続数の上限を設定します。この値は予定している負荷に基づいて決めるべきです。

- ThreadLimit

  ThreadLimit ディレクティブは、ThreadsPerChild の上限を増やすために使用します。ThreadLimit の値は、親プロセスと複数の子プロセスのプロセス間通信に利用される共有メモリーセグメントのサイズに影響を与えます。この値は ThreadsPerChild で必要とされる値より大きくしてはなりません。そのため、ThreadsPerChild で設定した値と同じ値に設定することをお勧めします。

■ UNIX ／ Linux 版の最大同時接続数を決定する

UNIX および Linux プラットフォームでは、IHS は、1 つのシングル・スレッドで動作する親プロセスと複数のマルチ・スレッドで動作する子プロセスで動作します。HTTP リクエストは子プロセスで動作するスレッドで受信、処理されます。同時に処理される各リクエスト（TCP コネクション）は、それぞれスレッドを専有します。そのため、どのくらいのスレッドを起動時に用意しておくか、各子プロセスにそれぞれどれほどのスレッドを分散させるか、適切に設定を行う必要があります。

- StartServers

  httpd.conf の StartServers ディレクティブは、Web サーバー起動時の初期化処理で、あらかじめ何個の子プロセスを起動させるかを制御します。推奨値は 1 です。IHS は 1 分ごとにチェックした空きスレッド状況をもとに、何個のプロセスを維持するかを算出して制御しています。最大で MaxSpareThreads を ThreadsPerChild で割った値の数のプロセス数を維持します。このため、StartServer を MaxSpareThreads ÷ ThreadsPerChild の値より大きく指定すると、初期化時にいくつかの StartServer で指定した数のプロセスは起動されますが、すぐに MaxSpareThreads の条件に合わせるためにいくつかの子プロセスが破棄されてしまいます。

- ServerLimit

子プロセス数の上限値を設定します。実際には、子プロセスの上限値は MaxClients を ThreadsPerChild で割った値となります。そのため、この値は MaxClients もしくは ThreadsPerChild の値を変更するときにのみ変更すべきです。実際には、このディレクティブで設定した値より多くの子プロセスが存在する可能性があります。例えば、MaxSpareThreads がとても小さな値に設定されている場合や MaxRequestsPerChild が 0 ではなくそれほど大きな値ではない場合です。

- ThreadsPerChild

TheadsPerChild ディレクティブは、各プロセスにどれほどのスレッドを割り当てるかを制御することに使います。ThreadLimit 以上の数値を指定した場合は ThreadLimit の値に制限されます。

- ThreadLimit

TheadsPerChild の上限値を設定します。子プロセスごとのスレッド合計数は、親と子プロセスの間のプロセス間通信を行うための共有メモリーセグメントのサイズに影響を与えます。

- MaxClients

MaxClients ディレクティブは、サーバーが扱うことのできる同時接続数の上限に影響を与えます。MaxClients は考え得る負荷に応じたものが設定されるべきです。

- MaxSpareThreads および MinSpareThreads

MaxSpareThreads および MinSpareThreads ディレクティブは、サーバー負荷の変化に対しプロセス数を動的に増減させてリソース使用量の最適化を図るとともに、バースト・トラフィックにも対応にも適切に対応できるように、あらかじめ少し余裕を持った子プロセス数に調整することを目的とします。サーバー負荷が増えた場合、SpareThreads と呼ばれる待機スレッド数を確保するために、子プロセス数を自動的に増やし（ServerLimit および MaxClients により制限されます）、サーバー負荷が減った場合、その数を減らします。
MaxSpareThreadsを比較的小さな値に設定すると、子プロセスを生成、停止させることに余計にCPUが使われ、パフォーマンス上の不利になります。通常の運用では、サーバーの負荷は広く変化するかもしれません（例えば、活動中のスレッドが150から450まで変化するかもしれません）。もしMaxSpareThreadsがこの変化より小さい場合（この例では、450－150＝300の300）、Webサーバーは子プロセスを頻繁に生成、停止を繰り返し、結果としてパフォーマンスが劣化する場合があります。

▶表7-5　推奨値一覧

設定項目	値
ThreadsPerChild	デフォルト値を推奨。もしくはMaxClientsに対して割合をより大きなものに設定すると、結果的に子プロセスの数が減るので、Webサーバー・プラグインにとっては良い結果をもたらす
MaxClients	1つのWebサーバーが処理する最大の同時接続数を設定する。基本的には、ThreadsPerChildの値の倍数にする
StartServers	1を推奨
MinSpareThreads	25より大きな数、もしくはMaxClientsの10%程度の値を推奨。IHSはおよそ1秒ごとにこの値を確認するため、1秒間に受け取る新規リクエストの数より大きな値にしておいたほうが安全である。しかし、この値がThreadPerChildに対して大きくしすぎると、必要以上に子プロセスのを用意するため、Webサーバー・プラグインにとっては都合の悪い結果となる恐れがある。逆に、この値を小さくしすぎると、新たなリクエストを受け取った際に、スレッド数確保のために子プロセスが生成されるため、オーバーヘッドが生じる
MaxSpareThreads	1. 事前にリソースを確保しておくことを目指し、「MaxSpareThreadsの値をMaxClientsと同じ値に設定」する。システムはMaxClientsで設定したリクエストを処理するため十分なリソースを持っていなくてはならない。そのため、Webサーバーは急激なリクエストの増大に対応するためにアイドル状態のスレッドやプロセスを残しておく。このアプローチはリクエストの実行に時間の要するアプリケーションを使用している場合、子プロセスを維持しておくのに有効である。 2. アイドル時のリソース解放を目指し、MaxClientsの25から30%の値を設定する。高負荷の状態が過ぎた際に、アイドル中のスレッドの破棄を促す。そのため、その他のアプリケーションがリソースを使用できる。もし、この値を小さく設定しすぎると、再度高負荷になった際、新たな子プロセスが生成される可能性が高まり、子プロセスの生成、破棄が頻繁に行われることにつながる可能性がある
ServerLimit	MaxClientsをThreadsPerChildで割った値、もしくはそれが十分に大きな値の場合、デフォルト値を推奨
ThreadLimit	ThreadsPerChildと同じ値を推奨

なお、ThreadLimit および ServerLimit は、構成ファイル中のその他のディレクティブより先に記述する必要があることに注意してください（リスト7-5)。

▶リスト 7-5　Linux 版 IHS V9.0 におけるデフォルト値

```
ThreadLimit          100
ServerLimit           12
StartServers           1
MaxClients          1200
MinSpareThreads       50
MaxSpareThreads      300
ThreadsPerChild      100
MaxRequestsPerChild    0
MaxMemFree          2048
```

パフォーマンスを向上させるためのヒント

■ SendFile 機能の利用

いくつかの OS では、ローカルディスク上のファイルを直接ネットワークに送信する SendFile 機能がサポートされています。Web サーバーで静的コンテンツを直接提供している場合に、この機能を使用できます。IHS では `httpd.conf` の EnableSendfile ディレクティブに on を指定することで SendFile 機能を利用できるようになりますが、デフォルトでは無効になっています。これはいくつかのプラットフォーム固有でときどき発生する問題を抑制するためです。しかし、SendFile がサポートされる Windows、AIX、Linux のプラットフォームでは、この値を有効にすると CPU をより有効活用できる可能性があります。

AIX プラットフォームにて SendFile を利用する場合、`no` コマンドで指定する nbc_limit の設定がそれほど高い値でないことを確認する必要があります。たいていのシステムでは AIX でのデフォルト値は 768MB です。保守的な値として、例えば 256MB のような値が推奨されています。もしその設定が高すぎる場合、Web サーバーで SendFile を使用した結果、ネットワーク・バッファー・キャッシュの使用量が増大し、その他広い範囲のシステム機能の実行が失敗する恐れがあります。そのような事態に陥らないようにするために、AIX プラットフォームの `netstat -c` コマンドを使ってネットワーク・バッファー・キャッシュの使用量を監視する必要があります。もし、その値が数千MBといったような比較的高い値になっている場合は、SendFileの使用を無効にすることを検討してください。もしくは、nbc_limit設定を十分に下げてください。

SendFileを使用した高速化は通常のHTTP通信でのみ可能です。SSL通信を行っている場合には利用することはできません。

■ AIX環境で役立つ項目

AIXプラットフォームでは、環境設定ファイル`<IHS ROOT>/bin/envvars`の中にデフォルトで`MALLOCMULTIHEAP=considersize,heaps:8`の設定が行われています。これは、マルチ・スレッド・アプリケーションに適したAIXのヒープ・ライブラリーを使用するメモリー管理を有効にし、メモリー使用量を最小化できます。よりたくさんのヒープを必要とする構成（SSLやあるサード・パーティー製のモジュールなど）をしている場合、`MALLOCMULTIHEAP=true`の設定を行うことでCPU使用率を減らすことにつながりますが、メモリー使用量がわずかに増加する可能性があります。

■ Windows環境で役立つ項目

Fast Response Cache Accelerator（AFPAとして知られているFRCA）の設定は、デフォルトで無効となっています。これは、ノートン・アンチウイルスのようないくつかのWindows上で動作するアンチウイルス製品と共存できないためです。FRCAはカーネル上で動作する極小HTTPサーバーで、アクセス制御のされていない静的コンテンツをファイルシステムから直接提供することが可能です。FRCAの使用はいくつかの構成においてはめざましくパフォーマンスを向上させることができます。しかし、FRCAはHTTPS/SSLを使用した接続に対しては使用できません。

パフォーマンスの観点からは避けたほうがよい設定

IHSでサポートしている機能の中には、使用するとパフォーマンスに悪影響を及ぼすものがいくつかあります。これらの機能は、使わなければならない要件がない限りはパフォーマンスの観点から設定を避けることをお勧めします。

- HostnameLookups On

  リクエストごとに余分な DNS に対する問い合わせが発生します。デフォルトで無効になっています。
- IdentityCheck On

  クライアントが身元特定（Identification）プロトコルに対応しているかどうか確認が行われるため遅延が発生します。デフォルトで無効になっています。
- mod_mime_magic

  ファイルの拡張子に頼らずに MIME タイプを推測するために、余分に CPU やディスク I/O が発生する可能性があります。デフォルトで無効になっています。
- MaxRequestsPerChild を 0 以外の数値に設定すること

  Linux および UNIX プラットフォームにおいて、子プロセスを停止、生成するために余分に CPU を使用する可能性があります。また、子プロセス数が増えすぎることにつながるため、余分なスワップ領域を使用する恐れがあります。子プロセスが MaxRequestsPerChild を超えたリクエストを受け付けると、新たな接続を全く受け付けなくなりますが、既存の接続はそのまま処理されます。つまり、たった 1 つでも処理の長いリクエストが存在する場合、その子プロセスはアクティブで居続けることになります。処理の長いリクエストが通常発生し得る環境においては、たくさんの子プロセスが存在する結果となります。デフォルトで 0 に設定されています。

  まれに IHS サポートが MaxRequestsPerChild を 0 以外の数値に設定することをお勧めする場合があります。それは CPU、メモリー資源が増えていくことへの回避策であり、どのようなタイプの資源が増えていっているかを理解した上でのことです。Linux および UNIX 環境において、この設定を行わなくてはならない場合、複数の子プロセスが子プロセスを停止しようとしても処理の長いリクエストが完了していない状況を避けるため、50000 など比較的大きな値に設定することをお勧めします。
- .htaccess ファイル

  .htaccess ファイルへの余分な CPU とディスク I/O が発生します。デフォルトで無効になっています。

- 詳細ログ

  問題判別の過程で詳細ログ（SSLTrace、Web サーバー・プラグイン・トレース、GSKit トレースおよびサード・パーティー製モジュールのデバッグ）はしばしば有効化されます。もし問題判別が終了したにも関わらずそれらの詳細ログが有効なままになっていると、通常よりも CPU を使用することになります。デフォルトで無効になっています。

- Options FollowSymLinks を無効化すること

  もし静的コンテンツが信用ならないユーザーにより管理されている場合、この Options FollowSymLinks を無効化したいかもしれません。それにより、信用ならないユーザーが作成したシンボリック・リンク先のデータをユーザーに見せるのを防ぐことができます。しかし、この設定を無効化することにより、Web サーバーはそれぞれのパス名がシンボリック・リンクかどうかを調べる必要が出てくるため、パフォーマンスは劣化する可能性があります。

Linux および Unix 上の Web サーバー・プラグインで気を付けること

■ MaxConnections パラメーターをより効果的に利用する

第 6 章で解説した MaxConnections は、単一のアプリケーションサーバーの障害が全体障害にならないように局所化するためのパラメーターです。このパラメーターはパフォーマンスの観点からも重要です。MaxConnections は、1 つのアプリケーションサーバーに対しての IHS のプロセスあたりの接続数を設定します。

MaxConnections の値は、そもそも ThreadsPerChild の値を超えた接続を使用しようとする子プロセスは存在しないため、ThreadsPerChild の値を超えた値を設定することに意味はありません。

一方、プラグインからリクエストが割り振られるアプリケーション・サーバーの数が N 台だとして、ThreadsPerChild ÷ N よりも小さな MaxConnections を設定することも避けるべきです。Web サーバーの上限まで同時リクエストが来た際に、割り振り先のアプリケーション・サーバーが選択できずにエラーが返ってしまいます。

これらの上限と下限の間で、Web コンテナのスレッド・プールの最大値に近い値を設定するようにします。

■アプリケーション・サーバーの停止情報を効果的に把握する

Web サーバー・プラグインは、アプリケーション・サーバーが停止していると判断すると、その情報を一定時間保持してリトライを抑止します。この情報は、単一の IHS 子プロセス内の Web サーバー・プラグイン・スレッドのみで共有されます。そのため、Web サーバーの子プロセス数は少ないほうが不要なリトライを抑止できます。もし、アプリケーション・サーバーの停止情報の発見に問題があるようならば、ThreadsPerChild の値を増やし、MinSpareThreads と MaxSpareThreads の値を下げるとよいでしょう。

■ ESI キャッシュを効果的に利用する

コンテンツをアプリケーション・サーバーからの指示によってプラグインレベルでキャッシュする ESI は、Web サーバーのプロセスごとにメモリー上にキャッシュが取られます。そのため ESI を使用するときには Web サーバーの子プロセスはなるべく少ないほうがよく、また可能な限り再起動もしないほうがパフォーマンス的に有利となります。

プラグイン構成ファイルの esiInvalidationMonitor が有効に設定され、WAS traditional 添付の `DynaCacheEsi.ear` に含まれる ESI 無効化サーブレットが使われる場合、Web サーバーからアプリケーション・サーバーへ常にコネクションが張られ、Web コンテナ・スレッドが定常的に消費されます。複数の子プロセスを使用する状況では、1 つの子プロセスに対して ESI 無効化スレッドはそれぞれ 1 つ用意され、Web コンテナ内で同時に使われます。

そのため、Web サーバーごとに子プロセス数、Web サーバー数、Web コンテナ・スレッド数を考慮する必要があります。

SSL のパフォーマンスで気を付けること

■暗号仕様の種類

SSL 接続が行われる際、クライアント（Web ブラウザ）と Web サーバーは使用する暗号を取り決めます。Web サーバーは暗号のリストを持っていて、クライアントがサポートする暗号のうちリストの最初にあるものが選択されます。

暗号の選択処理は IHS のパフォーマンスに劇的な影響をもたらします。た

1 2 3 4 5 6 7 8 9 10 11 12 13

だし、IHSにおいては比較的計算コストの高いトリプルDESよりもAESやRC4といった暗号の使用が優先されます。そのため、使用する暗号化方式の優先順位を変更する必要はありません。IHSでサポートする主なSSL暗号については、表7-6を参照してください。

表7-6　IHSでサポートする主なSSL暗号

ショートネーム	ロングネーム	意味	強さ
C024	TLS_ECDHE_ECDSA_WITH_AES_256_CBC_SHA384	楕円曲線暗号 DSA AES SHA2 (256ビット)	強い
C02c	TLS_ECDHE_ECDSA_WITH_AES_256_GCM_SHA384	楕円曲線暗号 DSA AES SHA2 (256ビット)	
C028	TLS_ECDHE_RSA_WITH_AES_256_CBC_SHA384	楕円曲線暗号 RSA AES SHA2 (256ビット)	
C030	TLS_ECDHE_RSA_WITH_AES_256_GCM_SHA384	楕円曲線暗号 RSA AES SHA2 (256ビット)	
C00a	TLS_ECDHE_ECDSA_WITH_AES_256_CBC_SHA	楕円曲線暗号 DSA AES SHA (256ビット)	
C014	TLS_ECDHE_RSA_WITH_AES_256_CBC_SHA	楕円曲線暗号 RSA AES SHA (256ビット)	
C008	TLS_ECDHE_ECDSA_WITH_3DES_EDE_CBC_SHA	楕円曲線暗号 DSA Triple-DES SHA2 (168ビット)	
C012	TLS_ECDHE_RSA_WITH_3DES_EDE_CBC_SHA	楕円曲線暗号 RSA Triple-DES SHA2 (168ビット)	
C023	TLS_ECDHE_ECDSA_WITH_AES_128_CBC_SHA256	楕円曲線暗号 DSA AES SHA2 (128ビット)	
C02b	TLS_ECDHE_ECDSA_WITH_AES_128_GCM_SHA256	楕円曲線暗号 DSA AES SHA2 (128ビット)	↓
C009	TLS_ECDHE_ECDSA_WITH_AES_128_CBC_SHA	楕円曲線暗号 DSA AES SHA (128ビット)	
C027	TLS_ECDHE_RSA_WITH_AES_128_CBC_SHA256	楕円曲線暗号 RSA AES SHA2 (128ビット)	
C02f	TLS_ECDHE_RSA_WITH_AES_128_GCM_SHA256	楕円曲線暗号 RSA AES SHA2 (128ビット)	
C013	TLS_ECDHE_RSA_WITH_AES_128_CBC_SHA	楕円曲線暗号 RSA AES SHA (128ビット)	
9D	TLS_RSA_WITH_AES_256_GCM_SHA384	RSA AES SHA2 (256ビット)	
3D	TLS_RSA_WITH_AES_256_CBC_SHA256	RSA AES SHA2 (256ビット)	
9C	TLS_RSA_WITH_AES_128_GCM_SHA256	RSA AES SHA2 (128ビット)	

ショートネーム	ロングネーム	意味	強さ
3C	TLS_RSA_WITH_AES_128_CBC_SHA256	RSA AES SHA2 (128 ビット)	
3A	SSL_RSA_WITH_3DES_EDE_CBC_SHA	RSA Triple-DES SHA (168 ビット)	
35b	TLS_RSA_WITH_AES_256_CBC_SHA	RSA AES SHA (256 ビット)	弱い

特定の暗号方式のみ利用するには SSLCipherSpec ディレクティブで利用する暗号を設定します。表 7-6 のショートネーム、ロングネームいずれの記載方法でも構いません。

IHS V8.5.5.6 以降では、比較的暗号強度の弱い RC4 暗号方式がデフォルトで使用されませんが、リスト 7-6 の例では、明示的に RC4 暗号方式を省いています。

リスト 7-6　IHS の SSL 構成の例

```
LoadModule ibm_ssl_module modules/mod_ibm_ssl.so
Listen 443
<VirtualHost *:443>
 SSLEnable
 SSLCipherSpec ALL -SSL_RSA_WITH_RC4_128_SHA -SSL_RSA_WITH_RC4_128_MD5
</VirtualHost>
KeyFile /opt/IBM/HTTPServer/conf/ihsserverkey.kdb
SSLDisable
```

リスト 7-7 の LogFormat を使用すると、各接続に対しどの暗号が使用されたかを記録できます（リスト 7-8）。

リスト 7-7　アクセスログに SSL 暗号化方式を記録する構成

```
LogFormat "%h %l %u %t ¥"%r¥" %>s %b ¥"SSL=%{HTTPS}e¥"
¥"%{HTTPS_CIPHER}e¥" ¥"%{HTTPS_KEYSIZE}e¥"
¥"%{HTTPS_SECRETKEYSIZE}e¥"" ssl_CustomLog logs/ssl_cipher.log ssl_common
```

リスト 7-8　出力例

```
192.168.130.1 - - [13/Jun/2017:12:00:00 +0900] "GET / HTTP/1.1" 200 2656
"SSL=ON" "TLS_ECDHE_RSA_WITH_AES_256_GCM_SHA384" "256" "256"
```

■サーバー証明書の鍵サイズ

大きな鍵サイズのサーバー証明書もパフォーマンスに影響を与えます。鍵のサイズが 2 倍になるにつれ、4 ～ 8 倍の CPU をより必要とすると言われています。

しかし、現在は大きなサーバー証明書を使わざるを得ない状況となっています。2010 年頃には、産業界において 1024 ビットの暗号から 2048 ビットの暗号を使用するよう働きかけがありました。そのため、サーバー証明書の鍵サイズ以外の部分で SSL のパフォーマンスを向上させる必要があります。

大きなサーバー証明書にすることで CPU を消費する影響を与える主な部分は、新しい SSL セッションを開始する処理です。そのため、Keep-Alive を使用し SSL セッションを使い回せば、パフォーマンスの向上につながります。

■ ThreadsPerChild（Linux および Unix プラットフォーム）

ThreadsPerChild の値を小さくすると、SSL による CPU 使用率を小さくすることができます。もしたくさんの SSL 接続を処理しなければならない場合、ThreadsPerChild は最大 100 に抑えることを推奨しています。それにより、負荷を複数の子プロセスに分散させることができます。

■ MALLOCMULTIHEAP（AIX プラットフォーム）

SSL による負荷が大きい場合、`<IHSROOT>/bin/envvars` 内で MALLOCMULTIHEAP を true に設定するとパフォーマンスの改善につながる可能性があります。

■ KeepAlive

HTTP Keep-Alive は、SSL 接続では SSL ではないものに比べ、パフォーマンスの向上にとても大きな変化をもたらします。もし Keep-Alive 終了待ちのスレッド数を制限したいため KeepAlive を無効化する必要がある場合にも、例えば SSL 接続のための仮想ホスト内に限定して KeepAlive ディレクティブを有効にし、小さなタイムアウト値を設定する方法があります（リスト 7-9）。

リスト 7-9 SSL に限定した Keep-Alive の有効化

```
<VirtualHost *:443>
(省略。通常の設定項目)
# enable keepalive support, but with very small timeout
# to minimize the use of worker threads
KeepAlive On
KeepAliveTimeout 1
</VirtualHost>
```

KeepAliveTimeout を 1 にすることを推奨しているわけではなく、あくまで「KeepAlive Off」の設定よりは良いという意味であることに注意してください。さらに大きな値にすると SSL セッションのパフォーマンス向上に大きな飛躍をもたらします。しかし、大きすぎる値にすることは Keep-Alive 終了待ちのスレッドを増やす可能性もあるため、それぞれのアプリケーションとクライアントに依存しチューニングを行う必要があります。

SSL セッションの再利用

SSL セッションをサーバー側でキャッシュすることにより、2 回目以降の接続で SSL の初期化処理を省略することが可能です。この SSL セッションの再利用を活用することで、サーバーの負荷を大きく下げることができます。SSL セッションのキャッシュはデフォルトで有効になっています。

SSL 通信を処理する IHS が複数台で負荷分散されている場合には注意が必要です。キャッシュされた SSL セッションは、初期化を行った Web サーバー内でのみ再利用できます。そのため、同じクライアントからの接続は、2 回目以降もなるべく同じ Web サーバーへ接続されるようにする必要があります。このようなクライアントとサーバーの類縁性を Affinity や Sticky といいます。

Web サーバーの前段の負荷分散装置が Affinity に対応している場合には、それが正しく機能するように構成します。例えば WAS ND に同梱されている Load Balancer は、クライアントの IP アドレスを鍵とした Sticky 機能を持っています。

SSL セッションが再利用されたかどうかの確認方法

一時的に LogLevel を info か debug にすることで、新しく SSL セッションが生成されたか、再利用されたかを記録できます。

例えば、リスト 7-10 のような出力結果が記録されます。右端の (new) は新たな SSL セッションが生成されたことを意味し、(resused) は既存の SSL セッションが再利用されたことを意味します。

リスト 7-10　エラーログに記録された SSL の情報

```
[Sat Oct 01 15:30:17 2005] [info] [client 9.49.202.236] Session ID:
YT8AAPUJ4gWir+U4v2mZFaw5KDlYWFhYyOM+QwAAAAA= (new)
[Sat Oct 01 15:30:32 2005] [info] [client 9.49.202.236] Session ID:
YT8AAPUJ4gWir+U4v2mZFaw5KDlYWFhYyOM+QwAAAAA= (reused)
```

Linux および Lnix プラットフォームにおいて、リスト 7-11 のようなコマンドをエラーログに対し実行すると、それらの数を把握することが可能です。

リスト 7-11　SSL のセッションの再利用数の確認

```
$ grep "Session ID.*reused" logs/error_log | wc -l
1115
$ grep "Session ID:.*new" logs/error_log | wc -l
163
```

Column

トラブル事例：起動が遅い。プロキシーや LDAP からの返信が遅い

IPv6 をサポートするネットワークにおいて、IHS はホスト名の名前解決に IPv4 および IPv6 の両方を試みる可能性があります。たとえ /etc/hosts に IPv4 のアドレスのみ定義していたとしても、これにより余分な DNS サーバーへの問い合わせを引き起こします。この問題を回避するために、IPv6 の問い合わせを明示的に無効化できます。

- OS レベルでの設定方法

例えば AIX 環境では、リゾルバーを構成する /etc/netsvc.conf を編集し、次のような設定にします。

```
hosts=local4,bind4
```

これにより、IPv6 での問い合わせを無効化できます。IHS を再起動し、プロキシーのリクエストや LDAP サーバーからの返答の遅延が解決していることを確認してください。

- IHS レベルでの設定方法

<IHSROOT>/bin/envvars の最後に次の項目を追加してください。

```
NSORDER=local4,bind4
export NSORDER
```

Column

トラブル事例：プラグイン構成ファイルを更新したら CPU 使用率が高くなる

Web サーバー・プラグインは、その構成ファイル plugin-cfg.xml が更新されると、構成の再ロードを行います。再ロードが行われる際は、リクエストを処理する全ての子プロセスで実施されなくてはなりません。特に HTTPS の初期化作業には多くの CPU を消費するため、もしたくさんのトランスポートが定義されている場合やたくさんの子プロセスが存在する場合、その CPU インパクトは大きくなります。

Linux および UNIX プラットフォームにおいて、plugin-cfg.xml の RefreshInterval を -1 に設定することにより自動再ロードを無効化することで、この問題を解決できます。構成の変更を行う必要がある際は、apachectl graceful コマンドにより Web サーバーを再始動します。このようにすると、複数の子プロセスに対する再ロードをたった 1 度で実施でき、IHS の親プロセスが子プロセスを新たに生成することで新たな構成を子プロセスに引き継げます。

7-3 WAS traditionalのチューニング

パフォーマンス・チューニングを行う際、まずWAS traditional自身がどのようなデータを持ち合わせているか、あるいはどのような情報が利用可能であるかを理解する必要があります。

表7-9　WAS traditionalで利用可能な情報

PMI (Performance Monitoring Infrastructure)	WAS traditional内部の各コンポーネントで保持する様々なパフォーマンス・データを収集する仕組み。JSR-077で指定される全ての統計セットをサポート。アプリケーションで独自に保持するカウンター・データも組み込み可能
要求メトリック	WAS traditionalが要求を受けてから、応答を返すまでに通過する、各コンポーネントにおける実行時間を測定するための仕組み
ログ	常時、WAS traditional、あるいはフレームワークやアプリケーションが書き出すログ
トレース	WAS traditionalに明示的に構成を行った場合のみに書き出される詳細なログ。トレース・ログとも呼ばれる
ダンプ	WAS traditionalのプロセス・ダンプ。JVM自身のメモリーアクセス違反などで自動生成されるが、明示的に取得も可能。主に問題判別に近い部分で用いられる

表7-9の中で、通常のパフォーマンス管理で用いるのは、PMIやログになります。パフォーマンス上の問題が確認され、詳細な調査を行う必要がある場合には、要求メトリックやトレースを用いて行います。

PMI（Performance Monitoring Infrastructure）

PMIは、クライアント・サーバー型のアーキテクチャーを使用しています。WAS traditional内部でPMIサーバーが各種データを収集、保持し、何らかのクライアントを利用してそれらのデータを取得します（図7-3）。

PMIサーバーはWAS traditionalのプロセス起動時にあらかじめ「Performance Monitoring Infrastructure（PMI）を使用可能にする」のプロパ

ティーが On になっている必要があります。設定されていない場合は再起動が必要になります。

PMI のデータを収集するクライアントは、JMX API を用いてデータを取得します。

WAS traditional の管理コンソールには、現在の PMI データをグラフや表で表示する機能、データをログファイルに記録する機能、あらかじめ記録されたログファイルを開いて表示する機能を搭載した IBM Tivoli Performance Viewer が含まれています。

▶図 7-3　PMI のアーキテクチャー

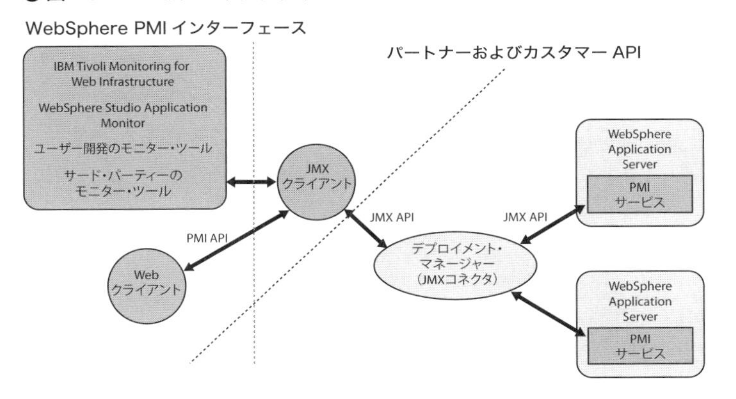

ND 環境では管理コンソールから全てのアプリケーション・サーバーの一元管理が可能です。1 つの管理コンソールから全てのサーバーの PMI のデータにアクセスできます。

Tivoli Performance Viewer は GUI 操作で様々なデータをグラフや表でリアルタイム表示、あるいは保存したログの再生を行えます。

Tivoli Performance Viewer で保存できるログのフォーマットには、XML 形式とバイナリー形式が選べます。XML は汎用性が高いですが、構造上ファイルが大きくなりやすいため、ファイル・サイズを優先するならバイナリー形式が有効です。ただし、バイナリー形式の場合は Tivoli Performance Viewer 以外でデータを処理することが難しくなってしまいます。

長時間連続でデータを収集、あるいは独自にデータを二次加工することを前提とする場合は、JMX を用いた PMI のクライアントプログラムを作成することが有用です。

PMIの設定

PMIのサービスで取得可能な各種データは、サーバー単位に設定可能です。どのようなデータを使うかは、あらかじめ管理コンソールなどの管理ツールで構成しておくか、「ランタイム」の設定で動的に反映できます。サービスの開始は起動前に事前に設定が必要ですが、モニター対象のデータセットは、表7-10に示す5種類を動的に変更可能です。

表7-10　モニターされる統計セットの種類

統計セット	項目	利用可能なモニターの種類(V9.0)
なし	どの統計も使用可能にされない	0
基本	Java EEに指定された統計およびCPU使用や、HTTPライブ・セッションなどのトップ統計が使用可能になる	46
拡張	基本レベルのモニターにワークロード・モニター、パフォーマンス・アドバイザー、およびTivoliリソース・モデルを加えた拡張モニターが提供される	80
全て	全ての統計値が使用可能になる	596
カスタム	各統計値を選択して細かく制御できる	0～596

Tivoli Performance Viewerの操作項目

管理コンソール上ではサーバーごとに次の項目の操作が可能です。

- パフォーマンス・アドバイザー
  CPU使用状況、Webコンテナの要求数や応答時間の状況、各リソースの状況の表示に加え、パフォーマンスの観点から一般的に必要となるアクションをアドバイスします。パフォーマンスのアドバイスは現在のシステムの構成と、リソースの状況から自動的に行われます。
- 設定 - ユーザー
  データの収集について、データ収集の間隔（5秒～500秒）、バッファーサイズ（10～100）、データ表示を設定できます。データ表示としては、「生データ」

「値の変化」「値の変化率」の3種類が設定可能です。デフォルトは生データです。

- 設定 - ログ

ログのフォーマット（「XML」または「バイナリー」）やロギング出力の「期間」「最大ファイル・サイズ」「ヒストリー・ファイルの最大数」「ファイル数」などを設定できます。

- サマリー・レポート

「サーブレット」、「EJB」、「EJB メソッド」、「接続プール」、「スレッド・プール」の各項目についてのサマリー・レポートが、表形式で参照できます。例えば「サーブレット」を選択すると、サーバーで動作しているサーブレットの一覧が表示され、「要求合計」、「平均応答時間（ミリ秒）」、「合計時間（ミリ秒）」を確認できます。

- パフォーマンス・モジュール

Tivoli Performance Viewer で測定・表示可能なパフォーマンス・モジュールがツリー形式で表示されます。必要なものを選択してグラフや表でカウンターの値を確認できます。

■他の製品との連携

IBM Application Performance Management（APM）によるパフォーマンスのモニターと監視が可能です。APM はデータベースに収集したパフォーマンス・データを蓄積し、パフォーマンス分析を様々な観点から実施する機能を提供しています。独立した分析用のサーバーを用意するメリットや各種パフォーマンス・データの自動監視の要件があると考えられる大規模システムでは、有用なツールです。

Column

PMI の注意

PMI では WAS traditional で独自に保持するカウンターの値の取得以外に、JVM Trace Interface 経由で CPU やメモリー情報といった OS の情報、JVM 自身のガーベッジ・コレクション情報の収集なども可能です。一元的に情報収集ができるので、大変便利です。

しかしながら、WAS のカウンター以外のデータ取得は、オーバーヘッドが高く、パフォーマンスおよびメモリー使用量の観点から、実サービス中に OS や

JVM 自身のデータを収集することはお勧めしません。いずれも OS のコマンドや、JVM 自身のヘルス・センターといったツールを用いることを推奨します。

Column

ちょっと小ワザ

WAS traditional V4 までは Tivoli Performance Viewer は EJB クライアントとして実装される専用の単体 GUI ツールとして提供されていました。V5.0 からは管理コンソールに統合され、ブラウザ上で Scalable Vector Graphics（SVG）フォーマットのデータを表示する方式になりました。

このグラフや表の画面を最大化したいと思ったことはありませんか？ 実はできます。ブラウザで Tivoli Performance Viewer の表示を行った後、次の URL を入力します（ホスト名、ポート番号はシステム固有）。

```
http://localhost:9060/ibm/console/tpvShowData.do
```

画面全体が Tivoli Performance Viewer になりましたか？

要求メトリック

要求メトリックは、アプリケーション・フロー全体の応答時間と各コンポーネントの処理にかかっている処理時間を監視して、ボトルネックを発見するのに役立つ機能です。WAS traditional への特定のリクエストに対して、各コンポーネントでの開始時間と終了時間を記録できます。例えば図 7-4 では、HTTP リクエスト A に対して、プラグインでは 172 ミリ秒、Web コンテナでは 130 ミリ秒、EJB コンテナでは 38 ミリ秒、そして、JDBC によるデータベース・アクセスに 7 ミリ秒かかることが分かります。リクエスト A では、Web コンテナで 92 ミリ秒の処理時間がかかっているので、ここがチューニングの余地が最も高いことが分かります。

◆図 7-4　要求メトリックによるアプリケーション・フローの監視

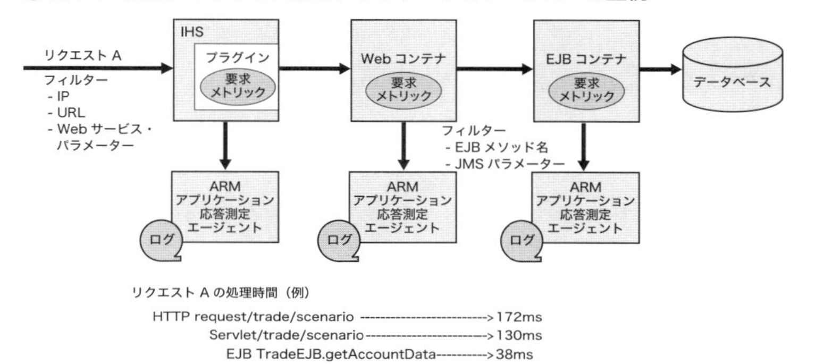

次のコンポーネントでの処理時間を記録できます。処理時間は、ログへの出力か ARM（アプリケーション応答測定エージェント）へ送信可能です。

- Web サーバー・ポートの使用時のみ使用可能な Web サーバー・プラグイン
- サーブレットおよび Web サービス要求として装備されているプロキシー・サーバー
- サーブレットおよびサーブレット・フィルターを含む Web コンテナ
- Enterprise JavaBeans（EJB）コンテナ
- Java DataBase Connectivity（JDBC）呼び出し
- Java EE コネクター・アーキテクチャー（JCA）
- サーバー・サイドとクライアント・サイドの両方の Web サービス
- Java Message Service（JMS）エンジン
- サービス統合バス（SIB）
- ポートレット要求を含むポートレット・コンテナ
- 非同期 Bean

■設定の仕方

1. 管理コンソールで「モニターおよびチューニング」 → 「要求メトリック」を選択し、要求メトリック設定画面で「要求メトリック・コレクション用のサーバーの準備」を選択します。

2. 計測対象コンポーネントを「なし」「すべて」「カスタム」から選びます。「カスタム」の場合は、EJB、Servlet、Servlet Filter、JDBC、JNDI、SIB などさらに詳細なコンポーネントを選択します。
3. トレース・レベルを選択します。「なし」「ホップ」「パフォーマンス・デバッグ」「デバッグ」から選べます。
   - ホップ：各コンポーネントではなく、WAS traditional レベルとしての時間を記録します。
   - パフォーマンス・デバッグ：ホップ・レベルに加えて、サーブレットや EJB 呼び出しの最初のレベルが記録されます。JNDI や SIB は対象になりません。
   - デバッグ：全てのコンポーネントの所要時間が記録されます。Servlet filter は、このレベルで記録されます。
4. 要求メトリックの宛先を「標準ログ」「ARM エージェント」（WAS traditional V8.0 エージェント・タイプ ARM40 または TIVOLI_ARM）TIVOLI_ARM を選択した場合は、実装クラス名の指定は不要です。
5. フィルターを指定します。ログが大量に出すぎないように、URI フィルターや IP フィルターで出力を制限します。

●図 7-5　要求メトリックの指定

■ログの見方

サーブレットから JDBC でデータベースにアクセスするアプリケーションを、この要求メトリックで標準ログ SystemOut.log に出力し、どこに時間がかかっているか調べてみましょう（リスト 7-12）。

▶リスト 7-12 要求メトリックスの出力

```
[11/09/19 17:25:02:234 JST] 00000027 PmiRmArmWrapp I   PMRM0003I:
  parent:ver=1,ip=9.188.209.62,time=1316420662328,pid=9204,reqid=1,event=1 ―①
 - current:ver=1,ip=9.188.209.62,time=1316420662328,pid=9204,reqid=3,event=1
type=JDBC ―――――――――――――――――――――――――――――――――――――――――――――②
detail=javax.resource.spi.ManagedConnectionFactory.createManagedConnection
(Subject, ConnectionRequestInfo) ―――――――――――――――――――――――――――③
elapsed=906 ―――――――――――――――――――――――――――――――――――――――――――④
[11/09/19 17:25:02:234 JST] 00000027 PmiRmArmWrapp I   PMRM0003I:
parent:ver=1,ip=9.188.209.62,time=1316420662328,pid=9204,reqid=1,event=1 - curre
nt:ver=1,ip=9.188.209.62,time=1316420662328,pid=9204,reqid=4,event=1 type=JDBC
detail=javax.resource.spi.ManagedConnectionFactory.matchManagedConnections
(Set, Subject, ConnectionRequestInfo)
 elapsed=0
[11/09/19 17:25:02:296 JST] 00000027 PmiRmArmWrapp I   PMRM0003I:
parent:ver=1,ip=9.188.209.62,time=1316420662328,pid=9204,reqid=1,event=1
- current:ver=1,ip=9.188.209.62,time=1316420662328,pid=9204,reqid=5,event=1
type=JDBC
detail=javax.resource.spi.ManagedConnection.getConnection(Subject,
ConnectionRequestInfo)
elapsed=46 ――――――――――――――――――――――――――――――――――――――――――――⑤
[11/09/19 17:25:03:078 JST] 00000027 PmiRmArmWrapp I   PMRM0003I:
parent:ver=1,ip=9.188.209.62,time=1316420662328,pid=9204,reqid=1,event=1
- current:ver=1,ip=9.188.209.62,time=1316420662328,pid=9204,reqid=6,event=1
type=JDBC
detail=java.sql.Statement.executeQuery(String)
elapsed=750 ―――――――――――――――――――――――――――――――――――――――――――⑥
[11/09/19 17:25:03:093 JST] 00000027 PmiRmArmWrapp I   PMRM0003I:
parent:ver=1,ip=9.188.209.62,time=1316420662328,pid=9204,reqid=1,event=1
- current:ver=1,ip=9.188.209.62,time=1316420662328,pid=9204,reqid=7,event=1
type=JDBC
detail=javax.resource.spi.ManagedConnection.cleanup()
elapsed=0
[11/09/19 17:25:03:109 JST] 00000027 PmiRmArmWrapp I   PMRM0003I:
parent:ver=1,ip=9.188.209.62,time=1316420662328,pid=9204,reqid=1,event=1
- current:ver=1,ip=9.188.209.62,time=1316420662328,pid=9204,reqid=1,event=1
```

```
type=URI ─────────────────────────────────────⑦
detail=/TestDS/HelloDS ────────────────────────────⑧
elapsed=2750 ──────────────────────────────────⑨
```

① `parent:ver=1,ip=n.n.n.n,time=ttt,pid=9204,reqid=1,event=1`
処理時間を表示しているコンポーネントの親、つまりリクエスト元を表しています。ここで、reqidが同じであれば特定の同じリクエストの処理ということが分かります。tttはアプリケーション・サーバーの起動時間、pidはプロセスidです。

② `current:ver=1,ip= n.n.n.n,time=ttt,pid=9204,reqid=3,event=1 type=JDBC`
typeで指定したコンポーネントへの要求を表しています。

③ `detail=javax.resource.spi.ManagedConnectionFactory.createManagedConnection`
JDBC処理の何を行っているかの詳細を示しています。

④ `elapsed=906`
③のリソース・アダプターを作成するのに、906ミリ秒かかっています。

⑤ `ManagedConnection.getConnection elapsed=46`
接続を得るのに46ミリ秒かかっています。

⑥ `java.sql.Statement.executeQuery elapsed=750`
SQLの実行に750ミリ秒かかっています。

⑦、⑧ `current:ver=1,ip=…,reqid=1,event=1 type=URI detail=/TestDS/HelloDS`
どのサーブレットが処理を行っているかを示しています。

⑨ `elapsed=2750`
この処理には、2750ミリ秒かかりました。

このように、要求メトリックスを使うとアプリケーションに手を入れることなく、どのリクエストのどのコンポーネントに時間がかかったのかを分析できます。

Column

JDBC実行時間は、ボトルネック特定の重要指標

Webアプリケーションのパフォーマンス・チューニングで、ボトルネックがデータベースにあるのか、それともアプリケーション・サーバーにあるのかを切り分けることは重要です。主なリクエストごとのJDBC実行時間は参考になります。本番では履歴も分かるとなお役立ちます。

パフォーマンスが問題になっているオンライン処理で、30ミリ秒以上の時間がかかっていたら、データベースやSQLに問題はないか原因を調べるとよいでしょう。

リスト7-12のログは、JDBCの実行に750ミリ秒もかかっています。接続を得るのにも、952ミリ秒と非常に時間がかかかっています。この原因は、WAS traditionalとデータベースを起動して、最初のリクエストでログをとったためでした。2回目はtype=JDBCの処理は全て0ミリ秒で、type=URIの処理が15ミリ秒でした。

データベース接続プール

データベース接続プールは、データベースへの接続と接続のクローズを頻繁に行うオーバーヘッドを減らし、データベース接続を共有可能なプールとして管理者が設定できるようにしています。

データベース接続プールは、デフォルトで最大10、最小1で作成されます。これは、パフォーマンスなどの観点から設定が必要な項目です。

■データベース接続プール　最大接続数と最小接続数

まず最初に、データベースにいくつまで接続させるかを見積もる必要があります。これは、メモリーなどのシステム・リソースとかかわってきます。次に、他のアプリケーション用にいくつ接続を確保しなければならないか調査します。このパラメーターは、WAS traditionalサーバープロセス単位、WAS NDのクラスター構成の場合には、クラスター・メンバーごとの数になります。

最大接続数の設定を次に示します。

- DB2 MAXAPPLS = MAXAGENTS = 100
- 他のアプリケーション：10

- WAS traditional クラスター・メンバー数：3
- （100 − 10）÷ 3 = 30。よって最大接続数は 30 以下

データベースが分かれている場合は、接続も分かれるのでさらに分割されます。

▶図 7-6　接続プールの最大数

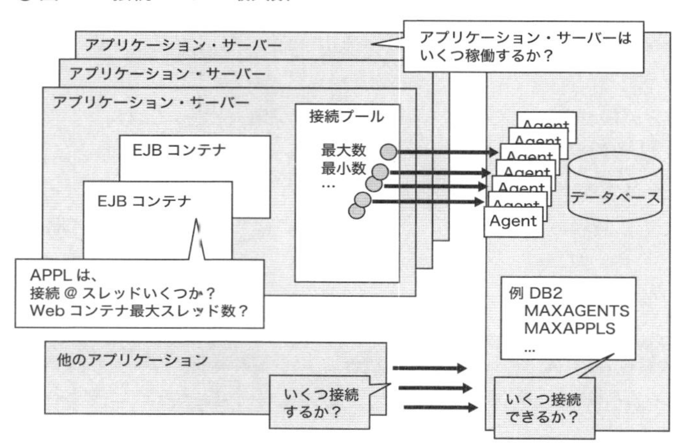

■接続のデッドロック防止

アプリケーションが、スレッドごとに同時に複数の接続を必要としていて、データベース接続プールがスレッド数に対して十分でない場合、デッドロックが発生する可能性があります。

例えばデータベース接続プール最大数 30、Web コンテナ・スレッド・プール 30 の場合を考えます。

- 各スレッドが最初のデータベース接続を行うと、全ての接続が使用中になる
- 各スレッドが 2 番目の接続を待っているが空きがなく、デッドロックとなる

このデッドロックを防止するには、データベース接続プールの最大接続数の値を少なくとも 1 増やします。サーブレットが直接のデータベースへ接続するときだけでなく、EJB や MDB を利用する場合も考慮しなければなりません。

一般的にこのような接続デッドロックを防止するには、アプリケーションがスレッドごとに接続を 1 つだけ使用する設計が推奨されます。

PMI で提供される JDBC 用のカウンター

設計上の妥当な値や一般的な値で負荷テストを実施したり、本番でのモニター結果を受けてチューニングを行います。ここで役立つ情報が、PMI によるデータです。表 7-11 の項目をモニターできます。

表 7-11　PMI JDBC 接続プール

カウンター	説明	基本	全て
AllocateCount	割り振られた接続の総数		○
CloseCount	クローズされた接続の総数		○
ConnectionHandleCount	特定の接続プールで使用されている接続オブジェクトの数（V5.0 データ・ソースのみに適用）		○
CreateCount	作成された接続の総数		○
FaultCount	プールにある接続タイムアウトの数		○
FreePoolSize	プールにある空き接続の数	○	○
JDBCTime	JDBC 呼び出しの実行にかかる平均時間（ミリ秒単位）。JDBC ドライバー、ネットワーク、およびデータベースで費やされた時間も含まれる（V5.0 データ・ソースのみに適用）		○
ManagedConnectionCount	特定の接続プールで使用されている ManagedConnection オブジェクトの数（V5.0 データ・ソースのみに適用）		○
PercentMaxed	全ての接続が使用中である時間の平均比率（%）		○
PercentUsed	使用中のプールの平均パーセント。値は現在の接続の数ではなく ConnectionPool にある構成済み接続の総数に基づく	○	○
PoolSize	接続プールのサイズ		○
PrepStmtCacheDiscardCount	キャッシュが満杯のために破棄されるステートメントの数		○
ReturnCount	プールに戻された接続の総数		○
UseTime	接続が使用される平均時間（ミリ秒単位）。これは、接続が割り振られた時刻から戻された時刻までの時間（この値には JBDC 操作時間が含まれる）		○
WaitTime	接続が認可されるまでの平均待ち時間（ミリ秒単位）	○	○
WaitingThreadCount	同時に接続待ちをするスレッドの平均数	○	○

チェックするポイントは、次の通りです。これらの数値は、総平均のデータなので厳密なピーク時の状況は分かりませんが、参考になります。

1. WaitTime、WaitingThreadCount、FreePoolSizeで、待ちが発生しているかどうか確認します。待ちが発生していなければ、性能面において接続プール数はボトルネックにはなっていません。
2. JDBCTimeがあまりに長い場合は、データベース・サーバーやSQLに問題がないか確認します。
3. UseTimeがJDBCTimeと比較して長い場合は、接続を得てからクローズしてプールに戻すまでアプリケーションで長く保持をしていないか確認します。クライアント・サーバー型のプログラミングに慣れたプログラマーは、最初に接続したら最後まで解放しないことで性能を上げようとする場合があります。サーブレットを多数かつ複数のスレッドで動かす場合は、使い終わったらすぐにクローズしてプールに戻すようにしてください。
4. PrepStmtCacheDiscardCountを確認して破棄されたプリペアド・ステートメントの数が多すぎないか確認します。WAS traditionalは使用されたプリペアド・ステートメントをキャッシュして再利用します。破棄された数が多すぎる場合、キャッシュサイズを増やすことを検討してください。

Column

接続のShareableとUnshareable WAS traditionalサーバー全体の設定

Java EEで規定されているデフォルトの共有可能（Shareable）属性の接続は、接続を使い回すアプリケーションの場合、性能向上に役立ちます。しかし、接続をクローズしてもすぐに解放されないという問題があります。接続プールの最大数に達してしまう可能性がある場合は、共用不可能接続（Unshareable）に設定して、すぐに接続が解放されるほうが役立ちます。この設定のデフォルトをサーバー単位で変更できます。

管理コンソールで「リソース」→「データ・ソース」を選択し、「データ・ソース名」を選びます。次に「接続プール・プロパティー」→「接続プール・カスタム・プロパティー」を選びます。そして、次のプロパティーを「新規作成」します。

- 名前：defaultConnectionTypeOverride
  デフォルト値を変更。しかし、リソース参照の指定が優先される。
  または
  globalConnectionTypeOverride
  他の全ての接続共有設定よりも優先される。
- 値：unshared（または shared）

Web コンテナ

Web コンテナは、Java EE の規約に基づきサーブレットと JSP の実行環境を提供します。パフォーマンスの観点では、次の項目が大きく関係します。

- Web コンテナ・スレッド・プール
- HTTP セッション

これら 2 つについては、後ほど個別の節で解説します。その他のパフォーマンスに関連する設定は、次の通りです。

■非同期サーブレットのプロパティー

WAS traditional V8.0 で非同期サーブレットのサポートが追加されました。「タイムアウト・スレッド数」（デフォルトは 2）は、非同期サーブレットのタイムアウト操作を処理するために使用可能なスレッド数をサーバーごとに指定します。頻繁にタイムアウトが発生する場合、デフォルトの 2 では少なすぎる可能性があります。

■ URL キャッシュの調整

URL 呼び出しキャッシュは、リクエスト URL をサーブレットにマッピングするための情報が保持されます。このキャッシュは Web コンテナにあり、Web コンテナ・スレッドごとに作成されています。呼び出しキャッシュのデフォルト・サイズは 50 です。50 を超えるユニークな URL が頻繁にオンラインで使用されている場合（各 JavaServer Pages は、それぞれがユニークな

URL です)、呼び出しキャッシュのサイズを増やす必要があります。これは次のように設定します。

1. 管理コンソールで「サーバー」 → 「サーバー・タイプ」 → 「WAS」を選択し、調整する「server 名」を選びます。
2. 「Java およびプロセス管理」 → 「プロセス定義」を選び、次に「Java 仮想マシン」を選択します。
3. 「カスタム・プロパティー」を選び、次のプロパティーを「新規作成」します。
   名前：invocationCacheSize
   値の例：100
   この指定数は、スレッド・ベースではありません。WAS traditional V6.1 から指定数の 10 倍の数が取られます。100 を指定すると、Web コンテナとして 1000 のキャッシュが作られます。

URL キャッシュは Java ヒープを使用するので、増やす場合は Java ヒープにも余裕が必要です。URL キャッシュのサイズはプラットフォームやアプリケーションで利用されている URL の長さによって異なるのですが、例えば 2KB とすると、最大スレッド数 25、使用 URL 100 の場合、5MB の Java ヒープが必要となります。

■サーブレットのキャッシュ（動的キャッシュ）

WAS traditional は、性能向上のために動的なデータを一時的にキャッシュして、再利用するための仕掛けを提供しています。オリンピックや、ウィンブルドン・US OPEN といったテニスの大会などに利用されました。動的なデータだが短時間の再利用が許される場合に効果を発揮します。サーブレットや JSP キャッシュは、比較的簡単に利用できて効果が高いものです。

スレッド・プール

WAS traditionalは、Webコンテナなど並列処理を行うためのスレッドを用途ごとにプールして管理しています。特定のスレッドが無制限に増えないように、最大値を設定できます。新規にスレッドを作成するのは、時間とリソースを使用する処理です。本番環境などでは最小値を大きめに設定することで、より再利用がされるようになります。

設定は、管理コンソールの「サーバー」→「サーバータイプ」→「WAS」を選択し、設定する「サーバー名」を選びます。次に、追加プロパティーの下の「スレッド・プール」を選択します。

表7-12 スレッド・プール

項目	デフォルト値	説明
Default	最小20、最大20	
ORB.thread.pool	最小10、最大50	EJBコンテナが利用する
SIBFAPInboundThreadPool	最小4、最大50	統合バスFAPインバウンドchannel thread pool
SIBFAPThreadPool	最小4、最大50	統合バスFAPアウトバウンドchannel thread pool
SIBJMSRAThreadPool	最小35、最大41	統合バスJMS Resource Adapter thread pool
TCPChannel.DCS	最小5、最大20	
WMQCommonServices	最小1、最大40	WebSphere MQ common services thread pool
WMQJCAResourceAdapter	最小5、最大25	wmqJcaRaThreadPoolDescription
WebContainer	最小50、最大50	サーブレットの実行の多重度
server.startup	最小1、最大3	アプリケーション・サーバー起動時に使用する

Webコンテナのスレッド・プールの数は、最も性能に影響を与える設定です。

▶図7-7　WAS tracitiona のキューイング・ネットワーク

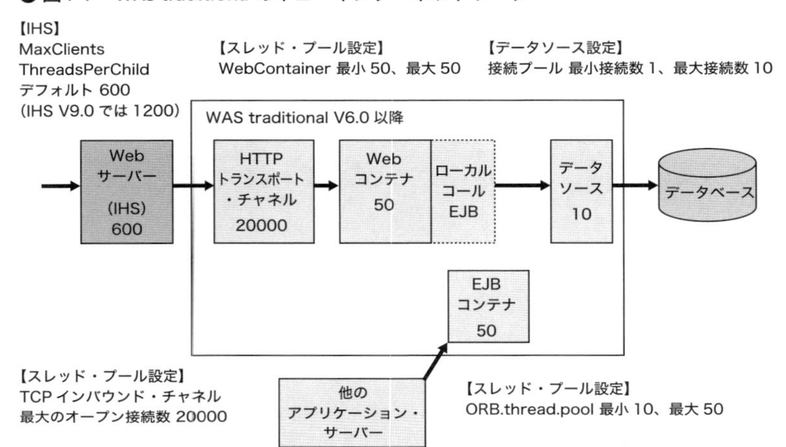

図7-7は、WAS traditional以降のキューイング・ネットワークを表したものです。各最大の数値はデフォルトのものです。IHSは、最大で600のリクエストを同時にアプリケーション・サーバーに送信します。Webコンテナは50まで並列実行できるので、550はHTTPトランスポート・チャネルに接続されてリクエストが送られるのを待っている状態です。ローカル・コールのEJBは、Webコンテナで処理しているのと同じスレッドで実行されます。ORB.thread.poolの最大の指定はリモート・コールのEJBを実行する多重度の制限になります。データ・ソースの接続プールは、デフォルトが最大10なので、Webコンテナで50が並列で実行されているのに対して、10しか同時にデータベースにアクセスできません。データベースへのアクセス時間が長いと、ここで待ちが発生する可能性があります。

アプリケーションの特性やアプリケーション・サーバーやデータベース・サーバーのシステム資源に合わせて、ボトルネックがこれらの設定値でなく、CPUバウンドになるようにデフォルト値を調整します。負荷テストを実施して、同時接続ユーザー数を増やし、スループットが最高になるように調整していきます。

デフォルト・メッセージング・プロバイダーを利用した場合のMDBを実行の多重度を制御する方法は、「EJBコンテナ」のEJBシステム・プロパティーcom.ibm.websphere.ejbcontainer.poolSizeの節を参照してください。

WebSphere MQ メッセージング・プロバイダーの場合は、「WebSphere MQ メッセージング・プロバイダー」のアクティベーション・スペック・パネルの「最大サーバー・セッション」プロパティーを設定するか、createWMQActivationSpec または modifyWMQActivationSpec の wsadmin コマンドの使用時に maxPoolSize プロパティーを設定してメッセージ・スロットルを構成します。

チャネルフレームワーク

トランスポート・チャネルは、HTTP および JMS 要求のクライアント接続と I/O 処理を管理します（図 7-8）。WAS traditional では JVM の非ブロッキング I/O（NIO）機能を利用して高速処理を実現しています。

▶図 7-8 WAS traditional のチャネルフレームワーク

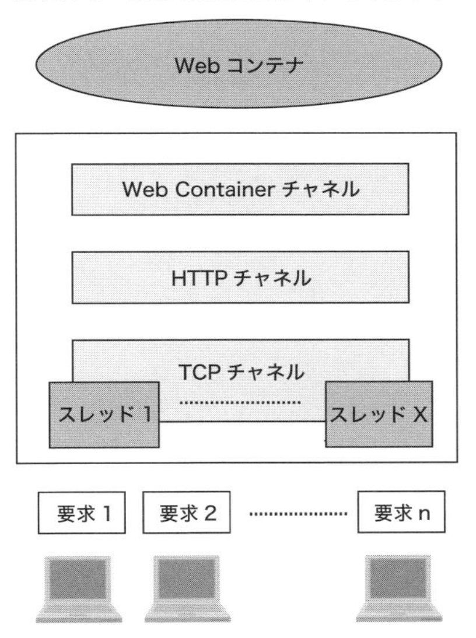

Web コンテナ・チャネルは、チャネルとサーブレット／ JSP コンテナ間のディスパッチング・レイヤーを提供します。HTTP チャネルは、Web サービス提供機能の HTTP プロトコル・サポートを提供します。

TCP チャネルは、クライアント接続の提供、およびクライアントと

WebSphere スレッド間の非同期入出力レイヤーを管理します。クライアント接続のスレッドへのマッピングは、通常多対 1 です。TCP チャネルは、スレッド・プール「WebContainer」と結び付けられています。

「最大のオープン接続数」プロパティーに指定されている値を減らします。このパラメーターは、使用するサーバーで使用可能な最大接続数を制御します。このパラメーターを、許容される最大接続数であるデフォルト値 20000 のままにしておくと、アプリケーション・サーバー上のアプリケーションがハングした際に、Web サイト全体が停止してしまう恐れがあります。これは、製品は接続の受け付けを続けるため、接続とこれに関連した作業のバックログが増えるからです。これを避けるには、デフォルトを大幅に低い値（500 など）に変更してから、追加のチューニングとテストを実行し、特定の Web サイトまたはアプリケーション・デプロイメントに指定する最適な値を判別する必要があります。

「非活動タイムアウト」デフォルト値は 60 秒であり、この値はほとんどのアプリケーションに適しています。ワークロードが多くの接続を必要とし、これらの接続が 60 秒以内に全て処理されない場合は、このパラメーターに指定した値を増やす必要があります。

Web コンテナ・インバウンド・チャネルについては、「書き込みバッファー・サイズ」として 32768（32KB）がデフォルトです。通常はこのままで構いません。応答のサイズが書き込みバッファーのサイズより大きい場合、応答はチャンク化され、複数の TCP 書き込みとなります。

Web サービス OutOfBound

Web サービスのコアとなる通信プロトコルは SOAP で、サービス指向アーキテクチャ（SOA）における 3 つの重要なファクター（サービス・プロバイダー、サービス・リクエスター、サービス・ブローカー）の間で発生する通信の方法です。SOAP は特定のプロトコルに依存しないトランスポートで、WAS traditional では HTTP を用いた SOAP/HTTP と JMS を用いた SOAP/JMS が利用可能です（図 7-9）。

図 7-9　様々なプロトコル上で実現される Web サービス

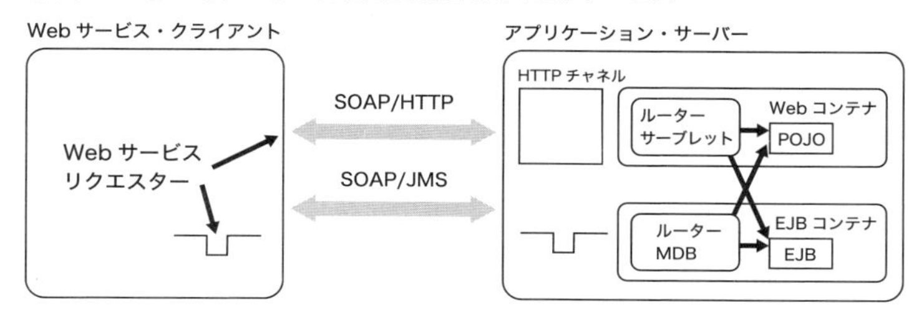

SOAP/HTTP、SOAP/JMS いずれの場合もパフォーマンスを考慮する場合はアプリケーション・サーバー側で HTTP リクエスト処理のチューニングや JMS のメッセージ・リスナー、あるいはアクティベーション・スペックのチューニングが求められます。

一方で、アプリケーション・サーバー自身も Web サービス・クライアントとして稼働させることができます。Web サービス・クライアントとして動作する場合には、固有のチューニング上の考慮点が出てきます。

図 7-10　アプリケーションからの Web サービスの呼び出し

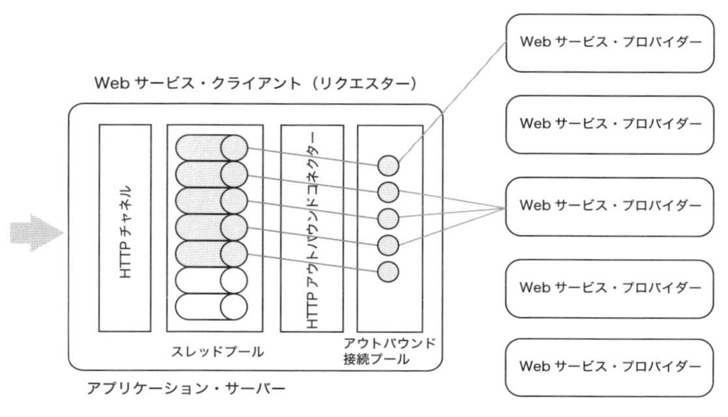

通常の単体 Web サービス・クライアントと異なるのは、クライアントコードを実行するコンテナがスレッド・プールを介したマルチスレッド環境であることです。スレッド・プールのサイズは標準で最大 50 となっています。

アプリケーション・サーバーからの外部への接続は、HTTP アウトバウンド・

コネクターを経由し、HTTP アウトバウンド・接続プールを使用する仕組みとなっています。これは接続オブジェクトの作成／切断のオーバーヘッド低減による処理の高速化を目的としています。

HTTP アウトバウンド・接続プールでは、表 7-13 のような管理プロパティーを利用できます。

表 7-13　HTTP アウトバウンド・接続プールのカスタムプロパティー

プロパティー名	説明	デフォルト
com.ibm.websphere.webservices.http.maxConnection	プールする接続の最大数	25
com.ibm.websphere.webservices.http.connectionTimeout	プールの空き待ちの最大時間	300
com.ibm.websphere.webservices.http.connectionIdleTimeout	アイドル中接続オブジェクトを破棄する閾値	5
com.ibm.websphere.webservices.http.connectionPoolCleanUpTime	タイムアウトをチェックする間隔	180

通常は次のように定義されます。接続オブジェクトを必要以上に保持しないことでメモリー使用量が抑えられるという観点からは問題ありません。

- Web サービス・リクエスターを実行するスレッド・プール最大数：50
- HTTP アウトバウンド・接続プール最大数：25

しかしながら、Web サービスの処理が 100%利用される場合は、接続プールの最大数はスレッド・プールの最大数まで増やす必要があります。これにより、HTTP アウトバウンド接続プールの空き待ちを減らすことができます。

■宛先のプロバイダーが多数ある場合の注意点

Web サービス・リクエスターの宛先となる Web サービス・プロバイダーのエンドポイントが複数のサーバーの場合は、接続オブジェクトのキャッシュが問題になる可能性があります。これは、Web サービス・クライアントエンジンは、パフォーマンス向上のため、接続がクローズされた後も接続オブジェクトを管理（ソフト接続）しているからです。同じホストに対する後続の要求が来た場合は、新規の接続を作成せずに既存のソフト接続オブジェクトを使います。この結果、クライアント接続プールは、「in use」状態の接続と、「ソフト接続」の 2 つを含みます。もしもクライアントエンジンが新しいホストに対して接続を要求し、プールに空きが存在しなかった場合、リクエストをしたスレッドは待機状態になります。

新しいホストに対して多数の新規接続要求が Web サービス・クライアントエンジン上で発生すると、問題が生じます。多くのスレッドが待機状態になり、スループットの著しい低下が発生するのです。

このような状況を防止するため、「ソフト接続」を積極的に開放する仕組みが導入されています。指定した数以上の待機状態の Web サービス・クライアントのスレッドが生じると、「ソフト接続」のパージ処理が行われます。

表 7-14 のような管理プロパティーを HTTP アウトバウンド・接続プールに設定できます。

▶表 7-14　HTTP アウトバウンド・接続プールのカスタムプロパティー

プロパティー名	説明	デフォルト
com.ibm.websphere.webservices.http.waitingThreadsThreshold	指定した待機スレッド数を超えた場合は、ソフト接続を除去して利用可能なプールを用意する	5

ただし、接続プールが全て「使用中」の場合には効果がないことに注意が必要です。

■診断トレース HTTP アウトバウンド接続数のチューニング

HTTP アウトバウンド接続のサイズが適切に設定されていないと、アプリケーション・サーバーのパフォーマンスに影響を与えることがあります。Web サービス・リクエスターとなるアプリケーション・サーバーのパフォーマンス・レベルを向上させるための方法として、HTTP アウトバウンド接続の適切な設定があります。PMI では取得できない情報のため、ここでは診断トレース・サービスを使用して最適なキャッシュ・サイズを決定する方法を紹介します。

① HTTP アウトバウンド接続キャッシュのトレースを使用可能にします。トレース・サービスの操作について詳しくは、「6-7 WAS トレースを取得する」を参照してください。

以下のトレース・ストリングを使用するようにトレースをセットアップします。

リスト 7-13　接続キャッシュのトレースを有効にするトレースストリング

```
com.ibm.ws.webservices.engine.transport.channel.OutboundConnectionCache=fine
```

「最大ファイル・サイズ」は 200MB 以上に設定します。デフォルト値の 20MB のままでは、トレース・ログがすぐにいっぱいになり、トレースが折り返されてデータが失われることがあります。
「ヒストリー・ファイルの最大数」は 5 に設定します。ファイル数は 5 つで十分と考えられますが、これら 5 つのファイルが全ていっぱいになり、トレースの折り返しが発生してしまう場合は、この値を増やしてください。

② サーバーを停止し、既存のログを削除してから、サーバーを始動します。
③ 標準的な手順を実行して HTTP アウトバウンド接続キャッシュ・トレース・データを収集します。トレースを有効にした状態で標準的なトランザクション・ミックスを実行することで、次のステップで分析するデータを取得します。
④ トレース出力を表示して分析します。

リスト 7-14 に出力例を示します。

リスト 7-14　接続キャッシュのトレースの出力例

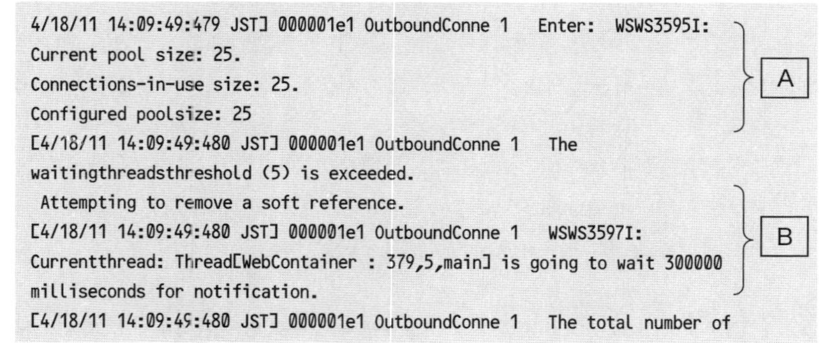

```
4/18/11 14:09:49:479 JST] 000001e1 OutboundConne 1   Enter:  WSWS3595I:
Current pool size: 25.
Connections-in-use size: 25.
Configured poolsize: 25
[4/18/11 14:09:49:480 JST] 000001e1 OutboundConne 1   The
waitingthreadsthreshold (5) is exceeded.
 Attempting to remove a soft reference.
[4/18/11 14:09:49:480 JST] 000001e1 OutboundConne 1   WSWS3597I:
Currentthread: Thread[WebContainer : 379,5,main] is going to wait 300000
milliseconds for notification.
[4/18/11 14:09:49:480 JST] 000001e1 OutboundConne 1   The total number of
```

```
waiting threads is 17
[4/18/11 14:10:16:311 JST] 000001e1 OutboundConne 1   WSWS3599I:
 The current thread: Thread[WebContainer : 379,5,main] has been notified.
[4/18/11 14:10:16:311 JST] 000001e1 OutboundConne 1   The actual
wait time in milliseconds for this thread is 26831
[4/18/11 14:10:16:311 JST] 000001e1 OutboundConne 1   The total number of
waiting threads is 19
```
C

A. メッセージ ID「WSWS3595I」ではプールの状態が記載されます。この例ではプールの構成上最大が 25 で、プール・サイズは既に最大サイズに拡大し、全ての接続が使用中となっています。

B. メッセージ ID「WSWS3597I」が記録されている場合は、プールの不足により待ちが発生していることを示します。このとき待ち状態のスレッド数が次のエントリーに記載され、ここでは 17 のスレッドが待ち状態にあることが確認可能です。

C. メッセージ ID「WSWS3599I」はメッセージ ID「WSWS3597I」を記録した待機中のスレッドが接続を獲得して動き出したことを示します。このとき実際に待機した時間が記録されます。ここでは 26.831 秒もの間、プール獲得待ちで待機していたことを示しています。

トレース出力ファイルをまずは「WSWS35*」の文字列で検索しながら状況を把握するとよいでしょう。

また、Web サービスアウトバウンドチャネルのモニタリングング・ポイントもあります。

- JAX-WS 用の設定

```
com.ibm.ws.websvcs.transport.channel.Monitor=all=enabled
```

トレースの設定に用いると、リスト 7-15 のような情報が継続的に書き出されるため、設定状況とリソースの使用状況の把握が容易になります。

▶リスト 7-15　Web サービスアウトバウンドチャネルのトレースの出力例

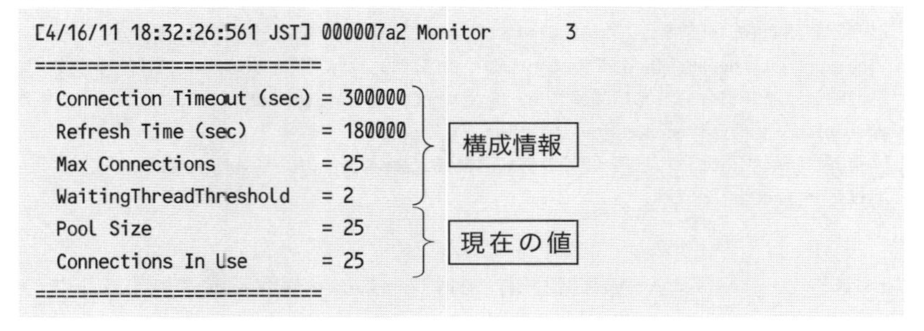

```
[4/16/11 18:32:26:561 JST] 000007a2 Monitor      3
===========================
  Connection Timeout (sec) = 300000
  Refresh Time (sec)       = 180000
  Max Connections          = 25
  WaitingThreadThreshold   = 2
  Pool Size                = 25
  Connections In Use       = 25
===========================
```


「ConnectionsIn Use」の値が「PoolSize」以下にも関わらず、メッセージID「WSWS3597I」が発生する場合は、「ソフト接続」の副作用による問題が発生していると判断されるので、com.ibm.websphere.webservices.http.waitingThreadsThreshold の値をより小さくする必要があります。

PMI で提供される Web サービス関連のカウンター

Web アプリケーション単位で、統計セットのレベルに応じて表 7-15 に示すカウンターが利用可能です。

▶表 7-15　Web サービスに関する PMI のカウンター（一部）

カウンターの名前	説明	基本	拡張	全て	負荷
LoadedWebServiceCount	ロードされた Web サービスの数			○	低
ReceivedRequestCount	サービスが受信した要求の数			○	低
DispatchedRequestCount	サービスがディスパッチまたはデリバリーした要求の数			○	低
ProcessedRequestCount	サービスが正常に処理した要求の数			○	低
ResponseTime	正常な要求に対する平均応答時間（ミリ秒）			○	高
RequestResponseTime	ディスパッチ要求を準備する平均応答時間			○	中
DispatchResponseTime	要求をディスパッチする際の平均応答時間（ミリ秒）			○	中
ReplyResponseTime	ディスパッチ後の応答を準備する平均応答時間（ミリ秒）			○	中
PayloadSize	受信した要求または応答の平均データサイズ（バイト数）			○	中

カウンターの名前	説明	基本	拡張	全て	負荷
RequestPayloadSize	要求の平均データサイズ（バイト数）			○	中
ReplyPayloadSize	応答の平均データサイズ（バイト数）			○	中

HTTP セッション

ステートレスな HTTP を使って画面遷移などの一連の処理を制御するために、サーブレット仕様では HTTP セッションが提供されています。HTTP セッションをアプリケーションがどう使うかや、アプリケーション・サーバーが HTTP セッションをどのように管理するかの設定は、パフォーマンスに大きな影響を与えます。

セッション管理に関わる設定項目は、大きく分けて①ブラウザとやり取りされるセッション ID、②クラスター環境で複数のアプリケーション・サーバーに割り振りする Web サーバー・プラグイン、③セッション ID の発行や、ID とセッション・オブジェクトとの紐付け、外部のエンティティーと連携を行うセッション・マネージャー、④分散セッションのエンティティー、の 4 つから構成されます。

■セッション ID

アプリケーション・サーバーはブラウザに対して JSESSIONID という名称の COOKIE を送付してセッション管理を行っています。JSESSIONID は、基本的に WAS 内部で生成した乱数を用いた 23 文字からなる文字列を基本として成り立っています。

WAS traditional の HTTP セッション管理に使う Cookie（JSESSIONID）の構造は図 7-11 のようになっています。

▶図 7-11　Cookie（JSESSIONID）の構造

```
0001 C7sqpEbOF59sndjoS01doMI :206J9RT4SE
↑           ↑                  ↑
キャッシュ ID  セッション ID        クローン ID
```

- キャッシュ ID はクラスター環境でどのサーバーが最新のキャッシュ・データを保持しているかを管理・識別するためにあり、リクエストの受け付けとアプリケーション実行を行うサーバーが変わる都度数値が更新されていきます。
- セッション ID は 23 文字の英数字を使用したランダムでユニークな文字列です。HttpSessionIdLength カスタムプロパティーを設定することで、最大 128 文字まで長くすることが可能です。
- クローン ID はクラスター構成のどのサーバーに割り振られたのかの履歴を示しています。

パフォーマンスの観点から重要なのはクローン ID です。これにより、Web サーバー・プラグインは可能な限り同じユーザーからのリクエストを同じサーバーに振り分けることができ､アプリケーション･サーバーはメモリーにキャッシュされた HTTP セッションを使用して高速な処理を実行できます。何らかの理由でクラスター・メンバーであるアプリケーション・サーバーに問題が生じた時に初めて、Web サーバー・プラグインは自動的に他の正常なサーバーに要求を転送します。クライアントからのリクエストがサーバーダウンなどの理由で複数のサーバーに割り振られていれば、何個かのクローン ID が付与されていることが確認できるでしょう。

再割り振りが発生するということは、アプリケーション・サーバーが異常終了、あるいはハング（アプリケーションや OS を含みます）、ネットワーク上の問題などが発生していることも考えられます。もしそのような状況を確認できたら、実サービスに影響がない場合でも念のために何が起きていたのかの原因調査を行い、必要に応じて対策を実施することが望ましいと言えます。

■ Web サーバー・プラグイン

Web サーバー・プラグインは、クライアントからの HTTP リクエストに含まれる JSESSIONID という名前の Cookie を調べ、新規のリクエストか、既に HTTP セッションが作成済みかを判断します。

新規のリクエストの場合は、あらかじめプラグインに定義された要求ルーティングのロード・バランシング・オプション「ラウンドロビン」または「ランダム」のいずれかの条件で、選択したサーバーに HTTP リクエストを転送します。

HTTP セッション作成済みの場合には、Cookie に含まれるクローン ID に対応するサーバーに HTTP リクエストを転送します。

■セッション・マネージャー

セッション管理のためにいくつかの構成内容があります。

- セッション・トラッキング・メカニズム

クライアントを一意にトラッキングしてセッションを維持するために使われる方式です。通常の「Cookie」によるトラッキング以外に「URL 再書き込み」と「SSL ID」を構成可能です。

「URL 再書き込み」は Cookie に対応していない古い一部の組み込みブラウザに対応するために URL に SessionID を盛り込む方法ですが、今日ではあまり使われなくなりました。HTTPS/HTTP 混在環境では、安全性の確保のため、「プロトコル・スイッチ再書き込み」の機能を利用し、HTTPS 通信用のセッション ID を別に確保します。

「SSL ID」は、セッション・マネージャーがランダムに生成するセッション ID の代わりにクライアントとサーバー間の SSL 接続に用いる SSL ID を識別子とするものです。SSL の接続を BigIP などの負荷分散機で解除すると、SSL ID が Web サーバーやアプリケーション・サーバーに伝播しないのでうまく動作しません。また、SSL ID の更新は、様々な理由で不用意に発生する恐れもあるため、安定したセッション維持ができず、SSL ID はあまり使われなくなっています。

「Cookie」の設定には「Cookie 名」「Cookie ドメイン」「Cookie パス」「Cookie を HTTPS への制限」「Cookie 最大経過時間」などを構成可能です。「Cookie 最大経過時間」では、ブラウザのローカルディスク上に Cookie 情報を残すかどうか、および残す場合の有効期間が設定可能です。Cookie 情報をディスクに残さない設定がデフォルトです。「Cookie を HTTPS に制限」を付与すると、HTTPS でアクセスしてきたリクエストに対して付与した Cookie は HTTPS でのみやり取りさせることが可能です。

Cookie を使う場合、HTTP で付与されたセッション ID 用の Cookie は HTTPS にスイッチしてもそのまま使われますが、HTTP が盗聴されていればそのままのCookieを流用するのは危険です。安全性のため、HTTPSにスイッチした瞬間に、アプリケーションで明示的にHTTPセッションを破棄し、新しいHTTPセッションを作成してそちらにセッション・データをコピーして利用不能にすることが望ましいです。WAS traditionalの場合は、セキュリティ機能を使っていると、HTTPSにスイッチした瞬間に自動的にHTTPSでのみ利用できるトークンが作成されます。このトークンを使ってアクセス制限が実施されるので、前述したようなアプリケーションの対応を行わなくても安全性は確保されます。

▶表7-16　セッショントラッキングの種類

メカニズム名	メリット	デメリット
Cookie	通常のブラウザで幅広く利用できる	一部の組み込みブラウザで対応していない場合がある（まれ）
URL再書き込み	Cookieをサポートしないブラウザでも使える	アプリケーションでURLのエンコードを必ず入れるように書き換えが必要。HTTPSも利用する場合は「プロトコル・スイッチ再書き込み」を使う必要があるため、管理対象のセッションIDの数が倍増する
SSL ID	個別SSL接続に固有のセッションIDを利用するため、IDの盗聴などに悪用されることを防止できる	クラスター環境では利用できない。不安定になりやすい。SSLの利用が前提。IBM HTTP ServerとiPlanet Webサーバーのみサポート

- メモリー内の最大セッション・カウント

メモリー内にいくつのHTTPセッションを保持するかの設定で、デフォルト値は1000です。セッション・パーシストの構成をしていない場合で「オーバーフローの許可」を設定してない場合は、メモリー内にセッションが収まらず、新規のセッションが正しく作成できずにトラッキング不能になるため、アプリケーションにIllegalStateExceptionがthrowされます。したがって、セッション・パーシスト構成を行わない場合は、万一に備えて「オーバーフローの許可」は必ずオンにしておく必要があります。この設定をしておくと、最大値を超えてメモリー上でセッション情報を保持できますが、最大値を超える際、製品内部ではセッション管理用のハッシュ・マップが新たに用意されます。セッション管理に複数のハッシュ・マップがあると、検索対象のテーブルが増えることになるため、わずかながらパフォーマンスの観点から不利になります。

- セッション・タイムアウト
  アプリケーションがセッションの無効化をしない場合、あるいはできなかった場合にセッション・マネージャーが自動的にセッションを無効化するための閾値です。デフォルトは 60 分です。あまり長いと、安全性の観点より新たなリスク発生の可能性があるだけではなく、セッション・オブジェクトが Java ヒープに必要以上に残るため、メモリー使用率の増大やパフォーマンスへの影響も考えられます。
- セキュリティ統合
  セッション管理機能がユーザーの ID を HTTP セッションに関連付けるように指定します。
- セッション・アクセスのシリアライズ
  アプリケーション・サーバー内で複数のスレッドが同時に特定のセッションにアクセスしないようにします。本来はアプリケーションが排他制御を行うようにコーディングすべきですが、古い Servlet 仕様では、セッションへアクセスする際にユーザー側での排他制御の必要性が示されていないという背景がありました。同一ユーザーからの複数リクエストによるセッションの同時更新が問題となり、かつアプリケーションで排他制御がされていない場合に利用します。ただし、設定するとパフォーマンスは悪化します。

■分散セッション

HTTP セッションを複数サーバーで共有可能にするための機能です。セッションの永続化や、セッション・パーシスタンスとも呼ばれます。これにより万一のアプリケーション・サーバーの異常終了やハングが発生しても、他のサーバーで処理が継続できます。データベース、あるいはメモリー間の複製が利用できます。データベースが存在する場合はデータベースを利用することを推奨します。データベースが用意できない場合は、メモリー間の複製がよいでしょう。

データベースとして Db2 を利用する場合、行サイズとして 4KB、8KB、16KB、32KB を選択できます。セッション・データは分割できないため、サイズが大きい場合は行サイズの調整が必要です。大きなデータは HTTP セッションに直接セットするのではなく、HTTP セッション上で管理するユニークな 1 次キーをもとに、アプリケーションがハンドリングすることが大切です。

メモリー間の複製では、複製ドメインの構成が必要です。複製ドメインは、メッセージング・サービスをベースとして複数のサーバー間でセッションを共有可能です。

セッション情報を保持する外部エンティティーに対してどのような頻度で情報を更新するかを分散セッションのカスタム・プロパティーで指定できます。チューニングレベルは複数設定できますが、パフォーマンスとデータ共有のタイミングはトレードオフとなります。高可用性が求められるシステムでは、書き込み頻度はなるべく頻繁に行うことが求められます。クリーンアップのスケジュールは、24時間常時アクセスが生成される場合は負荷の平滑化のために「なし」にすると安全です。もしも全くアクセスがない時間帯がある場合は「あり」とし、定義した時間に集中してクリーンアップさせることも検討できますが、利用状況は将来にわたって変動する恐れがあるので、柔軟な構成変更ができない場合は注意が必要です。

表7-17　セッション・パーシスト利用時のチューニングレベル

チューニングレベル	書き込み頻度	書き込み内容	セッション・クリーンアップのスケジュール
非常に高	時間基準：300秒間	更新された属性のみ	あり
高	時間基準：300秒間	全てのセッション属性	なし
中	サーブレット・サービスの終了	更新された属性のみ	なし
低	サーブレット・サービスの終了	全てのセッション属性	なし
カスタム	以下から選択可能。 ①サーブレット・サービスの終了 ②手動更新 ③時間基準	以下から選択可能。 ①更新された属性のみ ②全てのセッション属性	以下から選択可能。 ①あり ②なし

メモリー間セッションの複製にはピア・ツー・ピアとクライアント・サーバーの形式を指定可能です。データベースを使用する場合と分散セッションを使用しない場合を合わせると、セッション管理用トポロジーとしては表7-18に示す4つの設定が可能です。

▶表 7-18　セッション管理用トポロジーの一覧

分散セッションの設定	セッション・クラスタリング（引継ぎ・負荷分散）	速度
なし	×	◎
メモリー間複製（ピア・ツー・ピア）	○	△
メモリー間複製（クライアント・サーバー）	○	○-
データベース	○	○+

高可用性が求められるシステムでは、セッション・クラスタリングを用いることもシステム要件に入ることが多いですが、選択するトポロジーによってパフォーマンスが異なります。特に応答速度にシビアなシステムの場合は、セッションの引継ぎ機能をあえて使わないなど、システム要件と照らし合わせながらトポロジーの選定時に十分考慮する必要があります。

▶図 7-12　セッションのトポロジー

メモリー間セッションの複製（ピア・ツー・ピア）：

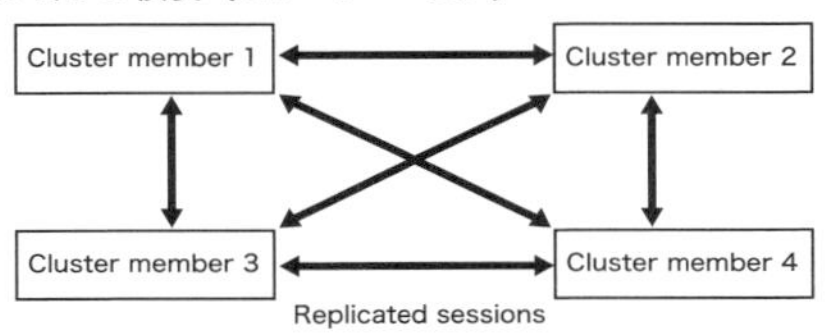

メモリー間セッションの複製（クライアント・サーバー）：

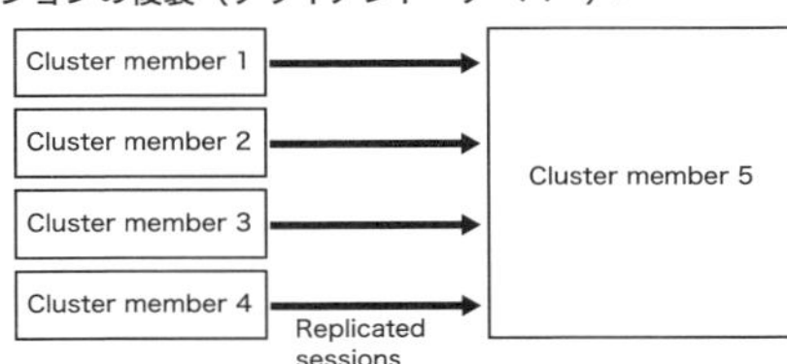

データベース・セッション・パーシスタンス：

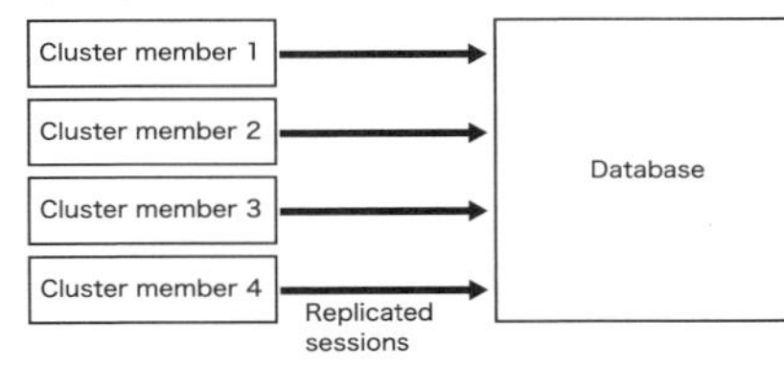

▶図7-13　セッションのトポロジー別のパフォーマンスの違い

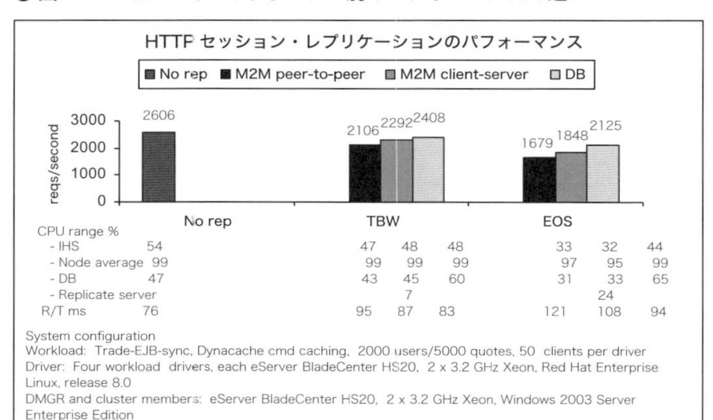

- このチャートはセッション・レプリケーションのスループットに関する影響を示す。
- TBW はスループットに影響を及ぼす。さらに ESO のほうが大きな影響を及ぼす。
- データベースへのレプリケーションはメモリー対メモリーを若干上回る。

分散セッションは、アプリケーション・サーバーを構成しただけでは使えません。次の全ての条件を満たした場合のみ、分散セッションとして他のサーバーと情報が共有されます。

① アプリケーション・サーバーに分散セッションが正しく構成されている
② HTTP セッションに保持するデータが、Serializable インターフェースを実装している
③ `web.xml` の `<distributable>` 属性が enabled になっている

十分に検証しないままシステムを稼働させてしまい、後から障害調査などで分散セッションが期待通りに動いていないということが判明することがあります。せっかくの機能なので、そのようなことがないように注意が必要です。

Column

セッション・オブジェクトの考慮点

パフォーマンスの観点から、アプリケーション・サーバーが管理するセッション・オブジェクトにアプリケーションが格納・セットするセッション・データは最小限にする必要があります。さらに、メモリー上のオブジェクト総数を制限し、合計サイズにも注意してください。

セッション・オブジェクトは、アプリケーション・サーバーの Java ヒープ上に保持されます。大規模なシステムにおいて、クライアント合計ユーザーは数万人になることがあります。セッション・マネージャーでは Java ヒープ上に保持される最大のセッション・オブジェクトの数を指定できますが、デフォルトの設定では上限数を超えてもよい構成になっているので気をつけましょう。

また、セッション・オブジェクトに数 MB のデータを保持するようなアプリケーションデザインで、数多くのセッション・オブジェクトが Java ヒープ上に保有される設定になっていると、Java ヒープが枯渇し、ガーベッジ・コレクションの多発によるパフォーマンス劣化や OutOfMemoryError による機能不全状態になります。

その他、セッション・マネージャーが、セッション・パーシスタンスのために利用するセッション DB や DRS には、大きなセッション・オブジェクトがあると負荷が高くなり、大きなレスポンス上の問題を発生します。

このような問題を防ぐために、次の項目を実施しているかどうか確認ください。

1. 必要最小限のデータだけをセッション・オブジェクトに保持する（ユーザーデータはデータベースに保持する）
2. 不要となったらこまめにセッション・オブジェクト自身を Invalidate するか、removeAttribute で不要なオブジェクトを削除する
3. アプリケーション・サーバーのセッション・マネージャーのタイムアウト時間を不必要に長くしない
4. セッション・マネージャーの「メモリー内の最大セッション・カウント」のサイズを抑える
5. セッション・マネージャーの「オーバーフローの許可」のチェック・ボックスを外す

PMIで提供されるセッション・マネージャー用のカウンター

Webアプリケーション単位で、統計セットのレベルに応じて表7-19に示すカウンターを利用可能です。

表7-19　HTTPセッション管理に関するPMIのカウンター

カウンターの名前	説明	基本	拡張	全て	負荷
CreateCount	作成された数			○	低
InvalidateCount	無効にされた数			○	低
LifeTime	平均セッション存続時間（無効にした時間－作成した時間）（ミリ秒）		○	○	中
ActiveCount	同時にアクティブなセッションの数。アプリケーション・サーバーがセッションを使用する要求を現在処理している場合、そのセッションはアクティブ			○	高
LiveCount	同時にメモリーのキャッシュに入れられるローカル・セッションの数	○	○	○	高
NoRoomForNewSessionCount	メモリー内でAllowOverflow=falseが指定されているセッションに対してのみ適用される。最大セッション・カウントを超えるため、新規セッションの要求を処理できない回数		○	○	低
CacheDiscardCount	キャッシュから強制的に除去されたセッション・オブジェクトの数。最低使用頻度（LRU）アルゴリズムにより古いエントリーが除去され、新規セッションとキャッシュ・ミス用にスペースが確保される。持続セッションにのみ適用可能			○	低
ExternalReadTime	永続ストアからのセッション・データの読み取りにかかる時間（ミリ秒）。メトリックは、複数行セッションの場合は属性用、単一行セッションの場合はセッション全体用になる。持続セッションにのみ適用可能。JMS永続ストアを使用する場合、ユーザーは、複製されているデータをシリアライズすることを選択する。ユーザーがデータをシリアライズしないよう選択した場合、カウンターは使用できない		○	○	中
ExternalReadSize	永続ストアから読み取られるセッション・データのサイズ。（シリアライズされた）持続セッションにのみ適用可能。外部読み取り時間と同様		○	○	中
ExternalWriteTime	永続ストアからのセッション・データの書き込みにかかる時間（ミリ秒）。（シリアライズされた）持続セッションにのみ適用可能。外部読み取り時間と同様		○	○	中

カウンターの名前	説明	基本	拡張	全て	負荷
ExternalWriteSize	永続ストアに書き込まれるセッション・データのサイズ。(シリアライズされた) 持続セッションにのみ適用可能。外部読み取り時間と同様		○	○	中
AffinityBreakCount	別の Web アプリケーションから最後にアクセスされたセッションで受信された要求の数。この値は、フェイルオーバー処理または壊れたプラグイン構成を示している可能性がある			○	低
TimeSinceLast Activated	直前のアクセス時刻と現在のアクセス時刻のタイム・スタンプの時間差 (ミリ秒)。セッション・タイムアウトは含まれない			○	中
TimeoutInvalidation Count	タイムアウトにより無効になっているセッションの数			○	低
ActivateNonExist SessionCount	おそらくセッション・タイムアウトが原因で存在しなくなったセッションへの要求の数。このカウンターを使用すると、タイムアウトが短すぎるかどうかを判断するのに役立つ			○	低
SessionObjectSize	メモリー内のセッションの (シリアライズ可能属性の) サイズ (バイト)。少なくとも 1 つのシリアライズ可能な属性オブジェクトが入ったセッション・オブジェクトのみカウントされる。単一のセッションにシリアライズ可能属性とそうでない属性が含まれている場合がある。サイズ (バイト) はセッション・レベルのもの			○	最大

セッション・マネージャーのカウンターの確認ポイントは、次の通りです。

① タイムアウトによるセッション破棄が少ないこと
TimeoutInvalidationCount と InvalidateCount の割合を比較します。

② メモリー上のセッション数の上限に達していないこと
NoRoomForNewSessionCount が常に 0 であることを確認します。
または、LiveCount がセッション・マネージャーに設定したメモリー中の最大数に達していないことを確認します。

③ セッション・オブジェクトの平均サイズが 4KB 以下であること
SessionObjectSize の値を確認し、十分小さいことを確認します。

④ セッションの数は想定内か
LiveCount の数を確認します。

⑤ セッションの総サイズは Java ヒープに十分な余裕を持たせるサイズに収

まっているか
SessionObjectSize × LiveCount が Java ヒープのサイズに対して十分格納できる範囲に収まっているかを確認します。

⑥ セッションの引き継ぎが少ないこと
AffinityBreakCount がほぼ 0 であることを確認します。多数発生している場合はどのような問題があるか調査が必要です。

⑦ セッション読み書きの速度が遅くないこと（セッション・パーシスタントの場合のみ）
ExternalReadTime や ExternalWriteTime の時間が短いことを確認します。同時に ExternalReadSize や ExternalWriteSize と相関関係がを保たれているか調べることで、健全性を確認できます。

⑧ セッションの持続時間が長すぎないか
LifeTime が 24 時間など必要以上に長くないことを確認します。長時間存在するとメモリーの圧迫につながります。

⑨ キャッシュの破棄が多発していないか
CacheDiscardCount の値が大きくないか確認します。

Column

トラブル事例：HTTP セッションによる OutOfMemoryError

数万人がアクセスするアプリケーション・サーバーで、添付ファイルを処理する仕組みがアプリケーションに入っていました。OutOfMemoryError が発生するのでダンプを調査すると、2MB、3MB といった巨大オブジェクトがたくさんセッション・オブジェクトに格納されていました。

確認すると、セッションの無効化をアプリケーションで明示的に行っておらず、セッション・マネージャーの設定でセッション・タイムアウトの値が 24 時間となっていました。しかも、アプリケーションで不要なオブジェクトをなかなかセッションから削除しない使い方でした。これでは Java ヒープもひとたまりもありません。1 万人が 2 ～ 3MB のファイルを添付したりする処理が少しでも行われたら、Java ヒープは数十 GB 必要です。

このような場合はユーザー・アプリケーションのデータはユーザーデータベースかローカルファイルとして保持し、必要に応じて取得しに行く構成にするのが賢明です。

Column

トラブル事例：セッション・クリーンアップによる応答遅延

24 時間稼働するアプリケーションがありましたが、負荷の高い日中は遅延なく処理されるのですが、夜間の 2 時過ぎに突然数分間応答がなくなるという事象が発生し、大きな問題になりました。

調査すると、セッションデータベースを使っており、セッション・クリーンアップのスケジュールで設定した時刻付近であることが分かりました。また、負荷分散機からのポーリング先として JSP で実装したアプリケーションが設定されていました。

何が問題だったのでしょうか？ 次の 3 つが条件でした。

- JSP がポーリング先
- セッションデータベースを使用しセッション・クリーンアップのスケジュールを設定
- ポーリング元のプログラムは Cookie に非対応

JSP において宣言しないでも利用できる暗黙のオブジェクトとして、session があります。つまり、特にセッション・オブジェクトを作成しないと明記しない限りは、JSP へアクセスした際にセッションが存在しなければ自動的にセッション ID とセッション・オブジェクトが作成されます。

このケースでは、負荷分散機からのヘルスチェックのポーリング先として JSP が登録されており、1 日に 86,400 回近くのアクセスが発生していました。一方、負荷分散機はヘルスチェックの仕組みとして Cookie 管理をしていませんでした。つまり、セッション・マネージャーは 86,400 個もの不要なセッションを無駄に作成し、管理していたことになります。

夜中の2時過ぎにセッション・マネージャーは十万個以上もセッションデータベースに格納されているセッション・オブジェクトを調査し、最後にアクセスした時間からセッション・タイムアウトで指定した時間を経過しているものを 1 つ 1 つ無効化していたのです。

これでは処理が遅くなるのは仕方ありません。

解決策は、前述の 3 つの条件のどれかを解消することです。

EJBコンテナ

Enterprise JavaBeans（EJB）コンテナは、アプリケーション・サーバー内にエンタープライズBeanの実行環境を提供します（表7-20）。

表7-20　エンタープライズBeanの種類

Beanの種類	フェイルオーバー	プール	キャッシュ
ステートフル・セッションBean	○	なし	あり
ステートレス・セッションBean	×	あり	あり
エンティティーBean	×	あり	あり
メッセージ駆動型Bean	×	あり	あり

以降ではEJBコンテナのパフォーマンスに関わる設定項目を紹介します。

■非活性化ディレクトリー

ステートフル・セッションBeanでは、活性化されているインスタンスは、活性化ポリシーの内容に従った条件で非活性化されます。

- 活性化ポリシー：TRANSACTION
  トランザクション終了時
- 活性化ポリシー：ONCE（デフォルト）
  コンテナに定義したキャッシュのサイズを超えた場合

非活性化は、Beanインスタンスをシリアライズし、ディスク上にファイルの形で保存し、該当インスタンスをキャッシュ上から破棄します。非活性化されたインスタンスに要求があると、ディスク上のファイルを検索して、見つかった場合はデシリアライズしてキャッシュ上にインスタンスを復元します。このような操作を行うことで、OSの仮想メモリーのように、多数のインスタンスを、限られたメモリー上で保持することが可能になっています。保存先のディレクトリーは「非活性化ディレクトリー」として定義可能なパラメーターとなっており、デフォルトは「`${USER_INSTALL_ROOT}/temp`」です。くれぐれも間違って該当ディレクトリーのファイルを消さないように注意しましょう。

図 7-14 ステートフル・セッション Bean の活性化、非活性化

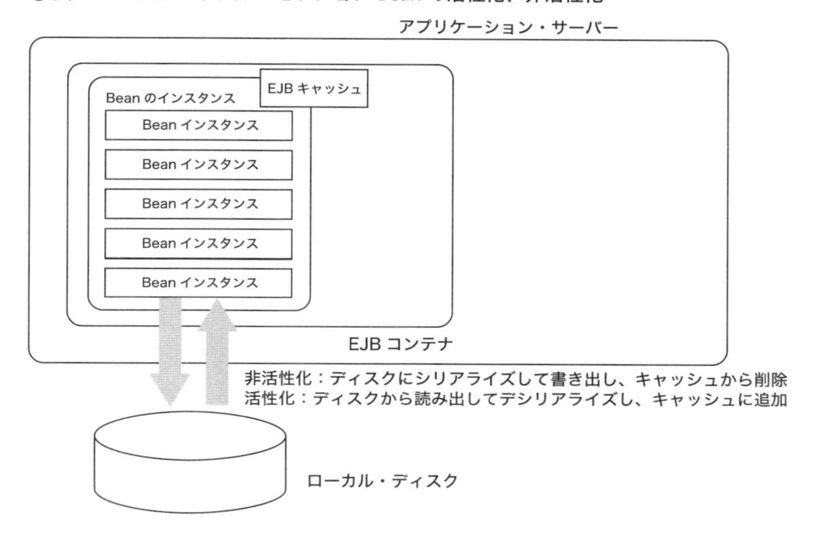

■非活動プール・クリーンアップ間隔

クリーンアップのためのスレッドの起動間隔を指定します。コンテナは、ステートフル・セッション Bean 以外はプールを保持しています。メモリー使用量軽減のため、非活動プールの Bean のインスタンスを検査し、定期的に削除します。プール･サイズは後述のシステム･プロパティーで設定され、最小プール・サイズと最大プール・サイズの間で維持されます。

デフォルトは 3000 ミリ秒で、設定範囲は 0 ～ 2147483647 です。

図 7-15 EJB キャッシュと EJB プール（ステートフル・セッション Bean 以外）

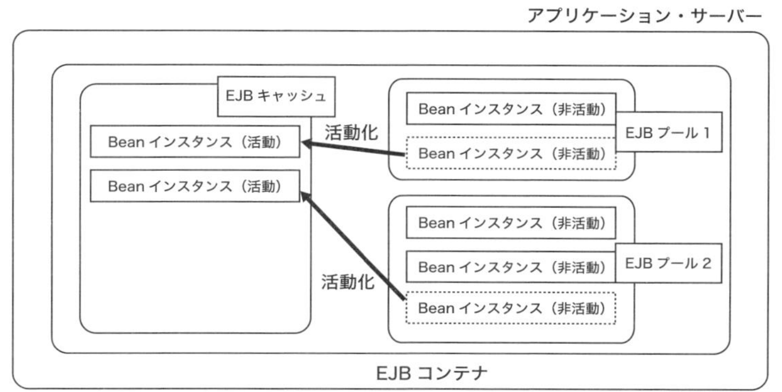

■メモリー間の複製を使用した、ステートフル・セッション Bean のフェイルオーバーの使用可能化

EJB コンテナ内にインストールされている全てのステートフル・セッション Bean に対して、フェイルオーバーを使用可能にすることを指定します。管理コンソール上では、複製ドメインが定義されるまでは使用不可になっています。この選択肢には、複製設定を構成する際に役に立つハイパーリンクが含まれています。複製ドメインが構成されていない場合にリンクをクリックすると、複製ドメインを作成できるパネルに移動します。1つでもドメインが構成されている場合にリンクをクリックすると、EJB コンテナで使用する複製設定を選択できるパネルに移動します。

■EJB キャッシュ設定

キャッシュ・サイズやクリーンアップ間隔を指定できます。

EJB キャッシュにはステートフル・セッション Bean を含む全てのアクティブな Bean インスタンスが入れられます。EJB キャッシュ・サイズが不足すると、パフォーマンス上の不具合や予測しないエラーが発生する可能性があります。EJB キャッシュはハッシュ・テーブルで実装されており、キャッシュ・サイズはバケット数（スロットの数）を指定します。

デフォルト値は 2053 ですが、必要に応じて調整します。値は 0 以上で指定された値より 2 つ以上大きい素数が採用されます。

キャッシュ・サイズの上限は次の方法で算出できます。

① 1つのトランザクションでアクティブになるエンタープライズ Bean の数。トランザクションに参加するオプション B または C のエンティティー Bean の最大値

② 予想される最大の並行トランザクション数

③ 代表的なアプリケーション処理でアクセスされるユニークなオプション A エンティティー Bean の最大数

④ アクティブなセッション Bean インスタンスの数（＝ア＋イ）
（ア）代表的な負荷で Active になるステートフル・セッション Bean 数
（イ）代表的な負荷で Active になるステートレス・セッション Bean 数

必要となるキャッシュ・サイズ＝（①×②）＋③＋④

表 7-21 CMP エンティティー Bean のコミットオプション

コミットオプション	説明	トランザクション完了後の状態
オプション A	コンテナはトランザクションをまたがって「作動可能」状態のインスタンスをキャッシュする。インスタンスはパーシスタンス（DB）に対し排他的にアクセスするため、コンテナはトランザクション開始時に DB との同期を図る必要はない	作動可能状態でキャッシュ
オプション B	コンテナはトランザクションをまたがって「作動可能」状態のインスタンスをキャッシュする。インスタンスはパーシスタンス（DB）に対し排他的にはアクセスしないため、コンテナはトランザクション開始時に DB との同期を図る必要がある	作動可能状態でキャッシュ
オプション C	コンテナはトランザクションをまたがって「作動可能」状態のインスタンスをキャッシュしない。インスタンスはトランザクション完了時に利用可能なプール状態に戻される	プール状態に戻される

EJB コンテナのキャッシュはパフォーマンスの最適化のために全ての Bean を含むように実装されているので、キャッシュ・サイズの設定は、上記によって算出される値より大きくなるように設定することで良好なパフォーマンスを得られます。

キャッシュにエントリーされたインスタンスは、要求が来た際に素早く処理を割り振りできるようにキャッシュに残り続けます。その一方でキャッシュの内容には不要なものが残り続け、メモリー使用量が増大する恐れがあります。そこで、クリーンアップ間隔で指定された間隔で、バックグラウンドのスレッドが実行され、キャッシュから不要なエントリーを除去します。この動作により、新たにインスタンスを割り当てようとした際にキャッシュに空きがなく、不要なエントリーを破棄処理も行わなければならないという状況に遭遇する可能性を減らします。キャッシュ・サイズが大きい場合は、クリーンアップ間隔を増やしても構わないでしょう。

デフォルトは 3000 ミリ秒で、設定範囲は 0 ～ 2147483647 です。

■ EJB システム・プロパティー

- com.ibm.websphere.ejbcontainer.poolSize

JVM 単位で EJB プールのサイズを指定した Bean ごとに設定します。対象の Bean はステートレス Bean、メッセージ駆動型 Bean、エンティティーBean です。プロパティーを設定していない場合は、デフォルト値として最小 50、最大 500 が適用されます。書式は次の通りです。

```
Beantype= [H]min,[H]max [:Beantype= [H]min, [H]max...]
```

Beantype は Bean の J2EE 名で、デプロイメント・デスクリプタの <ejb-name> フィールドにある文字列を用いて次のような表現になります。

アプリケーション名 # モジュール名 #Bean 名

例えば、モジュール PerfModule.jar を含む SMApp.ear という名前のアプリケーションがあり、そのモジュール PerfModule.jar が TunerBean という名前の Bean を使用している場合、その Bean の J2EE 名は SMApp#PerfModule#TunerBean のようになります。

min と max は、Beantype で指定する Bean の最小プール・サイズと最大プール・サイズです。複数の Beantype を指定する場合はコロン（:）で区切ります。

J2EE 名で指定する Beantype によるオーバーライドを行わない全ての Bean に対する値の設定をする場合は、Beantype にアスタリスク（*）を使用します。

```
*=40,120
```

デフォルト値を使用するように指定するには、次のように min も max も省略して、これら 2 つの値の間のコンマ（,）だけを残します。

```
SMApp#PerfModule#TunerBean=54,:SMApp#SMModule#TypeBean=100,200
```

Max 値の前に文字 H を付与した場合は、構成済み EJB 最大プール・サイズをハード制限として使用します。ハード制限に達した場合、EJB コンテナは EJB インスタンスをこれ以上作成することはありません。このとき、インスタンスが有効になるかトランザクションがタイムアウトになるまでスレッドが待機します。

ハード制限を設定しない場合、最大値はプール可能な EJB インスタンスの数を制限するために使用されます。このとき、コンテナ全体で作成されている、あるいは利用できる状態の EJB インスタンスの数は制限されません。
Min 値の前に文字 H を付与した場合は、構成済み EJB 最小プール・サイズをハード制限として使用します。最小プールサイズにハード制限が指定されている場合、アプリケーションの起動時に、EJB コンテナが最小数に指定されている値の数だけ、EJB インスタンスをプールにプリロードします。
ハード制限を指定しない場合、最小値は Beantype が実際に使用されていないときにプール内で維持されるインスタンスの数を指定します。
例えば、コンテナ全体で EJB インスタンスの作成数を 200 以下とする場合は、次のように設定します。このとき、追加要求を行う場合にインスタンスがプールに戻るのを待たされたり、待機中にタイムアウトになる可能性があります。

```
SMApp#SMModule#TypeBean=100,H200
```

アプリケーションの起動時に、EJB コンテナが最小数 100 の EJB インスタンスでプールをプリロードするように設定する場合は、次のように設定します。

```
SMApp#SMModule#TypeBean=H 100,200
```

ハード制限の標識文字は、EJB バージョン 2.0 以降のステートレス・セッション Bean でのみ使用可能です。

- com.ibm.websphere.ejbcontainer.noPrimaryKeyMutation

CMP Bean および Bean 管理パーシスタンス（BMP）Bean によって使用される 1 次キー・オブジェクトの作成をアプリケーションでどのように処理するかは、十分に理解が必要です。EJB コンテナではパフォーマンス向上のため、エンティティー Bean の 1 次キーを多くの内部データ構造内で ID として使用します。しかし、アプリケーションが 1 次キーを変更または変化させた場合、内部構造の整合性を保持するのが難しくなってしまいます。このため、EJB コンテナ内部では Bean への最初のアクセス時にこれらの 1 次キー・オブジェクトをコピーして、内部キャッシュ用に保管されたオブジェクトをアプリケーション内で使用されたオブジェクトから確実に分離させる必要があります。しかしながら、このオブジェクトのコピーは CPU を消費します。そこで、アプリケーションがエンティティー Bean の作成に使用し、作成後にエンティティー Bean へのアクセスに使用される 1 次キーを変化させない場合は､1 次キー･オブジェクトのコピーを EJB コンテナが必ずスキップするフラグが用意されました。

JVM のシステム･プロパティーに次の設定を行うと、フラグを設定できます。

```
com.ibm.websphere.ejbcontainer.noPrimaryKeyMutation=true
```

パフォーマンスへの効果はアプリケーション次第です。アプリケーションでエンタープライズ Bean の 1 次キーにプリミティブ型（基本データ型）を使用している場合は、既にコピー・メカニズムで対策済みとなっているため、効果はありません。しかしアプリケーションが参照型（オブジェクト型）や複数のフィールドといった多数の複雑な 1 次キーを使用している場合は、大きなパフォーマンス向上を期待できます。

- com.ibm.ws.pm.deferredcreate

パーシスタンス・マネージャーは、CMP エンティティー Bean からデータベースへのデータを永続化するために使用される EJB コンテナの機能です。ejbCreate メソッドを呼び出してエンティティー Bean を作成するとき、通常はパーシスタンス・マネージャーは即座にデータベースに、1 次キーのみの空の行を挿入します。たいていの場合、Bean の作成後は、作成した Bean あるいは同一のトランザクションに参加する他の Bean のフィールドを更新する必要があります。データベースへの挿入をトランザクションの終了まで延期することにより、データベースへの 1 往復を節約する場合は JVM のシステム･プロパティーに次の設定を行います。データベースにデータが挿入されると、整合性が保たれます。

```
com.ibm.ws.pm.deferredcreate=true
```

パフォーマンス上の効果はアプリケーションによって異なります。EJB アプリケーションが挿入を頻繁に実施する場合は、この設定で大きな効果を得られます｡挿入がほとんど行われないアプリケーションでは効果は少なくなります。

- com.ibm.ws.pm.batch

EJB アプリケーションが 1 つのトランザクション内で複数の CMP Bean にアクセスする場合、トランザクション内で発生するデータベースへの操作は個々の CMP Bean の更新､挿入､読み取り操作に対応します。使用中のデータベースが更新ステートメントのバッチ処理をサポートしている場合、単一トランザクションでの更新が 2 回より多いときにパフォーマンスを向上させることができます。

このフラグの設定により、パーシスタンス・マネージャーは、全ての更新ステートメントを、データベースに発行される単一のバッチ・ステートメントに追加します。データベースとのやり取りを低減させることでパフォーマンスが向上します。もしアプリケーションが単一のトランザクションで複数のCMP Bean を更新することが明確で、データベースがバッチ更新をサポートしているなら（表 7-22)、次のシステム・プロパティーを JVM に設定します。

```
com.ibm.ws.pm.batch=true
```

パフォーマンス上の効果はアプリケーションによって異なります。アプリケーションが CMP Bean を全く更新しない、あるいはほとんど更新しない、あるいはトランザクション内で 1 つの Bean しか更新しない場合は、効果を得られません。アプリケーションがトランザクション内で複数の CMP Bean を更新する場合は、パフォーマンス向上の効果を得られます。

表 7-22 バッチ更新をサポートするデータベース

データベース	バッチ更新のサポート	オプミスティック並行性制御を使用したバッチ更新のサポート
Db2	あり	なし
Oracle	あり	なし
DB2 Universal Driver	あり	あり
Informix	あり	あり
SQLServer	あり	あり
Apache Derby	あり	あり

OCC ドライバーを使用した場合、アクセス・インテントで指定されていても、サポートしていないデータベースに対してはバッチ更新が実行できません。

- com.ibm.ws.pm.useLegacyCache

アプリケーション・サーバーが、`javax.rmi.CORBA.UtilDelegate` インターフェースの実装として使用する Java クラスを指定します。

パーシスタンス・マネージャーには、レガシー・キャッシュと、2 レベル・キャッシュの 2 種類のキャッシング・メカニズムがあります。一般的に 2 レベル・キャッシュは最適化のおかげでレガシー・キャッシュよりも良いパフォーマンスを発揮します。デフォルトはレガシー・キャッシュですが、2レベル・キャッシュをお勧めします。
JVMのシステム・プロパティーに次のように設定します。

```
com.ibm.ws.pm.useLegacyCache=false
```

- com.ibm.ws.pm.grouppartialupdate および com.ibm.ws.pm.batch
  部分更新のフィーチャーにより、特定のシナリオでエンタープライズ Bean を使用するアプリケーションのパフォーマンスが向上します。
  バッチ更新と部分更新の両方を実行する必要があるアプリケーションでは、両方の利点を活かすために、次のシステム・プロパティーを JVM に構成します。

```
com.ibm.ws.pm.grouppartialupdate=true
com.ibm.ws.pm.batch=true
```

■診断トレースによるEJBキャッシュのチューニング

EJBキャッシュのサイズは、アプリケーション・サーバーのパフォーマンスに影響を与えることがあります。EJBコンテナのパフォーマンス・レベルを向上させるための方法として、EJBキャッシュの微調整があります。ここでは診断トレース・サービスを使用して最適なキャッシュ・サイズを決定する方法を紹介します。

次の通りです。

① EJBキャッシュ・トレースを使用可能にします。トレース・サービスの操作について詳しくは、第6章の「トレースの使用方法」を参照してください。トレース・サービス設定の詳細については、同じく第6章の「診断トレース・サービス設定」のトピックを参照してください。次のトレース・ストリングを使用するようにトレースをセットアップします。

```
com.ibm.ejs.util.cache.BackgroundLruEvictionStrategy=all=enabled
com.ibm.ejs.util.cache.CacheElementEnumerator=all=enabled
```

「最大ファイル・サイズ」を200MB以上に設定します。デフォルト値の20MBのままにしておくと、20MBのトレース・ログがいっぱいになり、トレースが折り返されてデータが失われることがあります。
「ヒストリー・ファイルの最大数」を5に設定します。ファイル数は5つで十分と考えられますが、これら5つのファイルが全ていっぱいになり、トレースの折り返しが発生する場合は、この値を増やしてください。

② サーバーを停止し、既存のログを削除してから、サーバーを始動します。

③ 標準的な手順を実行してキャッシュ・トレース・データを収集します。トレースを有効にした標準的な手順を実行することで、次のステップで分析する EJB キャッシュ・トレース・データを取得します。

④ トレース出力を表示して分析します。

(ア) トレース・ログを開きます。次のトレース・ストリングのいずれか、または両方があるかどうかを確認します。

```
BackgroundLru 3  EJB Cache: Sweep (1,40) - Cache limit not reached :
489/2053
BackgroundLru >  EJB Cache: Sweep (16,40) - Cache limit exceeded :
3997/2053 Entry
```

「Cache limit」というワードを含んだトレース・ストリング内に、割合が記載されています。上記の例では 3997/2053 です。最初の数値は EJB キャッシュ内のエンタープライズ Bean の数です（容量と呼ばれます)。2 番目の数値は EJB キャッシュの設定値です（詳細は、後のステップで解説します)。分析にはこの割合、特に容量を使います。

さらに「Cache limit not reached」および「Cache limit exceeded」というステートメントを探してください。

Cache limit not reached：キャッシュの現在のサイズが適切であるか、それ以上です。適切なサイズを超えている場合は、メモリーを浪費しているため、後述する方法でキャッシュ・サイズを適切な値まで削減してください。

Cache limit exceeded：現在使用されている Bean の数が、指定した容量を超えており、キャッシュが正しくチューニングされていないことを示しています。EJB キャッシュ値はハード制限ではないので、容量がこの設定値を超えることがあります。この制限に達しても、EJB コンテナはキャッシュへの Bean の追加を停止しません。キャッシュがフルになれば、Bean に対する要求が実現されない、またはキャッシュ・サイズが制限値以下になるまで遅延するということになります。このような状況に遭遇しないためにキャッシュ上限を超えることがありますが、EJB コンテナはキャッシュをクリーンアップして EJB キャッシュ・サイズ未満に保持することを試みます。キャッシュ制限を超えた場合は、次のようなトレース・ポイントとなります。

```
BackgroundLru <  EJB Cache: Sweep (64,38) - Evicted = 50 : 3589/2053 Exit
```

「Evicted=」（追い払われた）という文字列に気を付けてください。この文字列は、オプション A またはオプション B のキャッシュを設定したステートフル・セッション Bean かエンティティー Bean を使用していることを示しています。「Evicted=」で示されるオブジェクトの存在は、選択したキャッシング・オプションが十分に効果を発揮していないことを示しています。この場合、EJB キャッシュ・サイズを増やすことが必要です。また、アプリケーションを実行するにつれて、さらに多くのオブジェクトが除去される場合は、そのアプリケーションは EJB キャッシュのスイープ処理が実行された間に、キャッシュが保持できる以上の Bean にアクセス、あるいは新規 Bean を作成していることになり、既存の Bean が再利用されていないということになります。こうなると、エンティティー Bean にオプション C キャッシングを使用することや、アプリケーションが必要でなくなったステートフル・セッション Bean を除去していないかどうかの確認を検討します。

オプション C キャッシングで構成されたエンティティー Bean は、トランザクション中のみキャッシュにありますが、トランザクション全体に渡りキャッシュに保持されている必要があります。したがって、このトランザクション中のエンティティー Bean はキャシュのスイープ処理で除去されることはありませんが、トランザクションが終わるとキャッシュから除去されます。さらに、ステートレス・セッション Bean、またはオプション C キャッシングが設定されたエンティティー Bean（あるいはその両方）を使用している場合、EJB キャッシュのクリーンアップ間隔（＝スイープ処理の間隔）の設定をより大きな値に増やしておいたほうがよい場合があります。

ステートレス・セッション Bean は EJB キャッシュには存在しません。また、オプション C キャッシングを使用しているエンティティー Bean はキャッシング・ストラテジー（キャッシュは LRU です）で除去されることがないので、スイープ処理は頻繁に実施する必要がなくなるというのがその理由です。

ステートレス・セッション Bean かオプション C キャッシングのみを利用している場合は、上記のトレース例に「Evicted=0」のみが表示されるはずです。

(イ) トレース・ログを分析します。「Cache limit exceeded」というレース・ストリングを探します。

この文字列は複数見つかる場合があります。この場合はそれら全てを調べて、EJB キャッシュ内の Bean の最大容量の値を見つけます。そして、この最大容量の 110% の値を EJB キャッシュに設定します。

このトレース・ストリングが 1 つも見当たらない場合があります。これは EJB キャッシュの容量（最終目標）を超えていないことを意味しますが、初期分析中に最終目標が見えていないということは、キャッシュが大きすぎて不要なメモリーを使用している場合もあります。この場合、キャッシュ制限を超えるまでキャッシュ・サイズを減らしてから、適切な値まで増やすことで、キャッシュの調整を行う必要があります。

ここでの目標は、リソースを必要以上に消費しないように、かつ設定サイズを超えない値にキャッシュ・サイズを設定することです。設定が適切な場合、トレース中に表示されるメッセージは「Cache size not reached」のみであり、容量の値は EJB キャッシュ設定値の 100% に近づきつつそれを超えない割合になります。

キャッシュ・サイズはデフォルト値の 2053 未満に変更することをお勧めします。

⑤ 分析に基づいて、キャッシュの設定を変更します。

⑥ サーバーを停止し、全てのログを削除し、サーバーを再起動します。

⑦ 設定値に納得するまで、上記のステップを繰り返してください。

⑧ EJBキャッシュ・トレースを使用不可にします。キャッシュを適切にチューニングできたなら、トレースを除去し、古いログを削除して、サーバーを再起動します。

分析の結果、EJBコンテナの観点でEJBキャッシュを最適に設定できますが、アプリケーション・サーバーの観点からすると最適ではない可能性があります。キャッシュ・サイズが大きいほうがヒット数が高くなり、EJBキャッシュのパフォーマンスは向上しますが、メモリー使用量は増加します。キャッシュに使用されるメモリーは他アプリケーションや製品内部の実装では使用できないため、JVMのガーベッジ・コレクションの過剰な発生、あるいは物理メモリー不足によるページング多発により全体的なパフォーマンスが低下する可能性がありますが、物理メモリーが豊富にあるシステムでは、パフォーマンスの低下は問題にならず、EJBキャッシュの適切なチューニングでパフォーマンスが向上します。以上より、キャッシュを構成するときは、システムのパフォーマンスとEJBキャッシュのパフォーマンスを対比させて考慮する必要があります。

Column

EJBメソッドの起動キューイング

エンタープライズBeanへのメソッド起動は、リモート・クライアントからの起動の場合のみにキューイングされます。リモート・クライアントとしては例えば、エンタープライズBeanが稼働するJVMとは別のJVMとして動作するEJBクライアントがあります。これに対して、エンタープライズBeanと同一のJVMでEJBクライアント（サーブレット、あるいは別のエンタープライズBean）がEJBメソッドを起動する場合、キューイングは発生しません。

リモート・エンタープライズBeanは、Internet Inter-ORB Protocol（RMI-IIOP）を介したリモート・メソッド起動によって通信します。RMI-IIOPで開始されるメソッド呼び出しはサーバー側のオブジェクト・リクエスト・ブローカー（ORB）によって処理されます。スレッド・プールは、着信要求のキューの役割を果たします。ただし、リモート・メソッドが要求され、スレッド・プール内に使用可能なスレッドがもうない場合は、新規のスレッドが作成されます。メソッド要求が完了した後で、そのスレッドは破棄されます。したがって、リモート・メソッド要求の処理に ORB が使われている場合は、スレッド上限を無限にするかどうかに依存してオープン・キュー、またはクローズ・キューになります。

▶図 7-16　EJB キューイング

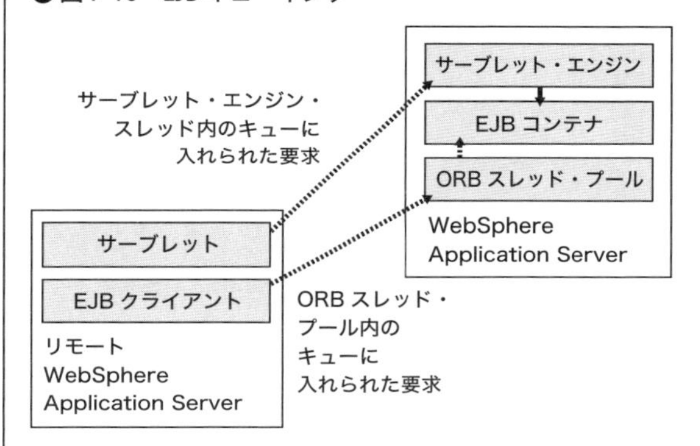

WAS traditional for z/OS の場合、EJB 呼び出しの着信にはサーブレット・エンジンと同じチャネルフレームワークを利用しているため、スレッド・プールでのキューイングはありません。

■ EJB クライアントの呼び出しパターンを分析する

スレッド・プールを構成する際は、EJB クライアントの呼び出しパターンを理解することが重要です。サーブレットがリモート・エンタープライズ Bean を呼び出す回数が少なく、各メソッド呼び出しが比較的高速の場合は、ORB スレッド・プール内のスレッド数を、Web コンテナのスレッド・プール・サイズの値よりも小さな値に設定することを検討してください。

▶図7-17　サーブレットからのEJB呼び出しの頻度と応答時間

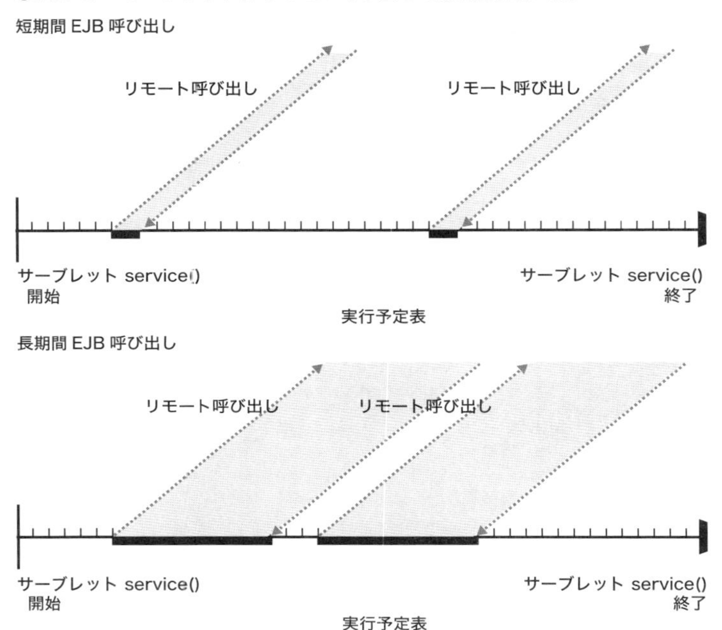

ORBスレッド・プール値をどの程度増やすかは、1度にエンタープライズBeanを呼び出すサーブレット（つまり、クライアント）の数と、各メソッド呼び出しの存続期間から決定されます。メソッド呼び出しが長い場合や呼び出し回数が多い場合など、アプリケーションがORB通信に長時間費やしている場合は、ORBスレッド・プール・サイズをWebコンテナのサイズと等しくすることを検討します。サーブレットがORBに対して短期間の呼び出しだけを行う場合は、サーブレット間で同じORBスレッドを再利用できる可能性があります。この場合、ORBスレッド・プールを小さくでき、場合によってはWebコンテナのスレッド・プール・サイズ設定値の半分にすることもできます。

PMIで提供されるEJB・コンテナ用のカウンター

アプリケーション単位で、統計セットのレベルに応じて表7-23のカウンターが利用可能です。

▶表 7-23 EJB コンテナに関する PMI のカウンター

カウンターの名前	説明	基本	拡張	全て	負荷
CreateCount	Bean が作成された数	○	○	○	低
RemoveCount	Bean が除去された数	○	○	○	低
ActivateCount	Bean が活動化された回数（エンティティー Bean およびステートフル・セッション Bean）			○	低
PassivateCount	Bean がパッシベーションされた回数（エンティティー Bean およびステートフル・セッション Bean）	○	○	○	低
InstantiateCount	Bean オブジェクトがインスタンス化された回数			○	低
FreedCountCount	Bean オブジェクトが開放された回数			○	低
LoadCount	Bean データが永続ストレージからロードされた回数（エンティティー Bean）			○	低
StoreCount	Bean データが永続データに保管された回数（エンティティー Bean）			○	低
ReadyCount	同時に動作可能な Bean の数（エンティティー Bean およびセッション Bean）	○	○	○	高
LiveCount	同時ライブ Bean の数		○	○	高
MethodCallCount	メソッド呼び出しの総数	○	○	○	高
MethodResponseTime	Bean メソッドにおけるミリ秒単位の平均応答時間（ホーム、リモート、ローカル）	○	○	○	高
CreateTime	Bean 作成呼び出しにかかるミリ秒単位の平均時間（ロード時間があればそれも含む）			○	最大
RemoveTime	Bean エントリー呼び出しにかかるミリ秒単位の平均時間（データベースで時間がかかる場合はその時間も含まれる）			○	最大
ActiveMethodCount	同時にアクティブになるメソッドの数（すなわち、同時に呼び出されるメソッドの数）			○	高
RetrieveFromPoolCount	オブジェクトをプールから取り出す際の呼び出し回数（エンティティー Bean およびステートレス）			○	低
RetrieveFromPoolSuccessCount	プール内で使用可能なオブジェクトを検出したときの検索回数（エンティティーおよびステートレス）			○	低
ReturnsToPoolCount	オブジェクトをプールに戻す際の呼び出し回数（エンティティーおよびステートレス）		○	○	低
ReturnsDiscardCount	プールがいっぱいであるために戻りオブジェクトが破棄された回数（エンティティーおよびステートレス）		○	○	低

カウンターの名前	説明	基本	拡張	全て	負荷
DrainsFromPoolCount	デーモンがプールのアイドル状態を検出し、プールを除去しようとした回数（エンティティーおよびステートレス）			○	低
DrainSize	各ドレーンで破棄されたオブジェクトの平均数（エンティティーおよびステートレス）			○	中
PooledCount	プール内のオブジェクトの数（エンティティーおよびステートレス）	○	○	○	高
MessageCount	Bean の onMessage メソッドへ送達されたメッセージの数（メッセージ駆動型 Bean）	○	○	○	低
MessageBackoutCount	Bean の onMessage メソッドへの送達が失敗したメッセージの数（メッセージ駆動型 Bean）			○	低
WaitTime	プールからサーバー・セッション・プールを取得するまでの平均時間（メッセージ駆動型 Bean）			○	中
ServerSessionPoolUsage	使用中のサーバー・セッション・プールのパーセンテージ（メッセージ駆動型 Bean）			○	高
ActivationTime	Bean オブジェクトのアクティベーションにかかるミリ秒単位の平均時間（データベースで時間がかかる場合はその時間も含む）			○	中
PassivationTime	Bean オブジェクトのパッシベーションにかかるミリ秒単位の平均時間（データベースで時間がかかる場合はその時間も含む）			○	中
LoadTime	永続ストレージから Bean データをロードするのにかかるミリ秒単位の平均時間（エンティティー）			○	中
StoreTime	永続ストレージに Bean データを保管するのにかかるミリ秒単位の平均時間（エンティティー）			○	中
PassivationCount	パッシベーション状態にある Bean の数	○	○	○	低
ReadyCount	作動可能状態またはメソッド作動可能状態にある Bean の数	○	○	○	高
MethodCalls	Bean のリモート・メソッドに対する呼び出しの数	○	○	○	高
MethodRt	メソッドの平均応答時間（ミリ秒）			○	最大
MethodLoad	同じメソッドを起動する同時呼び出しの数			○	
MethodLevelCallCount	エンタープライズ Bean 上でアプリケーション・サーバーによって行われたメソッド呼び出しの回数。メッセージ駆動型 Bean の onMessage メソッドにメッセージを送信する試行回数	○	○	○	低

■ **EJB コンテナのカウンターの確認ポイント**

① アクティベーション、パッシベーションの数が少ないこと
非活性化ディレクトリーへの読み書きが多いと、処理速度に大きな遅延が発生します。ActivateCount と PassivateCount が大きくないことを確認します。

② プールがあふれてしまいオブジェクトが再利用されない状況が発生していないこと
オブジェクトのプール機能が効率良く動作していることを確認するために、ReturnsDiscardCount がほぼ 0 であることを調べます。あるいは、PooledCount がプールの最大値に達していないことを確認します。

③ プールのメンテナンスで多くのオブジェクトが破棄されていないこと
DrainSize の値がほぼ 0 であることを確認します。オブジェクトの再利用を高めるには、プールの最大値と最小値を揃えます。

④ サーバー・セッション・プールが枯渇していないこと（メッセージ駆動型 Bean）
ServerSessionPoolUsage が 100% になっていないこと、および WaitTime が無視できるほど小さいことを確認します。100% の場合は待ち時間が発生する恐れがあるので、セッション・プールの最大値を変更します。

⑤ メソッド実行時間がに異常に遅いものがないこと
MethodResponseTime の値が十分短いことを確認します。遅い場合は原因を調査します。

7-4 JVM のチューニング

JVM のトラブルや性能劣化は、アプリケーション・サーバー上で稼働しているアプリケーションのパフォーマンスの低下に直結します。アプリケーション・サーバーのレスポンスが悪化し、バックエンドに問題がなくアプリケーション・サーバー自身の性能劣化が疑われるときには、しばしば JVM のチューニングが必要になります。JVM のパフォーマンス・チューニングの項目としては、主に次のような点が挙げられます。

- GC の方式の選択
- Java のヒープサイズの調整
- ダンプの出力条件、出力先の設定

WAS traditional では、システムに導入された Java の実行環境（JRE）は使用しません。WAS traditional の導入ディレクトリーの **java** ディレクトリーの下に独自の JDK や JRE が格納されており、WAS はこれを使用します（図 7-18）。WAS の Fixpack や緊急 Fix による更新を除き、ユーザーが WAS traditional の JRE を別のものに変更することはできません。また、この WAS traditional の JDK を WAS traditional 以外の Java プログラムを実行するために使用することは、ライセンス上、許可されていません。

図7-18 WAS traditionalの導入ディレクトリー配下のJava実行環境

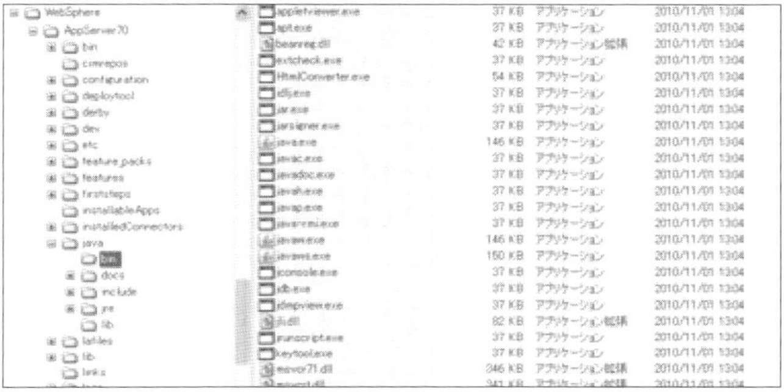

WAS traditionalに同梱されているJDKはプラットフォームによって異なります。AIX、Linux、Windowsでは、IBMにより独自に実装されたJVMを採用したJDKを使用しています。このJVMは、開発時のコードネームより、しばしば「IBM J9 VM」と呼ばれます（リスト7-16）。SolarisおよびHP-UXでは、それぞれSun／OracleおよびHPが開発したJVMを採用したJDKが使用されています。どのプラットフォームでも、標準のJDKに対しライブラリーを追加したりセキュリティ構成を変更したりした、WAS traditional独自のJDKとなっています。

使用しているJVMの詳細な情報は、`java`コマンドに「`-version`」引数を付けて実行することで参照できます（リスト7-16）。

リスト7-16 IBM J9 VMのバージョン出力

```
C:¥IBM¥WebSphere¥AppServer¥java¥8.0¥bin>java -version
java version "1.8.0"
Java(TM) SE Runtime Environment (build pwa6480sr3fp22-20161213_02(SR3 FP22))
IBM J9 VM (build 2.8, JRE 1.8.0 Windows 7 amd64-64 Compressed References
20161209_329148 (JIT enabled, AOT enabled)
J9VM - R28_20161209_1345_B329148
JIT  - tr.r14.java.green_20161207_128946
GC   - R28_20161209_1345_B329148_CMPRSS
J9CL - 20161209_329148)
JCL - 20161213_01 based on Oracle jdk8u111-b14
```

IBM J9 VMを使用したプラットフォームでは、独自の問題判別機能やパフォーマンス・チューニング機能を利用できます。また、64ビット環境でヒープ上のJavaオブジェクトの参照のサイズを節約する参照圧縮の機能や、複数JVM間でメモリーにロードされたクラスを共有する機能などの独自機能も実装されています。逆に言うと、Sun／OracleのJDKに実装されたJVMのチューニング設定の大部分は、IBM J9 VMでは利用できません。一般にIBM以外のサイトで公開されているJavaのチューニングはSun／OracleのJDKを対象としたものなので、残念ながらAIX、Linux、WindowsのWAS traditionalのチューニングには適用できません（もちろん、Solaris、HP-UXのWAS traditionalのチューニングには使用できます）。

IBM J9 VMの問題判別機能の使い方やログの読み方など、固有の機能については Web上で「Diagnostics Guide」として公開されています（**http://www.ibm.com/developerworks/java/jdk/diagnosis/**からダウンロードできます）。英語の文章ですが、IBM J9 VMに実装された多くのチューニング項目やログやダンプの読み方などについて詳細に解説されています。また新たに追加された機能などの情報も随時更新されているので、ぜひ手元におき、必要に応じて参照してください。

この節では、主にIBM J9 VMについて説明します。

Column

JVM、JRE、JDK

classファイル／JARファイルに格納されたJavaのプログラム（Javaバイトコード）を実行するプログラムを、JVM（Java Virtual Machine／Java仮想マシン）と呼びます。このJVMに、標準ライブラリーや必要な構成ファイル、プログラムの実行に必要な様々なユーティリティープログラムを組み合わせたものを、JRE（Java Runtime Environmnet／Java実行環境）といいます。さらにJavac（Javaコンパイラ）やJARパッケージツール、開発ユーティリティープログラムを組み合わせたものをJDK（Java Development Kit／Java開発キット）やJava SDK（Software Development Kit）といいます（図7-19）。

▶図 7-19　JVM、JRE、JDK の包含関係

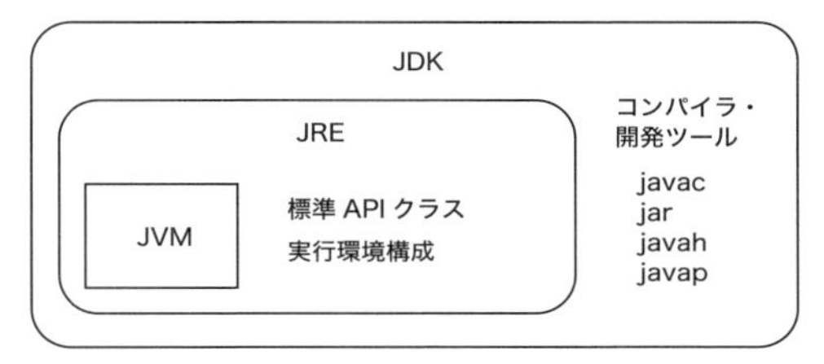

GC（ガーベッジ・コレクション）とは

Java ではプログラムの実行に必要なメモリー領域の確保と解放は自動的に行われます。プログラム中で new 演算子によってオブジェクトのインスタンスが作成されると、Java ヒープ領域から必要なサイズの領域が割り当てられ（Heap allocation）、その領域の参照の値がプログラムに渡されます。プログラムはこの参照を介してオブジェクトを利用します。オブジェクトへの有効な参照がなくなり、プログラムから使用されなくなると、JVM はその領域を使用済み領域と見なして解放の対象にします。

いくつかに分けられて管理されている Java ヒープ領域のいずれかの空きがなくなり、オブジェクトの割り当て失敗（Allocation failure）が発生すると、それをトリガーとしてヒープの解放処理が実行されます。これがガーベッジ・コレクション（GC）です。GC では、スレッドのスタックやクラスの static なフィールドから直接参照しているオブジェクト（Root オブジェクト）や、そこから直接・間接的に参照されている全てのオブジェクトを「生きた」オブジェクトとしてリストアップします。そして、それ以外のオブジェクトを使用されなくなった「ガーベッジ」として解放します。

WAS traditional をはじめとしたサーバー・サイドの Java アプリケーションでは、長時間 JVM が起動し続けるため、ヒープの使用状況を適切な範囲内で維持し、ガーベッジ・コレクションの頻度や実行時間を可能な限り短く保つことが重要となります。そのためには、アプリケーションに応じた適切なサイズのヒープ領域を割り当てることや、アプリケーションがメモリー・リークを起こしていないことを確認することが必要です。

J9 VM の GC ポリシー

J9 VM では、ガーベッジ・コレクションの方式として、表 7-24 に示す 5 つのポリシーを選択できます。

▶表 7-24　J9 VM で選択可能な GC ポリシー

ポリシー	JVM 引数	説明
Optimize for Throughput	-Xgcpolicy:optthruput	アプリケーションのスループットを重視する
Optimize for Pause Time	-Xgcpolicy:optavgpause	アプリケーションのレスポンスを重視し、GC による停止時間を抑える
Generational Concurrent	-Xgcpolicy:gencon	アプリケーションが生成するオブジェクトの生存期間が短い場合に使用する
Balanced	-Xgcpolicy:balanced	WAS traditional V8.0 以降の 64 ビット版 JVM でのみ使用可能

Optimize for Throughput は、以前のバージョンの IBM JVM から採用されている GC ポリシーです。ヒープ全体を GC の対象とし、生きたオブジェクトのマーク（Mark)、ガーベッジの解放（Sweep）を行い、必要に応じて生き残ったオブジェクトを移動して空き領域を連続化させます（Compaction)。この方式は、1 回あたりの GC にかかる時間は比較的長いものの、ヒープサイズが比較的小さい環境では、トータルとして最も高いスループットを実現できるポリシーです。32 ビット版の JVM においては、多くのアプリケーションは、このデフォルトのポリシーが最適となります。

Optimize for Fause Time は、GC の処理過程のうち Mark の処理を通常時からバックグラウンドで実行しておくポリシーです。トータルのスループットがある程度低下するものの、GC による停止時間を短くする効果があります。GC を行っている間、JVM の全てのスレッドは停止します。アプリケーション・サーバーがクライアントからのリクエストを処理している最中に GC が発生すると、GC の処理時間の分だけレスポンス時間が遅延します。スループットの低下よりも、レスポンス時間のばらつきが問題となるようなアプリケーションでは、この GC ポリシーを使用するようにします。

Generational Concurrent は、一般に世代別 GC と呼ばれている方式により GC を行うポリシーです。このポリシーでは、Java ヒープを Nursery 領域と Tenured 領域の 2 つに分けて GC を行います。前者には生成されたばかりのオブジェクトが、後者にはある程度の期間生存し続けているオブジェクトが格納されます。このそれぞれの領域のGCを組み合わせることで、GCの実行時間を短縮します。

Nursery領域はAllocate領域とSurvivor領域の2つに分けられています。新規オブジェクトはAllocate領域に割り当てられます。Allocate領域がいっぱいになると、使用されている生きたオブジェクトのみがSurvivor領域にコピーされます。これをNursery領域のScavengerコレクションといいます。Scavengerコレクションが終わると、Allocate領域とSurvivor領域が入れ替わり、かつてSurvivor領域だった場所がAllocate領域になり、新規のオブジェクトの割り当てが行われるようになります。なお、ポリシー名のConcurrentが示す通り、Nursery領域で生きたオブジェクトを見つけ出すMark処理は、GCの開始前からバックグラウンドで行われています。

▶図7-20　Generation Concurrentポリシーによる GC

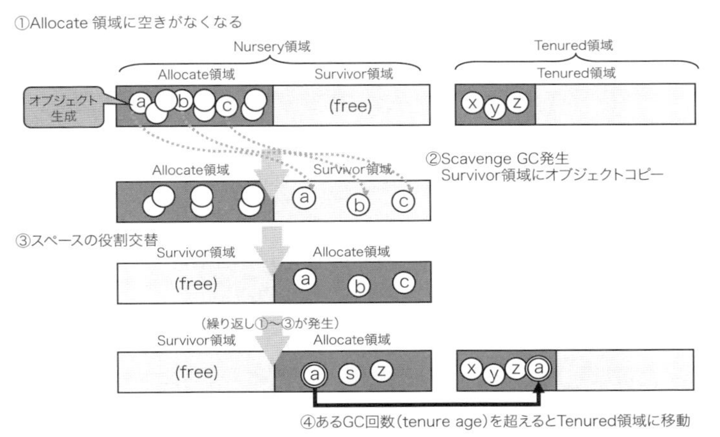

一定の回数Survivor領域へのコピーが繰り返されたオブジェクトは、Tenured領域に移動されます。Tenured領域はScavengerコレクションの対象となりません。世代別GCでは、一定以上の期間GCされなかったオブジェクトをGCの対象から外すことにより、通常時のGCの実行時間を短くする効果があります。Tenured領域もいっぱいになったときには、Global GCが行われ、ヒープ全体を対象としたGCが行われます。

短命のオブジェクトが大量に生成されるアプリケーションや、JVMに2GBを超えるような大きなJavaヒープ領域を割り当てている場合には、Generational ConcurrentのGCポリシーが最も良いパフォーマンスを示すことがあります。WAS traditional V8.0以降では、このGCポリシーがデフォルトとなっています。

また、Balanced（`-Xgcpolicy:balanced`）というGCポリシーも存在します。このGCポリシーでは、世代別GCとMark-Sweep-Compace方式の両方を使用するハイブリッド方式によるGCで、割り振りと存続率をマッチングすることにより、可能な限りグローバルGCの発生を回避しようとします。4GB以上の巨大なヒープを割り当てたJVMで、他のGCポリシーでは適切なGCが実現できない場合に選択を検討します。特にNUMA（Non-Uniform Memory Architecture）環境などでパフォーマンスが向上することが期待されています。

GCをモニターする

GCのパフォーマンス・チューニングの第一歩は、GCのモニターです。

Javaヒープに割り当てる最適なメモリーのサイズは、実行するアプリケーションやサーバーの負荷状況によって異なります。また、最適なGCの方式やそのパラメーターもアプリケーションの種類によって異なります。そのため、ヒープ割り当て量を見積り、最適な設定をするためには、実際にアプリケーションが稼働しているサーバーでの使用量の計測が重要となります。

GCのモニターは、トラブルが起こってから実施していては間に合いません。GCのモニターにはほとんど負荷がかからないので、普段から実施するようにしましょう。「5-1　JavaVMのヒープ状況は安定稼働の大きな要素」で解説しています。

冗長ガーベッジ・コレクション出力の読み方

J9 VMの冗長ガーベッジ・コレクションは、XML形式で出力されます。

GCは、主にJavaのヒープの空き領域が不足し、オブジェクトの割り当てが失敗（Allocation Failure）したときに発生します。このとき、冗長ガーベッジ・コレクションの出力には`<gc-...>`の出力の前後にAllocation Failureに関する情報が出力されます（リスト 7-17）。

1 2 3 4 5 6 7 8 9 10 11 12 13

リスト 7-17 Allocation Failure による GC の冗長出力

```
<exclusive-start id="26" timestamp="2017-05-18T12:31:20.773" intervalms=
"569.681">
  <response-info timems="0.020" idlems="0.020" threads="0" lastid=
"0000000030000500" lastname="main" />
</exclusive-start>
<af-start id="27" totalBytesRequested="7176" timestamp="2017-05-18T12:31:20.773"
intervalms="569.678" />
<cycle-start id="28" type="scavenge" contextid="0" timestamp="2017-05-18T12:31:
20.773" intervalms="569.672" />
<gc-start id="29" type="scavenge" contextid="28" timestamp="2017-05-18T12:31:
20.773">
  <mem-info id="30" free="38786024" total="52428800" percent="73">
    <mem type="nursery" free="0" total="13107200" percent="0">
      <mem type="allocate" free="0" total="6553600" percent="0" />
      <mem type="survivor" free="0" total="6553600" percent="0" />
    </mem>
    <mem type="tenure" free="38786024" total="39321600" percent="98">
      <mem type="soa" free="36819944" total="37355520" percent="98" />
      <mem type="loa" free="1966080" total="1966080" percent="100" />
    </mem>
    <remembered-set count="7391" />
  </mem-info>
</gc-start>
<allocation-stats totalBytes="4322688" >
  <allocated-bytes non-tlh="44912" tlh="4277776" />
  <largest-consumer threadName="main" threadId="0000000030000500" bytes=
"4318592" />
</allocation-stats>
<gc-op id="31" type="scavenge" timems="12.230" contextid="28" timestamp="2017-
05-18T12:31:20.785">
  <scavenger-info tenureage="8" tenuremask="7f00" tiltratio="50" />
  <memory-copied type="nursery" objects="29954" bytes="2267048" bytesdiscarded=
"222936" />
  <finalization candidates="344" enqueued="235" />
  <references type="soft" candidates="196" cleared="0" enqueued="0" dynamic
Threshold="32" maxThreshold="32" />
  <references type="weak" candidates="359" cleared="328" enqueued="328" />
  <references type="phantom" candidates="6" cleared="0" enqueued="0" />
</gc-op>
```

```
<gc-end id="32" type="scavenge" contextid="28" durationms="12.371" usertimems=
"4.202" systemtimems="0.048" timestamp="2017-05-18T12:31:20.785" activeThreads=
"8">
  <mem-info id="33" free="42847312" total="52428800" percent="81">
    <mem type="nursery" free="4061288" total="13107200" percent="30">
      <mem type="allocate" free="4061288" total="6553600" percent="61" />
      <mem type="survivor" free="0" total="6553600" percent="0" />
    </mem>
    <mem type="tenure" free="38786024" total="39321600" percent="98">
      <mem type="soa" free="36819944" total="37355520" percent="98" />
      <mem type="loa" free="1966080" total="1966080" percent="100" />
    </mem>
    <pending-finalizers system="235" default="0" reference="328" classloader=
"0" />
    <remembered-set count="3939" />
  </mem-info>
</gc-end>
<cycle-end id="34" type="scavenge" contextid="28" timestamp="2017-05-18T12:31:
20.785" />
<allocation-satisfied id="35" threadId="0000000030000500" bytesRequested=
"7176" />
<af-end id="36" timestamp="2017-05-18T12:31:20.785" />
<exclusive-end id="37" timestamp="2017-05-18T12:31:20.785" durationms=
"12.616" />
```

リスト7-17はGenerational ConcurrentのGCポリシーを使用している場合の出力例です。`<af-start id="27" totalBytesRequested="7176" …>`とあることから、Allocation Failureが発生したときに7176バイトが要求されていたことが分かります。ここに何MBものサイズが頻繁に掲示されるようならば、実行しているアプリケーションが大きいサイズのオブジェクトを頻繁に使用する、メモリー負荷の大きいアプリケーションであることがわかります。また、ここにはAllocation Failureが発生した時刻と、前回Allocation Failureが発生した時刻からの経過時間が記録されます。発生間隔が極端に短いGCが続いている場合には、注意が必要です。

`<exclusive-start>`内の`<response-info timems=…>`には、GCを開始するため他のスレッドを止めるのにかかった時間が記録されています。GCを実行する場合、他のスレッドを止めるための割り込みが発生します。通常のJavaコードを実行しているスレッドは直ちに一時停止するのですが、JNI（Java Native

Interface）経由でNativeのコードが実行されている場合など、すぐにスレッドが停止しない場合があります。全てのスレッドが停止するまでGCは開始できないので、ここにあまり長い時間が記録されている状況は好ましくありません。通常は1ミリ秒以内です。100ミリ秒以上の値が頻繁に記録されている場合、原因を調査する必要があります。後述するJavaDumpをGCをトリガーとして出力するように構成するとよいでしょう。

GC実行前（`<gc-start>`）、実行後（`<gc-end>`）でそれぞれ`<mem-info>`として空き領域サイズが出力されます。GC実行前はAllocate領域（`<mem type="allocate"…`）が0%だったものが、実行後は61%に増えていることが確認できます。Tenured領域がいっぱいになると`type="global"`のGCが発生します。一般にFull GCと呼ばれているものです。

Allocation FailureによるGCのチェックで重要なのが、GCにかかっているトータル時間とGCの発生間隔の比です。GCを実行している間は、他の全てのスレッドの処理は停止します。GCの時間の割合が増えると、JVMでプログラムを処理する時間がその分減少します。GCが発生している時間の割合が10%以内であれば問題はありませんが、恒常的に半分を超えるようであるならば、何らかのチューニングが必要となります。

GCが発生する原因には、Allocation Failure以外にJavaプログラムでの`System.gc()`の実行があります。

`System.gc()`によるGCは、ヒープにまだ余裕がある状態にもかかわらず実行されるGCで、また基本的に`type="global"`で実行されます。そのため、`System.gc()`の実行回数が多ければ、その分パフォーマンスは劣化します。特別な理由がない限りアプリケーションからの実行は避けるべきです。使用しているJDKのバージョンによっては、標準APIのクラスによって起動直後に`System.gc()`が実行されることがあります。ですが、アプリケーション・サーバーが稼働している間に`System.gc()`が頻発する場合、アプリケーションや使用しているライブラリーによって実行されていると考えられます。

アプリケーション中で`System.gc()`を実行している部分があれば、取り除いておきましょう。また、その部分で`System.gc()`が実行されているか不明な場合、`System.gc()`メソッドの実行をトリガーとしたJavaDumpの出力を構成することで調査できます。

適切なヒープのサイズを見積もる

JVM に割り当てる Java ヒープのサイズは、大きければよいというわけではありません。GC の頻度は少ないほどよく、また 1 回あたりの GC の実行時間は短いほどよいのですが、一般にこれらはトレードオフの関係にあります。ヒープのサイズを大きくすれば GC の実行回数は減りますが、1 回あたりの GC の時間は長くなってしまいます。一方、ヒープのサイズが小さければ GC の時間は短くなりますが、頻度は増えてしまいます。これらがバランスするサイズに保つ必要があります。

IBM の J9 VM は、最適なパフォーマンスを実現できるように、使用状況に応じてヒープサイズを自動調整する機能があります。ですので、あらかじめ一定のサイズのヒープ領域に固定するのではなく、最少ヒープサイズと最大ヒープサイズに幅を持たせ、JVM 自身に自動調整を行わせるようにします。ヒープサイズを固定する場合には、ある程度の期間自動調整で運用した後、冗長ガーベッジ・コレクションの結果を分析して最適な値を求めてから固定するようにしましょう。

GC の頻度が高すぎる場合には、GC の原因を調査します。特定の領域、例えば Tenured 領域の SOA は十分に空きがあるのに LOA のみが足りなくなって GC が発生している場合、手動で SOA と LOA の比率を調整します。ヒープサイズが最大に広がっているにもかかわらず、十分な空き領域が確保できていない場合には、ヒープの拡張を検討します。GC ごとに十分な空き領域が確保されているにもかかわらず、それらがすぐに使い果たされて GC が頻発している場合には、大量の一時オブジェクトが使用されているということなので、Generational Concurrent の GC ポリシーの使用を検討します。

Java のヒープサイズに関わる主な汎用 JVM 引数を表 7-25 に挙げます。<size> はバイト数で指定します。バイト数には k および m の補助単位を使用できます。例えば `-Xms128m` と指定すると、Java ヒープの最小サイズが 128MB に設定されます。<percentate> は割合を小数で指定します。0.3 を指定すると、30% に設定されます。

WAS traditional のサーバープロセスでは、管理コンソールの Java 仮想マシンの設定で「初期ヒープサイズ」「最大ヒープサイズ」に指定した値が `-Xmx` と `-Xmx` の値として使用され自動的に指定されます。

表7-25　Javaのヒープサイズ関係のオプション

引数	意味
-Xms<size>	Javaのヒープサイズ全体の初期サイズを指定する。ここで指定した値が最小サイズにもなる
-Xmx<size>	Javaのヒープサイズ全体の最大サイズを指定する
-Xloainitial<percentage>	Tenured領域に占めるLOAエリアの初期割合を指定する。デフォルトは0.05（5%）
-Xloamaximum<percentage>	LOAエリアの最大割合を指定する。デフォルトは0.5（50%）
-Xloaminimum<percentage>	LOAエリアの最少割合を指定する。デフォルトは0（0%）
-Xmn<size>	Generational ConcurrentのGCポリシーを使用している場合のNursery領域の初期サイズを指定する
-Xmns<size>	Nursery領域の最少サイズを指定する
-Xmnx<size>	Nursery領域の最大サイズを指定する
-Xmaxf<percentage>	GC後の空き領域割合がここで指定された割合以上の場合（-Xmsまでの範囲で）Javaヒープサイズの縮小が行われる。デフォルトは0.6（60%以上の場合に縮小が行われる）
-Xminf<percentage>	GC後の空き領域割合がここで指定された割合以下の場合（-Xmxまでの範囲で）Javaヒープサイズの拡張が行われる。デフォルトは0.3（30%以下の場合に拡張が行われる）
-Xmaxt<percentage>	全体の処理時間に対するGCの実行時間の割合がここで指定された割合以上の場合（-Xmxまでの範囲で）Javaヒープサイズの拡張が行われる。デフォルトは0.13（13%以下の場合に拡張が行われる）
-Xmaxe<size>	Javaヒープを拡張する場合の、1回あたりの拡張サイズの限度。デフォルトでは制限はない

デフォルトのGCポリシーや、これらの設定項目のデフォルトの値は、Javaヒープサイズが1GB程度のときに最適になるような値が設定されています。64ビット版のJVMを使用して、ヒープサイズを4GBや8GB、あるいはそれ以上のサイズに設定しているときには、事前に十分なテストを行った上で、各種パラメーターのチューニングを行う必要があります。

Column

セッションのサイズ

世代別GCで説明したように、Javaのオブジェクトには短時間で解放されるものと、長時間ヒープにとどまるものがあります。Java EEアプリケーション・サーバーにおいて、リクエストごとに解放されず長期間ヒープに存在し続けるオブジェクトの代表例が、`HttpSession`に格納したオブジェクトです。長命なオブジェクトはGCの頻度や時間を増加させます。特にGenerational ConcurrentのGCポリシーを使用している場合には、長命なオブジェクトの増加はGlobal GC（Full GC）の発生に直結します。HttpSessionに格納するオブジェクトをなるべく小さくすること、必要なくなったオブジェクトをHttpSessionから削除することは、JVMのパフォーマンスの観点からも重要です。

第8章

WAS traditional セキュリティの基本を理解する

8-1 管理セキュリティとアプリケーション・セキュリティ

セキュリティは、非常に大きなテーマです。「誰から何を守るか」という目的を明確にして対策を講じていくことが必要です。ハードウェアを含めたゾーニング、OS、ネットワーク、ファイアー・ウォール、IDSやIPSなどによって、外部や内部からの不正なアクセスやDoS攻撃の検知、予防を施します。

WASは、Webサーバー・プラグインによってIHSなどのWebサーバーとアプリケーション・サーバーを別筐体に配置できます。

この章では、WASが提供する認証・認可の手順を説明します。また、ユーザーが1回の認証の操作で異なるWASにアクセスできる、シングルサインオンについても触れていきます。

WASのセキュリティは、管理する対象により、2つに分けられます。1つは、WAS構成ファイルなどへのアクセスに対しての認証、認可、暗号化を行う「管理セキュリティ」です。もう1つは、ユーザー・プログラムへのアクセス、つまりWebコンテナー、EJBコンテナー、Webサービスなどへのアクセスを対象とする「アプリケーション・セキュリティ」です。この2つを合わせたものを総称して、WASでは「グローバル・セキュリティ」と呼んでいます。

WASセキュリティを理解する

図8-1は、WASセキュリティの概要を示しています。「管理セキュリティ」と「アプリケーション・セキュリティ」があり、個別に設定する必要があります。「管理セキュリティ」は、デフォルトで使用可能になっています。「アプリケーション・セキュリティ」は、管理セキュリティが利用可能な場合のみ、有効にできます。

◆図 8-1 WAS セキュリティの概要

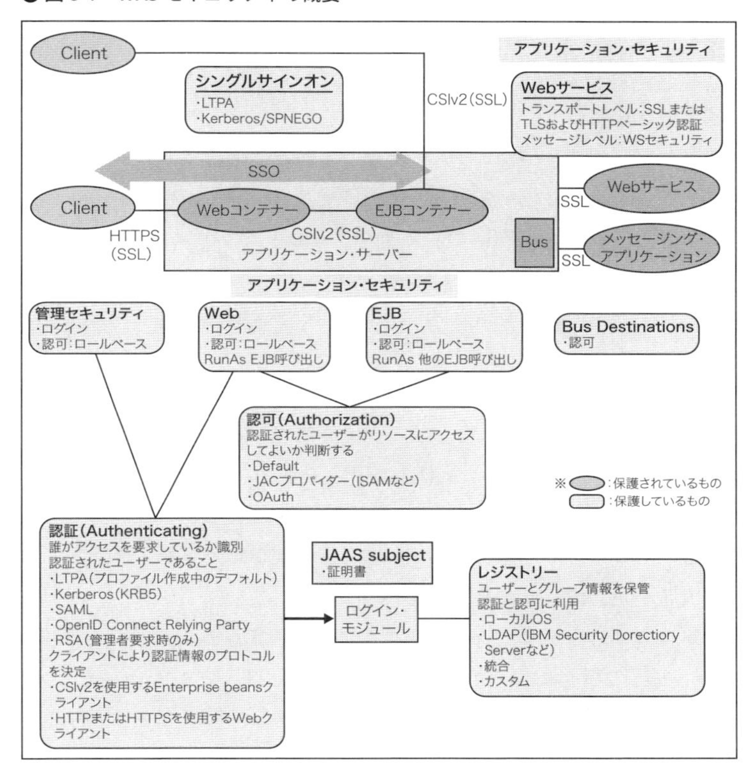

管理セキュリティを有効にすると、管理コンソールや管理コマンドを使う時に、ログイン、つまりユーザー ID とパスワードが必要になります。WAS は、誰がアクセスを要求しているかを識別し、ユーザー ID が登録されていることを確認します。これを認証（authentication）と言います。この認証には、Java セキュリティ・モデルで規定されたインターフェースを実装するログイン・モジュールが提供されています。これを介して、次のレジストリーを利用できます。

- ローカル OS（シングルサーバー環境でのみ使用可能）
- スタンドアロン LDAP レジストリー
- スタンドアロン・カスタム・レジストリー
- 統合リポジトリー

統合リポジトリー（フェデレーテッド・リポジトリー）は、実際には複数のレジストリーを使用しながら、1つのレジストリーのように扱える機能です。ファイル・ベースのレジストリーや、1つ以上のLDAPレジストリーを組み合わせて利用できます。

次に、認証したユーザーがリソースにアクセスする権限を持っているか判定します。ユーザーやユーザー・グループごとに役割（ロール）を設定して、役割によって操作できる範囲を制限できます。管理セキュリティの場合は、「管理者」「デプロイヤー」「監査者」といった8つのロール（表8-1）が決められています。これを認可(authorization)と言います。Knowledge Centerでは、許可と訳されています。

JACC（Java Authorization Contract for Containers）はJava EE 7ではJACC 1.5として定義された仕様で、プラグイン可能な許可プロバイダーを設定できます。WASではクライアント機能が組み込まれていて、サーバーとしてIBM Security Access Manager（ISAM）が同梱されています。ISAMを利用することで、ユーザー管理、ユーザーのグループ定義、セキュリティ・ポリシーの作成を一元的に行うことが可能です。

そして、ブラウザから管理コンソールへの通信は、SSLで暗号化できます。さらに、WAS NDの場合には、WAS間（デプロイメント・マネージャー、ノードエージェント、アプリケーション・サーバー）の通信、管理ツールからのアクセスがSSLで暗号化されます。また、WebコンテナやEJBクライアントからEJBコンテナへの通信には、CSIv2（Common Secure Interoperability Version 2）というOMG標準のORB間の通信プロトコルが採用されています。SSLの上にセキュリティ属性が乗せられ、Webコンテナで認証されたIDを再び認証することなく受け入れられるようになっています。

アプリケーション・セキュリティは、WebアプリケーションやEJBなどへのアクセスに認証と認可の仕掛けを提供します。WASでは、Java EEセキュリティに準拠したコンテナ・ベースのセキュリティとして、次の2つの方式を利用できます。

- 宣言セキュリティ：

  デプロイメント記述子にセキュリティ・ポリシーを記述します。

- プログラマチック・セキュリティ：
  APIを使用してコード内にセキュリティの機能を実装します。

複数のアプリケーション・サーバーにアクセスする場合、サーバーが変わるたびにログインし直すのは面倒です。最初にアクセスしたアプリケーション・サーバーで認証されたら、それ以降新たに呼び出す別のアプリケーション・サーバーでのログインを不要にするのが、シングル・サインオン（SSO）です。そのためには、認証を行ったサーバーが認証関連のデータを暗号化し、デジタル署名した上で安全に伝送し、別のサーバーで署名を暗号化解除して検査することが必要です。

WAS環境では、Lightweight Third Party Authenti-cation（以降LTPA）トークンを使ったシングル・サインオンをサポートしています。最初にアクセスしたアプリケーション・サーバーでトークンが発行され、それ以降にアクセスする新たなサーバーでは、そのトークンで認証されます。また、Kerberos、SAML、OAuth 2.0、OpenID Connect 1.0もサポートしています。

WASは、セルの単位でアプリケーションを管理できますが、セキュリティを複数作成でき、管理とユーザー・アプリケーションに異なる設定ができます。つまり、1つの管理コンソールで管理しているアプリケーション・サーバー群は、全て単一グループとして扱う必要がありません。管理するアプリケーション・サーバーが多い場合は、1つのユーザー・グループで認証と認可を行うのではなく、複数のユーザー・グループとアプリケーション・サーバーのグループを分けて管理できます。例えば「ユーザーAはサーバーA、B、Cでは認証されるが、サーバーX、Y、Zでは別のレジストリーを使用しているので認証されない」といった形態です。

1 2 3 4 5 6 7 8 9 10 11 12 13

8-2 管理セキュリティを利用する

管理セキュリティは、管理コンソールへのアクセスを制限し、リソースの設定やアプリケーションに対する操作（配置、削除、開始、停止など）を安全に行うために使用されます。また、アプリケーション・セキュリティを使用する場合は、管理セキュリティを有効にする必要があります。管理セキュリティを有効にすると、管理コンソールだけでなく、管理コマンドや wsadmin コマンドなどの管理ツールを使用する場合にも認証が必要になります。本番環境では利用が推奨されます。

管理セキュリティを設定する

管理セキュリティは、プロファイルを設定するときに設定できますが、導入後に設定することもできます。

■プロファイル作成時に指定する

プロファイル作成時に、「管理セキュリティを有効にする」を選択し、ユーザーIDとパスワードを入力します。ここで入力したユーザーIDが、管理者ユーザーとなります。デフォルトでは、認証に「統合リポジトリー」の「ファイル・ベースのレジストリー」が使われます。このIDは、<PROFILE_ROOT>/config/cells/<セル名>パスに保管されているファイル・ベースのレジストリー（fileRegistry.xml）に保管されます。「拡張プロファイル」を選んでもレジストリーは選択できません。

同時に、セキュリティ証明書がデフォルトで作成され、これを使って通信を暗号化しています。デフォルトの「標準プロファイル作成」では、個人証明書の有効期限は1年ですが、「拡張プロファイル作成」では異なる有効期限を選択できます。

■導入後に指定する

1. 管理コンソールで、「セキュリティ」 → 「グローバル・セキュリティ」の画面から「セキュリティ構成ウィザード」を使って、管理セキュリティやアプリケーション・セキュリティを有効にできます。
2. レジストリーをローカルOS、スタンドアロンLDAP、スタンドアロン・カスタム、統合リポジトリーの中から選びます。
3. 管理者のユーザーIDとパスワードなどを指定します。入力項目は選択したレジストリーで異なります。

認証に使用できるレジストリー

ユーザーIDとパスワードの確認に認証モジュールが利用するのが、レジストリーです。導入後に指定できる認証用のレジストリーは、次の通りです。

- ローカルOS
  アプリケーション・サーバーが稼働するローカルOSのユーザー情報をレジストリーとして使用します。UNIXシステムの場合、アプリケーション・サーバー・プロセスは、ユーザーやグループ情報取得用のローカルOSのAPIを呼び出すためにroot権限を持っている必要があります。
  マルチノード、またはUNIXプラットフォーム上で非rootとして実行中の場合、ローカルOSは使用できません。利用可能なのは、WAS NDのセルが単一マシン上にある場合、またはWAS Baseに限られます。
- スタンドアロンLDAPレジストリー
  LDAPは、TCP/IP上で動作するインターネット標準のディレクトリー・アクセス・プロトコルです。単独のLDAPレジストリーを直接する時に使用します。WASは、主要なLDAPディレクトリー・サーバーをサポートしています。これらのLDAPサーバーは、ユーザー認証やその他のセキュリティ関連タスクを実行する時に呼び出されます。
- スタンドアロン・カスタム・レジストリー
  com.ibm.websphere.security.UserRegistryインターフェースを実装したスタンドアロン・カスタム・レジストリーを作成できます。リレーショナル・データベース、フラット・ファイルなどいろいろなタイプのレジストリーを使えるので、管理にデータベースを使用している場合は、このインターフェースを実装すればそのデータベースを WAS セキュリティのレジストリーとすることができます。

- 統合リポジトリー（フェデレーテッド・リポジトリー）

  統合リポジトリーでは、「ファイル・ベース」「LDAP」「カスタム」「データベース」という 4 種類のレジストリーを同時に複数使用できます。WAS の管理者にとっては、論理的な単一レジストリーのビューが提供されます。データベース・レジストリーは、wsadmin コマンドを使用して構成します。

Column

wsadmin コマンドでパスワードの入力省略する方法

管理セキュリティが有効だと wsadmin コマンド実行時にパスワード入力が必要になります。wsadmin コマンドで実行停止やアプリケーションの配置を行う場合、スクリプトの中にユーザー ID とパスワードを記述せずに以下のファイルに保管して、スクリプトからはその情報を利用すると、パスワードなどを 1 箇所で管理できます。

```
<WAS_HOME>/profiles/<プロファイル名>/properties/soap.client.props
com.ibm.SOAP.securityEnabled=true
com.ibm.SOAP.loginUserid=xxxxx
com.ibm.SOAP.loginPassword=yyyyy
```

さらに、次のコマンドでパスワード部分を暗号化できます。

```
PropFilePassworcEncoder ../properties/soap.client.props com.ibm.SOAP.
loginPassword
```

管理の役割を指定する

管理コンソール「ユーザーおよびグループ」の「管理ユーザー・ロール」や「管理グループ・ロール」画面を利用して、レジストリーに登録したユーザーに対して、管理の役割を指定できます。管理ロールとしては、表 8-1 のように設定されています。

▶表 8-1 管理セキュリティのロール

ロール	内容
モニター	最も狭い範囲の許可が与えられる。アプリケーション・サーバーの構成および現在の状態を見ることのみの、最も狭い許可
コンフィギュレーター	モニター許可に加えて、WAS 構成を変更できる。ランタイム状態は変更できない
オペレーター	モニター許可に加えて、ランタイム状態を変更できる。サービスを開始または停止することができる。WAS 構成は変更できない
セキュリティ・マネージャーの管理	ユーザーとグループを管理コンソール内から管理する特権を持っており、管理ロールのマッピングを使用してユーザーおよびグループを変更できる、アクセス権の所有者を決定する
デプロイヤー	アプリケーションに対して、構成操作と実行時の操作の両方を実行できる
ISC 管理	管理コンソール内のみのユーザーとグループを管理する管理者特権を有する
管理者	オペレーターに与えられる許可、コンフィギュレーターに与えられる許可や、サーバー・パスワード、LTPA のパスワードおよび鍵などの機密データにアクセスするために必要な許可がある
監査員	セキュリティ監査サブシステムの構成設定を表示および変更することができる

8-3 暗号化の仕掛け SSL を理解する

Secure Socket Layer（SSL）は、データを安全に通信するための認証、データ署名およびデータ暗号化を含むプロトコルです。IETF（The Internet Engineering Task Force）で RFC2246 の Transport Layer Security（TLS）1.0 として標準仕様が公開されています。WAS V9.0 では、デフォルトの SSL プロトコルを TLS v1.2（RFC 5246）に変更しています。

SSL の基盤技術は、公開鍵暗号方式で公開鍵を使用してデータを暗号化します。それに対応する秘密鍵を持つ人だけがそのデータを復号できます。WAS では SSL 実装として、Java Secure Socket Extension（JSSE）を採用しています。JSSE は Java 2 Standard Edition（J2SE）仕様の一部であり、Java Runtime Extension（JRE）の IBM 実装に含まれます。

JSSE では、セキュア接続の保護とデータ暗号化の一部について、X.509 証明書ベースの非対称の鍵ペアを使用しています。

図 8-2　SSL 暗号化の流れ

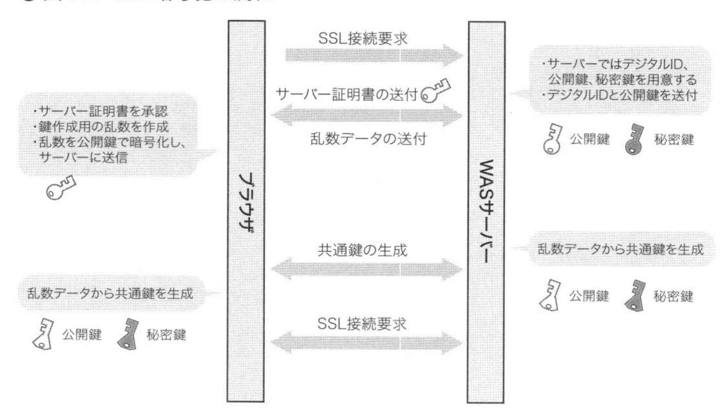

WAS では、次のデジタル署名した X.509 証明書のいずれかが必要です。X.509 証明書は、単に「証明書」あるいは「セキュリティ証明書」と呼ばれることがあります。

- 証明局（CA）により署名
- NodeDefaultRootStore または DmgrDefaultRootStore のルート証明書により署名

証明書の管理

この証明書には、「暗号化」と「Web サイトの運営者を確認」という 2 つの役割があります。

ベリサインなどの認証局が発行した証明書には、認証局の秘密鍵を使用した署名が付いており、クライアントは、ブラウザにあらかじめ組み込まれた認証局のルート証明書と公開鍵を使用して、サーバーの確認を行います。

証明書には、自分で署名した自己証明書と他の証明書によって署名されたチェーン証明書があります。WAS では、自己署名したルート証明書とチェーン証明書が導入時に作成され、内部の通信の暗号化に利用されます。ルート証明書は、セル全体で共有され、チェーン証明書はノードごとに作成されます。ノードの証明書は、ルート証明書によって署名されており、ルート証明書によって通信相手のサーバーの確認が行われます。

デフォルトの有効期限は、チェーン証明書（個人証明書）が 1 年、ルート証明書が 15 年です。これは、プロファイル作成時に「拡張」を選択すれば、より長い期間に変更できます。

さらに WAS は、証明書の有効期限の監視と自動更新の機能を備えています。指定した日数間隔か日時に検査を行い、ログか電子メールで有効期限が迫っていることを通知できます。証明書の有効期限管理には、「セキュリティ」の「SSL 証明書および鍵管理」「証明書有効期限の管理」（図 8-3 前）画面を利用できます。

図 8-3　管理コンソールからの証明書管理

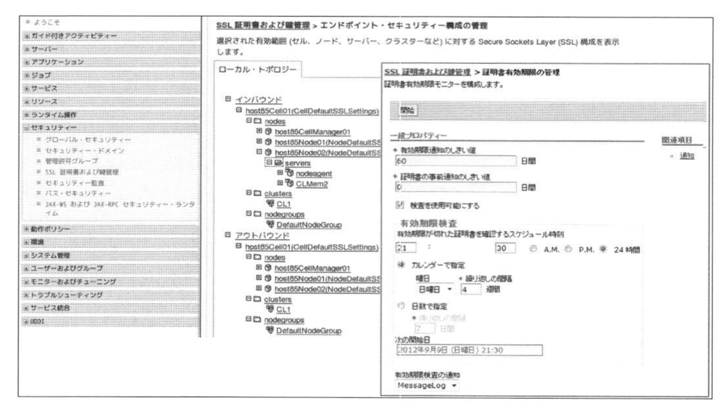

「有効期限が切れる自己署名証明書およびチェーン証明書を自動的に置換」にチェックを入れれば、期限切れ証明書の自動更新もできます。WAS ND でこれを利用するときには、ファイル同期化サービスとファイル転送サービスを利用可能にしておいてください。ファイル同期化サービスが有効になっていなかった場合や、証明書の更新が行われたときにノードが停止していた場合には、syncNode コマンドを使用して手動で同期するまでノードが他のサーバーと通信できなくなることがあります。

8-4 アプリケーション・セキュリティを利用する

アプリケーション・セキュリティは、サーブレットやJSPなどのWebリソースやEJBメソッドに対して、認証と認可のアクセス制御を行います。

Webリソースの場合、アプリケーション・セキュリティが使用可能になっていると、`web.xml`内でURLに対して設定したリソースやアノテーションで指定したサーブレットに対するセキュリティ制約が実行されます。これは、デプロイメント記述子に対して宣言するので、宣言セキュリティと呼ばれています。設定したURLにアクセスすると、Webクライアントに対して認証を求めます。認証の方式には、次の３種類があり`web.xml`に指定します。

- ベーシック認証
- フォーム認証
- クライアント認証

この節では、Webリソースへのセキュリティの適用方法について解説します。

ベーシック認証（Basic Authentication、基本認証）

ブラウザからのリクエストに対してサーバーから認証方式と認証レルムを送り、ポップアップ・メニューでユーザーIDとパスワードを入力させる方法です。HTTP/1.0仕様のメカニズムを利用しています。ブラウザは、認証ヘッダーにユーザーIDとパスワードをセットして送信します。

アプリケーションのデプロイメント記述子に設定が必要なので、まず、その項目を見てみましょう。WDTで、`web.xml`に対して次のように指定します。`<web-resource-collection>`タグの中では、アクセス制御するリソースを指定します。`<auth-constraint>`タグの中では、アクセスを許可するロールを指定します。

▶ リスト 8-1　web.xml でのベーシック認証の指定

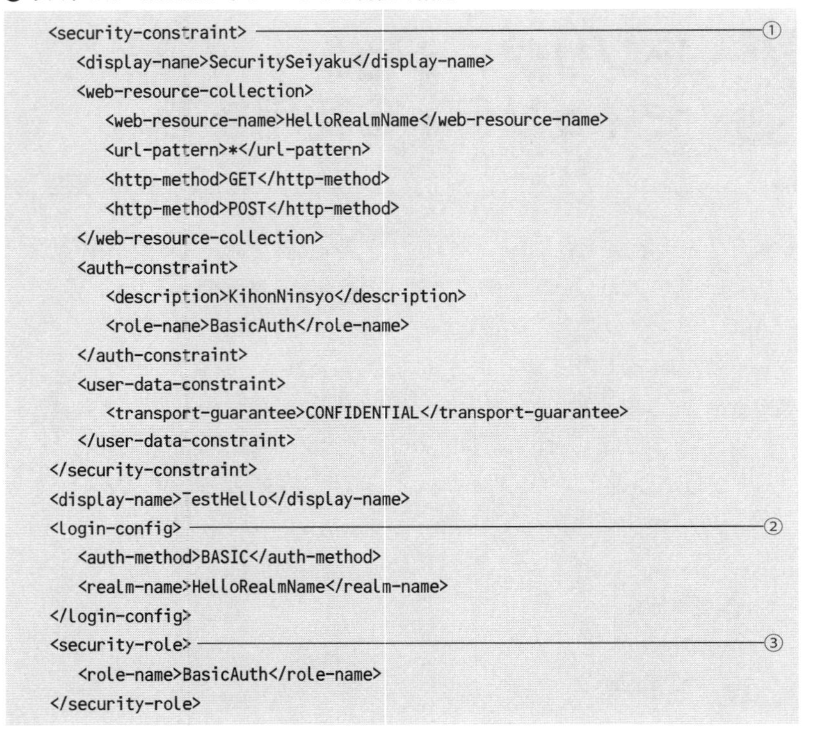

```
<security-constraint> ─────────────────────────────① 
   <display-name>SecuritySeiyaku</display-name>
   <web-resource-collection>
      <web-resource-name>HelloRealmName</web-resource-name>
      <url-pattern>*</url-pattern>
      <http-method>GET</http-method>
      <http-method>POST</http-method>
   </web-resource-collection>
   <auth-constraint>
      <description>KihonNinsyo</description>
      <role-name>BasicAuth</role-name>
   </auth-constraint>
   <user-data-constraint>
      <transport-guarantee>CONFIDENTIAL</transport-guarantee>
   </user-data-constraint>
</security-constraint>
<display-name>TestHello</display-name>
<login-config> ─────────────────────────────────② 
   <auth-method>BASIC</auth-method>
   <realm-name>HelloRealmName</realm-name>
</login-config>
<security-role> ────────────────────────────────③ 
   <role-name>BasicAuth</role-name>
</security-role>
```

① <security-constraint> セキュリティ制約の設定エレメントの中に、対象 Web リソース <web-resource-name> となる URL<url-pattern> と HTTP メソッド <http-method> を指定します。リスト 8-1 では、GET と POST の全ての URL を対象としています。さらに、<auth-constraint> 認証制約エレメントに、アクセスを許可するロール名 <role-name> を指定します。このロール名は複数指定できます。WAS に配置した後、このロール名に対して、ユーザー ID やグループをマップすることで認証を行えるようになります。

<transport-guarantee> トランスポート保証の設定として NONE、CONFIDENTIAL を指定できます。後者だと SSL が必須になります。

② <login-config> ログイン設定エレメントの中の <auth-method> で認証方式（BASIC、FORM、CLIENT-CERT）を指定します。<realm-name> には、レルム

名を設定します。

③ <security-role> セキュリティ・ロール設定エレメントの中の、<role-name> にロール名を複数指定できます。

■ WDT の Java EE 7 Web デプロイメント記述子エディター操作

Java EE 7（動的 Web プロジェクト・バージョン 3.1）の場合、動的プロジェクト（Dynamic Web Project）作成時に「web.xml デプロイメント記述子の生成（Generate web.xml deployment description)」にチェックすると **web.xml** が作成されます。

1. 動的 Web プロジェクトを展開して、「WebContent → WEB-INF」の下の **web.xml** をダブルクリックします。
2. 「Web アプリケーション」を選択して「Add（追加)」ボタンをクリックし、「Add Item（項目の追加)」画面を開きます。

図 8-4　設計タブと追加の項目

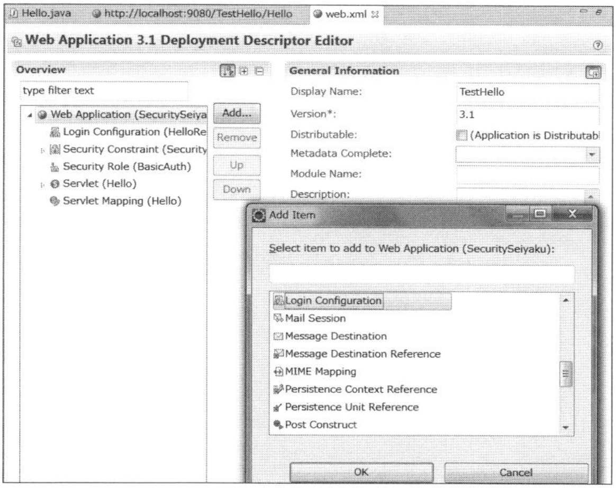

3. 「Add Item」画面で「ログイン構成 Login Configuration（ログイン構成)」を選択し、「OK」をクリックします。「Web アプリケーション構造」に「Properties for login configuration（ログイン構成)」が表示されるの

で、これを選択すると、「ログイン構成のプロパティー」に「Authentication Method（認証方式）」、「Realm Name（レルム名）」が表示されます。ここで認証方式に「BASIC」、レルム名（例：HelloRealmName）を入力します。

▶図8-5 ログイン構成のプロパティー

4. 「Web Application」を選択して「Add」ボタンをクリックし、「Add Item」画面で、「Security Role（セキュリティ・ロール）」を追加し、「Role Name（ロール名）」を入力します（例：BasicAuth）。
5. 同様に「Add Item」画面で、「Security Constraint（セキュリティ制約）」を追加し、表示名（例：SecuritySeiyaku）、ロール名（例：BasicAuth）、トランスポート保証を指定します。

▶図8-6 セキュリティ制約の詳細

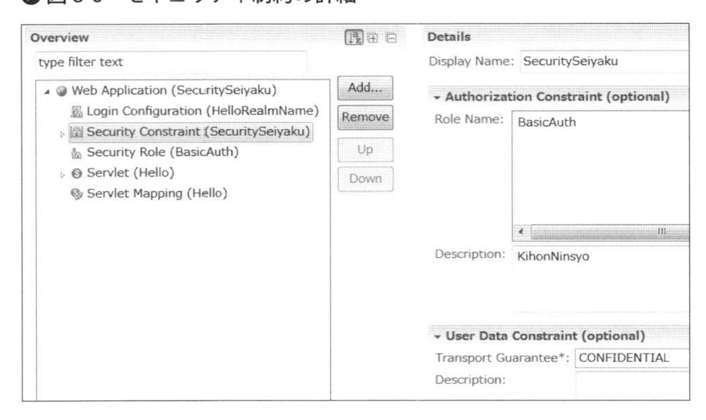

6. 「Security Constraint」の「Web Resource Collection（Webリソース・コレクション）」を選択して、「Web Resource Name（Webリソース名）」

と「URL Pattern（URL パターン）」を指定します。Web リソース名「SecuritySeiyaku」、URL パターン「*」。

7. 「Web リソース･コレクション」を選択して「追加」をクリックし､「HTTP メソッド」として「GET」と「POST」を追加します。

▶図 8-7　Web リソース・コレクションの詳細

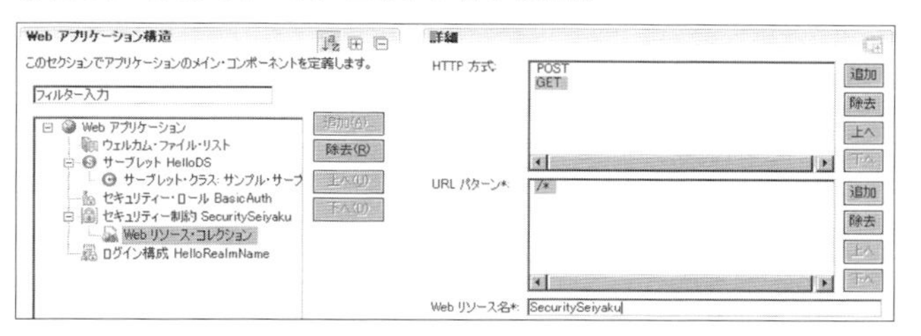

■配置アプリのセキュリティ・ロールとユーザー／グループのマップ

WAS へのデプロイ後に、デプロイメント記述子の「セキュリティ・ロール」に対して、ユーザーまたはグループを指定します。

1. EAR を WAS にデプロイします。
2. 「アプリケーション」「アプリケーション・タイプ」➔「WebSphere エンタープライズ・アプリケーション」を選択し、EAR の一覧を表示して、この EAR を選びます。次に詳細プロパティーの「ユーザー / グループ・マッピングへのセキュリティ・ロール」を選択します。
3. 「ロール（BasicAuth)」を選択し、「ユーザーのマップ」または「グループのマップ」ボタンをクリックします。
4. 「ユーザーの検索および選択」で､「ユーザーのレルム」「最大の表示数（デフォルト 20)」「検索ストリング（省略時 *)」を指定して、「検索」ボタンをクリックします。使用可能のリストに指定可能なユーザー ID が表示されます。
5. ユーザー ID を選択して「→」をクリックし、「選択済み」に登録します。後は「OK」を選択して、「ロール（BasicAuth)」と「ユーザーまたはグループ」とを対応させます。

図 8-8　ロールとユーザーのマップ

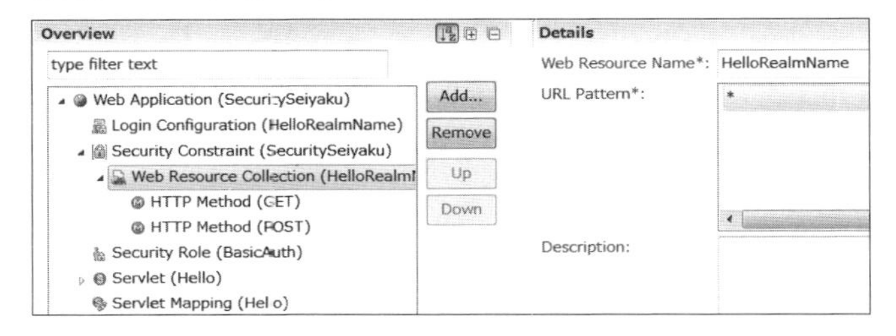

6. 「OK」をクリックして保存します。
7. 管理セキュリティを使用可能にしている場合には、この後、管理コンソールの「グローバル・セキュリティ」の「アプリケーション・セキュリティを使用可能にする」をチェックすることで、有効に設定されます。WAS を再起動すると、更新が反映されます。

図 8-9　アプリケーション・セキュリティの設定

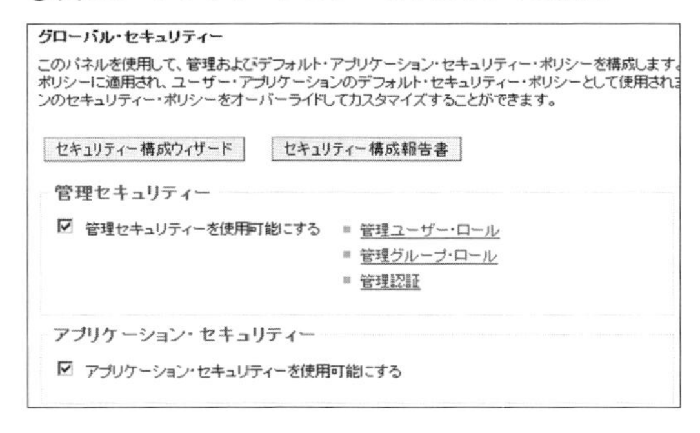

■ Java EE 7 サーブレット 3.1 アノテーションの記述

Java EE 7、サーブレット 3.1 では、`@ServletSecurity`、`@HttpConstraint`、`@HttpMethodConstraint` アノテーションが追加されました。`web.xml` の `<security-constraint>` と同様の指定を行えます。リスト 8-2 は、GET メソッドおよび POST メソッドの呼び出しには「BasicAuth」というロールが必要で、トランスポートの暗号化を必要とするという指定例です。

▶リスト 8-2　Java EE 6 アノテーションでのベーシック認証の指定

```
import javax.servlet.annotation.HttpConstraint;
import javax.servlet.annotation.HttpMethodConstraint;
import javax.servlet.annotation.ServletSecurity;
import javax.servlet.annotation.ServletSecurity.TransportGuarantee;
import javax.servlet.annotation.WebServlet;
@WebServlet("/HelloDSAn")
@ServletSecurity(httpMethodConstraints = {
        @HttpMethodConstraint(value="GET", rolesAllowed="BasicAuth"),
        @HttpMethodConstraint(value="POST", rolesAllowed="BasicAuth")},
        value= @HttpConstraint(transportGuarantee = TransportGuarantee.
CONFIDENTIAL))
public class HelloDSAn extends HttpServlet {
```

しかし、Web アプリケーションでは、サーブレットを使用しない場合もあります。この場合は、**web.xml** でセキュリティの指定が必要です。また、BASIC（デフォルト）以外の認証方式を指定するときも、**web.xml** での記述が必要になります。なお、ベーシック認証でのパスワードは Base64 でエンコーディングしているだけなので、SSL と同時に使用する必要があります。

フォーム認証（FORM Authentication、FORM 認証）

ベーシック認証にはブラウザ標準の画面を使用しますが、フォーム認証ではカスタマイズできる HTML ページでログインを行います。Java EE 仕様では、フォーム認証の方法を次のように規定しています。

1. 認証されないユーザーのリクエストから指定したリソースを保護します。
2. web.xml で定義したログイン HTML に事前にリダイレクトします。
3. ログイン HTML は、ユーザー ID とパスワードを指定してサブミットします。
4. WAS のサーブレット「j_security_check」を呼び出して、認証を行います。
5. 認証に成功すると、本来のリクエストされていたリソースを表示します。

フォーム認証の場合は、デプロイメント記述子での宣言とログイン画面の準備が必要です。

Web デプロイメント記述子（web.xml）では、次のように設定します。

▶リスト 8-3　web.xml でのフォーム認証の指定の例

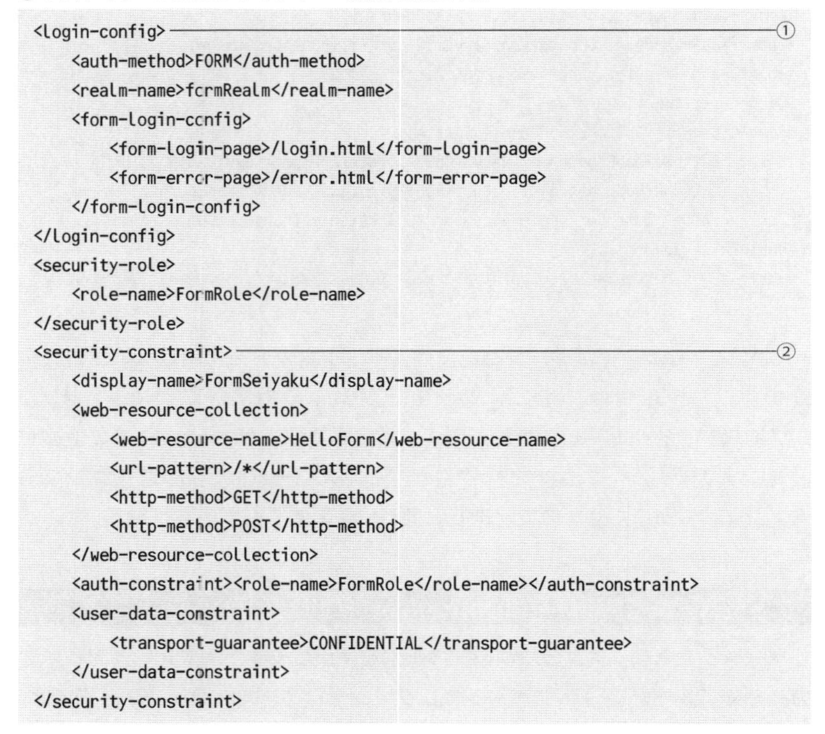

```
<login-config> ──────────────────────────── ①
    <auth-method>FORM</auth-method>
    <realm-name>formRealm</realm-name>
    <form-login-config>
        <form-login-page>/login.html</form-login-page>
        <form-error-page>/error.html</form-error-page>
    </form-login-config>
</login-config>
<security-role>
    <role-name>FormRole</role-name>
</security-role>
<security-constraint> ────────────────────── ②
    <display-name>FormSeiyaku</display-name>
    <web-resource-collection>
        <web-resource-name>HelloForm</web-resource-name>
        <url-pattern>/*</url-pattern>
        <http-method>GET</http-method>
        <http-method>POST</http-method>
    </web-resource-collection>
    <auth-constraint><role-name>FormRole</role-name></auth-constraint>
    <user-data-constraint>
        <transport-guarantee>CONFIDENTIAL</transport-guarantee>
    </user-data-constraint>
</security-constraint>
```

①　ログインの設定で、<auth-method> にフォーム認証、<realm-name> にレルム名 formRealm を指定しています。ベーシック認証と異なるのは、<form-login-config> フォーム・ログイン設定エレメントの中で、ログイン <form-login-page>/login.html とエラー・ページ <form-error-page>/error.html を指定している点です。

②　セキュリティ制約の設定は、ベーシック認証と同様です。<user-data-constraint> ユーザー・データ制約で、<transport-guarantee> に CONFIDENTIAL を指定しています。これはデータが通信中に参照されないことを要求しています。

■ WDT デプロイメント記述子エディター操作

WDT でフォーム認証を設定する操作は、次の通りです。

1. 動的 Web プロジェクト（Dynamic Web Project）を展開して、「WebContent → WEB-INF」の下の `web.xml` をダブルクリックします。次に、「Design（設計）」タブをクリックします。
2. 概要（Overview）で、「Web Application」を選択し、の「追加認証方式」ボタンをクリックし、「Login Configuration」を追加します。ログイン構成のプロパティーの「Authentication Method（認証方式）」に「FORM」を、「Realm Name（レルム名）」に「formRealm」を入力します。
3. フォーム・ログイン構成（Form Login Configuration）に、ログインとエラーの html を入力します。
   Form Login Page（例：「/login.html」）。
   Form Error Page（例：「/error.html」）。

▶図 8-10　ログイン構成でフォーム認証の設定

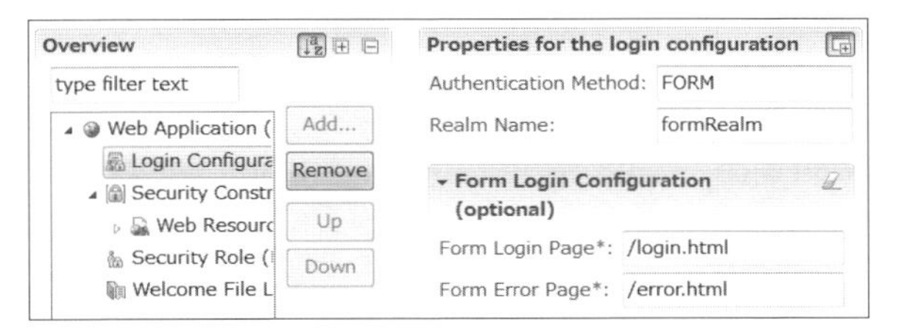

4. 概要（Overview）で、「Web Application」を選択し、「Add」ボタンをクリックし、「Security Role」を追加します。ロール「セキュリティー」タブをクリックします。ロール名（Role Name）を入力します（例：「FormRole」）。
5. 概要（Overview）で、「Web Application」を選択し、「Add」ボタンをクリックし、「Security Constraint（セキュリティ制約）」を追加します。次に詳細で、表示制約名（Display Name）「例　FormSeiyaku」、許可制約（Authorization Constraint）のロール名（Role Name）「例　FormRole」、ユーザー・データ制約（Transport Guarantee）「例　CONFIDENTIAL」を入力します。

6. 概要（Overview）で、「Security Constraint」を選択し、「Add」ボタンをクリックし、「Web Resource Collection」を追加します。次に詳細で、Web リソース名（Web Resource Name）「例　HelloForm」、URL パターン（URL Pattern）「例　*」を入力します。
7. 概要（Overview）で、「Web Resource Collection」を選択し、「Add」ボタンをクリックし、「HTTP Method」を追加します。詳細で「GET」を指定します。同様に「POST」も追加します。

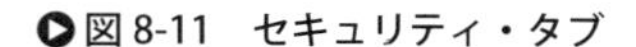

図 8-11　セキュリティ・タブ

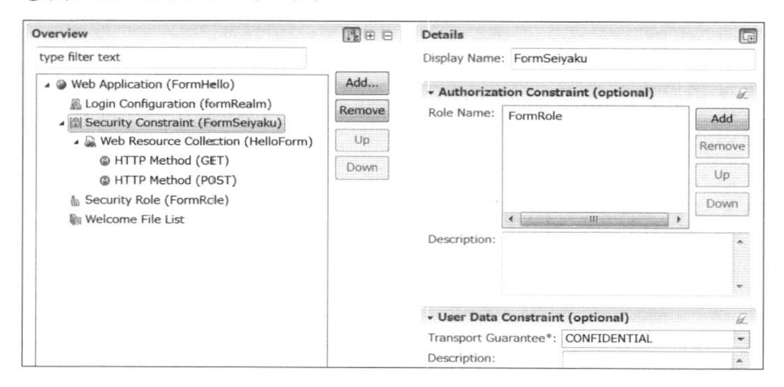

■ login.html と error.html 画面

ログイン・フォームの action では、POST メソッドに「j_security_check」を指定します。入力テキストの指定は、次の通りです。

- j_username：ユーザー ID
- j_password：パスワード

リスト 8-4　フォーム認証のログイン画面例（login.html）

```
<html>
<head>
<meta http-equiv="Content-Type" content="text/html; charset=UTF-8">
<title>ログイン</title>
</head>
<body>
<form action="j_security_check" method="post">
ユーザー ID<input type="text" size="20" name="j_username"><br>
```

```
パスワード<input type="password" size="20" name="j_password"><br>
<BR>
<BR>
<input type="submit" name="login" value="Login">
</form>
</body>
</html>
```

リスト 8-5　フォーム認証のエラー画面例（error.html）

```
<html>
<head>
<meta http-equiv="Content-Type" content="text/html; charset=UTF-8">
<title>ログイン・エラー </title>
</head>
<body>
<H1><B>フォーム・ログイン認証エラー </B></H1>
認証に失敗しました。<br>
<a href="login.html" title="ログイン">ログイン</a>
</body>
</html>
```

WAS では、Java EE 仕様を拡張してフォーム認証でのログアウト機能が提供されています。ログアウトすると、保護されたリソースにアクセスするためには再度ログインが必要です。ログアウトを実行するには、POST メソッドで「ibm_security_logout」を呼び出します。そして、logoutExitPage でログアウト後のリダイレクト先を指定します。

リスト 8-6　フォーム認証の成功画面例（index.html）

```
<html>
<head>
<meta http-equiv="Content-Type" content="text/html; charset=UTF-8">
<title>ログイン成功</title>
</head>
<body>
ログインに成功しました。<br>
<a href="HelloDSAn" title="従業員テーブル検索">従業員テーブル検索</a>
<form method="post" action="ibm_security_logout" NAME="logout">
<input type="submit" name="logout" value="Logout">
<input type="hidden" name="logoutExitPage" value="/login.html">
```

```
</form>
</body>
</html>
```

管理コンソールで、EAR を WAS にデプロイし、アプリケーション（EAR）に対して、ユーザー／グループへのセキュリティ・ロールのマッピングを行います。この操作は、ベーシック認証の「配置アプリのセキュリティ・ロールとユーザー／グループのマップ」と同じです。

クライアント認証

クライアント認証は、ユーザーごとにクライアント証明書をクライアント（ブラウザ）に導入し、ユーザーからのリクエスト時にこの証明書を使って認証を行います。ユーザー ID やパスワードは、誰かに知られて成りすまされる可能性があります。信頼の置ける機関が発行した電子証明書を使うと、より安全な本人確認ができます。ただし、証明書の発行やブラウザでの設定など運用は大変になります。また、SSL の設定は必須です。この場合、SSL ハンドシェークの中で、サーバーがクライアント認証を要求します。

IHS と WAS をプラグインで組み合わせて使用している場合には、IHS で認証したクライアントの情報を WAS 上の Web アプリケーションから利用できます。IHS と WAS には、証明書の管理ツールとして、GUI ツール ikeyman と管理コンソール wsadmin スクリプトの AdminTask オブジェクトを使用できます。ここでは、WAS 特有のツールの紹介を兼ねて、自己証明書を使ったクライアント認証の設定を IHS で行ってみましょう。

Column

セキュリティ設定前にはバックアップを取ろう

インターネット環境では、自分で作った証明書は信頼できるサーバーやクライアントであることの証明にはなりません。WAS でクライアント認証を行う場合、ローカル OS やビルトイン・ファイル・レジストリーがクライアント認証をサポートしていないため、LDAP の準備が必要になります。また、誤った設定でクライアント証明を必須としてしまうと、WAS が起動できなくなったり、管理コンソールにアクセスできなくなったりしてしまいます。

この操作を行う場合には、作業を進める前に必ずバックアップを取ってください。WAS では **<WAS_HOME>/profiles/<** プロファイル名 > 以降を全てバックアップするとよいでしょう。

ブラウザ（例：Internet Explorer）と IHS の認証にクライアント認証を使用します。ikeyman は、WAS や IHS に付属している証明書を管理するツールで、次の機能があります。

- 新規鍵データベースの作成や証明書の検査
- データベースの CA ルート追加や証明書の要求
- 受信またデータベースからの証明書のコピー

■鍵データベースの作成

1. **<IHS_HOME>/bin/ikeyman** を実行します。
2. ikeyman の GUI 画面が開きます。メニューの「鍵データベース・ファイル」の「新規」を選択します。

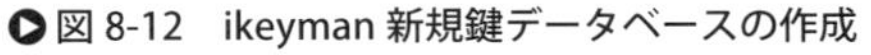
図 8-12　ikeyman 新規鍵データベースの作成

3. 「新規」画面で、ファイル名と場所を入力し、「OK」をクリックします。
4. 「パスワード・プロンプト」の画面で、「パスワード」、「有効期限:365 日」、

「パスワードをファイル」に隠蔽をチェックし、「OK」をクリックします。

5. 鍵データベースが作られます。「新規自己署名」ボタンをクリックします。
6. 「新規自己署名証明書の作成」画面で、「鍵ラベル」「共通名」「国または地域：JP（オプション）」を指定して、「OK」をクリックします。

▶図 8-13　ikeyman 自己証明書の作成

7. 自己証明書ができたら、「エクスポート・インポート」ボタンをクリックし、「オープン」画面で次のように指定します。「鍵のエクスポート」「鍵ファイル・タイプ：PKCS12」を選択し、「ファイル名：key.p12」と場所を指定します。

▶図 8-14　ikeyman 鍵のエクスポート

8. 「パスワード・プロンプト」で「ターゲットの鍵データベースを保護するためのパスワード」にパスワードを入力します。

■ IHS の設定

httpd.conf をリスト 8-7 のように修正します。

▶ リスト 8-7　httpd.conf でのセキュリティの構成

```
LoadModule ibm_ssl_module modules/mod_ibm_ssl.so
Listen 0.0.0.0:443
## IPv6 support:
#Listen [::]:443
SSLCheckCertificateExpiration 30
<VirtualHost *:443>
  SSLEnable
  Header always set Strict-Transport-Security "max-age=31536000; includeSub
Domains; preload"
  SSLClientAuth Required
</VirtualHost>
#KeyFile E:/IBM/HTTPServer/conf/ihsserverkey.kdb
KeyFile E:/IBM/HTTPServer/conf/key.kdb
#SSLDisable
# End of example SSL configuration
```

■ブラウザに証明書をインポート

Internet Explorer にエクスポートした証明書をインポートして、クライアント認証を行ってみましょう。

1. メニュー「ツール」の「インターネット・オプション」を選択します。
2. 「インターネット・オプション」画面で、「コンテンツ」タブの「証明書」ボタンをクリックします。
3. 「証明書」画面の「個人」タブの「インポート」ボタンをクリックします。
4. 「証明書のインポート・ウィザード」が開始します。「次へ」をクリックします。
5. インポートする証明書のファイル名を指定し、「次へ」をクリックします（例：< 場所で指定したディレクトリー >¥key.p12）。
6. 秘密キーの「パスワード」を入力し、「秘密キーの保護を強力にする」をチェックし、「次へ」をクリックします。
7. 証明書ストアで、「証明書をすべて次のストアに配置する」「個人」を選択し、「次へ」をクリックします。

8. 「証明書インポート・ウィザードの完了」で正常であることを確認し、「完了」をクリックします。
9. 「新しい秘密交換キーをインポートします」が表示されます。「セキュリティレベル - 中」であることを確認し、「OK」をクリックします。
10. 「正しくインポートされました。」と表示されたら、「OK」をクリックします。
11. 「証明書」画面に 1 行の証明書が追加されます。「閉じる」をクリックします。
12. 「インターネット・オプション」画面で、「OK」をクリックして画面を閉じます。

以上で準備は終了です。

■テストの実施

1. `error.log` に詳細が記録されるよう、`httpd.conf` で `LogLevel debug` を指定します。
2. IHS と WAS を起動します。
3. IE の URL に「`https://localhost/`」を指定します。
4. 「セキュリティの警告」画面が表示されます。自己証明書なので信頼された機関で発行されたものでないこと、また名前とサイトが一致していないなどの警告画面が表示されます。「続行しますか？」という問いにここでは「はい」を選択します。

▶図 8-15　証明書の確認

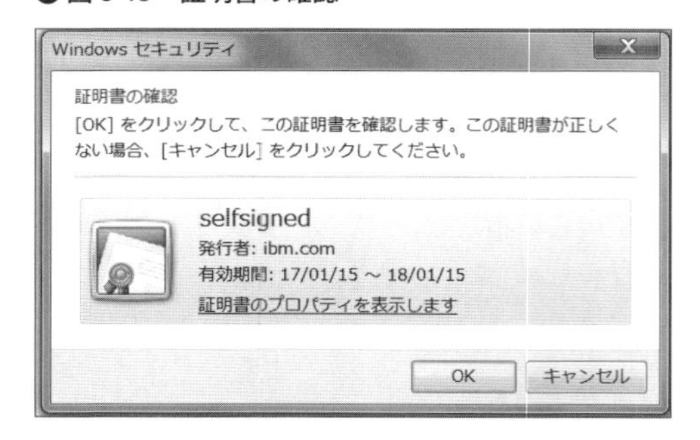

5. 「キーを使用するためのアクセス許可の要求」画面が表示されます。アクセス許可の付与を選択し、「OK」を選択します。

▶図 8-16　キーを使用するためのアクセス許可の要求

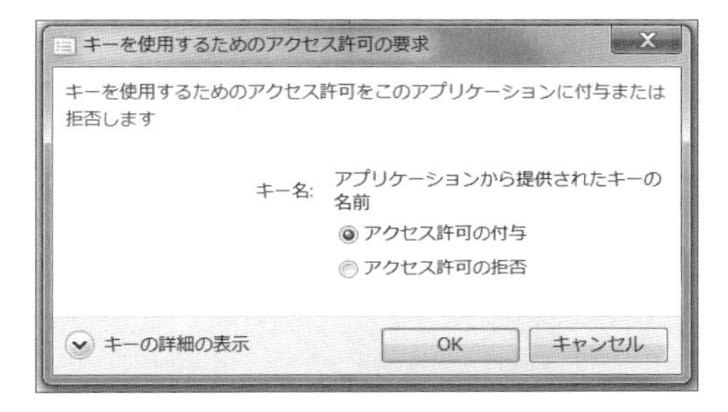

6. IHS の error.log には、証明書が使われていることが表示されます。

▶リスト 8-8　IHS の error.log

```
[Wed Nov 22 16:06:46.671434 2017] [authz_core:debug] [pid 16592:tid 11328]
mod_authz_core.c(806): [client 127.0.0.1:60727] AH01626: authorization result of
Require all granted: granted, referer: https://localhost/
[Wed Nov 22 16:06:46.671434 2017] [authz_core:debug] [pid 16592:tid 11328]
mod_authz_core.c(806): [client 127.0.0.1:60727] AH01626: authorization result of
<RequireAny>: granted, referer: https://localhost/
[Wed Nov 22 16:06:46.681434 2017] [ibm_ssl:debug] [pid 16592:tid 11320] mod_ibm_
ssl_clientCert.c(69): Cert Body Len: 1680
[Wed Nov 22 16:06:46.681434 2017] [ibm_ssl:debug] [pid 16592:tid 11320] mod_ibm_
ssl_clientCert.c(215): Serial Number: 58:7b:5a:88
[Wed Nov 22 16:06:46.681434 2017] [ibm_ssl:debug] [pid 16592:tid 11320] mod_ibm_
ssl_clientCert.c(642): Distinguished name CN=ibm.com,C=JP
[Wed Nov 22 16:06:46.681434 2017] [ibm_ssl:debug] [pid 16592:tid 11320] mod_ibm_
ssl_clientCert.c(298): Common Name: ibm.com
[Wed Nov 22 16:06:46.681434 2017] [ibm_ssl:debug] [pid 16592:tid 11320] mod_ibm_
ssl_clientCert.c(429): Country: JP
[Wed Nov 22 16:06:46.681434 2017] [ibm_ssl:debug] [pid 16592:tid 11320] mod_ibm_
ssl_clientCert.c(858): Issuer's Distinguished Name: CN=ibm.com,C=JP
[Wed Nov 22 16:06:46.681434 2017] [ibm_ssl:debug] [pid 16592:tid 11320] mod_ibm_
ssl_clientCert.c(685): Issuer's Common Name: ibm.com
[Wed Nov 22 16:06:46.681434 2017] [ibm_ssl:debug] [pid 16592:tid 11320] mod_ibm_
ssl_clientCert.c(902): Issuer's Country: JP
[Wed Nov 22 16:06:46.681434 2017] [ibm_ssl:debug] [pid 16592:tid 11320] mod_ibm_
```

```
ssl_clientCert.c(230): sha1 fingerprint: 9ab8079f59b3e1f24c68428402be6d474b112
0d5
[Wed Nov 22 16:06:46.681434 2017] [ibm_ssl:debug] [pid 16592:tid 11320] mod_ibm_
ssl_clientCert.c(243): sha256 fingerprint: 05d6fc16fd14712b97fe9d50bce02a3be4f0d
53a050e768bb4ecec8579f4cd80
[Wed Nov 22 16:06:46.681434 2017] [ibm_ssl:info] [pid 16592:tid 11320] [client
127.0.0.1:60728] [194e320] Session ID: CGbRtPck4HTw6whJ/iBdmbImFEKPgd+
1Db6nY2yymhQ= (reused)
[Wed Nov 22 16:06:46.681434 2017] [ibm_ssl:info] [pid 16592:tid 11320] [client
127.0.0.1:60728] [194e320] [16592] Peer certificate: DN [CN=ibm.com,C=JP], SN
[58:7b:5a:88], Issuer [CN=ibm.com,C=JP]
[Wed Nov 22 16:06:46.681434 2017] [authz_core:debug] [pid 16592:tid 11332]
mod_authz_core.c(806): [client 127.0.0.1:60723] AH01626: authorization result of
Require all granted: granted, referer: https://localhost/
[Wed Nov 22 16:06:46.681434 2017] [authz_core:debug] [pid 16592:tid 11332]
mod_authz_core.c(806): [client 127.0.0.1:60723] AH01626: authorization result of
<RequireAny>: granted, referer: https://localhost/
```

7. https://<hostname>/snoop を指定します。HTTPS Infomation の中に、証明書の情報が含まれていることが分かります。

リスト 8-9　snoop による HTTPS 証明書の情報

```
HTTPS Information:
client cert chain [0] = [ [ Version: V3 Subject: CN=ibm.com, C=JP Signature
Algorithm: SHA256withRSA, OID = 1.2.840.113549.1.1.11 Key: IBMJCE RSA Public
Key: modulus: 537 ～省略～ 253389 public exponent: 65537 Validity: [From: Sun Jan
15 20:18:32 JST 2017, To: Mon Jan 15 20:18:32 JST 2018] Issuer: CN=ibm.com, C=JP
SerialNumber
  ～省略～
```

WAS とクライアントとの間での指定の場合、次の設定が必要です。

- アプリケーション（WAR）web.xml の設定
- LDAP の指定
- WAS の設定
- ブラウザでの指定

8-5 LTPA トークンを利用したシングル・サインオンを設定する

LTPA（Lightweight Third Party Authentication）は、IBM 製品間で利用できるシングル・サインオン認証技術です。LTPA によって、1 度ログインした情報を同じセルの別の WAS サーバーにアクセスする際に再利用して、複数回のログインをせずに済むようにできます。

ブラウザは、ログインすると LTPA トークンを含んだ Cookie を受け取ります。LPTA トークンを持っているユーザーが最初のサーバーと同じ認証を構成しているサーバーにアクセスするときには、この LTPA トークンによって認証されます。

LTPA は、認証関連のデータを暗号化し、デジタル署名して安全に伝送します。

LTPA を認証メカニズムとして使う利点は、次の 3 つです。

- 導入時設定が容易
- IBM 製品間のインターオペラビリティー
- 暗号化とデジタル署名で安全な分散環境のシングル・サインオン（SSO）環境を構築可能

この節では、LTPA を使用した設定手順を見ていきましょう。フォーム認証で使用したものと同じアプリケーションを WAS の 2 つのスタンドアロンの WAS サーバーに配置し、どちらか 1 つにログオンすれば、他の WAS のアプリケーションにアクセスしたときにログオンが不要であることを確認します。

▶図8-17　LTPAトークンを利用したシングル・サインオン

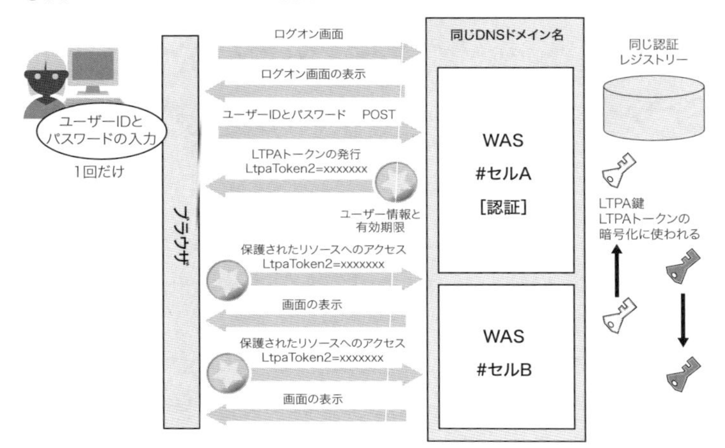

まず、LTPAを共有するドメイン・ネームを設定します。

1. 管理コンソールで「セキュリティ」の「グローバル・セキュリティ」をクリックし、「グローバル・セキュリティ」画面を開きます。
2. 右の「認証」の中の「WebおよびSIPセキュリティ」を展開し、「シングル・サインオン（SSO)」をクリックします。
3. 「グローバル・セキュリティ > シングル・サインオン」ページが開くので、「使用可能」「SSLを使用する」「ドメイン・ネーム：例 .ibm.com」「インターオペラビリティー・モード」「Webインバウンド・セキュリティ属性の伝搬」「セキュリティCookieをHTTPOnlyに設定して、クロスサイト・スクリプティング・アタックを阻止します。(Set security cookies as HTTP Only to resist cross-site scripting attacks)」を選択します。

▶図8-18　WAS V9.0のシングル・サインオン

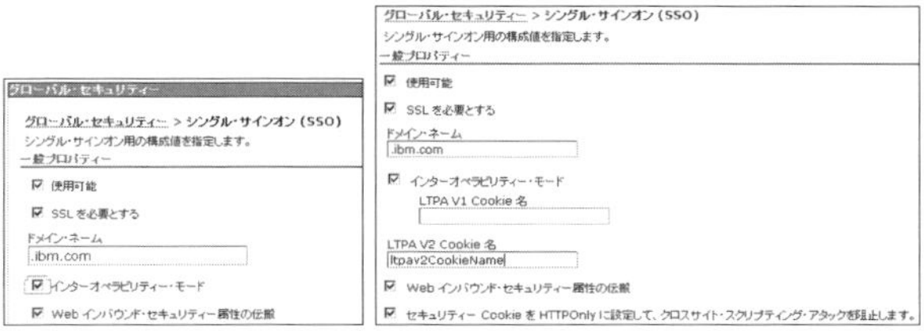

ドメイン・ネームは、LTPAを共有する範囲です。ここで設定したドメイン・ネームに対して、同じLTPAトークンを付加します。

WAS V8.0からLTPA Cookie名をユーザーが指定できるようになりました。また、HttpOnly属性をLTPAおよびWASReqURLのCookieに組み込むことができるようになっています。HttpOnly属性を持つCookieは、このプロパティーに対応しているブラウザで受け取った場合、クライアント側のスクリプトからそのCookieにアクセスすることはできません。

続いて、LTPA鍵を交換します。

1. 「セキュリティ」の「グローバル・セキュリティ」の画面の右側の「認証」の認証メカニズムおよび有効期限の「LTPA」をクリックします。
2. 「グローバル・セキュリティ > LTPA」画面で、「クロス・セル・シングル・サインオン」の「パスワード」「確認パスワード」「完全修飾鍵ファイル名」（例：c:¥temp¥was7app10export.txt）を指定して、「鍵のエクスポート」をクリックします。
3. 同様の操作で「グローバル・セキュリティ > LTPA」画面で、別のサーバーからエクスポートした`c:¥temp¥was8app2export.txt`を「完全修飾鍵ファイル名」に指定し、「パスワード」と「確認パスワード」も入力して「鍵のインポート」をクリックします。

以上で設定は完了です。

Column

SAML

Web サービスの普及と共に Security Assertion Markup Language (SAML) の利用も増えてきました。SAML は、ユーザー ID およびセキュリティ属性情報を交換するための XML ベースの OASIS 標準です。SAML を使用すると、クライアントは SOAP メッセージの ID、属性、および資格に関するアサーションを通信できます。

また、ポリシー・セットを JAX-WS アプリケーションに適用して、Web サービス・メッセージおよび Web サービス使用シナリオで、SAML アサーションを使用すできます。SAML の構成については、以下の dW にあるガイドを参照してください。

https://www.ibm.com/developerworks/jp/websphere/library/was/saml_sso_guide/index.html

Column

OpenID Connect

OAuth は、認可を行うためのオープン・スタンダードです。WAS は、OAuth 2.0 をサポートし、OAuth サービス・プロバイダー・エンドポイント、および OAuth 保護リソース強制エンドポイントのロールを果たします。

OpenID Connect は、OAuth 2.0 プロトコル上に構築されたシンプルは認証のオープン・スタンダードです。これによって、クライアント・アプリケーションは、OpenID Connect プロバイダーによって認証でユーザーの身身元を確認できます。構成については、以下の dW にあるガイドを参照してください。

https://www.ibm.com/developerworks/jp/websphere/library/was/was855_oidcdev_guide/WASOIDCAuthGuide.pdf

第9章

WAS Liberty の導入と構成

WAS Libertyの導入の概要

第9章からは、主にWAS Liberty固有の内容について扱います。

WAS Libertyの特徴の1つは、導入が容易で短時間で完了することです。従来のWASでは、何時間もかかっていた導入作業が数秒で完了します。構成の作成も最小限のファイルを用意するだけで、アプリケーション・サーバーを使用しはじめるまでの時間を短縮できます。

WAS Libertyには3つの導入方法があります。

1. Installation Managerを使用したインストールする
2. アーカイブを展開してインストールする
3. Eclipse上のWDTを使用してダウンロードおよびインストールする

Installation Managerを使用する導入方法

3つの導入方法のうち、1.のInstallation Managerを使用した導入は、WAS traditionalと同様の導入方法です。「パッケージのインストール」の画面で導入するコンポーネントとして、「WebSphere Application Server Liberty」を選択すると導入できます。

この導入方法のメリットは、WAS Libertyと同時に使用するIBM HTTP ServerやWeb Server Plugin、およびLibertyを稼働させるためのIBM SDK Java Technology Edition（Java開発環境）を同時に導入できることです。また、サポート対象エディションであることを示すライセンス情報も登録された形で導入されます。業務使用する本番環境で、これらのコンポーネントをWAS Libertyと同時に使用する場合には、Installation Managerを使用した導入が適しています。

アーカイブを展開する導入方法

2.のアーカイブファイルの展開による導入は、Installation Managerなど専用の導入ツールを必要とせず、汎用のZIP展開ツールで展開することができ、短時間に導入することができます。

導入するためのアーカイブファイルは、IBMのWebサイトからダウンロードできます。提供されている導入パッケージには、Java開発環境を含んだものと含んでいないものがあります。Java開発環境を含んでいないパッケージを使用している場合には、あらかじめJDKかJREを導入しておく必要があります。これらは、Java SE 8仕様に準拠したものであれば、Oracle社のJDKやOpenJDKなども利用できます。

アーカイブファイルは、既存のWAS Liberty環境から`server package`コマンドで生成することも可能です（詳しくは後述）。この場合は、WAS Libertyの実行環境だけでなく、構成ファイルやその上で動くアプリケーションも含められます。このようなファイルを使って導入すれば、導入後に構成やアプリケーションの導入を実行する必要がなく、そのままサーバー実行環境として利用できるようになります。Platform as Codeなどツールによるサーバー環境の自動構築を行う場合には、このような導入方法が適しています。

EclipseのWDTを利用する導入方法

3.はEclipseを利用する導入方法です。Eclipse上に導入するWebSphere Application Server開発者ツール（WDT）には、IBMのWebサイトから開発用途のWAS Libertyをダウンロードし、開発テストに使用するように導入・構成するGUIツールが提供されています。開発者が利用する環境にWAS Libertyを導入する場合に使用できます。Eclipse上に導入したWAS Libertyからも、導入可能なWAS Libertyのアーカイブを作成できます。

WAS Libertyに対して提供されるInterim Fix（一時フィックス）は、Installation Managerで提供するファイル形式と、適用にInstallation Managerを必要としない実行可能JARの2つの形式で提供されます。そのため、Installation Managerを使用せずアーカイブを展開した環境であっても、問題なく適用することができます。

▶表9-1 WAS Libertyの導入方法

導入方法	Installation Manager	パッケージ	Eclipse + WDT
使用するツール	IBM Installation Manager	汎用のZIPツール	Eclipse
Java SDK(JDK)	同時導入可能	同梱されていないパッケージを使用する場合は別途導入(同梱のパッケージもあり)	Eclipseを実行しているJDKがそのまま使用される
Interim Fix	Installation Managerで導入	JARファイルで導入	JARファイルで導入

9-2 アーカイブファイルの展開による導入

導入に使用するアーカイブファイルは、以下のIBMのWebサイトからダウンロードできます。

- WASdevダウンロードページ
http://developer.ibm.com/wasdev/downloads/

- IBM Passport Advantageページ
http://www.ibm.com/software/howtobuy/passportadvantage/

- Fix Central
https://www.ibm.com/support/fixcentral/

WASdevダウンロードページからは、だれでも無償で開発者用途のWAS Libertyをダウンロードできます。IBM IDの登録なども必要ありません。また、WASdevダウンロードページでは、最新版のアーカイブのみが提供されていますが、Fix Centralからは最新版以外もダウンロードできます。

一方、他の2つのサイトを利用するためには、ライセンスを購入する必要があります。

アーカイブファイルは、ZIP形式もしくは自己解凍Jar（Javaアーカイブ）形式の2種類があります。ZIP形式はパーミッションなどの拡張属性に対応したツールで解凍します。Jar形式は、Libertyがサポートしている Java実行環境を使用して、以下のように実行します。

```
> java -jar wlp-<edition>-all-<version>.jar
```

1 2 3 4 5 6 7 8 9 10 11 12 13

画面にライセンスが表示されるので、同意して導入先ディレクトリーを指定すると、導入が行われます。

```
以下で「同意する」を選択すると、使用許諾契約の契約条件（該当する場合は、IBM 以外の契約条件を含む）を受諾することになります。
同意しない場合は、「同意しない」を選択してください。
 [1] 同意する、または [2] 同意しないを選択: 1
製品ファイルのディレクトリーを入力するか、ブランクのままにしてデフォルト値を受け入れます。
デフォルトのターゲット・ディレクトリー : C:¥OPT¥WebSphere
製品ファイルのターゲット・ディレクトリー ?
```

オプションとして`--acceptLicense`を指定すると、画面からのライセンス同意を省略し、そのあとにディレクトリーを指定することで対話的な導入を抑制できます。

▶リスト 9-1　--acceptLicenseを指定したサイレントインストール

```
> java -jar wlp-core-all-17.0.0.1.jar --acceptLicense C:¥OPT
IBM WebSphere Application Server Liberty Core V9
を使用、抽出、またはインストールする前に、重要です: 注意してお読みください。
の条項と追加のライセンス情報に同意する必要があります。
以下の使用条件をよくお読みください。

--acceptLicense 引数が見つかりました。 これは、ご使用条件の条項に同意されたことを示します。

ファイルを C:¥OPT¥wlp に抽出しています。
```

本書では、WAS Libertyファイルが導入されたディレクトリーを`<WLP_HOME>`と表記します。

9-3 server コマンドによるサーバー構成の作成と起動・停止

アプリケーションを実行するサーバーを管理するためには、bin ディレクトリーにある server コマンド（Windows 環境では server.bat）を使用します。コマンドラインを開き、bin ディレクトリーに移動して以下のようにタイプします（以下、コマンドラインは Windows の場合で例示します）。

リスト 9-2　server コマンドの実行（Windows の場合）

```
> server アクション ターゲットサーバー名 [オプション]
```

リスト 9-3　server コマンドの実行（AIX/Linux の場合）

```
$ ./server アクション ターゲットサーバー名 [オプション]
```

使用可能なアクションは、help アクションを指定して server コマンドを実行することで表示できます。ターゲットサーバー名は、省略すると「defaultServer」というサーバー名が使用されます。アクションによって、使用可能なオプションが異なります。

ちなみに、server コマンド以外のほとんどの Liberty の管理コマンドについても、help アクションを指定して実行すると使用方法が画面に表示されます。

サーバー構成の作成

コマンドラインからサーバーの構成を作成するには、以下のように create アクションを指定して server コマンドを実行します。

リスト 9-4　server コマンドによるサーバー構成の作成

```
> server create ターゲットサーバー名
```

ターゲットサーバー名には、英数字（0-9、a-z、A-Z）や下線（_）、ダッシュ（-）、正符号（+）、およびピリオド（.）のみ使用できます。最初の文字には、ピリオドやダッシュを使用できません。使用しているファイルシステムやオペレーティングシステム、または圧縮ファイルのディレクトリーによって、追加の制限がある場合があります。

コマンドの実行が成功すると、<WLP_HOME>/usrディレクトリーにサーバー名のディレクトリーが作成され、基本的な構成が行われます。このディレクトリーには、必須の構成ファイルであるserver.xmlが置かれています。server.xmlは、XML形式で記述します。

▶リスト9-5　初期作成されるserver.xmlの例

```
<?xml version="1.0" encoding="UTF-8"?>
<server description="new server">
    <!-- Enable features -->
    <featureManager>
        <feature>jsp-2.2</feature>
    </featureManager>
    <!-- To access this server from a remote client add a host attribute to the
following element, e.g. host="*" -->
    <httpEndpoint id="defaultHttpEndpoint"
                  httpPort="9080" httpsPort="9443" />
        <!-- Automatically expand WAR files and EAR files -->
        <applicationManager autoExpand="true"/>
</server>
```

導入した方法によって内容は異なりますが、WAS traditionalの構成よりも極めて簡潔な内容になっています。これは、従来のWASでは全ての設定項目がファイルに記述されていたのに対し、WAS Libertyの設定項目は、全てにデフォルトの値が決まっており、デフォルトから変更するものだけを記述するためです。また、定義されているディレクトリー変数や外部の変数を参照することにより、環境に依存する値をなるべく直接書かずに済むようになっています。

これにより、WAS Libertyの構成ファイルは可搬性が高くなっています。つまり、構成ファイルを異なる環境にコピーすることが容易にできます。従来のWAS traditionalの構成ファイルは環境に強く依存しており、サーバー導入ごとに管理コンソールなどで固有の構成を作成する必要がありました。それに対し、WAS Liberty では、マスターとなる構成ファイルをあらかじめ作成しておき、それをテスト環境や本番環境などの実行環境にコピーして配布することが可能になっています。

構成ファイルの中には、必ず <featureManager> 要素が含まれており、使用する <feature> 要素が定義されています。指定しないと、全くフィーチャーがロードされない Liberty カーネルのみが起動しますが、このような Liberty プロセスでは何もできません。WAS Liberty では、アプリケーションから利用できる API やサーバーが提供する各機能がフィーチャーとしてモジュール化されていて、構成したフィーチャーのみがプロセスにロードされて使用可能になります。

フィーチャーには、jsp-2.3 や jaxrs-2.0 などの単独の API を定義するものもありますし、webProfile-7.0 や javaee-7.0 など、複数のフィーチャーをまとめたものもあります。

サーバーの起動と停止

サーバーをコマンドラインから起動するには、server コマンドの run アクションを使用します。

リスト 9-6 server コマンドによるフォアグランドでのサーバーの起動

```
> server run ターゲットサーバー名
```

このアクションを使用すると、サーバーはフォアグランドで起動され、サーバーが稼働している間はコマンドラインに処理が戻ってきません。画面には、サーバーの稼働に応じたメッセージがコンソールログとして表示されます。「Smarter Planet に対応する準備ができました」のメッセージが表示されると、サーバー起動が完了し、クライアントからのリクエストを処理できるようになります。サーバーを停止するには Ctrl + C を入力します。

サーバーをバックグランドで起動するには、start アクションを使用します。start アクションでは、サーバーの起動が完了すると処理がコマンドラインには戻ってきます。

リスト 9-7　server コマンドによるバックグランドによるサーバーの起動

```
> server start ターゲットサーバー名
```

サーバーがバックグランドで実行されている場合は、コンソールログはファイルに保存されます。起動したコマンドラインを終了しても、バックグランドで起動されたサーバープロセスは終了しません。cron やツールからサーバーを起動する場合には、この起動方法を使用します。この状態のサーバーを停止するには、**stop** アクションを使用します。**stop** アクションは、指定されたサーバーがフォアグランドで実行されている場合にも停止させることができます。

リスト 9-8　server コマンドによるサーバーの停止

```
> server stop ターゲットサーバー名
```

指定されたサーバーがバックグランドまたはフォアグランドで実行されているかどうかは、**status** アクションを使用します。

リスト 9-9　server コマンドによるサーバーの起動確認

```
> server status ターゲットサーバー名
```

WAS Liberty は、ロードしたクラスについての情報をキャッシュし、2回目以降の起動速度を短縮しています。WAS Liberty に Fix を適用したなど、何らかの理由でディスク上のクラスとキャッシュに不整合が発生すると、サーバーが正常に起動しなくなることがあります。そのような場合には **--clean** オプションを追加してサーバーを起動するようにします。

リスト 9-10　キャッシュを無効にしたサーバー起動

```
> server start ターゲットサーバー名 --clean
```

9-4 フィーチャーの管理

WAS Libertyでは、提供されるAPIやサーバー機能が、それぞれフィーチャーという形でモジュール化されています。WAS上で実行するアプリケーションが使用するフィーチャーを、前述のように構成ファイルである**server.xml**で指定して有効化します。フィーチャーは、互いの依存関係が自動的に管理され、使用するフィーチャーの前提となるフィーチャーも自動的に有効化されます。また、フィーチャーは必要なものだけを導入したり、パッケージすることもできます。

WAS Libertyの導入ファイルには、Java EE 6 Web Profile、Java EE 7 Web Profile、Java EE 7 Full Platform、Micro Profile、Libertyカーネルなどの種類があります。これらは、同時に導入されるフィーチャーの組み合わせが異なり、それに応じたサーバー構成のテンプレートなどが含まれています。実行環境にどのようなフィーチャーが含まれているかは、**productInfo**コマンドで確認できます。

リスト 9-11 productInfoコマンドによる導入済みフィーチャーの確認

```
> productInfo featureInfo
appSecurity-2.0 [1.0.0]
beanValidation-1.1 [1.0.0]
bluemixUtility-1.0 [1.0.0]
cdi-1.2 [1.0.0]
collectiveMember-1.0 [1.0.0]
distributedMap-1.0 [1.0.0]
ejbLite-3.2 [1.0.0]
  ......
```

実行環境に無いフィーチャーを後から追加することもできます。例えば、Libertyの管理を行うWeb UIの機能を提供する「Admin Center」のフィーチャーを導入するには、以下のように、フィーチャー名を指定して実行します。

インターネット上で公開されている IBM の Liberty リポジトリーからファイルがダウンロードされて、導入が行われます。

▶リスト 9-12　installUtility コマンドによるフィーチャーの新規導入

```
> installUtility install adminCenter-1.0
```

導入するフィーチャーの名前の代わりに、サーバー名を指定することもできます。こうすると、サーバーの構成ファイルに記載されている `<feature>` の実行に必要なファイルと、その前提ファイルがまとめて導入されます。Liberty カーネルのみの実行環境からサーバーを指定して導入を行えば、必要最小限のサイズの実行環境ができあがります。

▶リスト 9-13　サーバー名を指定した installUtility によるフィーチャーの導入

```
> installUtility install server1
```

導入可能なフィーチャーやサンプル構成などの一覧を表示するには、以下のように `find` アクションを実行します。

▶リスト 9-14　導入可能なフィーチャーやサンプル構成などの一覧の表示

```
> installUtility find
```

インターネットに接続されていない環境での導入に使用するため、フィーチャーを構成するファイルを手元にダウンロードしておくことも可能です。以下のように実行すると `C:/opt/repos` ディレクトリーに webProfile7.0 を構成するフィーチャー群の導入ファイルがダウンロードされます。

▶リスト 9-15　導入フィルのローカルへのダウンロード

```
> installUtility download webProfile-7.0 --location=C:/opt/repos/
```

ダウンロードしたファイルを使用してフィーチャーの導入を行うための構成は、`<WLP_HOME>/etc` に `repositories.properties` というファイルを作成して行います。そのファイルの中に以下のような 1 行を追加します。

リスト 9-16 <WLP_HOME>/etc/repositories.properties の構成

```
localRepositoryName1.url=C:/opt/repos/
```

repositories.properties に構成可能なその他の項目については、以下のコマンドを実行すると画面に表示されます。インターネットに接続する際に経由する Proxy の指定なども、このファイルですることができます。

リスト 9-17 repositories.properties の構成の表示

```
> installUtility viewSettings
```

WAS Liberty に導入して使用できるフィーチャーは、使用しているエディションによって異なります。それぞれのエディションで使用できるフィーチャーは、2017 年 3 月現在以下のようになっています。フィーチャーは、3 か月ごとの Fix Pack などで随時追加されます。

図 9-1 WAS Liberty で利用可能なフィーチャー（抜粋）

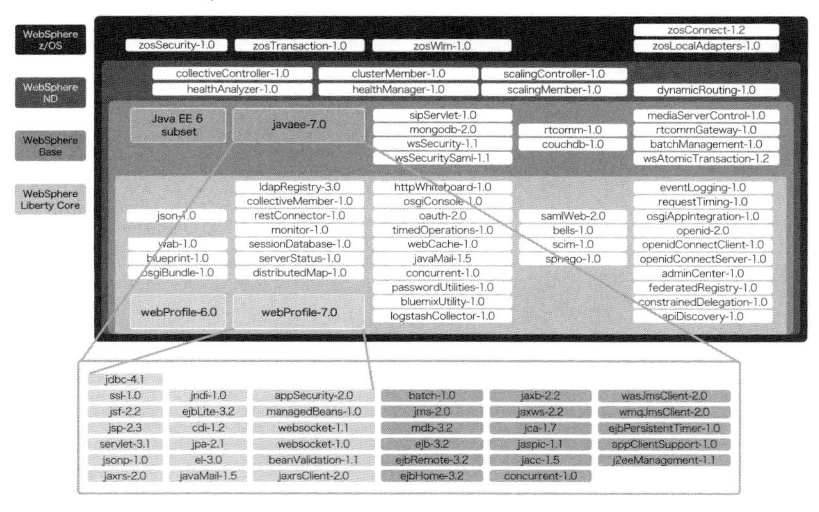

WAS Liberty が使用できるライセンスには、以下の種類のエディションがあります。

- WAS for zOS
- WAS Network Deployment
- WAS（Base）
- WAS Liberty Core

開発用途に使用できる無償のライセンスでは、WAS Base の機能が使用できます。

9-5 WDT を使用した Liberty の導入と構成

Java の代表的な OSS IDE である Eclipse に対して、プラグインとして、WAS 開発者ツール（WDT）が無償で提供されています。この WDT を使用すれば、これまで解説した Liberty のダウンロードや導入、構成の作成などを GUI で行えます。WDT は Eclipse Marketplace から導入します。

Eclipse を導入し起動したあと、メニューの「Help」から「Eclipse Marketplace」を選択すると、プラグインを検索・ダウンロード・導入するための画面が開きます。ここから「websphere liberty」で検索することで「IBM WebSphere Application Server Liberty Developer Tools for Neon」というような名前の WDT を見つけられます（最後の「Neon」は、使用している Eclipse のバージョンによって異なります）。Install ボタンを押すと開発者ツールを導入することができます。

◯図 9-2　Eclipse Marketplace で WDT を検索

開発者ツールを導入後、「Servers」ビューで右クリックして「New」→「Server」でサーバー新規作成のダイアログボックスを出すと、サーバータイプの中にIBMの「WebSphere Application Server Liberty」が追加されます。

図9-3　サーバー追加ダイアログボックス

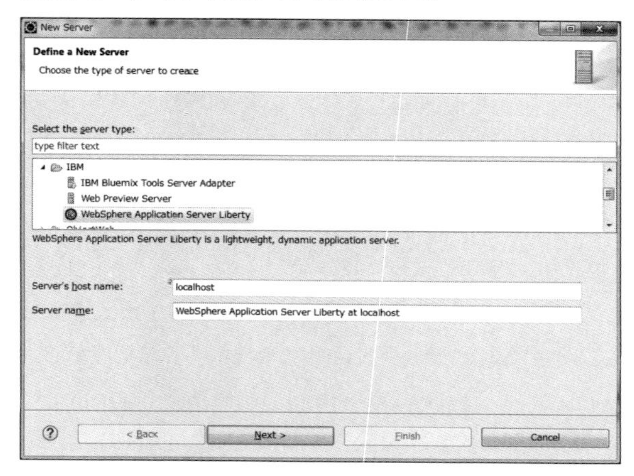

これを選択して次へ（Next）を選択すると（すでにサーバーが作成されている場合は、サーバーランタイム環境の追加「Add…」を押すと）、サーバーのランタイム構成の追加画面を呼び出し、ここからサーバーを導入できます。

図9-4　Libertyランタイム環境の作成

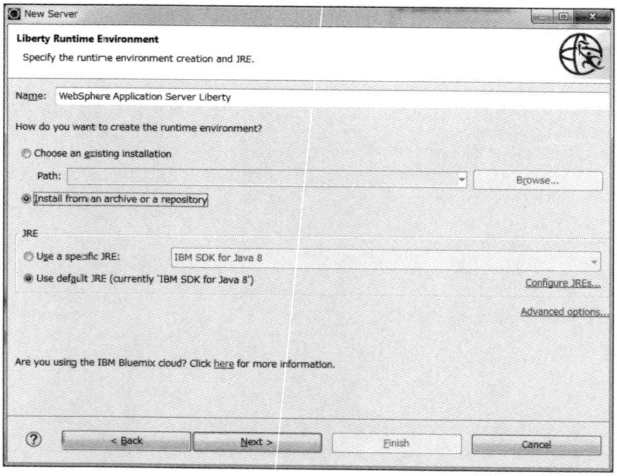

この画面では、すでにアーカイブを展開して導入した既存の環境を「Choose an existing installation」で指定するか、「Install from an archive or repository」で新規に導入するかを選べます。後者を選ぶと、IBMのサイト上にあるLiberty Repositoryから最新版をダウンロードできます。Nextで進んでライセンス条件の承諾などをすると、ランタイム環境を作成できます。

図9-5　Libertyランタイム環境のダウンロード

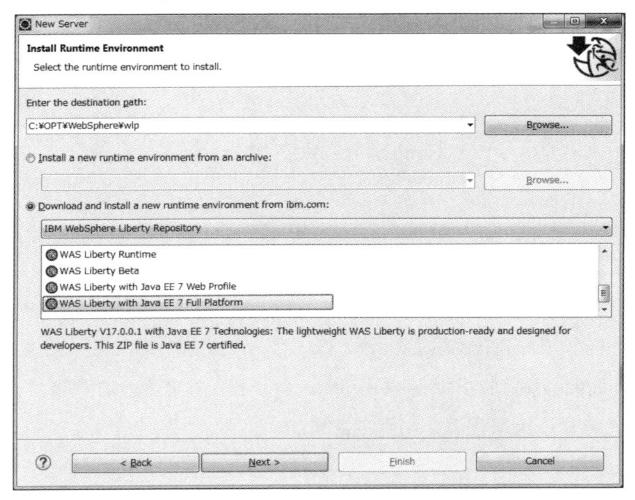

ランタイム環境を作成し、最初の画面で選択をして「Next」で次画面に進むと、サーバーの構成を選択できます。ここでは、既存の構成を選択するか、「New…」新規の構成を作成できます（`server`コマンドの`create`アクションの実行に相当）。

▶図9-6　新規サーバー構成の作成

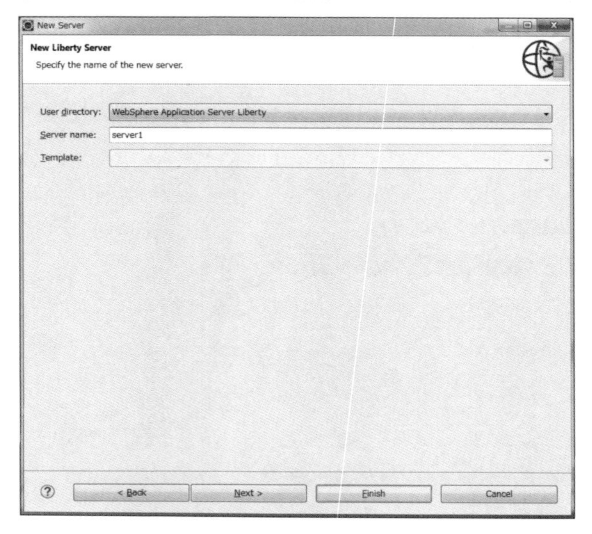

「Server」ビューに作成したWAS Libertyサーバーが追加されると、その下に構成ファイル**server.xml**が「Server Configuration」として表示されます。これを開くと、GUIの構成編集画面が利用できます。

▶図9-7　GUIによるserver.xmlの編集画面

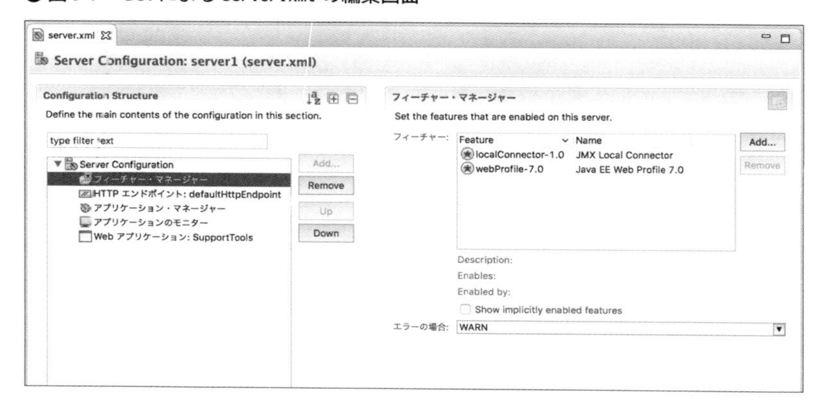

WAS Libertyの構成ファイルには、デフォルトから変更した項目以外は記載されていないため、「どのような設定項目があるのか」「設定されていない項

目には、どのようなデフォルト値が使用されているのか」について、構成ファイルを見ただけではわかりません。Eclipse上のWDTを使用して構成ファイルを開くと、追加可能な設定項目をGUIで選ぶことができます。また、要素（XMLのelement）を選ぶと、値を設定しているかどうかにかかわらず、全ての項目の入力画面が表示されるので、どのような属性が指定できるのか、指定しない場合のデフォルト値が何か確認できます。

図9-8　構成要素を選択すると構成可能な全ての項目が表示される

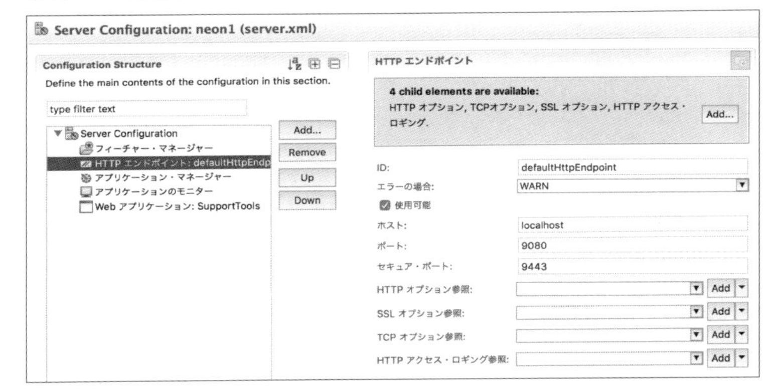

9-6 WAS Liberty の ディレクトリー構成

WAS Liberty 導入後のディレクトリーを確認しましょう。WAS Liberty のディレクトリー構成はリスト 9-18 です。

▶リスト 9-18 WAS Liberty のディレクトリー構成

```
wlp/
+- bin/
+- clients/
+- dev/
|  +- api/
|  | +- ibm/
|  | |  +- javadoc/
|  | +- spec/
|  | +- third-party/
|  +- spi/
|  | +- ibm/
|  | |  +- javadoc/
|  | +- spec/
|  +- tools/
+- etc/
+- lafiles/
+- lib/
+- templates/
+- usr/
   +- extension/
   +- shared/
   |  +- apps/
   |  +- config/
   |  +- resources/
   +- servers/
   |  +- server_name/
   |       +- apps/
   |       +- dropins/
   |       +- configDropins/
```

```
  |     +- logs/
  |     +- workarea/
  +- clients/
```

主なディレクトリーについて説明します。

- wlp/bin：Liberty の管理を行うためのコマンド
- wlp/clients：Liberty へ接続して管理を行うためのライブラリー
- wlp/dev：アプリケーションから参照される API/SPI クラスファイル
- wlp/etc：環境に固有のサーバーのデフォルト構成がおかれる。このディレクトリーはパッケージされる際にはコピーされない
- wlp/lafiles：ライセンス情報
- wlp/lib：Liberty ランタイムを実装するファイルや構成情報。Liberty カーネルおよび各フィーチャーを実行するために必要なファイルが格納される
- wlp/templates：サーバーおよびクライアント構成を作成する際のテンプレートファイル
- wlp/usr：サーバーおよびクライアントの構成・ログ・一時ファイルなどがおかれる
- wlp/usr/extention：ユーザーが独自開発したフィーチャー
- wlp/usr/shared：複数のサーバー間で共有されるアプリケーション・構成・リソースアダプターがおかれる
- wlp/usr/servers/ サーバー名：サーバーの構成・実行するアプリケーション・ログ・一時ファイルなどがおかれる
- wlp/usr/servers/ サーバー名 /apps：サーバーで実行するアプリケーションのうち、server.xml で構成するもの
- wlp/usr/servers/ サーバー名 /dropins：アプリケーションのドロップインディレクトリー。ここにおかれたアプリケーションは、構成をしなくても実行可能となる
- wlp/usr/servers/ サーバー名 /configDropins：構成のドロップインディレクトリー。ここにおかれた構成ファイルは、自動的にサーバー構成に追加で組み込まれる

- wlp/usr/servers/ サーバー名 /logs：ログ出力ディレクトリー
- wlp/usr/servers/ サーバー名 /workarea：一時ファイルディレクトリー

上記のディレクトリーは、システムプロパティーを設定することで別のディレクトリーに変更できます。また、これらのプロパティーは構成ファイルなどから参照できます。これらを活用することで、構成ファイルに絶対パスを含まない、可搬性の高い構成を作成できます。

- <WLP_HOME>：wlp ディレクトリー（参照のみ）
- ${wlp.user.dir}：wlp/usr ディレクトリー
- ${shared.app.dir}：wlp/usr/shared/apps ディレクトリー
- ${shared.config.dir}：wlp/usr/shared/config ディレクトリー
- ${shared.resource.dir}：wlp/usr/shared/resource ディレクトリー
- ${server.config.dir}：wlp/usr/servers/ サーバー名ディレクトリー（apps/dropins/configDropins の基準となる）
- ${server.output.dir}：wlp/usr/servers/ サーバー名ディレクトリー（logs/workarea の基準となる）

WAS Liberty の構成ファイル

WAS Liberty のサーバー構成は、以下のようなファイルで構成されています。

表 9-2　サーバーの構成ファイル

ファイル名	必須 / オプション	内容
server.xml	必須	基本的な構成を行います
configDropins ディレクトリーの XML ファイル	オプション	server.xml の内容を一時的に置き換える場合に使用します
bootstrap.properties	オプション	server.xml の中で使用する変数を定義します
jvm.options	オプション	JVM の起動オプションを指定します
server.env	オプション	JVM が参照する環境変数を指定します

1 2 3 4 5 6 7 8 9 10 11 12 13

■ server.xml

サーバーの基本となる構成ファイルです。XML形式で設定内容を記述していきます。

従来のWAS traditionalの構成ファイルは、管理者による直接の編集をサポートしておらず、必ず管理コンソールやwsadminのような管理ツールを使用して編集する必要がありました。それに対して、Libertyの構成ファイルはエディタやWDTを使用して直接編集できます。また、GitやRational Team Concertなどのバージョンコントロールシステムで履歴管理することもかんたんです。環境固有の値を変数として外出しすることが可能であり、絶対パスやホスト名、サーバー名などに依存しない構成ファイルを作成できるので、本番・テスト環境やクラスターなど、複数環境で共通のサーバー構成を使用できます。

Libertyでは構成は、各々のサーバー上で直接作成・編集するのではなく、マスターの構成を作成した上で各サーバーにコピーを配布する方式をとることをお勧めします。いわゆる「Platform as Code」や「Immutable Infrastructure」という考え方の運用です。配布には、Libertyの統合管理の仕組みであるLiberty CollectiveはもちろんIBM UrbanCode Deploymentなど外部のツールを用いることもできます。

構成の中では、変数を参照できます。これにより構成ファイルに絶対パスを書く必要がなくなり、構成の可搬性が高くなります。

▶リスト9-19　変数を使用したserver.xml構成の例

```
<library id="derbyLib">
  <fileset dir="${shared.resource.dir}/derby" includes="*.jar" />
</library>
```

あらかじめ構成されている変数については、9.6節を参照してください。また、実行しているサーバー名を **${wlp.server.neme}** で参照できます。変数は、後述する **bootstrap.properties** で定義することもできますし、JVMのシステムプロパティーも参照することができます。また、**<variable>** 要素で定義することもできます。後述する外部ファイルの読み込みと組み合わせると、環境固有の構成内容を外出しすることができます。

▶リスト 9-20 <variable> 要素を使用して server.xml で変数を定義

```
<variable name="server.listen.port" value="8081" />
```

数値を指定する属性には、変数の値をもとに加減乗除をした値を指定できます。

▶リスト 9-21 変数の加減乗除を利用した構成の例

```
<httpEndpoint id="defaultHttpEndpoint" httpPort="${HTTP_port_base}"/>
<httpEndpoint id="httpEndpoint2" httpPort="${HTTP_port_base+1}"/>
```

時間を指定する属性には、時間単位を指定できます。時間単位には、時間(h)、分（m)、秒（s)、またはミリ秒（ms）が指定できます。複数を同時に使用することも可能です。以下の例では、1 分 30 秒（= 90 秒）が指定されたことになります。

▶リスト 9-22 時間単位を利用した構成の例

```
<channelfw chainQuiesceTimeout="1m30s" />
```

サーバー構成は単一のファイルで構成することが可能ですが、複数のサーバーで共通する構成を外出しして、それらを読み込むことができます。例えば、複数サーバー間でセッション情報を共有する構成を、共有構成ディレクトリーに置いた **persistence.xml** というファイルに保存して、以下のように呼び出せます。

▶リスト 9-23 外部構成ファイルの読み込み

```
<include location="${shared.config.dir}/persistance.xml" optional="true" />
```

optional 属性が true に設定されていると、ファイルが見つからない場合にもエラーにはならず、include は無視されます。include はネストすることが可能で、読み込み先からさらに別のファイルを include することもできます。

読み込み元と読み込み先の両方にシングルトン要素や同じ id を持つ要素がある場合には、デフォルトでは両者がマージされます。読み込み先を優先するには onConflict で REPLACE を指定します（IGNORE を指定すると、重複した読み込み先の内容は無視されます)。

▶リスト9-24 外部構成ファイルと衝突した場合の指定

```
<include location="other.xml" optional="false" onConflict="REPLACE" />
```

構成する要素によっては、他の要素を参照する必要がある場合があります。例えば<libraty>要素は<fileset>要素を必要とします。このような参照は、要素をネストさせる方法と属性で参照先のIDを指定する方法があります。

▶リスト9-25 依存関係にある要素をネストさせた例

```
<library id="derbyLib">
    <fileset dir="${shared.resource.dir}/derby" includes="*.jar" />
</library>
```

リスト9-25は、以下のように書くこともできます。

▶リスト9-26 依存関係にある要素を参照でつないだ例

```
<fileset id="derbyJar" dir="${shared.resource.dir}/derby" includes="*.jar" />
<library id="derbyLib" filesetRef="derbyJar" />
```

WAS Libertyの構成ファイルは、デフォルトから変更するものだけを記述するようになっています。そのため、ファイルサイズは最小限で済みますが、「どのような構成項目があり、そのデフォルトの値が何か」は、設定ファイルを見ただけではわかりません。オンラインマニュアルであるKnowledge Centralに一覧がありますが、Eclipse上のWDTを使ってもこれらの情報を知ることができます。WDTには**server.xml**をGUIで編集できる機能が付属しています。設定の要素の追加もGUIから選択できますし、要素を選択すると設定可能な属性の入力欄が画面に全て表示されます。デフォルトの値がある場合には、その値も表示されます。

一般的に、サーバー環境にEclipseのような開発ツールを導入することは行われません。その意味でも、WAS Libertyの構成はWDTを導入した環境でマスターを作成し、それを実働するサーバーにコピーして使用することをお勧めします。

■ configDropins ディレクトリー（オプション）

サーバーの構成ディレクトリー（**${shared.config.dir}**）に configDropins を作成することで、構成を一時的に修正できます。`configDropins` ディレクトリーには、`defaults` と `overrides` の 2 つのサブディレクトリーを作成します。このサブディレクトリー上に存在する XML ファイルは、自動的に WAS の構成として `server.xml` に組み込まれます。

設定ファイルは `defaults` →通常の構成→ `overrides` の順で処理されます。シングルトン要素や同じ ID の要素が複数の場所に存在する場合には、後のものが優先されます。サーバーごとに異なる構成を追加したい場合などに利用します。

■ bootstrap.properties（オプション）

`server.xml` で使用できる変数を定義する構成ファイルです。各行に「名前 = 値」の形式で記述します。ここで設定した値は、`server.xml` の内部で「**${ 名前 }**」の形で参照できます。また、設定項目は JVM のシステムプロパティとして参照することもできます。

`bootstrap.properties` では `server.xml` で構成する内容のうち一部を設定することもできます。ロギングやトレースなど、Liberty サーバーが `server.xml` を読み込む前から、有効にしたいものを構成する場合に使用します。これらの設定項目については、`server.xml` に設定する要素と `bootstrap.properties` に設定する名前の両方が決まっています。

■ jvm.options（オプション）

WAS Liberty を実行する JVM の起動オプションを指定できます。Java ヒープサイズや冗長ガーベッジ・コレクション、システムプロパティーの設定などを行えます。設定項目は各行に 1 つずつ記述します。「#」文字で始まる行はコメントとして無視されます。

▶リスト 9-27 JVM 起動オプションを指定する jvm.options の例

```
# Set the maximum heap size to 1024m.
-Xmx1024m

# Set a system property.
```

```
-Dcom.ibm.example.system.property=ExampleValue

# Enable verbose garbage collection.
-verbose:gc

# Specify an alternate verbose garbage collection log on IBM Java Virtual
Machines only.
-Xverbosegclog:verbosegc.log
```

jvm.options は以下の場所に置くことができます。

- <WLP_HOME>/usr/shared/jvm.options
- ${server.config.dir}/configDropins/defaults/jvm.options
- ${server.config.dir}/jvm.options
- ${server.config.dir}/configDropins/overrides/jvm.options

複数の場所にファイルが置かれている場合は、上のファイルから順に結合され使用されます。これらのいずれのファイルも存在しない場合には、<WLP_HOME>/etc/jvm.options が利用されます。

■ server.env（オプション）

WAS Liberty の実行プロセスの環境変数を指定できます。以下の 2 カ所に置くことができます。

- <WLP_HOME>/etc/server.env
- ${server.config.dir}/server.env

WAS Liberty では以下のような環境変数を参照します。

- WLP_USER_DIR
  WAS Liberty の構成やアプリケーションが格納される ${wlp.user.dir} の代替ロケーションを指定します。この環境変数は <WLP_HOME>/etc/server.env でのみ使用できます。

- WLP_OUTPUT_DIR

  ログやworkareaディレクトリー、その他の生成ファイルを出力するディレクトリー（${server.output.dir}）を指定します。この環境変数が設定されない場合は${server.output.dir}は${server.config.dir}と同じディレクトリーに指定されます。

9-7 WAS Liberty を Docker で使う

2-10 節でも解説しましたが、オンプレミスの Linux 環境やクラウド環境では、コンテナ技術である Docker を使用してシステムを集約することが多くなってきました。コンテナ環境は（VMware や KVM などの）仮想マシンを使用した場合に比べて、より多くの仮想環境を集約できます。

WAS Liberty も、もちろん Docker と組み合わせて使用することができます。WAS Liberty の以下のような特長は、Docker と組み合わせた場合にさらに大きなメリットをもたらします。

- 少ないフットプリントで稼働するので多くのプロセスが稼働するコンテナ環境での実行環境に最適
- 独自の管理ツールを使用せず、ファイルの展開や追加、編集だけで導入や構成ができる
- 可搬性のある構成が可能なため、1 度作成した Docker イメージを複数の環境で共用できる

Docker 上で WAS Liberty を利用できる環境を作成するには、以下の 2 つの方法があります。

- WAS Liberty の入った Docker イメージを自作する
- Docker Hub や Docker Store から、あらかじめ導入された Docker イメージをダウンロードする

Docker イメージを自作するには、9-2 節で解説したように、アーカイブファイルを展開する方法が使用できます。カレントディレクトリーに以下のような内容の Dockerfile という名前のファイルと WAS Liberty の導入アーカイブ（例

では **wlp-webProfile7-17.0.0.3.zip**）を置きます。このDockerfileでは、OpenJDKが入ったDockerイメージを元にWAS Libertyを実行するDockerイメージを作成しています。

リスト9-28　Dockerfileの例

```
FROM openjdk:8-jdk-alpine
COPY wlp-webProfile7-17.0.0.3.zip /tmp/
RUN mkdir -p /opt/ibm ¥
    && unzip -q /tmp/wlp-webProfile7-17.0.0.3.zip -d /opt/ibm ¥
    && rm /tmp/wlp-webProfile7-17.0.0.3.zip
RUN /opt/ibm/wlp/bin/server create server1
CMD [ "/opt/ibm/wlp/bin/server", "run", "server1" ]
```

これを**Docker**コマンドを使ってビルドします（リスト9-29）。また、Dockerコンテナの機能はリスト9-30のように行います。実際には、Dockerfileのなかでサーバーを構成したり、アプリケーションを導入を行ったりしてDockerイメージを作成していきます。

リスト9-29　Dockerfileのビルド

```
> docker build -t myliberty .
```

リスト9-30　Dockerコンテナの起動

```
> docker run myliberty .
```

また、Docker Hubでは、IBM JDKやWAS Libertyが既に導入されたDockerイメージが無償で公開されています。これをダウンロードすることにより利用を開始することもできます。

リスト9-31　WAS LibertyのDockerイメージダウンロード

```
> docker pull websphere-liberty
```

このようにダウンロードしたDockerイメージは、コマンドを実行してそのまま使用することもできますし、自身のDockerfileでイメージを作成するベースとして使用することもできます。

第10章

WAS Libertyに
アプリケーションを
デプロイする

10-1 アプリケーション・デプロイの準備

アプリケーションを稼働するには、Libertyサーバーにアプリケーションをデプロイする必要があります。ここでは、以降のアプリケーションのデプロイ手順の説明のため、簡単なREST APIで応答するHello Worldアプリケーションを作成します。また、アプリケーションのデプロイ先となるLibertyサーバーを作成／構成します。

サンプル・アプリケーションの作成

JAX-RSを使用したサンプル・アプリケーションを作成します。任意の名前の動的Webプロジェクトを作成し、2つのクラスを作成します。パッケージ名やクラス名は任意です。本書では、下記の値を使用した例で示します。

表10-1　Hello World RESTサンプル・アプリケーションの命名例

作成物	本書での命名例
Webプロジェクト	Hello
warファイル名	Hello.war
JAX-RSリソース・クラス	com.example.resource.HelloResource
JAX-RSアプリケーション・クラス	com.example.restconfig.HelloApplication

`HelloResouce`クラスには、下記を実装します。`sayHello()`メソッドを実装しています。

リスト10-1　HelloResourceクラスの実装

```
package com.example.resource;

import javax.json.Json;
import javax.json.JsonObjectBuilder;
import javax.ws.rs.GET;
```

```
import javax.ws.rs.Path;
import javax.ws.rs.core.MediaType;
import javax.ws.rs.core.Response;
import javax.ws.rs.core.Response.ResponseBuilder;

@Path("greeting")
public class HelloResource {

  @GET
  public Response sayHello(){
    JsonObjectBuilder jsonObjBuilder = Json.createObjectBuilder()
        .add("message", "Hello Liberty");
    ResponseBuilder respBuilder = Response.status(200)
        .type(MediaType.APPLICATION_JSON)
        .entity(jsonObjBuilder.build());
    return respBuilder.build();
  }

}
```

HelloApplication クラスには、下記を実装します。この例では、HelloApplication クラスは、JAX-RS リソースへの URL を指定するためのみに使用していますので、クラスの実装は不要です。

リスト 10-2　HelloApplication クラスの実装

```
package com.example.resource;

import javax.ws.rs.ApplicationPath;
import javax.ws.rs.core.Application;

@ApplicationPath("rest")
public class HelloApplication extends Application {
}
```

このサンプル・アプリケーションは、**http://<ホスト名>:<ポート>/<コンテキスト・ルート>/rest/greeting** の GET 要求に対して、**{"message":"Hello Liberty"}** を応答として返します。Liberty のデフォルトでは、ポート番号は 9080、コンテキスト・ルートは、war ファイルのファイル名（.war は除く）

となりますので、**http://< ホスト名 >:9080/Hello/rest/greeting** の GET 要求に対して、応答を返します。

Liberty サーバーの準備

サンプル・アプリケーション稼動のために、Liberty サーバーを準備します。Liberty のインストール、サーバーの作成は、第 9 章を参照してください。**server create** < サーバー名 > コマンドで Liberty サーバーも作成します。Liberty サーバーの構成は、**server.xml** ファイルで構成します。ここでは、サンプル・アプリケーションを稼動させるための最低限の設定を説明し、以降の節で、順に詳細な設定を説明します。

今回のサンプル・アプリケーションでは、REST 要求／応答の処理のため、JAX-RS の API（javax.ws.rs.* のクラス）を、また、JSON 応答の作成のために、JSON Processing の API（javax.json.* のクラス）を使用しています。これらの API と実装は、jaxrs-2.0、jsonp-1.0 のフィーチャーで提供されます。これら 2 つのフィーチャーは、webProfile-7.0 のフィーチャーにも含まれます。

server.xml の **<featureManager>** 要素で指定するフィーチャーの指定に、webProfile-7.0 のフィーチャーを追加します。

リスト 10-3　webProfile-7.0 フィーチャーを追加した server.xml

```
<server>
  <!-- 中略 -->

  <featureManager>
    <feature>webProfile-7.0</feature> <!-- この行を追加 -->
  </featureManager>

</server>
```

これで、サンプル・アプリケーションを稼動させるための最低限の設定は完了です。

10-2 アプリケーションのデプロイ

Liberty は、アプリケーションのデプロイがとても簡単です。アプリケーションのファイル（EAR や WAR）を特定のディレクトリーに配置するだけです。これにより、以下のようなメリットがあります。

- デプロイ処理をスクリプト化（自動化）するのが容易
- デプロイ処理をツールで実行する場合に、任意のツールを利用することができ、ツールの設定も容易

Liberty にアプリケーションをデプロイするには 2 つの方法があります。

方法 1. dropins ディレクトリーに EAR や WAR を配置する。
方法 2. 任意のディレクトリーに EAR や WAR を配置し、server.xml 設定ファイルで配置パスを指定する。

方法 1 は、お手軽な方法で、開発環境などでの、利用に適しています。

方法 2 は、デプロイするアプリケーションを方法 1 より厳密に管理できるので、ファイル操作ミスなどにより、誤ってデプロイが行われることなどを抑制できます。また、方法 1 では設定できないアプリケーションに関連するプロパティーを server.xml で設定することも可能であり、方法 2 は本番環境などでのデプロイに適しています。

dropins ディレクトリーへの配置によるデプロイ

ここでは、dropins ディレクトリーに EAR や WAR ファイルを配置するデプロイ方法を説明します。この方法は、Java EE のアプリケーション（EAR や WAR ファイル）を、Liberty サーバーの dropins ディレクトリーに配置す

るだけで、アプリケーションをデプロイすることができます。

作成したLibertyサーバーの**dropins**ディレクトリー（**<WLP_HOME>/usr/servers/<サーバー名>/dropins**）に、サンプル・アプリケーションのWARファイル（**Hello.war**）を配置し、Libertyサーバーを**server start <サーバー名>**コマンドで起動します。

messages.logファイル（**<WLP_HOME>/usr/servers/<サーバー名>/logs/messages.log**）に、下記のように、**server.xml**で指定したフィーチャーが有効になり、Hello.warのアプリケーションが起動されたことが記録されます。

リスト 10-4　dropinsディレクトリーを使用したアプリケーション・デプロイ時のログ

```
[17/11/11 14:44:35:795 JST] 00000027 com.ibm.ws.webcontainer.osgi.webapp.
WebGroup                  I SRVE0169I: Web モジュールをロード中: Hello。
[17/11/11 14:44:35:799 JST] 00000027 com.ibm.ws.webcontainer
I SRVE0250I: Web モジュール Hello は default_host にバインドされています。
[17/11/11 14:44:35:800 JST] 00000027 com.ibm.ws.http.internal.VirtualHostImpl
A CWWKT0016I: Web アプリケーションが使用可能です (default_host): http://
localhost:9080/Hello/
[17/11/11 14:44:35:808 JST] 00000027 com.ibm.ws.app.manager.AppMessageHelper
A CWWKZ0001I: アプリケーション Hello が 0.722 秒で開始しました。
[17/11/11 14:44:35:847 JST] 00000022 com.ibm.ws.kernel.feature.internal.
FeatureManager             A CWWKF0012I: サーバーは次のフィーチャーをインストー
ルしました。[jsp-2.3, managedBeans-1.0, ejbLite-3.2, jsf-2.2,
beanValidation-1.1, servlet-3.1, ssl-1.0, jndi-1.0, jsonp-1.0, jdbc-4.1,
appSecurity-2.0, jaxrs-2.0, jaxrsClient-2.0, el-3.0, json-1.0, jpaContainer-2.1,
cdi-1.2, distributedMap-1.0, webProfile-7.0, websocket-1.1, jpa-2.1]。
[17/11/11 14:44:35:853 JST] 00000022 com.ibm.ws.kernel.feature.internal.
FeatureManager             I CWWKF0008I: フィーチャー更新が 5.329 秒で完了しまし
た。
[17/11/11 14:44:35:854 JST] 00000022 com.ibm.ws.kernel.feature.internal.
FeatureManager             A CWWKF0011I: サーバー server1 は、Smarter Planet に
対応する準備ができました。
```

ブラウザなどで**http://localhost:9080/Hello/rest/greeting**にGET要求を送信すると、**{"message":"Hello Liberty"}**のJSONデータが応答されます。

図 10-1 ブラウザでアクセスした例

server.xml で EAR/WAR のパスを指定するデプロイ

ここでは、server.xml に、アプリケーションの配置パスを指定するアプリケーションのデプロイ方法を説明します。

server.xml ファイルで、Web アプリケーション（WAR ファイル）のパスを指定する場合、<webApplication> 要素で指定します。ファイルのパスは、location 属性で指定します。Java EE エンタープライズ・アプリケーション（EAR ファイル）の場合は、<enterpriseApplication> 要素で指定します。また、WAR と EAR どちらのファイルであっても、<application> 要素で指定し、type 属性でそれぞれ「war」または「ear」を指定することもできます。<webApplication>、<application>、<enterpriseApplication> 要素で設定できる項目やその指定方法は、ほとんど同一です。

ただ、WAR の指定において、コンテキスト・ルートを指定する場合、<webApplication> 要素では、contextRoot 属性で指定しますが、<application> 要素では、context-root 属性で指定するので、注意してください。また、EAR ファイルをデプロイする場合は、たとえ、<application> 要素で指定した場合でも、server.xml でのコンテキスト・ルートの指定は、有効になりません。EAR ファイルにパッケージングされる application.xml で指定します。

server.xml の <webApplication> 要素を使用して、WAR ファイル（Hello.war）を指定し、デプロイする例を紹介します。WAR ファイルや EAR ファイルは、任意のディレクトリーに配置することができますが、アプリケーション配置用のディレクトリーとして、下記のデフォルト apps ディレクトリーが準備されています。

- <WLP_HOME>/usr/servers/< サーバー名 >/apps

WARファイルやEARファイルの配置パスを絶対パスで指定するか、appsディレクトリーからの相対パスで指定することができます。以下のserver.xmlの設定例は、appsディレクトリーに、Hello.warが配置されていることを前提とした例です。

なお、前項の手順で、dropinsディレクトリーにHello.warを配置している場合には、dropinsディレクトリーのHello.warは削除するか、Hello.warファイルをdropinsディレクトリーからappsディレクトリーに移動してください。

リスト10-5　server.xmlの<webApplication>要素でデプロイ対象WARの指定例

```
<server>
  <!-- 中略 -->

  <webApplication location="Hello.war"/> <!-- この行を追加 -->

</server>
```

WARファイルでは、コンテキスト・ルートは、デフォルトで、ファイル名から「.war」の部分を除いた値が使用されます。ファイル名がHello.warの場合、デフォルトのコンテキスト・ルートは、「Hello」になります。デフォルトのコンテキスト・ルートをserver.xmlで上書きする場合には、下記のように、contextRoot属性で指定します。下記の例では、コンテキスト・ルートを「hello-jaxrs」に置き換えています。つまり、今回のアプリケーションの場合、http://localhost:9080/hello-jaxrs/rest/greetingで応答が返ります。

リスト10-6　コンテキスト・ルートをserver.xmlで指定した例

```
<webApplication location="HelloWeb.war" contextRoot="hello-jaxrs"/>
```

10-3 データベース接続の構成

アプリケーションからデータベースに接続するには、Liberty の構成が必要です。この節では、データベース接続設定について説明します。

データベースに接続するサンプル・アプリケーション

10-1 節で作成したアプリケーションに、データベースアクセスのコードを追加します。Db2 の SAMPLE データベースの STAFF テーブルを STAFF ID で検索し、STAFF のデータ（名前）を取得し、JSON データで応答します。アプリケーション側の設定と Liberty サーバーのデータベース接続設定を結びつけるのは、データソースの名前（JNDI 名）です。この例では、JPA の API を使用していますが、JDBC の API を使用したコードであっても、Liberty のデータベース接続設定に違いはありません。

表 10-2　DB アクセスのサンプル・アプリケーションの命名例

作成物	本書での命名例	10-1 節のコードからの変更
Web プロジェクト	Hello	変更なし
war ファイル名	Hello.war	変更なし
JAX-RS リソース・クラス	com.example.resource.HelloResource	変更なし
JAX-RS リソース・クラス	com.example.resource.StaffResource	新規作成
JAX-RS アプリケーション・クラス	com.example.restconfig. HelloApplication	変更なし
JPA エンティティー・クラス	com.example.model.Staff	新規作成
JPA 設定ファイル	META-INF/persistence.xml (Hello.war/WEB-INF/classes/META-INF/ persistence.xml)	新規作成

1 2 3 4 5 6 7 8 9 10 11 12 13

Staff クラスは、STAFF テーブルのレコードにマップされる JPA のエンティティー・クラスです。ID カラムと NAME カラムの値を保持します。

リスト 10-7　Staff クラスの実装

```
package com.example.model;

import java.io.Serializable;
import javax.persistence.Id;
import javax.persistence.Entity;

@Entity
public class Staff implements Serializable {

  private static final long serialVersionUID = 1L;

  @Id
  private short id;

  private String name;

  public Staff() {
  }

  public short getId() {
    return this.id;
  }

  public void setId(short id) {
    this.id = id;
  }

  public String getName() {
    return this.name;
  }

  public void setName(String name) {
    this.name = name;
  }
}
```

StaffResource クラスは、JAX-RS のリソース・クラスです。JPA の API を

使用して Staff インスタンスを取得します。

▶リスト 10-8　StaffResource クラスの実装

```
package com.example.resource;

import javax.enterprise.context.ApplicationScoped;
import javax.json.Json;
import javax.json.JsonObjectBuilder;
import javax.persistence.EntityManager;
import javax.persistence.PersistenceContext;
import javax.ws.rs.GET;
import javax.ws.rs.Path;
import javax.ws.rs.PathParam;
import javax.ws.rs.core.MediaType;
import javax.ws.rs.core.Response;

import com.example.model.Staff;

@ApplicationScoped
@Path("staff")
public class StaffResource {

  @PersistenceContext
  private EntityManager em;

  @GET
  @Path("{id}")
  public Response getStaff(@PathParam("id") short id) {
    try{
      Staff staff = em.find(Staff.class, id);

      if(staff != null){
        JsonObjectBuilder jsonObjBuilder = Json.createObjectBuilder()
            .add("id", staff.getId())
            .add("name", staff.getName());

        return Response.status(200)
            .type(MediaType.APPLICATION_JSON)
            .entity(jsonObjBuilder.build()).build();
      }else{
        return Response.status(404).build();
      }
```

```
    }catch(Exception e){
      e.printStackTrace();
      return Response.status(500).build();
    }
  }
}
```

persistence.xml ファイルは、JPA のデータベースを指定する設定ファイルです。Java EE アプリケーションでは、データソースの JNDI 名を指定します。この JNDI 名で、Liberty サーバー設定（server.xml）のデータソースとマッピングされます。

▶ リスト 10-9　persistence.xml の設定

```
<?xml version="1.0" encoding="UTF-8"?>
<persistence version="2.1" xmlns="http://xmlns.jcp.org/xml/ns/persistence"
xmlns:xsi="http://www.w3.org/2001/XMLSchema-instance" xsi:schemaLocation="http:
//xmlns.jcp.org/xml/ns/persistence http://xmlns.jcp.org/xml/ns/persistence/
persistence_2_1.xsd">
  <persistence-unit name="HelloLibertyWeb">
    <jta-data-source>jdbc/sample</jta-data-source>
    <class>com.example.model.Staff</class>
  </persistence-unit>
</persistence>
```

データベース接続構成：JDBC ドライバーの登録

データベースへの接続設定では、データソースを構成します。データソースを構成するには、JDBC ドライバーを登録する必要があります。ここでは、JDBC ドライバーの登録方法を説明します。JDBC ドライバーの登録は、WAS traditional の JDBC プロバイダーの設定に相当します。JDBC ドライバーはデータベース・ベンダーが提供します。ここでは、IBM Db2 が提供する JDBC 4.0 以降の API に準拠する db2jcc4.jar を例に説明します。

JDBC ドライバーを任意のディレクトリー・パスに保存し、そのパスを確認します。以下の例では、C:¥lib¥db2jcc4.jar のディレクトリー・パスに配置されているとします。

server.xml に <jdbcDriver> 要素と <library> 要素を使用して設定します。

server.xmlの設定例は、下記のようになります。次項でのデータソースの設定から参照するため、<jdbcDriver>要素のid属性を指定しています。

リスト10-10　JDBCドライバーの登録例

```
<server>
  <!-- 中略 -->

  <jdbcDriver id="db2jcc4Driver">
    <library>
      <fileset dir="C:¥lib" includes="db2jcc4.jar"/>
    </library>
  </jdbcDriver>

</server>
```

データベース接続構成：データソースの設定

データソースの設定は、アプリケーション・コードや、JPAアプリケーションのpersistence.xmlなどのアプリケーションの設定ファイルで指定されるJNDI名と、Libertyで構成されるデータベース接続オブジェクトを結び付けます。物理的なデータベースの情報や、接続プールの設定なども行います。データベース・ベンダー固有のプロパティーもあります。

まず、Db2データベースに接続するシンプルな設定例を示します。server.xmlの、<dataSource>要素のjndiName属性で、JNDI名を指定し、jdbcDriverRef属性で、前項で定義した<jdbcDriver>要素のidの値を指定します。また、<dataSource>要素の子要素として、Db2向けのプロパティーである<properties.db2.jcc>要素で、接続先データベースのホスト名、ポート、データベース名、接続ユーザー名、接続ユーザーのパスワードを指定します。

リスト10-11　データソースの設定例

```
<server>
  <!-- 中略 -->

  <jdbcDriver id="db2jcc4Driver">
    <library>
      <fileset dir="C:¥lib" includes="db2jcc4.jar"/>
    </library>
```

```
  </jdbcDriver>

  <dataSource jndiName="jdbc/sample" jdbcDriverRef="db2jcc4Driver">
    <properties.db2.jcc databaseName="SAMPLE" serverName="localhost"
        portNumber="50000" user="db2admin" password="mydbpass"/>
  </dataSource>

</server>
```

<dataSource>要素の子要素<connectionManager>要素で、接続プールの最大プール・サイズ、最小プール・サイズの設定を行います。接続プールの最大プール・サイズと最小プール・サイズを明示的に指定すると下記のようになります。

▶リスト10-12　接続プールの設定例

```
<server>
  <!-- 中略 -->

  <dataSource jndiName="jdbc/sample" jdbcDriverRef="db2jcc4Driver">
    <connectionManager maxPoolSize="50" minPoolSize="0"/> <!-- この行を追加 -->
    <properties.db2.jcc databaseName="SAMPLE" serverName="localhost"
        portNumber="50000" user="db2admin" password="{xor}NjQ6PSpmLTA="/>
  </dataSource>

</server>
```

<dataSource>要素の設定項目の詳細は、下記のオンライン・マニュアルを参照ください。

- WebSphere Application Server Liberty base Knowledge Center "dataSource - データ・ソース"
https://www.ibm.com/support/knowledgecenter/ja/SSEQTP_liberty/com.ibm.websphere.liberty.autogen.base.doc/ae/rwlp_config_dataSource.html

設定項目は、プロパティー名が異なるものもありますが、WAS traditionalと同様です。第4章の「接続プール・プロパティーの設定」も参照してください。

10-4 実働環境での稼動に向けて

Liberty サーバーは、開発環境でも実働環境でも稼動させることができますが、設定のデフォルトは共通です。実働環境での稼動において、設定変更が必要だったり、設定変更を検討する項目を説明します。セキュリティ設定や冗長化の構成については、第 11 章で説明します。

localhost 以外からのアクセス

Liberty サーバーのデフォルト設定は、セキュリティ強化の観点から、localhost（127.0.0.1）のアドレスでのアクセスに制限されています。Liberty サーバーが稼動するローカル OS 以外からアクセスする場合には、設定を変更する必要があります。

設定変更箇所は、**server.xml** の **<httpEndpoint>** 要素の部分です。**<httpEndpoint>** 要素は、デフォルトで、下記のように構成されています。

リスト 10-13　<httpEndpoint> 要素のデフォルトの構成

```
<!-- To access this server from a remote client add a host attribute to the
following element, e.g. host="*" -->
<httpEndpoint id="defaultHttpEndpoint"
    httpPort="9080"
    httpsPort="9443" />
```

<httpEndpoint> 要素の **host** 属性で、Liberty がアクセスを受け付けるネットワーク・アダプターの IP アドレスまたはホスト名を指定します。また、**host** 属性の値を **"*"** と指定することで、Liberty サーバーの任意のネットワーク・アダプターからのリクエストを受け付けるようになります。例えば、下記のように、**host** 属性で、特定のネットワーク・アダプターの IP アドレスを指定することで、そのネットワーク・アダプターを経由したリモートからの

リクエストを受け付けられます。

▶リスト 10-14 特定のネットワーク・アダプターからの通信を受け入れるよう設定した例

```
<httpEndpoint id='defaultHttpEndpoint"
    host="192.168.0.1"
    httpPort="9080"
    httpsPort="9443" />
```

任意のネットワーク・アダプターからのアクセスを許可する場合には、下記のようにアスタリスク "*" を指定することも可能です。

▶リスト 10-15 任意のネットワーク・アダプターからの通信を受け入れるよう設定した例

```
<httpEndpoint id='defaultHttpEndpoint"
    host="*"
    httpPort="9080"
    httpsPort="9443" />
```

<httpEndpoint> 要素では、host 属性以外に、httpPort、httpsPort 属性で、HTTP と HTTPS（SSL）での通信ポートを指定できます。デフォルトでは、HTTP ポートは 9080、HTTPS ポートは、9443 をリッスンします。異なるポートに変更することが可能です。また、HTTP ポート、または、HTTPS ポートを無効化する場合には、それぞれの属性値に「-1」を指定します。なお、HTTPS で通信するためには、SSL のフィーチャーを有効にし、また、鍵ファイルの指定なども必要です。設定方法は第 11 章を参照してください。

また、<httpEndpoint> 要素の子要素として、<accessLogging> 要素を設定することで、Liberty が受信したリクエストのアクセス・ログを取得することができます。デフォルトで、ログは、<WLP_HOME>/usr/servers/< サーバー名 >/logs/http_access.log ファイルに出力されます。ログ・フォーマットはデフォルトで、'%h %u %{t}W "%r" %s %b' です。logFormat 属性でカスタマイズすることもできます。下記の設定は、Liberty のアクセス・ログを有効にし、マイクロ秒単位の応答時間（%D）の記録を追加した例です。

リスト 10-16 Liberty のアクセス・ログの設定例

```
<httpEndpoint httpPort="9080" httpsPort="9443" id="defaultHttpEndpoint"
    host="*">
  <accessLogging logFormat='%h %u %{t}W "%r" %s %b [%D]'/>
</httpEndpoint>
```

logs ディレクトリーの http_access.log ファイルが生成され、リクエストごとに下記のようなログが記録されます。

リスト 10-17 Liberty のアクセス・ログの出力例

```
127.0.0.1 - [28/Dec/2016:19:10:13 +0900] "GET /Hello/rest/staff/10 HTTP/1.1" 200
28 [8857]
```

動的な構成変更の無効化

WAS Liberty は、サーバー構成情報（server.xml）やアプリケーションを動的に更新することができますが、その機能を必要に応じて制御することができます。サーバー構成情報やアプリケーションの動的更新は、開発環境においては便利ですが、本番環境などの実働環境では、停止する場合が多いです。

動的更新の種類としては、以下の 3 つがあります。

- サーバー構成情報（server.xml）
- アプリケーションの追加と削除
- デプロイ済アプリケーションの更新

サーバー構成情報は、server.xml あるいは include された構成ファイル、configDropins ディレクトリーに置かれた構成ファイルを動的に更新することが可能です。アプリケーションの追加と削除およびデプロイ済アプリケーションの更新は、server.xml あるいは include された構成ファイルで指定したアプリケーションや、dropins ディレクトリーのアプリケーションを動的に更新できます。これらの動的アップデート機能に関して、無効化あるいはモニターのポーリング間隔の変更を行えます。

アプリケーションの動的更新は、server.xml の <applicationMonitor> 要素で指定します。<applicationMonitor> 要素には、以下の表の属性があります。

表 10-3　<applicationMonitor> 要素の属性

属性名	データ型	デフォルト値	説明
dropins	ディレクトリーのパス	dropins	アプリケーション・ドロップイン・ディレクトリーのロケーション。絶対パスとして表現されるか、サーバー・ディレクトリーに対する相対パスとして表現されます。
dropinsEnabled	boolean	true	ドロップイン・ディレクトリーでアプリケーションの追加、更新、および削除をモニターします。
pollingRate	期間（精度:ミリ秒）	500ms	サーバーがアプリケーションの追加、更新、および削除をチェックする頻度。正整数の後に時間単位（時間 (h)、分 (m)、秒 (s)、またはミリ秒 (ms)）を付けて指定してください。例えば、500 ミリ秒は 500ms と指定します。単一エントリーに複数の値を含められます。例えば、1.5 秒の場合、1s500ms とすることができます。
updateTrigger	mbean, polled, disabled	polled	アプリケーション更新のメソッドまたはトリガー。 ・mbean：サーバーは、統合開発環境や管理アプリケーションなどの外部プログラムで呼び出された MBean によって求められた場合のみ、アプリケーションを更新します。 ・polled：サーバーは、アプリケーション変更をポーリング間隔でスキャンし、検出できた変更のあるアプリケーションを全て更新します。 ・disabled：全ての更新モニターを無効にします。 アプリケーション変更は、サーバーの実行中は適用されません。

<applicationMonitor> 要素の記述がない場合には、下記の記述があるのと同等です。

リスト 10-18　<applicationMonitor> 要素のデフォルト値

```
<applicationMonitor updateTrigger="polled" dropinsEnabled="true" dropins=
"dropins" pollingRate="500ms"/>
```

アプリケーションのモニターを無効化するには、**updateTrigger="disabled"** を指定します。**dropins** ディレクトリーのモニターのみを無効化する場合には、**dropinsEnabled="false"** を指定します。以下は、アプリケーションのモニターを無効化した例です。

リスト 10-19　アプリケーション・モニターの無効化を設定した例

```
<applicationMonitor updateTrigger="disabled"/>
```

サーバー構成情報の動的更新は、**server.xml** の **<config>** 要素で指定します。**<config>** 要素には、以下の表の属性があります。

表 10-4　<config> 要素の属性

属性名	データ型	デフォルト値	説明
monitorInterval	期間（精度：ミリ秒）	500ms	サーバーが構成更新をチェックする頻度。値は、<applicationMonitor> 要素の pollingRate 属性と同様です。
onError	IGNORE, FAIL, WARN	WARN	構成エラーの発生後に行われる処置。 ・IGNORE：サーバーは、構成エラーが発生したときに、警告メッセージおよびエラー・メッセージを出しません。 ・FAIL：サーバーは、最初のエラー発生時に警告メッセージまたはエラー・メッセージを出した後、サーバーを停止します。 ・WARN：サーバーは、構成エラーが発生すると、警告メッセージおよびエラー・メッセージを出します。
updateTrigger	mbean, polled, disabled	polled	構成更新のメソッドまたはトリガー。 値の意味は、<applicationMonitor> 要素の updateTrigger 属性と同様です。

<config> 要素の記述がない場合には、下記の記述があるのと同等です。

リスト 10-20　<config> 要素のデフォルト値

```
<config onError="WARN" monitorInterval="500ms" updateTrigger="polled"/>
```

サーバー構成情報のモニターを無効化するには、**updateTrigger="disabled"** を指定します。下記は、サーバー構成情報のモニターを無効化した例です。

リスト 10-21　サーバー構成情報モニターの無効化を設定した例

```
<config updateTrigger="disabled"/>
```

第11章

WAS Libertyの設定と操作

11-1 サーバー構成やランタイムのパッケージングによるデプロイ

DevOpsという言葉を聞いたことがあると思います。現代では、ソースコードの修正や設定の変更を、テストを実施した上で、本番環境まで正確かつ早く反映することが求められています。そのためには、自動化が重要です。ソースコードの管理だけでなく、ミドルウェアの構築や設定まで含めた自動化や、ソースコードとミドルウェア設定の整合性をとった自動化も必要になります。

WAS Libertyは、WAS traditionalと比較して、シンプルな導入、構成が特徴です。また、サーバー構成情報には、導入サーバーのホスト名などは含まれておらず、異なる環境でも稼動できるポータビリティーもあります。その特性を生かして、アプリケーションとサーバー構成や、WAS Liberty自体のランタイムを含めてパッケージングし、異なる環境に再構築する機能を提供しています。

図11-1　パッケージングと展開の概要

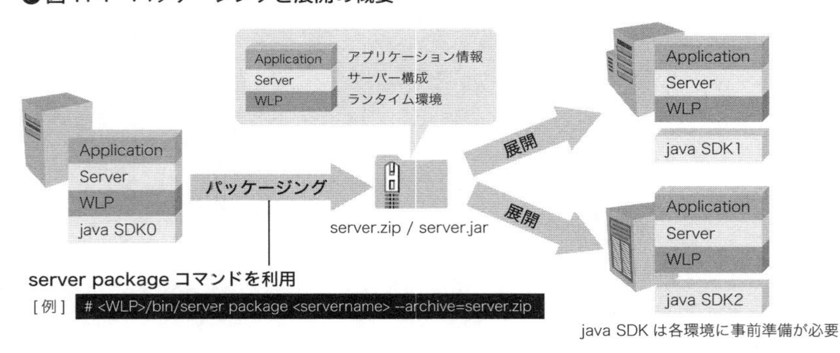

アプリケーションとサーバー構成を合わせて、バージョン管理し、パッケージング機能を使用してデプロイすることで、WAS Libertyでは、開発環境からテスト環境、本番環境などへの遷移時に、正確かつ簡単に、アプリケーショ

ンだけでなく、サーバー構成やランタイムも含めてデプロイできます。

パッケージ・コマンド

パッケージ作成時のコマンドは、以下の書式になります。パッケージ作成元の <WLP_HOME>/bin ディレクトリーの server コマンドの package アクションを使用します。事前にパッケージの作成元のサーバーを停止しておく必要があります。

リスト 11-1　server package コマンド

```
> server package <server_name> [options]
```

[options] に指定できる主要なオプションは下記の表のとおりです。

表 11-1. server package コマンドのオプション

オプション	データ型	デフォルト値	説明
--archive	string	${server.output.dir}/<server_name>.zip	作成するパッケージ・ファイルのファイル名または絶対パスでファイル名を指定します。ファイル名のみ指定した場合には、${server.output.dir} にアーカイブ・ファイルが生成されます。ファイル拡張子は、zip または jar のみがサポートされます。
--include	下記のいずれか all usr minify wlp runnable all,runnable minify,runnable	all	パッケージに含める範囲を指定します。 ・all：サーバー構成とランタイムの両方を含めます。 ・usr：サーバー構成のみを含み、ランタイムは含みません。 ・minify：サーバー構成とランタイムを含みますが、ランタイムから不要なフィーチャーを除き、パッケージ・ファイルを小さくします。 ・wlp：ランタイムのみをパッケージします。 ・runnable：実行可能 JAR ファイルを生成します。java -jar <生成したパッケージ・ファイル（.jar）> コマンドを使用して実行できます。 なお、runnable と all,runnable は等価で、minify,runnable は、minify と runnable の組み合わせです。値「runnable」を含むオプションは、「jar」タイプ・アーカイブでのみ指定できます。

なお、たとえパッケージ作成元と、展開先のOSが同一の場合であっても、java自体は、パッケージに含められないので注意してください。Libertyランタイムをパッケージした場合であっても、展開先のOSに事前にjavaはインストールしておく必要があります。また、作成したパッケージの展開には、WAS Libertyのコマンドは必要ありません。OSのコマンドやjavaのコマンドで展開します。

WAS Libertyランタイムを含むサーバーのパッケージング

アプリケーション、サーバー構成、WAS Libertyランタイムをまとめてパッケージングする方法を説明します。展開先の環境には、Libertyランタイムを別途導入する必要はありません。

ランタイムを含めたパッケージングを行う場合は、**--include**オプションに**all**または**minify**を指定します。**minify**を指定することで、対象のLibertyサーバーの稼動に必要なファイルのみが抽出されてパッケージングされるため、パッケージされたアーカイブ・ファイルのサイズは小さくなります。

具体的には、以下のような**server package**コマンドを実行します。

リスト11-2 ランタイムを含めたserver packageコマンドの実行例

```
> server package server1 --include=minify --archive=server1pack.zip
サーバー server1 をパッケージ中です。
サーバー server1 で内容を照会しています。
IBM J9 VM バージョン pwa6480sr3fp22-20161213_02 (SR3 FP22) (ja_JP) で、server1 (WebSphere Application Server 17.0.0.2/wlp-1.0.17.cl170220170523-1818) を起動しています
[AUDIT   ] CWWKE0001I: サーバー server1 が起動されました。
[AUDIT   ] CWWKF0026I: サーバー server1 は、より小さいパッケージを作成する準備ができました。
[AUDIT   ] CWWKE0036I: 3.931 秒後にサーバー server1 が停止しました。
サーバー server1 のアーカイブを作成しています。
サーバー server1 のパッケージが C:¥Liberty¥wlp¥usr¥servers¥server1¥server1pack.zip で完了しました。

>
```

パッケージのデプロイ先（環境の複製先）に、パッケージングされたアーカイブ・ファイル（リスト 11-2 の場合、**server1pack.zip**）をコピーします。コピーした zip または jar ファイルを展開します。jar ファイルは、java に付属する **jar** コマンドの **xvf** オプションを使用して展開できます。展開したディレクトリーの **wlp/bin** ディレクトリーに移動し、**server start <server_name>** コマンドで、サーバーを起動します。

なお、java 実行環境はパッケージングされていないので、複数のバージョンの java がインストールされている環境では、WAS Liberty サーバー起動後の **messages.log** ファイルを確認し、意図したバージョンとパスの java で起動していることを確認することをお勧めします。また、Liberty インストール・ディレクトリー配下の特定のディレクトリーのファイルのみがパッケージされますので、**server.xml** で指定している JDBC ドライバーなどは、パッケージングされません。

アプリケーションとサーバー構成のパッケージング

WAS Liberty ランタイムを含めないパッケージングの使用方法を説明します。展開先の環境に、WAS Liberty ランタイムが導入されていることが前提となります。展開先では、事前に、**server create** コマンドによる WAS Liberty サーバーの作成は必要はありません。

パッケージにランタイムを含めない場合は、**--include** オプションに **usr** を指定します。WAS Liberty のデフォルトのディレクトリー構成の **<WLP_HOME>/usr** 以下のサーバーのディレクトリーがパッケージングされるため、**usr** というオプション名になります。

具体的には、以下のような **server package** コマンドを実行します。

リスト 11-3　ランタイムを含めない server package コマンドの実行例

```
> server package server1 --include=usr --archive=server1usrpack.zip
サーバー server1 をパッケージ中です。
サーバー server1 のパッケージが C:¥Liberty¥wlp¥usr¥servers¥server1¥
server1usrpack.zip で完了しました。


>
```

パッケージのデプロイ先（環境の複製先）に、パッケージングされたアーカイブ・ファイル（server1usrpack.zip）をコピーします。コピーした zip ファイルを展開し、wlp/usr/servers/<server_name> のディレクトリーを、デプロイ先の WAS Liberty ランタイムの <WLP_HOME>/usr/servers ディレクトリーに配置します。同一のサーバー名がある場合には、元のディレクトリー名をリネームするなどします。もしくは、<WLP_HOME>/etc/server.env ファイルの WLP_USER_DIR 環境変数の値に、展開した wlp/usr のディレクトリー・パスを指定します。

デプロイ先の環境で、server start <server_name> コマンドで、サーバーを起動します。

11-2 通信の保護

この節と次の節では、WAS Liberty のセキュリティの構成について説明します。この節では、SSL の構成について説明します。次節で、認証・認可の構成を説明します。この節の通信の暗号化は、WAS Liberty のブラウザ・ベースの GUI 管理ツールである Admin Center など管理ツールの前提にもなります。

WAS Liberty の SSL 構成

WAS Liberty では、通信は SSL/TLS プロトコルによって保護されます。SSL/TLS の基盤テクノロジーは公開鍵暗号化方式なので、鍵の管理も必要になります。また、通信の保護は、アプリケーションの保護だけでなく、WAS Liberty の管理（Admin Center、コマンド管理、REST インターフェースでの管理）においても必要になります。

開発環境と本番環境の違いなど、セキュリティ要件が異なるので、Liberty では以下の 2 つの SSL の構成方法があります。

1. 最小限の SSL 構成：
   最小限の `server.xml` などの構成で、SSL 設定が有効になり、SSL の鍵なども、自動で作成されます。開発環境などで、お手軽に SSL を構成したい場合に向いています。
2. 詳細な SSL 構成：
   SSL の鍵の設定や、通信とのマッピングなどをそれぞれ設定することができます。本番、テスト環境で、詳細に SSL を構成したい場合に向いています。

1 2 3 4 5 6 7 8 9 10 11 12 13

■最小限の SSL 構成

まず、最小限の SSL 構成について説明します。最小限の SSL 構成では、リスト 11-4 のように、ssl-1.0 フィーチャーを有効にし、SSL で使用される鍵ストアのパスワードを指定します。

▶リスト 11-4　最小限の SSL 構成の構成例

```
<featureManager>
  <feature>ssl-1.0</feature>
</featureManager>

<keyStore id="defaultKeyStore" password="yourPassword" />
```

これにより、WAS Liberty サーバーは起動時に、**${server.config.dir}/resources/security** ディレクトリーの key.jks ファイルを確認し、key.jks ファイル（鍵ストア）がない場合には、鍵ペアと自己署名証明書（有効期限 1 年）を含む key.jks 鍵ストアを、指定されたパスワードで作成します。1 度作成された後は、以後再起動を繰り返しても、同一の鍵ストアを利用します。また、WAS Liberty の通信に SSL が必要な場合には、この鍵ストアがデフォルトとなり、すべての通信で利用されます。

最小限の SSL 構成を使用すると、簡単に SSL の構成を完了できます。例えば、開発環境においても、リモートから接続する JMX アプリケーションを開発する場合や、REST やコマンドを使用した java batch 管理インターフェースや GUI の管理ツールである Admin Center を使用する場合には、SSL 通信が必要になります。

■詳細な SSL 構成

詳細な SSL 構成について説明します。詳細な SSL 構成では、複数の SSL 構成を定義し、それぞれ異なる鍵ストアを定義することができます。

まず、構成例を示します。最小限の SSL 構成と同様に、ssl-1.0 フィーチャーを有効にします。

リスト 11-5　詳細な SSL 構成の構成例

```
<featureManager>
  <feature>ssl-1.0</feature>
</featureManager>

<!-- default SSL configuration is defaultSSLSettings ->
<sslDefault sslRef="defaultSSLSettings" />

<ssl id="defaultSSLSettings"
     keyStoreRef="defaultKeyStore"
     trustStoreRef="defaultTrustStore" />
<keyStore id="defaultKeyStore"
     location="key.jks"
     type="JKS" password="defaultPWD" />
<keyStore id="defaultTrustStore"
      location="trust.jks"
      type="JKS" password="defaultPWD" />

<ssl id="mySSLSettings"
      keyStoreRef="myKeyStore"
      trustStoreRef="myTrustStore" />
<keyStore id="LDAPKeyStore"
      location="${server.config.dir}/myKey.p12"
      type="PKCS12" password="{xor}CDo9Hgw=" />
<keyStore id="LDAPTrustStore"
      location="${server.config.dir}/myTrust.p12"
      type="PKCS12" password="{xor}CDo9Hgw=" />
```

リスト 11-5 の構成例では、それぞれ異なる鍵ストアを指定している **defaultSSLSettings** と **mySSLSettings** の 2 つの SSL 構成を定義しています。WAS Liberty が Web アプリケーションのリクエストを受け付けるデフォルト 9443 番ポートの SSL 構成と、WAS Liberty が認証で使用する LDAP 接続で使用する通信の SSL 設定を別々に定義しているイメージです。なお、SSL のフィーチャーを有効にし、複数の SSL 構成を定義する場合には、必ずデフォルトの SSL 構成を指定する必要があります。**<sslDefault>** の要素で指定しています。

以下では、各要素の重要なパラメーターを紹介します。

<ssl> 要素で定義する属性は下記の表のとおりです。

表 11-2　<ssl> 要素（SSL 構成）の属性

属性	説明	デフォルト値
id	SSL 構成オブジェクトに固有の名前を割り当てます。	デフォルト値はありません。固有の名前を指定する必要があります。
keyStoreRef	SSL 構成の鍵ストアを定義する <keyStore> 要素への参照を指定します。鍵ストアには、SSL 接続を行うために必要な鍵が保管されています。	デフォルト値はありません。
trustStoreRef	SSL 構成のトラストストアを定義する <keyStore> 要素への参照を指定します。トラストストアには、署名検証に必要な証明書が保管されます。	trustStoreRef は、オプションの属性です。参照がない場合は、keyStoreRef で指定された鍵ストアが使用されます。
sslProtocol	SSL ハンドシェーク・プロトコルを定義します。プロトコルは SDK に依存するため、変更する場合は、稼働している SDK でその値がサポートされることを必ず確認してください。	デフォルト値は、SSL_TLSv2（IBM JRE の場合）または SSL（Oracle JRE の場合）です。
enabledCiphers	暗号スイートの固有リストを指定します。リストは、スペースで各暗号スイートを区切ります。	デフォルト値はありません。

IBM JRE を使用している場合に、**sslProtocol** 属性で指定する SSL/TLS プロトコルの詳細は、以下の URL を参照してください。

- IBM SDK, Java Technology Edition 8.0.0 Knowledge Center "Protocols"
https://www.ibm.com/support/knowledgecenter/ja/SSYKE2_8.0.0/com.ibm.java.security.component.80.doc/security-component/jsse2Docs/protocols.html

デフォルトの **"SSL_TLSv2"** の指定は、TLS v1.2, v1.1, v1.0 が有効になります。例えば、TLS v1.2 のみを有効にする場合には、**"TLSv1.2"** の値を指定します。

また、同様に IBM JRE を使用している場合の、**enabledCiphers** 属性で指定する暗号化スイートの詳細は、以下の URL を参照してください。

- IBM SDK, Java Technology Edition 8.0.0 "Cipher suites"
https://www.ibm.com/support/knowledgecenter/en/SSYKE2_8.0.0/com.ibm.java.security.component.80.doc/security-component/jsse2Docs/ciphersuites.html

続いて、<keyStore> 要素について説明します。

表 11-3 <keyStore> 要素（鍵ストア構成）の属性

属性	説明	デフォルト値
id	鍵ストア・オブジェクトの固有 ID を定義します。	デフォルト値はありません。固有の名前を指定する必要があります。
location	鍵ストア・ファイル名を指定します。 値には、ファイルの絶対パスを指定できます。 絶対パスが指定されない場合、${server.config.dir}/resources/security ディレクトリーでファイルを探します。	デフォルトのファイルのロケーションは ${server.config.dir}/resources/security/key.jks と想定されます。
type	鍵ストアのタイプを指定します。 指定する鍵ストア・タイプが、稼働している SDK でサポートされることを確認してください。	デフォルト値は jks です。
password	鍵ストア・ファイルのロードに使用するパスワードを指定します。パスワードは、平文、またはエンコードして指定できます。	指定が必須です。

type 属性で指定する鍵ストアの形式は、IBM JRE では、JKS、JCEKS、PKCS11、PKCS12、CMS を利用できます。デフォルトは JKS です。

鍵の作成と管理

WAS Liberty は、Java がサポートする鍵ストアを利用できるので、鍵ストアの作成には、java に付属する keytool コマンドや、IBM java に付属する ikeyman、ikeycmd、オープンソースの OpenSSL などの任意のツールを使用できます。WAS Liberty では、keytool を WAS Liberty 環境に合わせて使いやすくする形で、securityUtility コマンドを提供しています。

securityUtility コマンドを使用して、WAS Liberty 構成で使用されるデフォルトの SSL 証明書を作成できます。securityUtility コマンドを使用した SSL 鍵と（自己署名）証明書の作成の書式は、以下のとおりです。

リスト 11-6　securityUtility コマンドの実行例

```
> securityUtility createSSLCertificate --server=<server_name> --password=<your_
password> [options]
```

securityUtility コマンドの **createSSLCertificate** アクションを使用し、Liberty サーバー名と鍵ストアのパスワードを指定します。実行すると、**<WLP_HOME>/usr/servers/< サーバー名 >/resources/security/key.jks** の JKS 鍵ストアが生成されます。なお、すでに鍵ストアが存在する場合には、コマンドは正常に実行されません。

また、オプションで指定できる主要な項目は以下の表のとおりです。全てのオプション情報は、**securityUtility help createSSLCertificate** コマンドで確認してください。

表 11-4　securityUtility createSSLCertificate コマンドの主要なオプション

属性	説明	デフォルト値
--server=name	鍵ストアおよび証明書が作成される Liberty サーバーの名前を指定します。	
--password=password	鍵ストアで使用するパスワードを指定します。少なくとも 6 文字の長さでなければなりません。このオプションは必須です。	
--passwordEncoding=password_encoding_type	鍵ストアのパスワードをエンコードする方法を指定します。 サポートされるエンコード値は xor または aes です。	xor
--validity=days	証明書が有効な日数を指定します。365 以上でなければなりません。	365
--subject=DN	証明書のサブジェクトおよび発行者の識別名（DN）を指定します。	CN=< ホスト名 >,OU=< サーバー名 >,O=ibm,C=us （CN 値は、マシンのローカル・ホスト名を取得する Java メソッドを使用して取得されます。ホスト名を解決できない場合、IP アドレスが返されます。）

通信と SSL 構成のマッピング

デフォルトでは、**<httpEndpoint>** 要素はサーバーのデフォルトの SSL 構成を使用します。SSL 構成定義が 1 つの場合は、それがデフォルトとなります。SSL 構成が複数ある場合には、前述した **<sslDefault>** 要素で指定した SSL 構成がデフォルトになります。

デフォルトの SSL 構成以外の SSL 構成を使用することもできます。httpEndpoint にデフォルト以外の SSL 構成をマップする例を示します。**<httpEndpoint>** 要素の子要素 **<sslOptions>** で、属性 **sslRef** を使用して、SSL 構成名を指定します。

リスト 11-7　httpEndpoint にデフォルト以外の SSL 構成をマップする構成例

```
<httpEndpoint id="defaultHttpEndpoint"
    host="${listener.host}"
    httpPort="${http.port}"
    httpsPort="${https.port}">
    <sslOptions sslRef="wasListenerSSLConfig" />
</httpEndpoint>
```

以上で SSL の構成は完了です。SSL ポートが構成された httpEndpoint にマップされたアプリケーションへ SSL でアクセスできます。

11-3 ユーザー認証の構成

Web アプリケーションのセキュリティとして、通信の保護と並び、もう 1 つ大切なのは、ユーザーの認証です。この節では、認証の構成について説明します。

アプリケーションで、認証を Liberty に行わせる場合はもちろん、Liberty の管理機能（Admin Center やリモート JMX 管理、Batch 管理インターフェースなど）を使用する場合にも、認証の構成が必要になります。

認証を行うには、ユーザーとクレデンシャル（パスワードなど）を突き合わせる「ユーザー・レジストリー」の構成が前提になります。ここでは、まず、ユーザー・レジストリーの構成を説明し、続いて、ユーザーとクレデンシャルを WAS Liberty が取得する認証の構成の順に説明します。

ユーザー・レジストリーの設定

WAS Liberty は、ユーザー・レジストリーを使用して、ユーザーを認証し、認可などのセキュリティ関連操作を実行するためのユーザーおよびグループの情報を取得します。

以下のタイプのユーザー・レジストリーに、認証用のユーザーおよびグループの情報を保管できます。

- 単一ユーザー・レジストリー（quickStartSecurity）：単一の管理者ユーザーを `server.xml` に保管します。開発環境での利用が想定されます。
- 基本ユーザー・レジストリー：`server.xml` にユーザー、グループを保管します。
- LDAP レジストリー：外部の LDAP レジストリーに接続して、ユーザー認証を行います。

- カスタム・ユーザー・レジストリー：独自のデータベースなどを使用して認証する場合に、カスタムコードを開発することで、ユーザー・レジストリーとすることができます。

オプションで、複数のLDAPレジストリーを構成して、構成されたすべてのレジストリーで認証の確認がされるようにすることもできます。

以下では、基本ユーザー・レジストリーと、LDAPレジストリーの構成を説明します。単一ユーザー・レジストリー（quickStartSecurity）については、コラムを参照してください。

■基本ユーザー・レジストリー

WAS Libertyで認証用のユーザー情報およびグループ情報を定義することによって、基本ユーザー・レジストリーを構成できます。これを行うには、appSecurity-2.0フィーチャーを**server.xml**ファイルに追加します。ユーザー情報は**<basicRegistry>**要素に追加します。

以下に構成例を示します。

リスト11-8 基本ユーザー・レジストリーの構成例

```
<basicRegistry id="basic" realm="customRealm">
  <user name="mlee" password="p@ssw0rd" />
  <user name="rkumar" password="pa$$w0rd" />
  <user name="gjones" password="{xor}Lz4sLCgwLTs=" />
  <group name="students">
    <member name="mlee" />
    <member name="rkumar" />
  </group>
</basicRegistry>
```

リスト11-8では、ユーザーmlee、rkumar、gjonesを定義しています。**password**属性で指定しているのが、パスワードです。また、studentsグループを定義し、ユーザーmleeとrkumarは、studentsグループに属しています。アプリケーションや管理ユーザーに、定義した個々のユーザーまたはグループをマッピングすることができます。

Column

パスワードのエンコード

基本ユーザー・レジストリーの構成例の中で、ユーザー gjones のパスワードをエンコードして指定しています。構成情報のパスワードの指定は、エンコードして定義できます。securityUtility encode コマンドを使用する方法と、WDT で設定する方法があります。

リスト 11-9　securityUtility encode の実行例

```
> securityUtility encode hogehoge
{xor}NzA40jcw0Do=

>
```

上記の例では、文字列 hogehoge をエンコードしています。エンコードされた値、{xor}NzA40jcw0Do= を構成情報に指定します。デフォルトのエンコード・タイプは、xor です。--encoding オプションを指定することで、aes と hash も選択することができます。ただし、hash は不可逆なエンコードなのでデータベース接続のパスワードなど、WAS Liberty がパスワードをデコードする必要があるパスワードの設定には指定できません。基本ユーザー・レジストリーのパスワードとしては、指定可能です。

WDT での指定は、server.xml をエディターで表示します。エンコードを行いたいパスワードの指定箇所をデザイン・モードで表示すると、「Set...」ボタンが右端に表示されますので、ボタンをクリックすると、以下のように「Set Password」のポップアップが表示されます。エンコードするテキスト文字列とエンコードのタイプを指定します。

図 11-2　WDT でのパスワードのエンコード

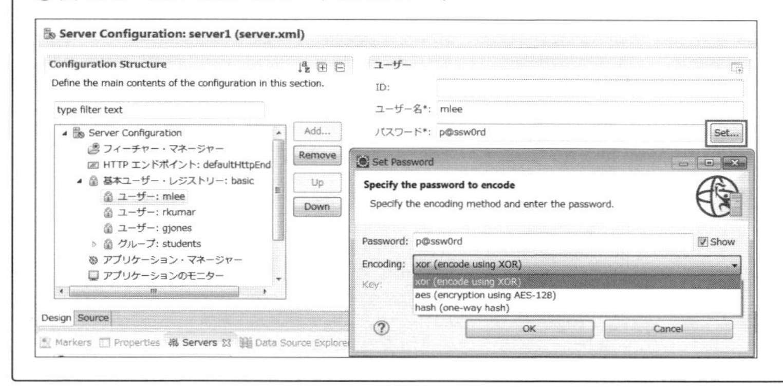

■ LDAP レジストリー

WAS Liberty でのアプリケーション認証には、既存の LDAP サーバーを使用できます。WAS Liberty は、LDAP V3（rfc 2251）仕様をサポートする任意の LDAP サーバーをサポートします。

LDAP 連携の設定は、appSecurity-2.0 と ldapRegistry-3.0 フィーチャーを **server.xml** ファイルに追加し、LDAP サーバーに接続するための設定情報を指定します。以下に、IBM Security Directory Server との連携の構成例を示します。

リスト 11-10　LDAP（IBM Security Directory Server）との連携の構成例

```
<ldapRegistry id="ldap" realm="SampleLdapIDSRealm"
    host="ldapserver.mycity.mycompany.com" port="389"
    baseDN="o=mycompany,c=us"
    ldapType="IBM Tivoli Directory Server">
  <idsFilters
      userFilter="(&amp;(uid=%v)(objectclass=ePerson))"
      groupFilter="(&amp;(cn=%v)( ¦ (objectclass=groupOfNames)
          (objectclass=groupOfUniqueNames)
          (objectclass=groupOfURLs)))"
      userIdMap="*:uid"
      groupIdMap="*:cn"
      groupMemberIdMap="mycompany-allGroups:member;
          mycompany-allGroups:unique Member;
          groupOfNames:member;groupOfUniqueNames:uniqueMember">
  </idsFilters>
</ldapRegistry>
```

なお、ldapType の値として、"IBM Tivoli Directory Server" と指定していますが、これは、IBM Security Directory Server の以前の名称です。

LDAP サーバーの一般の設定は、<ldapResistry> 要素の属性で指定します。また、IBM Security Directory Server や Active Directory など、各 LDAP サーバーに固有の Filter 設定が準備されています。

<ldapRegistry> 要素の主要な属性は以下の表のとおりです。

表 11-5　<ldapRegistry> 要素の主要な属性

属性	説明	デフォルト値
baseDN	ディレクトリー・サービスの基本識別名（DN)。LDAP 検索の開始点を表します。	なし
bindDN	アプリケーション・サーバーの識別名（DN)。ディレクトリー・サービスへのバインドに使用されます。	なし
bindPassword	バインド識別名のパスワード。 値は、平文形式またはエンコード形式で保管することができます。	なし
host	IP アドレスまたはドメイン・ネーム・サービス（DNS）名の形式による LDAP サーバーのアドレス。	なし
id	固有の構成 ID。	なし
ldapType	接続の確立先の LDAP サーバーのタイプを指定します。以下のいずれかを指定します。 - Sun Java System Directory Server - Netscape Directory Server - Microsoft Active Directory - IBM Tivoli Directory Server - IBM Lotus Domino - Custom - IBM SecureWay Directory Server - Novell eDirectory	なし
port	LDAP サーバーのポート番号。	なし

IBM Security Directory Server 向けの Filter（ユーザーやグループのマッピングの指定など）の <idsFilters> 要素の主要な属性は、以下のとおりです。

表 11-6　<idsFilters> 要素の主要な属性

属性	説明	デフォルト値
groupFilter	ユーザー・レジストリーでグループを検索するための LDAP フィルター節。	(&(cn=%v) (|(objectclass=groupOfNames) (objectclass=groupOfUniqueNames) (objectclass=groupOfURLs)))

属性	説明	デフォルト値
groupIdMap	グループの名前を LDAP エントリーにマップする LDAP フィルター。	*:cn
groupMemberIdMap	ユーザーとグループ・メンバーシップとの対応を識別する LDAP フィルター。	ibm-allGroups:member;ibm-allGroups:uniqueMember;groupOfNames:member;groupOfUniqueNames:uniqueMember
userFilter	ユーザー・レジストリーでユーザーを検索するための LDAP フィルター節。	(&(uid=%v)(objectclass=ePerson))
userIdMap	ユーザーの名前を LDAP エントリーにマップする LDAP フィルター。	*:uid

Column

管理ユーザーをお手軽に構成する quickStartSecurity

<quickStartSecurity> 要素を使用して、WAS Liberty の管理ユーザー（1 ユーザー）のユーザー・レジストリーの構成を簡単に行えます。サーバー管理操作のための Administrator ロールを付与するユーザー名およびパスワードを定義します。

▶ リスト 11-11　quickStartSecurity の構成例

```
<quickStartSecurity userName="Bob" userPassword="bobpwd" />
```

認証構成

WAS Liberty は、ユーザー ID とパスワードの組み合わせに代表されるクレデンシャルの収集方法として、様々な方法やプロトコルをサポートしています。Java EE 仕様で規定されている以下の方法をサポートしています。

- 基本認証（Basic Authentication）
- フォーム認証
- クライアント証明書認証

また、上記以外にも、以下のシングル・サインオン（SSO）標準をサポートしています。

1
2
3
4
5
6
7
8
9
10
11
12
13

- OAuth 2.0（OAuth Service Provider（SP）として）
- Open ID（Relying Party（RP）として）
- Open ID Connect 1.0（Client、Relying Party、Providerとして）
- SAML
- SPNEGO

また、IBM固有のトークンであるLTPAトークンを使用したSSOもサポートしているので、IBM Security Access Managerなどの認証プロキシー・サーバーとの連携も容易に実現できます。

ここでは、最も基本的な、基本認証の構成を説明します。

まず、Java EEの仕様に準拠したWebアプリケーションの認証方法では、**web.xml**で指定します。Webリソースを保護するためのセキュリティ制約をデプロイメント記述子（**web.xml**）に設定します。具体的には、**<auth-constraint>**要素および**<role-name>**要素を使用して、Webリソースにアクセスできるロールを定義します。

以下の**web.xml**ファイルの例では、アプリケーション内の全てのURIへのアクセスが、**testing**ロールで保護されています。

▶リスト11-12　web.xmlのセキュリティ制約の設定例

```
<!-- SECURITY ROLES -->
<security-role>
  <role-name>testing</role-name>
</security-role>

<!-- SECURITY CONSTRAINTS -->
<security-constraint>
  <web-resource-collection>
    <web-resource-name />
    <url-pattern>/*</url-pattern>
  </web-resource-collection>
  <auth-constraint>
    <role-name>testing</role-name>
  </auth-constraint>
</security-constraint>

<!-- AUTHENTICATION METHOD: Basic authentication -->
```

```
<login-config>
  <auth-method>BASIC</auth-method>
</login-config>
```

ここでは、以下の基本ユーザー・レジストリーが構成されている場合を例にして説明します。

リスト 11-13　WAS Liberty の基本ユーザー・レジストリーのサンプル

```
<basicRegistry id="basic" realm="customRealm">
  <user name="mlee" password="p@ssw0rd" />
  <user name="rkumar" password="pa$$w0rd" />
  <user name="gjones" password="{xor}Lz4sLCgwLTs=" />
  <group name="students">
    <member name="mlee" />
    <member name="rkumar" />
  </group>
</basicRegistry>
```

web.xml で指定した、Web アプリケーションにアクセス可能な **testing** ロールのメンバーと、WAS Liberty が管理するレジストリーのユーザー、または、グループとのマッピングは、EAR のパッケージングの一部となる **ibm-application-bnd.xml** または、Liberty の Fix Pack 17.0.0.1 以降では、**server.xml** の **<application>** または **<webApplication>** 要素の **<security-role>** 子要素で指定することもできます。**server.xml** でマッピングを指定する場合、以下のように構成します。

リスト 11-14　web.xml のロールと、WAS Liberty のユーザー・レジストリー設定の server.xml ファイルでのマッピング構成例

```
<application type="war" id="myWebApp" name="myWebApp"
    location="${server.config.dir}/apps/myWebApp.war">
  <application-bnd>
    <security-role name="testing">
      <user name="gjones " />
      <group name="students" />
    </security-role>
  </application-bnd>
</application>
```

リスト11-14では、基本ユーザー・レジストリーのユーザー：**gjones**、またはグループ：**students**に属するユーザーが、Webアプリケーションにアクセスできるように設定しています。

本書では、ベーシック認証の構成のみ紹介しましたが、その他の認証・認可の構成方法については、以下のKnowledge Centerの記載を参照してください。

- WebSphere Application Server Liberty base Knowledge Center
  "Libertyでのユーザーの認証"

https://www.ibm.com/support/knowledgecenter/ja/SSEQTP_liberty/com.ibm.websphere.wlp.doc/ae/twlp_sec_authenticating.html

- WebSphere Application Server Liberty base Knowledge Center
  "Libertyでのリソースへのアクセスの許可"

https://www.ibm.com/support/knowledgecenter/ja/SSEQTP_liberty/com.ibm.websphere.wlp.doc/ae/twlp_sec_authorizing.html

11-4 Admin Center による WAS Liberty の管理

WAS Liberty の構成情報は、シンプルな server.xml で定義されるため、構成情報の確認や編集のためには、必ずしも GUI の管理ツールは必要ではありません。とはいえ、Liberty サーバーやアプリケーションの状態（起動 / 停止の状況）や、パフォーマンス・メトリックを簡単に GUI で確認できると便利です。

WAS Liberty では、Admin Center と呼ばれるブラウザから利用する管理用 GUI が提供されています。

Admin Center でできること

Admin Center では、以下が行えます。

- Explore ビュー：サーバーやアプリケーションの起動／停止とその状態の確認。リソース使用状況のモニタリング
- Server Config ビュー：構成情報（server.xml）の参照／編集
- wasdev.net ブックマーク：WASdev サイトへのブックマーク（URL リンク）。任意の URL のリンクを追加することも可能。
- Java Batch ビュー：Java Batch ジョブのステータス確認。Java Batch ビューを表示するには、Java Batch の構成が必要です。(Fix Pack 16.0.0.4 以降)

Admin Center の有効化

Admin Center は、デフォルトでは有効化されていません。Admin Center を有効化するには、server.xml に以下の設定を行います。

- 手順 1：adminCenter-1.0 のフィーチャーの追加
- 手順 2：SSL の設定（Admin Center へのアクセスには、SSL 通信が必須）
- 手順 3：管理ユーザーの設定（Admin Center には、管理者権限を持つユーザーのみがログイン可能）
- 手順 4（オプション）：サーバー構成情報へのアクセス許可の追加（server.xml の参照、編集が必要な場合）

■手順 1　adminCenter-1.0 のフィーチャーの追加

server.xml の <featureManager> 要素の子要素として、<feature>adminCenter-1.0</feature> 要素を追加します。

▶リスト 11-15　adminCenter フィーチャーの設定

```
<featureManager>
  <feature>adminCenter-1.0</feature>    <!-- これを追加する-->
</featureManager>
```

■手順 2　SSL の設定

httpEndpoint に対して、SSL を構成します（詳細な設定方法は、11-2 節参照）。お手軽な構成は、リスト 11-16 のように、id 属性が "defaultKeyStore" の <keyStore> 要素を server.xml へ追加します。鍵ストアのパスワード（password 属性の値）は、任意です。id 属性が "defaultKeyStore" の <keyStore> 要素を server.xml に追加すると、鍵ストアのパス（location 属性で指定。指定がない場合のデフォルトは、"<WLP_HOME>/usr/servers/< サーバー名 >/resources/security/key.jks"）に鍵ファイルが存在しない場合は、Liberty サーバーの起動時に、自動的に鍵と鍵ファイルが作成されます。この自動生成される鍵の証明書は、有効期限が 1 年の自己署名証明書なので、注意してください。

▶リスト 11-16　簡易的な SSL 構成の例

```
<keyStore id="defaultKeyStore" password="Liberty" />
```

■手順 3　管理ユーザーの設定

Admin Center にログインできる管理者権限を持つユーザーを構成します。管理者権限とは、<administrator-role> 要素に含まれるユーザーです。お手軽な構成は、以下のリスト 11-17 のように、**server.xml** で **<quickStartSecurity>** 要素を使って、ユーザー名とパスワードを指定します。この設定で、管理者権限を持つ名前が **"admin"** のユーザーが構成されます。

▶リスト 11-17　簡易的な管理ユーザーの構成の例

```
<quickStartSecurity userName="admin" userPassword="adminpwd" />
```

■手順 4（オプション）　サーバー構成情報へのアクセス許可の追加

デフォルトでは、リモート・ユーザーに対して、**server.xml** などのサーバー構成情報のファイルへの書き込みアクセスは許可されていません。Admin Center から **server.xml** の変更をできるようにするには、**server.xml** のファイルへの書き込みを許可する必要があります。以下のリスト 11-18 のように、**server.xml** の **<remoteFileAccess>** 要素内の **<writeDir>** 子要素で、書き込みを許可するディレクトリーを指定します。**server.xml** の **include** を行なっている場合など、複数のディレクトリーを指定する場合には、**<writeDir>** 要素を複数記述します。

▶リスト 11-18　サーバー構成情報へのアクセス許可の構成の例

```
<remoteFileAccess>
  <writeDir>${server.config.dir}</writeDir>
</remoteFileAccess>
```

以上で、Admin Center のセットアップは完了です。デフォルトの **server.xml** の自動読み込みが ON の場合は、そのまま、ブラウザで下記の URL にアクセスします。**server.xml** の自動読み込みが OFF の場合は、Liberty サーバーを再起動して、下記 URL にアクセスします。

https://<Liberty サーバー・ホスト >:9443/adminCenter/

以下のようなログイン画面が表示されますので、手順 3 で指定した管理者ユーザーでログインします。

▶図11-3　Admin Centerのログイン・ページ

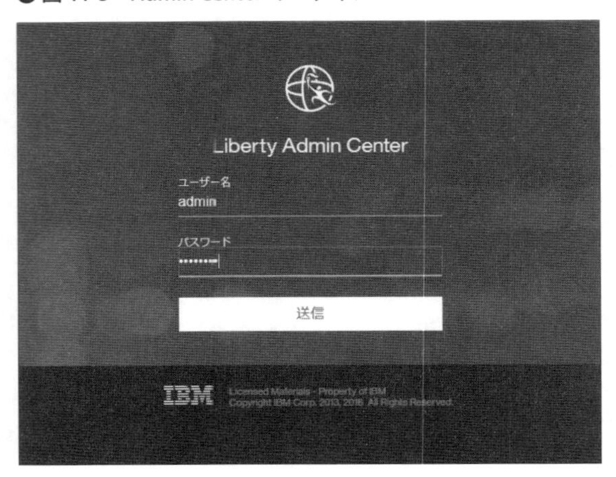

Admin Centerの使用

Libertyサーバーの Admin Centerにログインすると、図11-4のような、アイコンが並んだツールボックス画面が表示されます。(Java Batchのアイコンは、Java Batch管理機能を構成した場合にのみ、表示されます。)

▶図11-4　Admin Centerのツールボックス・ページ

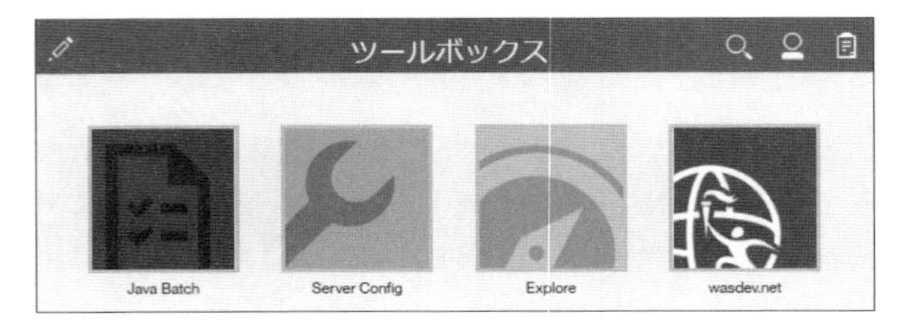

サーバーやアプリケーションの起動／停止や、パフォーマンス・データをモニタリングするには、「Explore」ボタンをクリックします。概説の項目では、サーバーの状態が表示されます。右上のアイコンをクリックすることで、ドロップダウン・リストの形式で、可能な操作が表示されます。Libertyサーバーに対する操作は、停止のみが可能です。

▶図 11-5 Admin Center の Explore 概説画面

アプリケーションの起動／停止は、左側のナビゲーション・パネルで、「アプリケーション」をクリックします。サーバーの停止と同様に、右上のアイコンをクリックするか、アプリケーションの右肩のマークをクリックすることで、可能な操作が表示されます。

▶図 11-6 Admin Center のアプリケーション管理画面

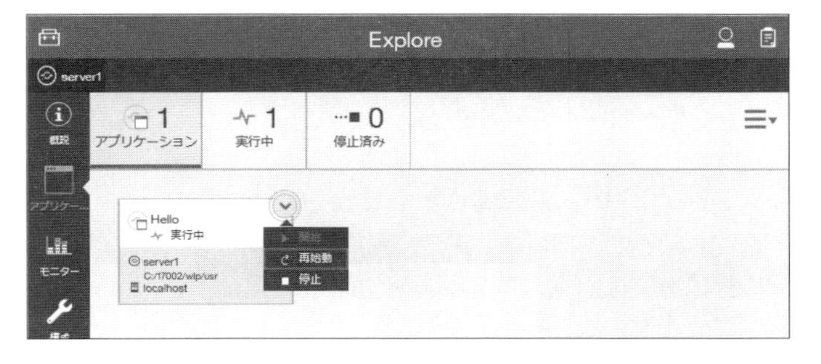

パフォーマンス・データのモニタリングを行うには、左側のナビゲーションで、「モニター」をクリックします。以下の画面のように、パフォーマンス・データのグラフが表示されます。右上のアイコンをクリックすることで、モニター項目の追加／削除を行えます。

図 11-7　Admin Center のモニター画面

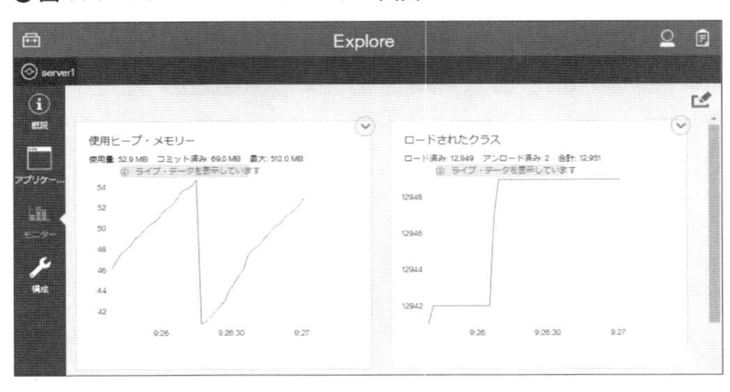

初期メニュー（ツールボックスの画面）に戻るには、左上のツールボックスのボタンをクリックします。構成情報の確認／編集を行うには、「Server Config」のボタンをクリックします。サーバー構成情報のファイルがリストされるので、参照／編集するサーバー構成情報のファイルのハイパーリンクをクリックします。

以下のような server.xml のエディターが表示されます。「設計」タブと「ソース」タブを切り替えることで、WDT での server.xml と同様のイメージで、server.xml の XML 要素や属性を参照／編集できます。

図 11-8　Admin Center のサーバー構成情報の参照／編集（設計ビュー）

Admin Center からログアウトするには、右上の人のアイコンをクリックし、「ログアウト」をクリックします。

11-5 Webサーバーとの連携

IHSなどのWebサーバー経由でLibertyのサーバーにアクセスするには、Webサーバーに組み込まれるWebサーバー・プラグインを導入し、プラグイン構成ファイルを構成します。Webサーバーと、Webサーバー・プラグインの導入方法は、WAS traditionalと同様なので、第2章を参照してください。ここでは、WAS Libertyに特有のプラグイン構成ファイルの生成と伝搬方法を説明します。

この節では、IHSとLibertyを1対1で構成する方法を説明し、次節で、IHSとWAS LibertyをN対Mで構成する方法を説明します。

プラグイン構成ファイルの生成

Libertyサーバーを起動すると、`<WLP_HOME>/usr/servers/<server名>/logs/state/plugin-cfg.xml`に、そのLibertyサーバーへリクエストを転送するプラグイン構成ファイル（`plugin-cfg.xml`）が自動生成されます。この機能は、Fix Pack 16.0.0.3で追加されたものです。Fix Pack 16.0.0.2以下の場合には、`generatePluginConfig MBean`を使用して、プラグイン構成ファイルを生成します。REST API経由で呼び出すことも可能です。

また、Fix Pack 16.0.0.4以降では、`pluginUtility`コマンドの`generate`アクションを使用することで、コマンドを使用して生成することもできます。

プラグイン構成ファイルの伝搬

プラグイン構成ファイルは、WAS Libertyサーバーが稼働するOS（ホスト）上に生成されます。生成されたプラグイン構成ファイルをWebサーバーが稼働するOS（ホスト）上に手動でコピーする必要があります。また、Libertyサーバーと Webサーバーが同一OS（ホスト）上で稼働する場合であっても、

logs/state/plugin-cfg.xml は、Liberty サーバーの起動時に自動的に再生成され、既存のファイルが上書きされますので、手動で修正を加える場合には、logs/state/plugin-cfg.xml をコピーして編集することを推奨します。

プラグイン構成ファイルの編集と Web サーバー構成ファイル（httpd.conf）への設定

自動生成される plugin-cfg.xml の例を以下に掲載します。

リスト 11-19　自動生成される plugin-cfg.xml の例

```
<?xml version="1.0" encoding="UTF-8"?>
<!--HTTP server plugin config file for bookServer generated on 2017.03.27 at
16:03:04 JST-->
<Config ASDisableNagle="false"
    AcceptAllContent="false"
    AppServerPortPreference="HostHeader"
    ChunkedResponse="false"
    FIPSEnable="false"
    IISDisableNagle="false"
    IISPluginPriority="High"
    IgnoreDNSFailures="false"
    RefreshInterval="60"
    ResponseChunkSize="64"
    SSLConsolidate="false"
    TrustedProxyEnable="false"
    VHostMatchingCompat="false">
  <Log LogLevel="Error"
      Name="/opt/IBM/WebSphere/Plugins/logs/webserver1/http_plugin.log"/>
  <Property Name="ESIEnable" Value="true"/>
  <Property Name="ESIMaxCacheSize" Value="1024"/>
  <Property Name="ESIInvalidationMonitor" Value="false"/>
  <Property Name="ESIEnableToPassCookies" Value="false"/>
  <Property Name="PluginInstallRoot" Value="/opt/IBM/WebSphere/Plugins"/>
<!-- Configuration generated using httpEndpointRef=defaultHttpEndpoint-->
<!-- The default_host contained only aliases for endpoint defaultHttpEndpoint.
The generated VirtualHostGroup will contain only configured web server ports:
        webserverPort=80
        webserverSecurePort=443 -->
  <VirtualHostGroup Name="default_host">
    <VirtualHost Name="*:80"/>
    <VirtualHost Name="*:443"/>
```

```
  </VirtualHostGroup>
  <ServerCluster CloneSeparatorChange="false"
      GetDWLMTable="false"
      IgnoreAffinityRequests="true"
      LoadBalance="Round Robin"
      Name="bookServer_default_node_Cluster"
      PostBufferSize="0"
      PostSizeLimit="-1"
      RemoveSpecialHeaders="true"
      RetryInterval="60"
      ServerIOTimeoutRetry="-1">
    <Server CloneID="7b746a3d-2773-4f1b-89a6-4f095237e26f"
        ConnectTimeout="5"
        ExtendedHandshake="false"
        LoadBalanceWeight="20"
        MaxConnections="-1"
        Name="default_node_bookServer"
        ServerIOTimeout="900"
        WaitForContinue="false">
      <Transport Hostname="<WAS Libertyサーバーのホスト名またはIP>"
          Port="9080" Protocol="http"/>
      <Transport Hostname="<WAS Libertyサーバーのホスト名またはIP>"
          Port="9443" Protocol="https">
        <Property Name="keyring"
            Value="/opt/IBM/WebSphere/Plugins/config/webserver1/plugin-key.kdb"/>
        <Property Name="stashfile"
            Value="/opt/IBM/WebSphere/Plugins/config/webserver1/plugin-key.sth"/>
      </Transport>
    </Server>
    <PrimaryServers>
      <Server Name="default_node_bookServer"/>
    </PrimaryServers>
  </ServerCluster>
  <UriGroup Name="default_host_bookServer_default_node_Cluster_URIs">
    <Uri AffinityCookie="JSESSIONID" AffinityURLIdentifier="jsessionid"
        Name="/HelloLibertyWeb/*"/>
    <Uri AffinityCookie="JSESSIONID" AffinityURLIdentifier="jsessionid"
        Name="/IBMJMXConnectorREST/*"/>
  </UriGroup>
  <Route ServerCluster="bookServer_default_node_Cluster"
      UriGroup="default_host_bookServer_default_node_Cluster_URIs"
      VirtualHostGroup="default_host"/>
</Config>
```

Web サーバー・プラグインのログの出力先、プラグインのインストール・パス、SSL の鍵ファイルのパスがデフォルトでは、絶対パスで、**"/opt/IBM/WebSphere/Plugins"** 以下の値が設定されます。Web サーバーの環境に合わせて、絶対パスを修正します。また、Web サーバーと Liberty サーバー間の通信を HTTP ではなく、HTTPS（SSL）とする場合には、SSL の鍵ファイルを指定します。ただし、自動生成される **plugin-cfg.xml** で指定されるパスに、自動的に鍵ファイルが作成されるわけではありませんので、Liberty サーバーの SSL 構成の対となる公開鍵を含んだ鍵ファイルを別途作成し、そのパスを指定するように **plugin-cfg.xml** ファイルを修正します。

デフォルトでは、IHS − Liberty 間の通信で HTTP を使用するか、SSL を使用するかは、ブラウザー IHS 間の通信が HTTP か SSL かを踏襲します（IHS V9.0.0.4 での機能追加については、コラムを参照）。IHS −ブラウザ間の通信を SSL とし、IHS − Liberty サーバー間の通信は、HTTP とする場合には、**plugin-cfg.xml** のトップレベルの **<Config>** 要素の、カスタム・プロパティーである **UseInsecure="true"** 属性を指定し、**Protocol="https"** の **<Transport>** 要素を削除（コメントアウト）します。

IHS の構成ファイル（**httpd.conf**）において、プラグイン・モジュールのロードと、プラグイン構成ファイルを読み込ませる設定は、以下のように指定します。なお、下記の例で、**<arch>** は、Web サーバーのアーキテクチャーに応じて 32bits または 64bits です。

▶リスト 11-20　Linux/AIX/Solaris の場合の例

```
LoadModule was_ap24_module /opt/IBM/WebSphere/Plugins/bin/<arch>/mod_was_ap24_
http.so
WebSpherePluginConfig /opt/IBM/WebSphere/Plugins/config/webserver1/plugin-cfg.
xml
```

リスト 11-21　Windows の場合の例

```
LoadModule was_ap24_module c:/IBM/WebSphere/Plugins/bin/<arch>/mod_was_ap24_
http.dll
WebSpherePluginConfig c:/IBM/WebSphere/Plugins/config/webserver1/plugin-cfg.xml
```

リスト 11-22　HP-UX の場合の例

```
LoadModule was_ap22_module /opt/IBM/WebSphere/Plugins/bin/<arch>/mod_was_ap24_
http.sl
WebSpherePluginConfig /opt/IBM/WebSphere/Plugins/config/webserver1/plugin-cfg.
xml
```

Column

IHS － WAS 間の SSL の使用有無の設定

IHS V9.0.0.4 以上では、IHS に ssl-map-mode の環境変数を指定することで、ブラウザー IHS 間の SSL の使用有無と関係なく、IHS － WAS（Liberty または traditional）間の SSL の使用有無を設定できるようになりました。httpd.conf での環境変数設定の構文は、SetEnv ssl-map-mode onload | offload | default です。

- PI77874：PLUGIN OFFLOAD/ONLOAD FOR SSL
http://www.ibm.com/support/docview.wss?uid=swg1PI77874

1 2 3 4 5 6 7 8 9 10 11 12 13

11-6 シンプル・クラスターの構成

シンプル・クラスターは、同一のアプリケーションをデプロイした複数の Liberty サーバーを並べた構成です。この節では、IHS – Liberty 間の接続を N 対 M のたすきがけにする構成手順と、データベースを使用したセッション・パーシスタンスの構成手順を説明します。セッション・パーシスタンスを設定するとプラグイン構成ファイルにも影響があるので、以下の順に説明します。

- セッション・パーシスタンスの設定
- プラグイン構成ファイルのマージ

セッション・パーシスタンスの設定

シンプル・クラスターの構成では、HTTP セッション・オブジェクトをデータベースに保存することで、複数の Liberty サーバー間で共有します。セッション共有を行う複数の WAS Liberty サーバーで、以下のような **server.xml** を追加します。

▶リスト 11-23　セッション・パーシスタンスの設定例

```
<server description="Demonstrates HTTP Session Persistence Configuration">

  <featureManager>
    <feature>sessionDatabase-1.0</feature>
    <feature>webProfile-7.0</feature>
  </featureManager>

  <httpEndpoint id="defaultHttpEndpoint" host="*" httpPort="${httpPort}" />

  <jdbcDriver id="db2jcc4Driver">
    <library>
      <fileset dir="${shared.resource.dir}¥DB2LIB¥java" includes="db2jcc4.jar"/>
```

```
    </library>
  </jdbcDriver>

  <dataSource id="SessionDS" jdbcDriverRef="db2jcc4Driver"
      jndiName="jdbc/sessions">
    <properties.db2.jcc databaseName="SESSIONS" portNumber="50000"
        serverName="${db2.host}" user="db2admin" password="{xor}NjQ6PSpmLTA="
        driverType="4"/>
  </dataSource>

  <httpSessionDatabase id="SessionDB" dataSourceRef="SessionDS"/>
  <httpSession storageRef="SessionDB" cloneId="${cloneId}"/>

</server>
```

まず sessionDatabase フィーチャーを有効にします。上記の例は、データソースとして、Db2 を指定していますが、任意のデータベースを使用できます。**<httpSession>** 要素から **<httpSessionDatabase>** 要素を参照し、**<httpSessionDatabase>** 要素から **<dataSource>** 要素をマッピングします。

ここで注意してほしいのは、**<httpSession>** 要素で指定されている **cloneId** 属性の値です。この値は、セッション共有を行う各 Liberty サーバーで異なる値を指定する必要があります。上記の例では、変数 **${cloneId}** で指定しているので、Liberty の **bootstrap.properties** で、各 Liberty サーバーに固有の値を設定します。例えば、以下のリスト 11-24 のような内容の **bootstrap.properties** ファイルを **<WLP_HOME>/usr/servers/<サーバー名>/bootstrap.properties** に配置します。このように変数を利用することで、複数のクラスターのサーバー間で、共通の **server.xml** を使用できます。

▶リスト 11-24　bootstrap.properties での cloneId 変数の指定例

```
httpPort=9080
cloneId=s1
```

セッション共有で使用するデータベースのテーブルは、Liberty サーバーに自動的に生成させることができます。また、**<httpSessionDatabase>** 要素では、セッション・データベースへの書き込み頻度の設定などが可能です。WAS

Libertyでも、WAS traditionalと同様の設定ができます。ただし、WAS Libertyのデフォルトの設定では、書き込み頻度は、「時間基準」ではなく、「サーブレット・サービスの終了ごと（END_OF_SERVLET_SERVICE）」です。

Webサーバー・プラグインのマージ

11-5節で、IHSとLibertyサーバーを連携する方法を紹介しました。IHSとLibertyサーバーをN対Mのたすきがけの構成とする場合には、IHSからの割り振り先となる複数のLibertyサーバーのプラグイン構成ファイル（**plugin-cfg.xml**）をマージして、1つの**plugin-cfg.xml**を作成する必要があります。

pluginUtilityコマンドの**merge**アクションを使用することで、複数のWebサーバー・プラグイン構成ファイルをマージできます。以下のように、**--sourcePath**オプションで、マージ元の複数のプラグイン構成ファイルを指定します。**--sourcePath**オプションの引数にファイルではなく、ディレクトリーを指定することで、そのディレクトリー内の任意の「***plugin-cfg*.xml**」のパターンのファイルをマージすることもできます。

リスト11-25　pluginUtility mergeコマンドの実行例

```
pluginUtility merge --sourcePath=C:/plugins/plugin-cfg.xml,C:/other/plugin-cfg.
xml --targetPath=C:/targetDir/myMergedPluginCfg.xml
```

マージしたプラグイン構成ファイルも、11-5節で説明したように、Webサーバー・プラグインのインストール・ディレクトリーやSSLの鍵ファイルの指定などは、マージ元の設定を引き継ぐので、環境に応じて修正します。

マージしたプラグイン構成ファイルを、IHSが稼働するサーバーに配布（複数のIHSサーバーが稼働する場合には、同じプラグイン構成ファイルを複数のIHSサーバーに配布）し、IHSの構成ファイルで、読み込むように指定します。

第12章

WAS Libertyの問題判別とパフォーマンス・チューニング

12-1 WAS Liberty の問題判別の概要

WAS Liberty においても、トラブル発生時の問題判別の基本は、第7章の手順と同じです。クライアントから Web サーバーを経由して WAS にリクエストがたどりつき、データベースなどのバックエンドシステムと連携して処理されて結果が返される一連の流れの中で、どこで問題が発生したのかを突き止めて対処することが必要です。その過程で利用するネットワークや OS の各種リソース、Web サーバーや Web サーバー・プラグインの問題判手順は共通しています。

ただ、WAS traditional と WAS Liberty では、WAS 本体のログの出力先や利用できる問題判別の機能が異なっています。この章では、WAS Liberty 固有の問題判別機能について解説します。

12-2 WAS Libertyのログを確認する

ログの種類

WAS Libertyにはロギング・コンポーネントが実装されていて、製品の実装コードから出力されるメッセージのほか、アプリケーションからSystem.out、System.err、java.util.loggingやOSGIロギングに出力されるメッセージが統合されます。また、-verbose:gcの出力のように、JVMプロセスから直接出力されるメッセージもあります。

これらのWAS Libertyのログは、基本的に${server.output.dir}/logsディレクトリー以下に作成されます。WebSphere変数のserver.output.dirは、デフォルトではserver.config.dirと同じディレクトリーになります。環境変数のWLP_OUTPUT_DIRを設定することで別のディレクトリー（WLP_OUTPUT_DIR/サーバー名）に変更することができます。

このlogsディレクトリーには、以下のようなファイルが作成されます。

■ console.log

WAS Libertyを、serverコマンドのstartアクションでバックグランドで実行したときに作成されます。ロギング・コンポーネントから出力されるメッセージのうち主要なもの（AUDITおよびWARNING、ERRORレベルのもの）と、JVMプロセスから出力されるメッセージが記録されます。アプリケーションからSystem.out、System.errに出力された内容も記録されます。WAS Libertyをrunアクションでフォアグランドで実行したときには、このログ・ファイルは作成されず、同じ内容が画面に表示されます。

console.logは、WAS Libertyを起動するたびに新規に作成されます。追記や世代管理は行われないため、ログを保存するためには、WAS Libertyを停止するたびに既存のログ・ファイルを待避する必要があります。

■ messages.log

ロギング・コンポーネントから出力されるINFO以上のメッセージが記録されます。アプリケーションのSystem.out、System.errへの出力も記録されます。しかし、JVMプロセスからの出力は記録されません。console.logに記録される内容と同等の内容も記録されますが、タイムスタンプやメッセージを出力したスレッドのIDなどの追加情報が付加されます。ログのフォーマットは、WAS traditionalのJVMログのENHANCED（拡張）フォーマットと同等の形式になります。

messages.logに、一定のファイルサイズ（デフォルトでは20Mバイト）ごとに新しいファイルが作成されます。古い世代を含め2世代のファイルが残されます。

■ trace.log

ロギング・コンポーネントでINFOよりも詳細なレベルのトレース出力を記録するように構成したときにのみ作成されます。

■ FFDCログ

WAS内部でエラーが発生したときに、あとでIBMサポート部門の人間が詳細を調査できるように、内部情報を保存したファイルが生成されることがあります。この機能を初期障害データ・キャプチャー機能（FFDC）といいます。ファイルは${server.output.dir}/logs/ffdcディレクトリーに作成されます。

ログの構成

ログの詳細な構成は、server.xmlの<logging>要素の属性、およびbootstrap.propertiesに記述したプロパティーで指定できます。ログの出力に関わる処理の一部は、Libertyカーネルが初期化されてserver.xmlの読み込まれる前から行われています。

そのため、ログの出力構成をserver.xmlで行った場合、起動直後の一部のログ出力はデフォルトのものになることがあります。これを防ぐために、特別の事情がない限り、ログ設定はLibertyカーネルの起動前から参照されるbootstrap.propertiesで行うようにしてください。

表12-1 ログ出力の構成項目

<logging>要素の属性名	bootstrap.propertiesでの構成	デフォルト値	説明
logDirectory	com.ibm.ws.logging.log.directory	${server.output.dir}/logs	ログ・ファイルのディレクトリーのロケーション。
maxFileSize	com.ibm.ws.logging.max.file.size	20	ログ・ファイルの最大サイズ(MB)。これを超えると新しいファイルに繰り越されます。値0は無制限を表します。
maxFiles	com.ibm.ws.logging.max.files	2	保持されるログ・ファイルの最大数。これを超えると、1番古いファイルが除去されます。値0は無制限を表します。この値はmessage.logとtrace.logに適用されます。また、1日あたりに生成されるffdcファイルの数にもなります。
messageFileName	com.ibm.ws.logging.message.file.name	messages.log	メッセージ出力が書き込まれるファイルの名前。これは、構成されたログ・ディレクトリーに対して相対的なものです。
traceFileName	com.ibm.ws.logging.trace.file.name	trace.log	トレース出力が書き込まれるファイルの名前。これは、構成されたログ・ディレクトリーに対して相対的なものです。
traceSpecification	com.ibm.ws.logging.trace.specification	*=info	トレース仕様の文法に従い、各種トレース・コンポーネントのログ詳細レベルを指定します。 空の値も指定可能で、「全てのトレースを使用不可にする」として処理されます。 指定されていないコンポーネントは、デフォルト状態初期設定されます。
suppressSensitiveTrace	なし	faulse	trueに設定すると，トレースから，パスワードなどの機密である可能性のあるデータを取り除きます。

トレース仕様は以下の書式でログ詳細レベル設定します。

リスト 12-1 トレース仕様の基本書式

```
<component> = <level>
```

`<component>`は、ログ詳細レベルを設定するコンポーネントになります。`<level>`は、有効なロガー・レベル（off、fatal、severe、warning、audit、info、config、detail、fine、finer、finest、all）のいずれかになります。fatalからinfoはメッセージとして扱われ、configからfinestはトレースとして扱われます。複数のログ詳細レベルを指定する場合は、コロン（:）で区切ります。

Column

バイナリー・ロギング

WAS Libertyでは、WAS traditionalと同様のバイナリー・ロギングを使用できます。WASがログメッセージやトレースを出力する際、主な負荷となるのは、テキスト形式にフォーマットする処理およびファイルに同期書き込みする処理です。バイナリー・ロギングでは、テキスト形式に変換せずに、内部形式のままバッファリングしながらファイルに書き込むことで、負荷を軽減します。問題判別のために詳細にトレースをとっている場合などで、大きな効果を発揮します。記録されたバイナリー形式のログは、そのままエディターなどで表示することができないため、`binaryLog`コマンドを使用してテキスト形式に変換して参照します。バイナリー・ロギングを使用するには、`bootstrap.properties`に以下の1行を追加します。

```
websphere.log.provider=binaryLogging-1.0
```

バイナリー・ロギングの詳細な構成方法や`binaryLog`コマンドによる変換の詳細については、Knowledge Centerを参照してください。

▶図12-1 バイナリー・ロギングとデフォルトのロギングの関係

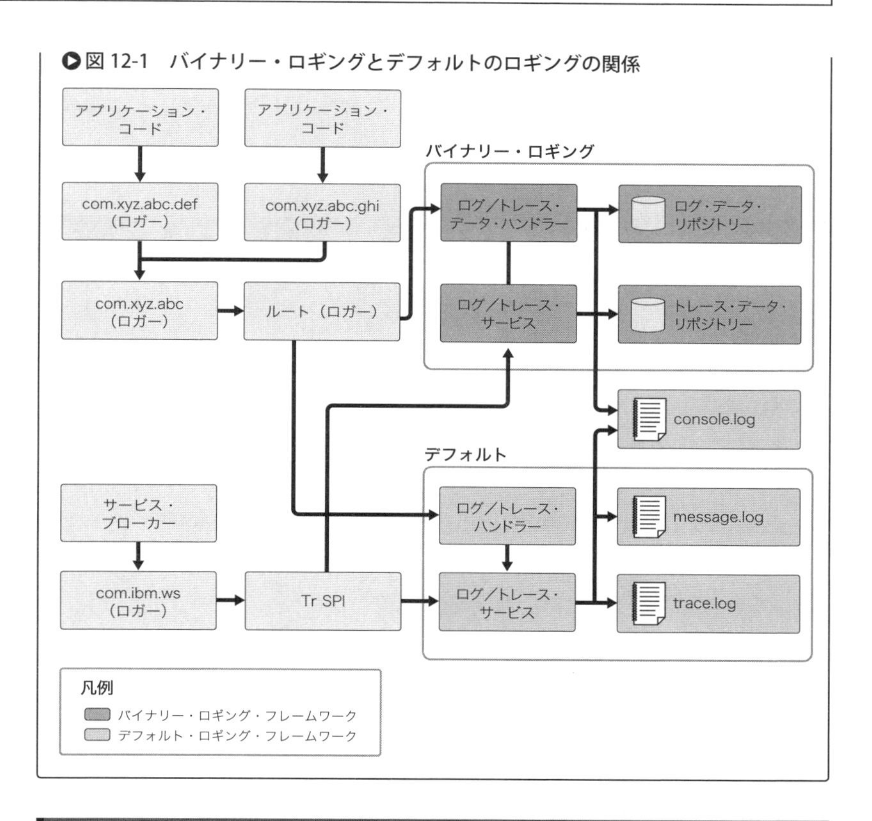

HTTPアクセスログの構成

WAS Libertyは、それ自体がHTTPサーバーとして動作しますが、処理したHTTPリクエストのアクセスログを記録できます。WAS Libertyの前段にWebサーバーを置かず、クライアントからのリクエストを直接受ける環境では、アクセスログの記録が必要になるでしょう。取得するにはサーバー構成の`<httpEndpoint>`要素の子要素として`<accessLogging>`要素を追加します。

▶リスト12-2 アクセスログを有効にするserver.xml構成

```
<httpEndpoint httpPort="9080" httpsPort="9443" id="defaultHttpEndpoint">
    <accessLogging filePath="${server.output.dir}/logs/http_access.log"
        maxFileSize="200" maxFiles="10"
        logFormat='%h %u %{t}W "%r" %s %b %D' />
</httpEndpoint>
```

maxFileSizeとmaxFilesで、ログを自動的にローテートする容量と世代の数を指定できます。また、logFormatには、Apache HTTP Server 2.2のmod_log_configと同じ書式で記録するフォーマットを指定します。

Logstashコレクターの使用

クラウド環境でサーバーソフトウェアを使用する場合、ログをローカルのファイルシステムに書き込むだけではなく、ログ収集管理サーバーに送信して集約することが、一般的に推奨されています。クラウド環境では仮想マシンごとの再作成が頻繁に行われるため、ローカルのファイルシステムが、永続的に情報を保存する環境としては必ずしも適していないためです。

WAS Libertyでは、オープンソースのログ収集管理ツールであるLogstash※1と連携する機能が、logstashCollector-1.0フィーチャーとして提供されています。このフィーチャーを使用すると、以下のようなイベントをLogstashに送信することができます。

- メッセージ・ログ・イベント
- トレース・ログ・イベント
- HTTPアクセス・ログ・イベント（Libertyサーバーから）
- FFDCログ・イベント
- ガーベッジ・コレクション・イベント（IBM JDKの場合のみ使用可能）

ただし、トレース・ログ・イベントやHTTPアクセス・ログ・イベントを収集すると、WAS Liberty側の負荷も高くなるため注意が必要です。

logstashCollector-1.0フィーチャーの構成には、送信するイベントの種類の設定などのほか、Logstashサーバーに接続するためのSSL鍵の作成や構成、Logstashサーバー側でのインデックス・テンプレートやフィルターの構成などが必要です。詳細については、以下のURLを参照してください。

※1 Logstashの詳細については、https://www.elastic.co/jp/products/logstash を参照してください。

- Knowledge Center：Logstash コレクター V1.0 の使用
https://www.ibm.com/support/knowledgecenter/ja/SSAW57_liberty/com.ibm.websphere.wlp.nd.multiplatform.doc/ae/twlp_analytics_logstash.html

12-3 問題判別情報の取得

問題をサポート部門に報告し解決を依頼する際には、使用している環境の正確な情報を伝達することが重要です。この節では、WAS Liberty に固有の問題判別情報の取得方法を説明します。

バージョン情報の表示

使用しているバージョンの表示は、**server** コマンドの **version** アクションを使用します。

▶リスト 12-3　server コマンドによるバージョンの表示

```
> server version
IBM J9 VM バージョン pwa6480sr3fp20ifx-20161110_01 (SR3 FP20+IV90630+IV90578)
(ja_JP) 上の WebSphere Application Server 17.0.0.1 (1.0.16.cl170120170227-0220)
```

適用されているライセンスを参照するには、**productInfo** コマンドの **version** アクションを使用します。ライセンスによって導入して使用できるフィーチャーなどが異なります。製品版を導入しているか、ライセンスファイルを適用している場合には、エディションとして LIBERTY_CORE、BASE、ND のいずれかが表示されます。無償の開発用途、限定用途のライセンスで使用していたり、クラウド上の PaaS 環境で使用していたりする場合などには、BASE_ILAN と表示されます。

▶リスト 12-4　productInfo コマンドによるライセンス情報の表示

```
> productInfo version
製品名: WebSphere Application Server
製品バージョン: 17.0.0.1
製品エディション: BASE_ILAN
```

導入されているフィーチャーの一覧は、9-4節で紹介したように productInfo featureInfo で画面に表示されます。また、**featureManager** コマンドを使用することで、導入されているフィーチャーの詳細な情報を XML 形式でファイルに出力することもできます。

リスト 12-5 featureManager コマンドによるフィーチャー情報の保存

```
> featureManager featureList filename.xml
```

問題判別情報をまとめて収集する

server コマンドの **dump** アクションを使用すると、問題判別に必要なサーバーの情報を一括して取得しアーカイブにまとめられます。

リスト 12-6 server コマンドによる問題判別情報のダンプ

```
> server dump server1 --archive="C:/TEMP/server1.zip"
サーバー server1 をダンプ中です。
サーバー server1 のダンプが C:¥TEMP¥server1.zip で完了しました。
```

このコマンドは、サーバーが停止しているときにも実行できますが、サーバーの稼働中に実行すると、より多くの情報が取得できます。JMX を通じて取得できる各種の情報や、後述するタイムド・オペレーションなどで取得している情報なども取得して、ファイルに格納されます。負荷もあまり大きくないので、問題発生時には可能な限りサーバーを起動した状態で取得してください。

オプションとして **--include=thread,heap** を追加で指定すると、スレッドダンプ（IBM J9 VM を使用している場合には Javacore）やヒープダンプなども取得してアーカイブに含められます。ハングなどの問題を調査する場合には、問題が発生している状態で thread を追加します。メモリーリークなどの問題を調査する場合には、同様に heap を追加します。

ダンプをアーカイブに含めるのではなく、単独で取得するには、以下のように **javadump** アクションを使用します。

```
> server javadump server1 --include=thread,heap
サーバー server1 をダンプ中です。
サーバー server1のダンプが C:¥OPT¥wlp¥usr¥servers¥server1¥javacore.20170420.
```

```
182508.4568.0001.txt で完了しました。
サーバー server1のダンプが C:¥OPT¥wlp¥usr¥servers¥server1¥heapdump.20170420.
182509.4568.0002.phd で完了しました。
```

ダンプに含まれる内容や、その構成方法については、第 7 章を参照してください。

遅い要求およびハングした要求の検出

requestTiming-1.0 フィーチャーは、HTTP リクエストの処理に指定された時間よりも長くかかっているイベントを検出し、**messages.log** に情報を記録します。異常に処理に時間がかかっているリクエストがあったときに、問題判別に必要な基本的な情報を取得することができます。以下は **server.xml** に指定するサンプルです。

▶リスト 12-7　リクエストの遅延を検出する server.xml 構成

```
<featureManager>
    <feature>requestTiming-1.0</feature>
</featureManager>
<requestTiming  slowRequestThreshold="30s" hungRequestThreshold="5m"/>
```

<featureManager> に追加してフィーチャーを有効にし、**<requestTiming>** 要素で詳細を設定します。応答を返すまでの時間が **slowRequestThreshold** に設定した時間を超えたリクエストは、遅延していると見なされて、リクエストを処理しているスレッドのスタック・トレースなどの情報がコンソールと **messages.log** に記録されます。1 つのリクエストに対しては、設定した時間が経過するごとに 3 回まで情報が記録されます。

▶リスト 12-8　messages.log の出力サンプル

```
[警告        ] TRAS0112W: 要求 AAAzGp35JB7_AAAAAAAAAAA は、スレッド 00000026 で
30001.128 ミリ秒以上実行されています。 以下のスタック・トレースは、このスレッ
ドが現在実行中の内容を示しています。

    at java.lang.Thread.sleep(Native Method)
    at com.ibm._jsp._slow._jspService(_slow.java:95)
```

```
    at com.ibm.ws.jsp.runtime.HttpJspBase.service(HttpJspBase.java:101)
    at javax.servlet.http.HttpServlet.service(HttpServlet.java:790)
                                    ...中略...
    at java.util.concurrent.ThreadPoolExecutor$Worker.run(ThreadPoolExecutor.
java:617)
    at java.lang.Thread.run(Thread.java:745)

次の表は、この要求で実行されたイベントを示しています。

所要時間          Operation
30003.489ms + websphere.servlet.service | Sample | /slow.jsp
```

hungRequestThreshold に設定した時間を超えたリクエストは、ハングしているとみなされ、情報が出力されるとともにスレッドダンプ（IBM J9VM を使用している場合は Javacore）が生成されます。スレッドダンプには、リクエストを処理しているスレッドだけでなくサーバーの全てのスレッドの情報が記録されます。スレッドダンプは 1 分間隔で 3 回まで取得されます。

slowRequestThreshold と hungRequestThreshold には、ミリ秒以上の精度で時間を設定できます。

タイムド・オペレーションと JDBC 呼び出しの遅延の検出

timedOperations-1.0 フィーチャーは、WAS Liberty で定義された Data Source を使用した JDBC 呼び出しの統計情報を記録し出力します。JDBC によるデータベース呼び出しのうち、最も時間のかかった処理を一定時間ごとにログ・ファイルにレポートさせることができます。以下は server.xml に指定するサンプルです。

▶リスト 12-9　タイムド・オペレーションを有効にする server.xml 構成

```
<featureManager>
    <feature>timedOperations-1.0</feature>
</featureManager>
<timedOperation enableReport="true" reportFrequency="24h"
maxNumberTimedOperations="10000" />
```

レポートは reportFrequency で指定した時間頻度で messages.log に記録されます。reportFrequency には、時間（h）単位の時間を指定できます。

リスト 12-10　messages.log の出力サンプル

```
[3/14/13 14:01:25:960 CDT] 00000025 TimedOperatio W   TRAS0080W: Operation
websphere.datasource.execute: jdbc/exampleDS:insert into cities values
('myHomeCity', 106769, 'myHomeCountry') took 1.541 ms to complete, which was
longer than the expected duration of 0.213 ms based on past observations.
```

タイムド・オペレーションで取得された統計情報は、server dump コマンドを実行して取得するダンプファイルにも含まれます。この場合は、時間がかかったものだけではなく、メモリー内に記録されている全ての JDBC 呼び出しの統計情報が出力されます。メモリー内に記録する統計情報の数は maxNumberTimedOperations で指定します。

指定した数を超えると、実行時間の短いものから統計情報は削除されます。統計情報をログに出力せず、server dump コマンドを実行したときのみ出力するようにするには、enableReport に false を指定します。

12-4 パフォーマンス情報の取得

WAS Libertyは、内部で統計情報を取得する機能が実装されています。monitor-1.0フィーチャーを有効にすると、これらの機能を使用してパフォーマンス情報を取得することができます。

リスト12-11 モニター機能を有効にするserver.xml構成

```
<featureManager>
    <feature>monitor-1.0</feature>
</featureManager>
<monitor enableTraditionalPMI="true" />
```

サーバー構成にmonitor-1. 0フィーチャーを追加すると、情報の取得が開始されます。取得された情報は、以下のような標準MBeanとして提供されます。

- WebSphere:type=JvmStats（JVM）
- WebSphere:type=ServletStats,name=*（Webアプリケーション）
- WebSphere:type=ThreadPoolStats,name=Default Executor（ThreadPool）
- org.apache.cxf:type=WebServiceStats,service=*,port=*（JAX-WS）
- WebSphere:type=SessionStats,name=*（HTTPセッション）
- Websphere:type=ConnectionPool,name=*（DBコネクション・プール）

これらの情報は、JMX仕様にしたがって作成されたプログラムから取得できます。WAS LibertyにWeb UI管理画面を提供するAdmin Center（adminCenter-1.0フィーチャー）には、モニター・フィーチャーで取得した情報をグラフ化する機能が提供さています。また、Java実行環境の標準JMX

ツールであるJConsoleでも、WAS Libertyに接続して取得したパフォーマンス情報を参照できます。

図12-2 Admin Centerのパフォーマンス情報表示画面

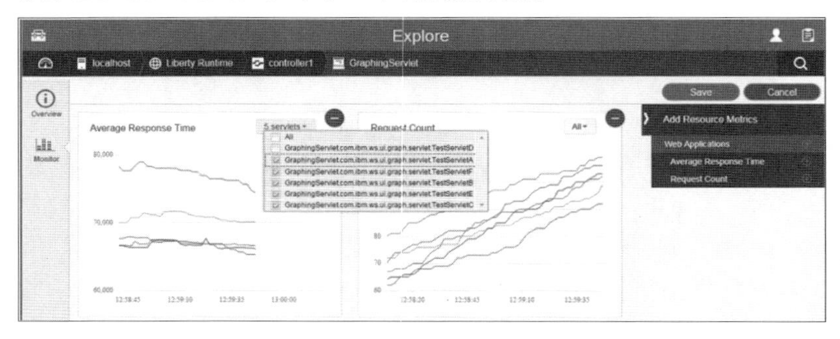

ローカルではなくリモートのツールからJMX接続をおこなうためには、restConnector-1.0フィーチャーも合わせて有効にする必要があります。リモートからの接続に必要な情報は、サーバー起動時に **${server.output.dir}/logs/state/** ディレクトリーの **com.ibm.ws.jmx.rest.address** ファイルに書き込まれます。JConsoleなどでリモートから接続する場合には、ここに記録されたURLを指定します。

リスト12-12 com.ibm.ws.jmx.rest.addressの内容例

```
service:jmx:rmi://10.0.0.123/stub/rO0ABXN9AAAAAQAlamF2YXgubWFuYWdlbWVudC5yZW1vdG
Uucm1pLlJNSVNlcnZlcnhyABdqYXZhLmxhbmcucmVmbGVjdC5Qcm94eeEn2iDMEEPLAgABTAABaHQAJU
xqYXZhL2xhbmcvcmVmbGVjdC9JbnZvY2F0aW9uSGFuZGxlcjt4cHNyAC1qYXZhLnJtaS5zZXJ2ZXIuUm
Vtb3RlT2JqZWN0SW52b2NhdGlvbkhhbmRsZXIAAAAAAAAAAgIAAHhyABxqYXZhLnJtaS5zZXJ2ZXIuUm
Vtb3RlT2JqZWN002G0kQxhMx4DAAB4cHc0AAtVbmljYXN0UmVmMgAACTEyNy4wLjAuMQAA6jcSbTO3AS
gikFdZbd8AAAFbakRQA4ABAHg=
```

また、リモートから接続する場合は、適切なアクセス制御を行うためにSSL構成や管理者セキュリティも有効にすることが推奨されます。

従来のWAS traditionalで提供されていたPMI（Performance Monitoring Infrastructure）と互換性のあるMBean（Perf MBean）形式も利用できます。PMI互換のMBeanを使用するにはサーバー構成で **<monitor>** 要素の **enableTraditionalPMI** 属性を **true** に設定します。

WAS Liberty や Java の標準機能だけでも、現在起動中のプロセスのパフォーマンス情報を管理者が閲覧し、調査できます。しかし、管理者のアクションなしに恒常的にサーバーのパフォーマンス情報を取得したり、取得した情報に異常があったときに自動でアクションを起こしたりすることなどは、標準の機能だけではできません。このようなシステム要件が必要になった場合には、IBM Application Performance Management などの外部製品の利用を検討します。

12-5 WAS Liberty のチューニング

WAS Liberty の運用に当たっては、以下のような点を環境に合わせてチューニングする必要があります。

- オペレーティングシステム（OS）、ネットワーク
- Web サーバー
- Java 仮想マシン（JVM）
- WAS Liberty 本体
- データベースコネクションなど外部リソースへの接続

OS、ネットワークや Web サーバーのチューニングについては、基本的に従来の WAS traditional と同じ内容を同じように構成します。この設定方法については、第 8 章を参照してください。

JVM および外部リソースについては、構成内容は WAS traditional と同じですが、構成方法が若干異なります。WAS Liberty 本体については、多くのチューニングポイントが自動化されているほか、また過去の経験をもとにしたデフォルトの値が採用されていることもあり、チューニングの必要なポイントは WAS traditicnal ほど多くありません。

Java 仮想マシン（JVM）のチューニング

WAS Liberty も、基本的なチューニング項目は、Java ヒープのサイズと GC ポリシーの選択となります。ランタイム自体の Java ヒープ使用量が減っているため、WAS traditional よりは少なくて済みますが、冗長 GC 情報を元に使用量を推定し、適切なサイズの最小・最大サイズを設定することは変わりません。

Javaヒープサイズの構成は、JVMオプションの-Xms、-Xmxを直接jvm.optionsファイルに記述します。また、冗長GCを出力する-verbose:gcや、別のファイルにGC情報を別ファイルに出力するための-Xverbosegclogなどのオプションも、同様にjvm.optionsに記述します。

WAS Libertyは、冗長GCが記録されるconsole.logファイルが起動のたびに新規に作成されるため、可能な限りGC情報は別ファイルに出力するような構成をしてください。

WAS Liberty本体のチューニング

WAS Libertyは、サーバー起動中に構成ファイルやアプリケーションなどが変更されると、モニターによって検出され即座に変更内容が反映されます。このような動的更新は、開発段階では効率を上げるメリットがありますが、本番環境では不要になるケースもあります。構成やアプリケーションのモニターを無効にすると、わずかですがCPU負荷を減らせます。

構成ファイルに、以下ように<applicationMonitor>要素と<config>要素を記述します。また、<keyStore>要素のupdateTrigger属性にdisabledを指定すると、SSL鍵ファイルの更新モニターも無効化できます。

リスト12-13　動的更新を無効化するserver.xmlの構成

```
<applicationMonitor
    dropinsEnabled="false"
    updateTrigger="disabled" />
<config updateTrigger="disabled" />
<keyStore password="{xor}vN7d" updateTrigger="disabled" />
```

WAS Libertyでは、起動処理を高速化するため、「多くの処理が実際に必要になるまで遅延される」という実装が積極的に行われています。ServletやEJBの初期化処理も、実際に最初のリクエストが来るまで実行されません。初期化処理に重い処理を書いている場合には、この挙動はサーバーへの最初のリクエストの応答の悪化をもたらします。リクエストが来る前に初期化処理を実行するには、遅延始動を無効にして、起動時に初期化処理を実行するようにする必要があります。

▶リスト12-14 遅延起動を無効化するserver.xmlの構成

```
<webContainer deferServletLoad="false" />
<ejbContainer startEJBsAtAppStart="true" />
```

データベースコネクションのチューニング

WAS Libertyの管理するデータベースコネクションには、以下のようなチューニングポイントがあります。

- connectionManagerのmaxPoolSize
  データベースコネクションの最大量。デフォルトは50で、環境に合わせた調整が必須。
- connectionManagerのpurgePolicy
  データベースコネクションに問題が発生した際に、コネクション・プール内の他のコネクションも破棄対象とするか。デフォルトのEntirePoolは全ての未使用コネクションを破棄する。データベースの種類によっては、問題のコネクションのみを破棄するFailingConnectionOnlyのほうが性能が向上する。
- dataSourceのstatementCacheSize
  コネクションあたりにキャッシュするPreparedStatementの数。デフォルトは10。アプリケーションで多く使用されるPreparedStatementの数に合わる。
- dataSourceのisolationLevel
  デフォルトの分離レベル。データの整合性とパフォーマンスはトレードオフとなる。
  これらは<connectionManager>要素や<dataSource>要素の属性として指定します。

▶リスト12-15 server.xmlのデータベースコネクションチューニング構成

```
<connectionManager id="myConnMgrSetting"
        maxPoolSize="10" purgePolicy="FailingConnectionOnly" />
<dataSource connectionManagerRef="myConnMgrSetting"
        statementCacheSize="30"
        isolationLevel="TRANSACTION_READ_COMMITTED" />
```

第13章

クラウドとWAS Liberty

13-1 WAS Libertyをクラウドで使う

昨今、クラウドを活用するシステムが増えてきています。クラウドを使用する目的は、自由にインフラを選択してコストを最適化すること、ピーク性に柔軟に対応できるスケーラビリティ、クラウドで提供されるAPIの利用など様々な観点があります。WAS Libertyは、クラウドに適した特長を備えたJava EE アプリケーション・サーバーです。本章では、クラウド利用において解決したい課題と、課題を解決するために役立つWAS Libertyの機能や特長、またIBM Cloudで利用できるLiberty for Javaについて説明します。

クラウド利用において解決したい課題

当初は、従来のアプリケーションをそのままクラウドに移行し、コストの最適化を目的とすることがほとんどでした。最近では、モバイル機器やIoTを活用し、ユーザーインターフェースやユーザー体験を継続的に改善するための利用が増えてきています。大量かつ変化の激しいセンサーデータをサーバーに収集したり、AI（コグニティブ）を活用して個人や企業の情報から「個」に対する洞察を得ることや、ユーザーのフィードバックに短期間で応えることが求められます。つまり、変化に対応できるスピードを求めてクラウドが利用されてきていると言えます。

そして、クラウドの効果を最大限享受するためには、考慮すべきことがあります。例えば、DevOpsを念頭においた組織やツール選定、既存資産（従来から投資してきたJavaアプリなど）の有効活用、様々なサービスとの連携のしやすさなどです。アプリケーション・サーバーの観点での考慮点を以下にまとめています。

- 開発体制の刷新
- 様々なツールを使った開発スピード向上
- アプリケーション実行環境の差異の軽減
- アプリやサーバーの構成の変更と適用の容易性
- ミドルウェアのバージョンアップの容易さ
- 予測できないピーク性への対応
- IaaS／PaaS／SaaSとの連携
- 最新機能やサービスを取り込むことによる影響範囲の極小化　など

クラウド利用において役立つWAS Libertyの特長

WAS Libertyには、次のような特長があり、クラウド利用との相性がとてもよいです。

- 高速起動：
  WAS Libertyは、必要なモジュールのみロードして起動するため、毎回の起動／停止が非常に高速になり、さらにserver.xmlの変更を動的ロードするため開発生産性を高められます。
- ポータビリティ性：
  1度作ったアプリケーション、server.xml、ランタイムをZIP化するパッケージング機能を有しています。例えば、ローカル環境で稼働させていたWAS Libertyとserver.xmlとアプリケーションを、IBM CloudやAWSやMS Azure上にZIPのまま転送し、アーカイブ展開するだけですぐに動作させることができます。
- 拡張性：
  高速起動やポータビリティ性により、短い時間でサーバー台数を増減（スケーリング）させることが容易に行えます。例えば、繁忙期のピーク対応や縮退にも効果的です。
- 継続的な最新機能提供：
  WAS Libertyは、四半期ごとにFix Packを提供し機能追加を行うことを基本としています。例えば、API公開を支援するSwagger（API仕様記述）を自動生成する機能追加や、最新Java EE仕様への対応、細かな修正など、短い期間で即時対応します。

- マイグレーション容易性：
  ゼロマイグレーションをポリシーとしています。このポリシーは、古くなった仕様と新しい仕様の共存を可能にするもので、WAS Liberty 自体のバージョンが変わっても、既存アプリケーションを新しい仕様に対応しなくても動作できるようにします。したがって、特に変更が必要ないアプリケーションには影響を及ぼさずに、新しい機能を積極的に取り入れられるランタイムを使用できます。
- クラウドサービスと連携する機能：
  クラウドサービスとシームレスに連携できる次のような機能があります。
  - クラウド上で提供するアプリケーションの認証にソーシャルログインを組み込む
  - クラウドサービス上でランタイムのログ収集・可視化を行えるようにする（ELK = Elasticsearch, Logstash, Kibana に対応したフィーチャー）
  - WAS Liberty のコマンド実行で IBM Cloud サービスを生成し連携する
- Docker 対応：
  WAS Liberty は Docker コンテナでの動作をサポートしており、IBM から正式な Docker イメージを提供しています。Java EE 7 Full Platform や WebProfile、MicroProfile など、用途に合わせたイメージのラインナップがあります。また、開発版から商用版にシンプルなコマンド実行でアップデートする仕組みを提供しています。
- 商用アプリケーション・サーバーとしての安定性：
  Java EE は上位互換性が強いため、商用アプリケーション・サーバー（WAS Liberty）と Java EE の組み合わせは、ビジネス利用を見据えて、長期に渡って利用できます。

Liberty for Java ランタイムとは

Liberty for Java は、IBM Cloud で Cloud Foundry ビルドパックとして利用可能な WAS Liberty です。オンプレミスや IaaS 環境などで利用される WAS Liberty ランタイムと同一機能を保持しており、Java EE Full Platform で開発したアプリケーションを動作できます。また、IBM Cloud 上で用意されるサービス（データベースのPostgreSQLなど）をバインドして利用することや、Liberty for Javaインスタンスのログ閲覧、監視、インスタンス数の変更、割当メモリー量の変更、ポリシーベースのスケーリングなどが行えます（図13-1）。

▶図13-1　IBM Cloud上のアプリケーション・ダッシュボード

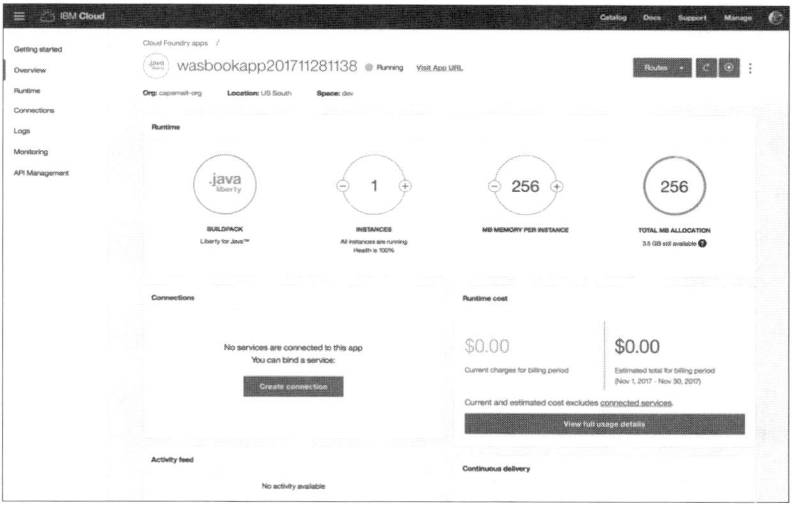

アプリケーションの開発、デプロイについては、この後の手順で実施するように、手元で開発したアプリケーション（`.war`）や、パッケージ・ファイル（WAS Libertyの`server package`コマンドでパッケージしたもの）をプッシュすることで、IBM Cloud上のLiberty for Javaにアプリケーションを展開し、すぐに外部に公開することができます。

また、IBM Cloudでは、Webブラウザ上で開発・実行・デバッグなどが行えるWeb IDEを利用することもできます。さらに、GitHubのようなソースコード・マネジメントツールや、継続的にアプリケーション更新を行い、実行環境にデプロイすることを支援するDelivery Pipelineなど、様々な開発・運用支援機能が提供されています。パブリック・クラウド内で完結した開発スタイルにも適用できるので、1度試してみてください。

13-2 Watson APIを使用するサンプルアプリを用意する

ここでは、PC上のWAS Libertyをアプリケーション・サーバーとして使用して、Watson API（Visual Recognition）を呼び出し、画像を学習させて認識できるようにするアプリケーションを開発します。さらに、このアプリケーションをIBM Cloud上にデプロイし、第三者がインターネットを経由して使用できるようにサービス公開する方法を解説します。

この一連の解説の中で、クラウドとWAS Libertyによる以下のような利点、方法を実感できると思います。

- Java言語でWatson APIを呼び出す方法
- ローカル環境で作成したアプリケーションとWAS Libertyの`server.xml`をパッケージングしてスムーズにクラウド上にデプロイできるポータビリティ性
- WAS Libertyの高速起動によるスピード感

以下の2ステップを実施します。

1. ローカル環境でアプリケーションを開発する
2. アプリケーションをパッケージングし、IBM Cloudにpushする

図 13-2 2つの開発ステップ

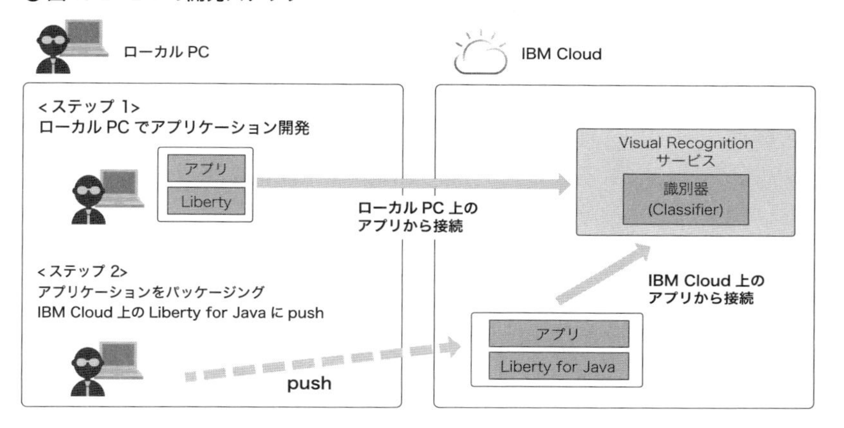

なお、ここで実施する手順の中で、何らかの文字列を入力するシーンがありますが、トラブルを避けるため、半角・英数字で入力してください。アプリ開発や IBM Cloud でのサービス作成、画像群の準備などがありますが、全角入力は避けてください。

アプリケーションの事前準備

サンプルアプリは、以下の GitHub リポジトリーからクローンして使用できます。ただし、リポジトリー内のソースコードは必要に応じて更新する場合があります。

- GitHub リポジトリー
`https://github.com/capsmalt/wasbookApp`

サンプルアプリを使用する際には、必ず Visual Recognition サービスの apiKey が必要になるので、apiKey について取得・設定のうえ、利用してください。Visual Recognition サービスの作成および apiKey の取得手順については、後述します。

アプリケーションの概要

この後、Java コードで Visual Recognition サービスを使用した画像認識アプリケーションを開発します。Watson があらかじめ学習している識別器(default)を使用して画像認識を行うパターンに加えて、「子供が好きなモノ(画像)」を識別してくれるようなカスタム識別器を生成し、カスタム識別器を使用した画像認識を行う機能を開発します。

例えば、子供が好きなモノ（画像）を「シャンデリア」「ノート PC」「ピザ」とした場合、開発する Java コードのアプリケーション経由で、Watson にこれらの画像を学習させます。画像認識したい画像を入力すると、子供が好きなモノにどれくらい似ているかを以下のように数値化してくれます。

- 出力内容の例：「カテゴリ＝シャンデリア、スコア＝ 0.95」

カテゴリは、「何の画像であるか」を示し、スコアは、どの程度「確からしいか」を示します。

アプリケーション機能の完成イメージ図は、次のようになります。

▶図 13-3　アプリケーション機能

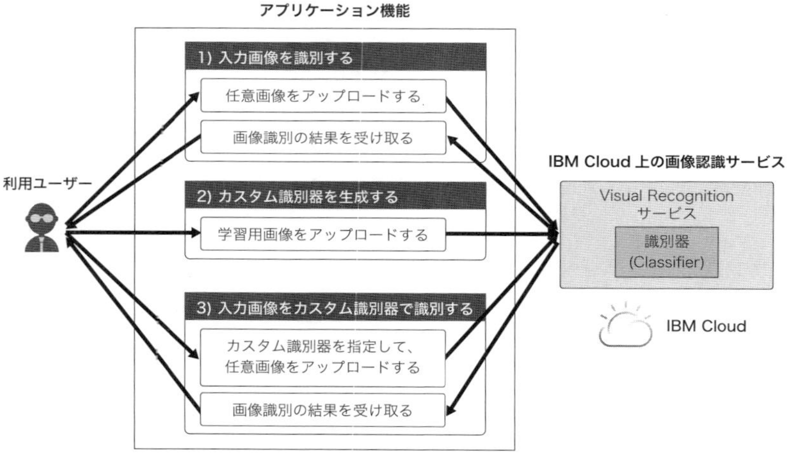

一般的に、システムが「何の画像であるか」を識別するためには、事前に学習することが必要です。シャンデリアを識別したい場合は、正解画像(Positive)として様々な種類のシャンデリア画像や、色々な角度から撮影した画像を用意します。また、非正解画像（Negative）として、シャンデリアではない画像群を用意します。これらをインプットとしてシステムに学習させることで、任意の画像を識別できる「識別器（Classifier)」を生成できます。ここでは、自分用の「子供が好きなモノ（画像)」を認識してくれる識別器を生成するため、下図のような画像群を用意し学習させます。

図 13-4 カスタム識別器生成のイメージ図

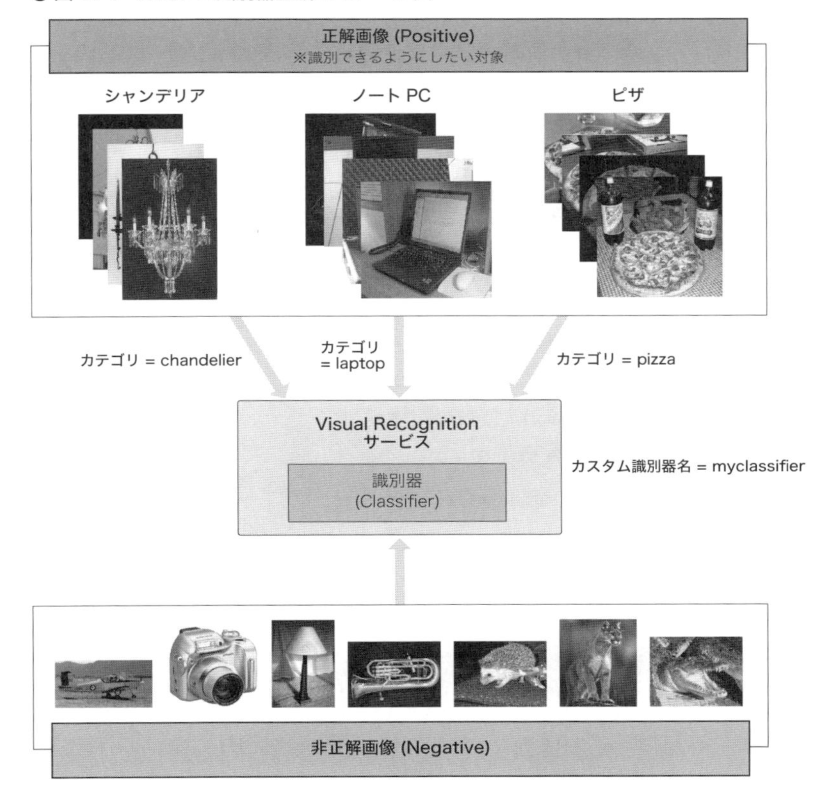

Visual Recognition サービスと画像群を準備する

ローカル環境の WAS Liberty と IBM Cloud（Liberty for Java と Visual Recognition サービス）を使用します。また、カスタム識別器の生成やテストに使用するための画像群を準備してください。

アプリケーションの実装を始める前に、以下のものを導入・準備します。WAS Liberty や WDT については、第 9 章を参照してください。

- WAS Liberty
- Eclipse の WDT（IBM WebSphere Application Server Liberty Developer Tools）
- IBM Cloud アカウントの取得

以下の URL からユーザー登録します。

`https://console.bluemix.net/registration`

- Visual Recognition サービスの作成
  - IBM Cloud カタログの画面の検索窓で、「visual recognition」と入力し、Visual Recognition を選択し、サービスを作成します。
  - Service name：任意の名前
  - Credential name：Credentials-1（デフォルト）
  - Select region to deploy in：任意のリージョン
  - Choose an organization：任意の組織
  - Choose a space：任意のスペース
  - Connect to：Leave unbound（デフォルト）

IBM Cloud では、作成したアプリケーションに対して、サービスをバインドできます。サービスについての情報（接続資格情報など）が Cloud Foundry がアプリケーション用に設定する `VCAP_SERVICE` 環境変数に含まれ、アプリケーション・コードから使用できます。

▶図 13-5 Visual Recognition サービスの作成

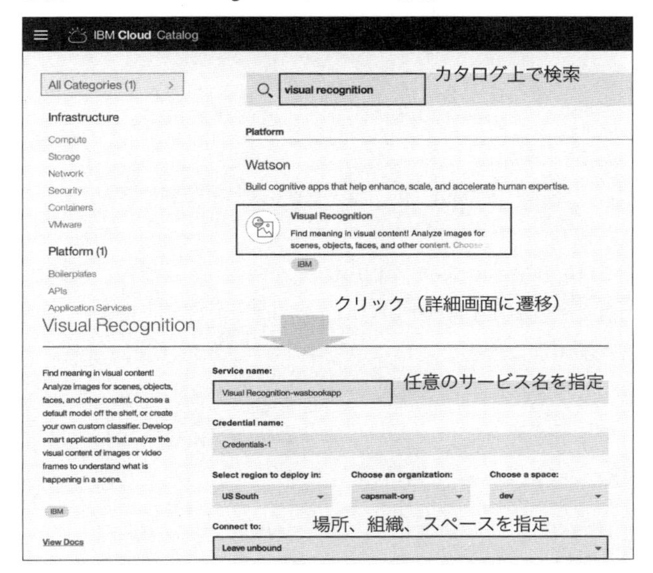

識別器生成に使用する学習用画像を準備する

用意する画像群は、**.zip**形式となっていて、以下のものです。

- Positive（正解画像群）：3 種各 50 枚
- Negative（非正解画像群）：50 枚

画像群のデータ・セットをフリーで公開されているサイトに Caltech101 があります。そこから、以下の 1.、2. の画像群を、それぞれ別名の ZIP ファイルに保存します。例えば、Caltech101 のカテゴリから 10 種類を選び、各 5 枚を抽出します。

- Caltech101
`http://www.vision.caltech.edu/Image_Datasets/Caltech101/Caltech101.html`

1. 正解画像群を 3 種類準備
   - Chandelier（シャンデリア）：50 枚（例　Chandelier.zip）

- Laptop（ラップトップ）：50 枚（例　Laptop.zip）
- Pizza（ピザ）：50 枚（例　Pizza.zip）

2. 非正解画像群を 50 枚準備
    - Negative：計 50 枚（例　Negative.zip）

次に、以下のようなテスト用画像（`.jpg` 形式）を準備します。

- 正解画像群のカテゴリ（Chandelier ／ Laptop ／ Pizza）のうち学習時に使用していない画像（例：chandelier_0100.jpg、pizza_0051.jpg）
- 非正解画像群のうち学習時に使用していない画像（例：lamp_0017.jpg）

以下の画像群を URL 指定でダウンロード可能な場所（自身のサーバー環境や無料アップローダーなど）に配置します。

- 学習用画像群（ZIP に固めた画像群 計 4 つ）
- テスト用画像群 (上記の場合は、3 枚)

Column

Visual Recognition サービスとは

Visual Recognition サービスは IBM Cloud で利用できる Watson の画像認識機能です。Watson はあらかじめ学習しているため、すぐに画像を認識できます。また、機械学習により、Watson に対して独自の学習をさせることにより、カスタム識別器を生成できます。例えば、自社製品の認識・分類や、工場の製造ラインにおける欠陥検出といった多種多様な業務で、高い精度の画像認識を少ない画像枚数による短時間の機械学習で実現しています。

ユーザーからは「画像（JPEG、PNG 形式）」「インターネット上の画像 URL」などを入力として受け付け、Visual Recognition サービスからは、画像認識による対象画像のカテゴリやスコアなどを出力として得られます。また、カスタム識別器を生成する際には、最少 10 枚（推奨 50 枚以上）の画像群を用意することで、任意の画像を識別できるように Watson を学習させることができます。

その他、顔画像を入力とした場合に、「顔の位置情報、性別、年齢層」などを出力する顔検出も可能です。

アプリケーションを新規開発する

今回は、JAX-RS 全体の設定を格納するクラス（VRApplication）、実際の HTTP リクエストを処理するクラス（VisualRecognitionREST）と、Watson SDK を使用して、IBM Cloud 上の Visual Recognition サービスにリクエスト送信するクラス（WasbookVR）を実装します。また、GUI 経由でテストするための **index.html** も用意します。

なお、紙面の都合上、各クラスの一部のみを掲載しています。ソースコード全体については、GitHub リポジトリーを参照してください。

図 13-6　クラス図

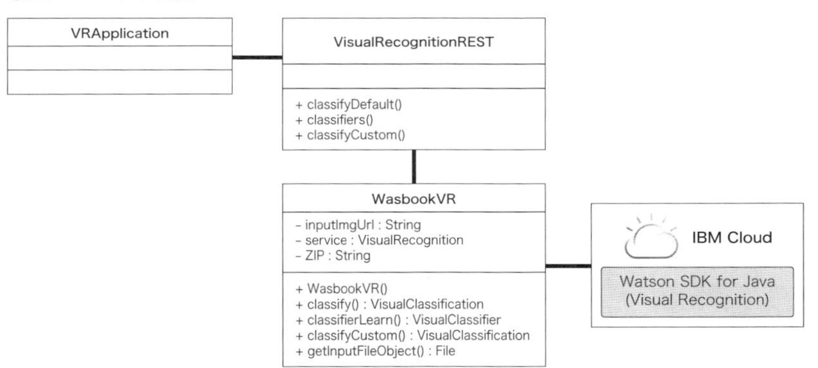

1.　新規プロジェクトを作成する（wasbookApp）

「Eclipse メニュー」 → 「File」 → 「New」 → 「Dynamic Web Project Eclipse」で新規プロジェクト作成ウィザードを開き、以下のように指定し、「Finish」ボタンをクリックします。

- Project name：wasbookApp
- Project location：チェックを入れる（デフォルト）
- Target runtime：導入済の WAS Liberty を選択
- Dynamic web module version：3.1
- Configuration：Default Configuration for WebSpere Application Server Liberty（デフォルト）

- EAR membership：チェックを外す
- Working sets：チェックを外す（デフォルト）

◐図 13-7　新規プロジェクト作成

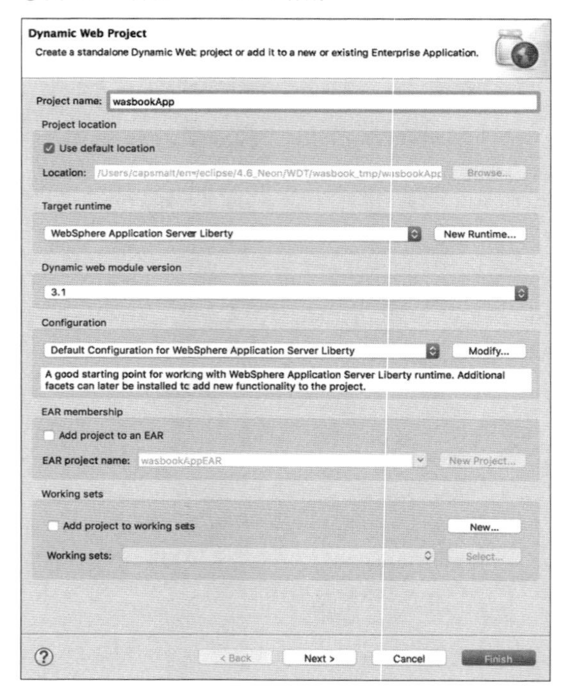

なお、WDT（Eclipse）で開発している際に WAS Liberty にデプロイする際は、「プロジェクト名」→「Run」→「Run As」→「Run on Server」で Liberty サーバーを指定することでアプリケーションを WAS Liberty 上で動作できます。

■ 2.　Watson SDK をダウンロード／構成する

GitHub から Watson SDK をダウンロードします。以下の GitHub のリンクをたどり、任意のバージョンの「Downloads」欄から、SDK をダウンロードします。

ここでは、2017 年 12 月時点で最新の V4.0.0（`java-sdk-4.0.0-jar-with-`

dependencies.jar）を使用します。古いバージョンの SDK が必要な場合も、同ページから取得できます。

- GitHub リンク
https://github.com/watson-developer-cloud/java-sdk/releases

ダウンロードした JAR ファイルを「プロジェクト名」→「WebContent」→「WEB-INF」→「lib」に配置します。

■3. JAX-RS アプリケーション・クラスを作成する（VRApplication）

VRApplication クラスには、下記を実装します。第 10 章と同様に、VRApplication クラスは、JAX-RS リソースへの URL を指定するためのみに使用しているので、クラスの実装は不要です。

リスト　VRApplication クラス（jaxrs.resource.VRApplication.java）

```
package jaxrs.resource;
//importは省略
/*
 * JAX-RSの全体設定として、リクエスト時のアプリケーションパスを"rest"に設定する
 */
@ApplicationPath("rest")
public class VRApplication extends Application {
}
```

■4. JAX-RS リソース・クラスを作成する（VisualRecognitionREST）

実際の HTTP リクエストを処理する JAX-RS リソース・クラスを実装します。

リスト　VisualRecognitionREST クラス（jaxrs.resource.VisualRecognitionREST.java）

```
package jaxrs.resource;
//import文 省略
@Dependent
@Path("visualrecognition")
public class VisualRecognitionREST {

    /*
     * デフォルト識別器で画像認識する
```

```
     * 画像URLを受け取り、画像認識メソッドを呼出して、識別結果としてカテゴリと
スコアを受取り、JSON形式で返す
     */
    @GET
    @Path("/classify")
    @Produces(MediaType.APPLICATION_JSON)
    public Response classifyDefault(
            @FormParam("apiKey") String apiKey, //Watson APIを使用するための自
身のAPIキー
            @FormParam("href") String href      //画像認識対象の画像URL
            ) throws FileNotFoundException{
        WasbookVR wvr = new WasbookVR(href,apiKey);
        ClassifiedImages resultMessage = wvr.classify();
        return Response.ok(resultMessage).build();
    }

    /* 学習用画像を使用してカスタム識別器を生成する */ (中略)
    /* カスタム識別器で画像認識する */ (中略)
}¥
```

■5. Visual Recognitionモデル・クラスを作成する（WasbookVR）

Java言語用のWatson SDKを使用し、IBM Cloud上のVisual Recognitionサービスの API（画像認識API）に画像データを渡して、画像認識や識別器を生成するクラスを実装します。

JavaコードからIBM Cloud Watson API（例えば、Visual Recognition）を呼び出す際には、Visual Recognitionのインスタンス生成と、apiKeyを指定する必要があります。apiKeyはIBM Cloud上で作成した個々人のサービスインスタンスに対するクレデンシャル情報です。

```
VisualRecognition service = new VisualRecognition(VisualRecognition.VERSION_
DATE_2016_05_20);
service.setApiKey("<apiKey>");
```

また、IBM CloudのVisual RecognitionのREST APIを呼び出す際には、Watson SDKの内部クラスに宛先情報（例えば **/v3/classify**）が含まれているため、Javaコードからは **classify()** メソッドを呼び出す方法をとります。

以下は、画像1枚を入力とし、あらかじめ学習済の識別器を使用して画像認識を行う場合の例です。

```
ClassifyOptions options = new ClassifyOptions.Builder()
    .imagesFile(new File(SINGLE_IMAGE_FILE))
    .build();
ClassifiedImages result = service.classify(options).execute();
```

ここでは、画像URLを入力として受け取る方法で実装します。

▶リスト　WASbookVRクラス（jaxrs.model.WasbookVR.java）

```
package jaxrs.model;
//importは省略
/*
 * Watson SDKを使用して、IBM Cloud上のVisual Recognitionサービスに画像認識や
識別器生成のリクエストを送信する
 */
public class WasbookVR {
    private String inputImgUrl; // テスト用や学習用画像(群)のURL
    private VisualRecognition service = new VisualRecognition(VisualRecognition.
VERSION_DATE_2016_05_20); // APIバージョンを指定
    private static final String ZIP = ".zip", JPG = ".jpg"; // 画像認識に使用す
るファイルオブジェクトに付与する拡張子

    /*
     * 画像URLやapiKeyをセットするコンストラクタ
     */
    public WasbookVR(String inputImgUrl, String apiKey) {
        this.inputImgUrl = inputImgUrl;
        this.service.setApiKey(apiKey);
    }

    /*
     * デフォルトの識別器を使用して画像認識する 呼出元: GET
     */
    public ClassifiedImages classify() throws FileNotFoundException {
        System.out.println("Classifying an image...");
        ClassifyOptions options = new ClassifyOptions.Builder().imagesFile
(getInputFileObject(inputImgUrl, JPG))
                .build(); // 認識対象の画像をセット
        ClassifiedImages result = service.classify(options).execute(); // 画像
```

```
認識を実行
        System.out.println(result);
        return result;
    }
    /* 学習用画像を使ってカスタム識別器を生成する 呼出元: POST */（中略）
    /* カスタム識別器を使用して画像認識する 呼出元: POST */（中略）
    /* 画像URLからファイルオブジェクトを生成する */（中略）
}
```

■6.　操作用画面（index.html）を作成する

`index.html`には、JAX-RSリソース・クラス（VisualRecognitionREST）で指定したURIを呼び出すための画面を実装します。この例では、以下の図13-8のように、「Watson APIを使用するためのapiKey」「テスト用の画像URL」「識別器の学習・生成用の画像URL」「クラス名、識別器名」を入力するテキストボックスを配置します。入力作業を削減したい場合は、apiKeyや画像認識テスト用の画像URLなどを`index.html`のコード中に埋め込んでおきます。

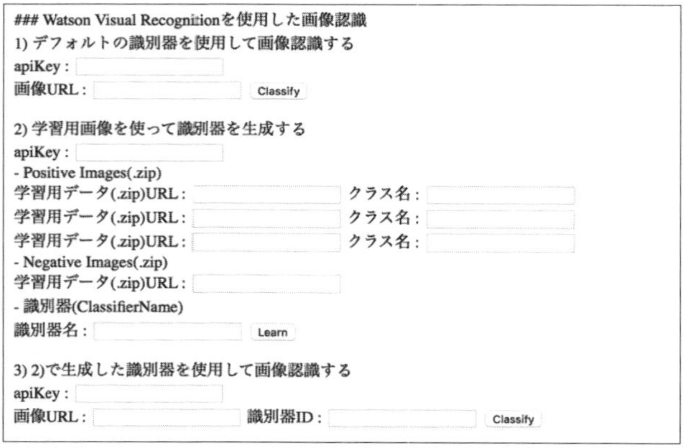

▶図13-8　操作用画面のイメージ図

Watson Visual Recognitionを使用した画像認識
1) デフォルトの識別器を使用して画像認識する
apiKey :
画像URL :　Classify

2) 学習用画像を使って識別器を生成する
apiKey :
- Positive Images(.zip)
学習用データ(.zip)URL :　クラス名 :
学習用データ(.zip)URL :　クラス名 :
学習用データ(.zip)URL :　クラス名 :
- Negative Images(.zip)
学習用データ(.zip)URL :
- 識別器(ClassifierName)
識別器名 :　Learn

3) 2)で生成した識別器を使用して画像認識する
apiKey :
画像URL :　識別器ID :　Classify

▶リスト　index.html（apiKey値などを埋め込んでいない例）

```
// body内の例
<body>
    1) デフォルトの識別器を使用して画像認識する
```

```
    <form method="GET" action="rest/visualrecognition/classify">
        apiKey : <input type="text" name="apiKey" value="自身のapiKey" /><br>
        画像URL : <input type="text" name="href" value="画像認識したい画像
URL"/>
        <input type="submit" value="Classify" />
    </form>
    2) 学習用画像を使って識別器を生成する（中略）
    3) 2)で生成した識別器を使用して画像認識する（中略）
 </body>
```

13-3 アプリケーションの動作を確認する

アプリケーションをローカル環境にデプロイする

第10章と同様にして、アプリケーションをWAS Libertyにデプロイします。

server.xmlは次のようにします。**<featureManager>**要素内では、Java EE 7 WebProfileの機能を全て利用可能にするwebProfile-7.0を指定します。なお、JAX-RS 2.0および依存関係のある機能を有効化するjaxrs-2.0のみを有効にしても構いません。

▶リスト　server.xml（WAS Libertyのサーバー構成ファイル）

```
<server description="new server">
    <featureManager>
        <feature>webProfile-7.0</feature>
       <!--<feature>jaxrs-2.0</feature>-->
    </featureManager>
    <httpEndpoint httpPort="9080" httpsPort="9443" id="defaultHttpEndpoint"/>
    <applicationManager autoExpand="true"/>
    <applicationMonitor updateTrigger="mbean"/>
    <webApplication contextRoot="wasbookApp" id="wasbookApp" location=
"wasbookApp.war" name="wasbookApp"/>

</server>
```

アプリケーションをブラウザで確認する

WAS Libertyが起動していることを確認し、ブラウザで**http://localhost:9080/**を開きます。以下の3つの動作について確認します。

- デフォルトの識別器を使用した画像認識
- 学習用画像を使った識別器の生成
- 生成した識別器を使用した画像認識

画像認識テストには、以下のシャンデリアの画像を使用します。

▶図 13-9　画像認識テスト用画像

アプリ動作確認時に Visual Recognition サービスに接続するための apiKey を取得します。IBM Cloud（`http://console.bluemix.net/`）にログインし、ダッシュボード画面から Visual Recognition サービスを開きます。図 13-10 のように「サービス資格情報」 → 「Credentials-1 の資格情報」を開きます。なお、テストの際には、毎度 apiKey を使用するので、テキストファイルなどで保持しておくと便利です。

▶図 13-10　apiKey の確認

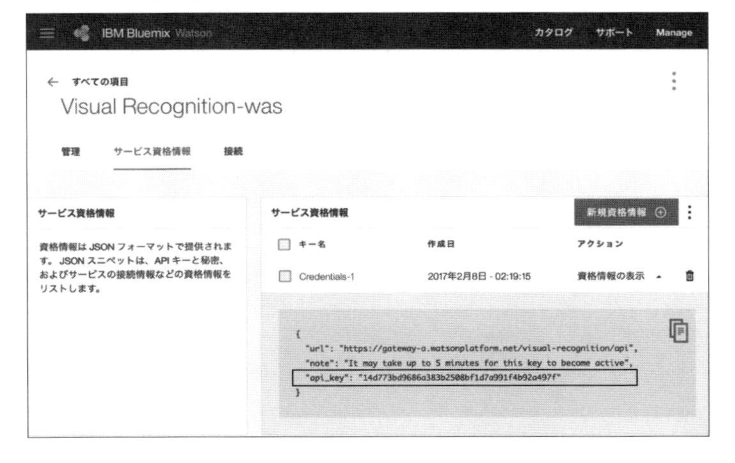

■1. デフォルトの識別器を使用して画像認識する

まず、以下の手順で画像を認識させます。

1. 「apiKey」に自身の IBM Cloud 上の Visual Recognition サービスの apiKey を入力する
2. 次に、「画像 URL」に画像認識したい画像の URL を入力する
3. Classify ボタンをクリックする

▶図 13-11 デフォルトの識別器を使用した画像認識の動作確認

1) デフォルトの識別器を使用して画像認識する
apiKey :
画像URL : Classify

すると、図 13-12 のような結果が表示されます。なお、入力画像によって中身は異なります。

▶図 13-12 画像認識結果（ブラウザ画面）


```
{"imagesProcessed":1,"images":[{"classifiers":[{"name":"default","classes":[{"name":"crown
jewels","score":0.641},{"name":"girandole
(candleholder)","score":0.64,"typeHierarchy":"/device/girandole (candleholder)"},
{"name":"holder","score":0.825},{"name":"device","score":0.825},{"name":"candelabrum
(candlestick)","score":0.613,"typeHierarchy":"/device/holder/candelabrum (candlestick)"},
{"name":"chandelier","score":0.598},{"name":"crown","score":0.587},{"name":"epergne
(centerpiece)","score":0.53},{"name":"jade green color","score":0.891},{"name":"ivory
color","score":0.674}],"id":"default"}],"image":"temp4425744965216325767.jpg"}]}
```


図 13-12 のブラウザ画面の出力結果では見づらいので、Eclipse やブラウザのコンソール画面の出力を見てみましょう（図 13-13）。

▶図 13-13　画像認識結果（コンソール画面）


```
{
  "images_processed": 1,
  "images": [
    {
      "classifiers": [
        {
          "classifier_id": "default",
          "name": "default",
          "classes": [
            {
              "class": "girandole (candleholder)",
              "score": 0.667,
              "type_hierarchy": "/holder/girandole (candleholder)"
            },
            {
              "class": "holder",
              "score": 0.827
            },
            {
              "class": "candelabrum (candlestick)",
              "score": 0.589,
              "type_hierarchy": "/holder/candelabrum (candlestick)"
            },
            {
              "class": "gas fixture",
              "score": 0.586
            },
            {
              "class": "chandelier",
              "score": 0.584
            },
            {
              "class": "epergne (centerpiece)",
              "score": 0.5
            },
            {
              "class": "emerald color",
              "score": 0.971
            }
          ]
        }
      ],
      "image": "temp3799868889793312201.jpg"
    }
  ]
}
```


JSON 形式で整形されているので、少し見やすくなっているのではないでしょうか。

classifiers 配下に使用した識別器 ID や名称、画像認識結果が確認できます。標準では、default という識別器が使用されます。default は IBM が事前にあらゆる画像群を学習させて生成した識別器になります。

また、画像認識の結果は、classes 配下にあるようにいくつかのパターンがあるようです。score の値を見ると、「class:emerald color が score:0.971」で最も高いようです。

入力画像はシャンデリアですが、default 識別器では「class:chandelier のスコアは score:0.584」とあまり高くない結果となりました。

今回のサンプルでは、「子供が好きなモノ」を「シャンデリア、ラップトップ、ピザ」と仮定して、それらの画像であることを認識してくれるような識別器を次のステップで作ります。

■2. 学習用画像を使って識別器を生成する

以下の手順で、識別器を生成します。動作確認用の`index.html`は図13-8を参照してください。

1. 「apiKey」に自身のIBM Cloud上のVisual Recognitionサービスのapi Keyを入力する
2. 3種類のPositive Images（.zip）の「学習用データ（.zip）URL」に、正解画像の学習用画像群のzipファイルのURLを入力します。また、右側にある「クラス名」にそのクラス名を入力する
   - 例　学習用データ（.zip）URL：http://xxxx.yyy.zzz/pizza.zip
   - 例　クラス名：pizza
   - 他の2種類についても同様に入力する
3. Negative Images（.zip）の「学習用データ（.zip）URL」に非正解画像の学習用画像群のzipファイルのURLを入力する
4. 「識別器名」に、任意の識別器名を入力する
5. Learnボタンをクリックする

最初の`name`属性の`myclassifier`という名前が識別器の名称です。この識別器で認識できるクラスは、「pizza / laptop / chandelier」です。

`id`属性は、メモしておいてください。次の確認手順「カスタム識別器を使用した画像認識」を行う際の入力情報として必要になります。

- 例：`"id" : "myclassifier_224085761"`

`status`属性がTRAININGの場合は、IBM Cloud上のVisual Recognitionサービスが、識別器を生成している最中なので数分待ちます。

■3. 生成した識別器を使用して画像認識する

ここまでの手順で生成した識別器を使って、以下の手順で画像を認識させます。動作確認用の `index.html` は図 13-8 を参照してください。

1. 「apiKey」に自身の IBM Cloud 上の Visual Recognition サービスの apiKey を入力する
2. 次に、「画像 URL」に画像認識したい画像の URL を入力する
3. 「識別器 ID」に、前の手順で識別器を生成した際のレスポンスに含まれる id 属性の値を入力する。この例では、`myclassier_224085761`
4. Classify ボタンをクリックする

Eclipse やブラウザのコンソール画面の出力を見てみましょう。

▶図 13-14 画像認識結果（コンソール画面）

```
{
  "images_processed": 1,
  "images": [
    {
      "classifiers": [
        {
          "classifier_id": "myclassifier_224085761",
          "name": "myclassifier",
          "classes": [
            {
              "class": "chandelier",
              "score": 0.962049
            }
          ]
        }
      ],
      "image": "temp8458300857576257207.jpg"
    }
  ]
}
```

`classifiers` 配下に、使用した識別器 ID や名称、画像認識結果が確認できます。画像認識の結果は、`classes` 配下にあるように、「`class:chancelier,score:0.962049`」となりました。同様に、pizza や laptop の画像を入力すると比較的高いスコアを得られるはずなので確認してみてください。

また、全く関係無い画像（猫やフルーツなど）を入力してみると、クラス名やスコアが表示されません。これはスコアが低すぎるためです。識別器から見ると入力画像は「子供が好きなモノ」では無いことを指しています。

13-4 IBM Cloud上のLiberty for Javaにデプロイする

作成したアプリケーションと、WAS Libertyの構成ファイル（`server.xml`）をIBM Cloud(Liberty for Java)上にデプロイします。
Liberty for Javaにデプロイするには、以下の2つの方法が利用できます。

1. **EclipseにIBM Cloud Pluginをインストールし、WDTからアプリケーションをデプロイする**
2. **Cloud Foundryリソースを制御する際に使用するcf CLIをラップし、IBM Cloud環境の制御を行うための「IBM Cloud CLI」を使用してアプリケーションをデプロイする**

ここでは、2.の方法でデプロイを行います。なお、IBM Cloud CLIの詳細については、以下のURLを参照してください。

`https://console.bluemix.net/docs/cli/index.html`

なお、バージョン0.5.0以降、IBM Cloudコマンド・ライン・クライアントは、Cloud Foundryコマンド・ライン・クライアントをインストール済み環境にバンドルしています。独自のcf CLIがインストールされている場合は、IBM Cloud CLIコマンド`bx [command]`と、独自のインストール済み環境のCloud Foundry CLIコマンド`cf [command]`の両方を同じコンテキストで使用しないでください。cf CLIを使用して、IBM Cloud CLIコンテキストでCloud Foundryリソースを管理したい場合は、代わりに`bluemix cf [command]`を使用してください。さらに、`bluemix cf api/login/logout/target`は許可されていません。代わりに`bluemix api/login/logout/target`を使用してください。

WAS Liberty の構成情報をデプロイする

IBM Cloud 環境にアプリケーションと WAS Liberty の構成情報をデプロイするために、以下の手順を実施します。

■作成したアプリケーションと server.xml をパッケージングする

使用していたサーバー名（SERVER_NAME）と、作成するパッケージ名（--archive=PACKAGE_NAME.zip）、パッケージ対象（--include=usr）をコマンド実行時に指定します。

▶リスト　パッケージ・コマンドの実行

```
> <LIBERTY_HOME>/bin/server package SERVER_NAME
  --archive=PACKAGE_NAME.zip --include=usr
```

<LIBERTY_HOME>/usr/servers/SERVER_NAME ディレクトリー PACKAGE_NAME.zip が生成されます。

▶リスト　パッケージ・コマンド（実行例）

```
> bin/server package server1 --archive=LibertyApp.zip --include=usr
```

■ IBM Cloud CLI をインストールする

以下の URL から、手元の環境にあったものをダウンロードし、インストールします。

https://github.com/IBM-Bluemix-Docs/cli/blob/master/reference/bluemix_cli/all_versions.md

■ IBM Cloud API を指定する

以下のコマンドを使用します。

```
> bx api <リージョン>
```

リージョン名は以下のとおりです。

- ng：アメリカ・リージョン
- au-syd：オーストラリア・リージョン
- eu-gb：イギリス・リージョン
- ed-de：ドイツ・リージョン

▶リスト　アメリカ・リージョンを指定する場合（実行例）

```
> bx api api.ng.bluemix.net
```

■IBM Cloudにログインする

以下のコマンドを使用します。

```
> bx login
```

インタラクティブに、以下を指定します。

- 登録しているメールアドレス
- パスワード
- アカウントの指定（複数ある場合は任意のアカウントを選択）

■IBM Cloudの組織とスペースを指定する

以下のコマンドを使用します。インタラクティブに、組織名とスペースを指定します。

```
> bx target --cf
```

■IBM Cloud上にアプリケーションをデプロイする

以下のコマンドを使用します。

▶リスト

```
> bx cf push APPLICATION_NAME
  -p <LIBERTY_HOME>/usr/servers/SERVER_NAME/PACKAGE_NAME.zip -m 256m
```

APPLICATION_NAMEには、任意のアプリ名を指定します。ローカル環境で開発したプロジェクト名と異なる名称で構いません。ただし、ユニークである必要があるため、IBM Cloud上の他アプリ（他人のアプリを含む）と重複しないようにします。例えば、日時や秒数などを追加し「wasbookapp201709201700」のようにします。

-pオプションでデプロイするファイルを指定します。-mオプションでインスタンスに割り当てるメモリ量を指定します。

リスト　アプリケーションのデプロイ（実行例）

```
> bx cf push wasbookapp201711281138 -p usr/servers/server1/LibertyApp.zip -m
256m

...
（中略）
urls: wasbookapp201711281138.mybluemix.net
...
```

■IBM Cloudにデプロイしたアプリの動作確認

ブラウザでhttps://APPLICATION_NAME.mybluemix.net/wasbookAppを開くと、bx cf pushコマンド実行時のログの末尾近辺にアクセス先となるURLが、以下のように出力されます。

- 例　urls: wasbookapp201711281138.mybluemix.net

コンテキストルートをURLに付加することで、アプリケーションに接続できます。デフォルトでは、開発時に作成したプロジェクト名がコンテキストルートになります。

- 接続URLの例
wasbookapp201711281138.mybluemix.net/wasbookApp

次に、apiKeyや画像URLを入力し、動作を確認します。なお、入力内容はローカル環境でのテスト時と同様です。

Liberty for Javaのログは、**bx cf logs**コマンドでアプリケーション名を指定することで確認できます。

リスト　コマンドを使用したログ確認（実行例）

```
> bx cf logs wasbookapp201711281138 --recent
```

また、IBM Cloud上にデプロイしたアプリケーションは、ブラウザ上でIBM Cloudダッシュボード画面に表示されているリンクからも確認できます。

図13-15　IBM Cloudダッシュボード

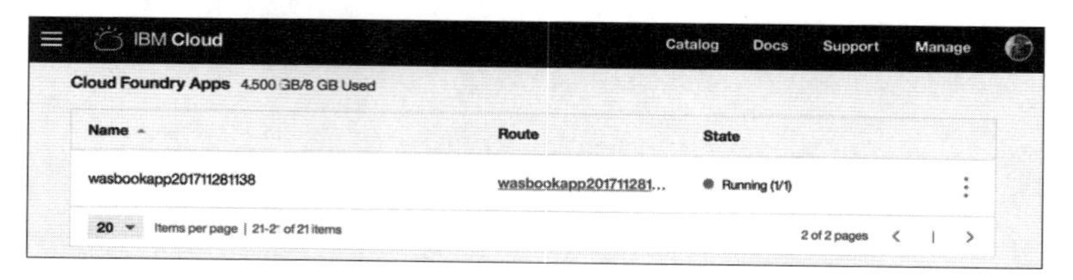

Index 索引

記号・数字

A

B

C

D

E

F

G

H

I

J

K

L

S

T

U

V

W

X

あ

い

え

お

か

き

く

こ

さ

し

す

せ

た

ち

て

と

に

ね

の

は

ひ

ふ

へ

ほ

ま

め

も

ゆ

よ

ら

り

れ

ろ

著者プロフィール

串宮 平恭（くしみや・ひらやす）※第4章、第8章を担当

1998年からJava開発ツール、2004年からWAS技術支援を担当。WebSphere関連製品の提案やお客様プロジェクトの技術支援を行っている。
分散データグリッドのAgent処理に興味があり、広めたいと思っている。モバイル・アプリケーション開発プラットフォームを担当し、提案活動を行ってきた。

田中 孝清（たなか・たかきよ）※第1章、第9章、第12章を担当

2000年より日本IBMソフトウェア事業でWebSphere Application Serverの技術者として日本でのセールス活動に携わる。日本語でのWASの技術文書の執筆なども多く手がけている。

原口 知子（はらぐち・ともこ）※第1章、第2章、第3章を担当

2001年からWebSphere事業部にてWASの技術支援を担当。WASの提案活動や構築支援、developerWorks WebSphereの運営等に従事。2015年からはマーケティング部門にて、ミドルウェア製品のマーケティングを担当している。

福﨑 哲郎（ふくざき・てつお）※第6章、第7章を担当

15年以上技術サポートエンジニアとして世界中のWASシステムを支えた後、現在は東京ラボラトリでIBM Cloudのプレミアムサポートを担当するTechnical Account Managerとして活動している。

盛林 哲（もりばやし・あきら）※第5章を担当

日本IBMで2000年よりWebSphere製品の技術者として活動。サポートエンジニアを経て、現在はサービス部門でWAS専門家としてトラブルシュートを数多く実施。ヘルスチェックやパフォーマンスチェックなど安定稼働にも取り組む。趣味スノーボード・写真など。

中島 由貴（なかじま・よしき）※第10章、第11章を担当

2004年よりWebSphere Application Serverのテクニカル・サポートを担当し、WebSphereを使用したシステムのシステム設計やアプリケーション開発を実施。2011年より、WebSphere事業部/Cloud事業部にて、WebSphere Libertyをはじめとした WebSphere関連製品のテクニカル・セールスを担当し、提案活動の他、セミナー講師なども行っている。最近は、Libertyで実装された製品IBM Voice Gatewayも担当している。

斎藤 和史（さいとう・かずふみ）※第13章を担当

2013年IBM入社。サーバーサイドおよびCI/CD周りのプリセールスエンジニア。IBM製品としてはWebSphere LibertyやIBM Cloud Privateの専門家であり、KubernetesやIstio、CI/CDなど様々なOSSを活用しながら、お客様のデジタル変革を支援している。

◆装丁：竹内雄二
◆本文デザイン：SeaGrape
◆DTP：トップスタジオ
◆編集：西原康智

［改訂新版］
WebSphere Application Server
構築・運用バイブル
【WAS9.0 ／ 8.5 ／ Liberty 対応】

2018年4月24日　初　版　第1刷発行

著　者　串宮平恭、田中孝清、原口知子、
　　　　福﨑哲郎、盛林哲、中島由貴、
　　　　斎藤和史
発行者　片岡 巌
発行所　株式会社技術評論社
　　　　東京都新宿区市谷左内町 21-13
　　　　電話　03-3513-6150　販売促進部
　　　　　　　03-3513-6166　書籍編集部
印刷／製本　図書印刷株式会社

定価はカバーに表示してあります。

ISBN978-4-7741-9619-0 C3055
Printed in Japan

●問い合わせについて

本書に関するご質問は，FAX か書面でお願いいたします。電話での直接のお問い合わせにはお答えできませんので，あらかじめご了承ください。また，下記の Web サイトでも質問用フォームを用意しておりますので，ご利用ください。

ご質問の際には，書籍名と質問される該当ページ，返信先を明記してください。e-mail をお使いになられる方は，メールアドレスの併記をお願いいたします。ご質問の際に記載いただいた個人情報は質問の返答以外の目的には使用いたしません。

お送りいただいたご質問には，できる限り迅速にお答えするよう努力しておりますが，場合によってはお時間をいただくこともございます。なお，ご質問は，本書に記載されている内容に関するもののみとさせていただきます。

◆問い合わせ先
〒 162-0846
東京都新宿区市谷左内町 21-13
株式会社技術評論社　書籍編集部
「［改訂新版］ WebSphere Application Server 構築・運用バイブル」係
FAX：03-3513-6183
Web：http://gihyo.jp/book/2018/978-4-7741-9619-0